普通高等教育"十四五"规划教材

冶金工业出版社

金属塑性成形理论

（第 2 版）

主　编　徐　春　阳　辉　张　驰
副主编　王和斌　郭艳辉　史　强

扫描二维码查看
本书数字资源

U0342242

北　京
冶金工业出版社
2023

内 容 提 要

本书系统地阐述了金属塑性变形的力学方程、物理本质和基本规律。全书共分13章,主要内容包括应力理论、变形几何理论、屈服条件、塑性本构关系、金属塑性加工中的摩擦与润滑、主应力法、滑移线理论与应用、功及上限法求解、金属的塑性、金属塑性变形的物理本质、金属塑性变形对组织性能的影响、金属塑性加工过程中的织构与各向异性以及金属在加工变形中断裂等。

本书可作为机械类、材料类和力学类等专业的本科生教材,也可供研究生和有关工程技术人员参考。

图书在版编目(CIP)数据

金属塑性成形理论 / 徐春,阳辉,张驰主编. —2 版. —北京:冶金工业出版社,2021.5(2023.2 重印)

普通高等教育"十四五"规划教材

ISBN 978-7-5024-8821-5

Ⅰ.①金… Ⅱ.①徐… ②阳… ③张… Ⅲ.①金属压力加工—塑性变形—高等学校—教材 Ⅳ.①TG301

中国版本图书馆 CIP 数据核字(2021)第 084813 号

金属塑性成形理论(第 2 版)

出版发行	冶金工业出版社	**电 话**	(010)64027926
地 址	北京市东城区嵩祝院北巷 39 号	**邮 编**	100009
网 址	www.mip1953.com	**电子信箱**	service@ mip1953.com

责任编辑 杜婷婷 刘林烨 美术编辑 彭子赫 版式设计 禹 蕊
责任校对 范天娇 责任印制 窦 唯
三河市双峰印刷装订有限公司印刷
2009 年 2 月第 1 版, 2021 年 5 月第 2 版, 2023 年 2 月第 2 次印刷
787mm×1092mm 1/16; 19.5 印张; 472 千字; 298 页
定价 49.00 元

投稿电话 (010)64027932 投稿信箱 tougao@cnmip.com.cn
营销中心电话 (010)64044283
冶金工业出版社天猫旗舰店 yjgycbs.tmall.com
(本书如有印装质量问题,本社营销中心负责退换)

第 2 版前言

自 2009 年《金属塑性成形理论》第 1 版出版以来,很多高校一直选定该书作为材料成型与控制、压力加工、材料科学与工程、材料加工与工程、模具设计等专业本科生及相近学科的硕士研究生教学用书。

依据 2018 年教育部发布的《教育信息化 2.0 行动计划》,即 2022 年基本实现"三全两高一大"的目标,建成"互联网+教育"大平台,探索信息时代教育新模式。2019 年中共中央、国务院又印发《中国教育现代化 2035》。总的趋势是线上线下的融合教学将成为未来教育行业的主要教学模式。为了满足信息时代教育新模式,同时考虑到近十年来的塑性成形加工新技术新理论的发展,本次修订首先对第 1 版中的错误进行了修改,更换了部分图表,并增补了一些新内容,如动态回复、动态再结晶、织构的基础知识以及对材料性能的影响;其次,按照新业态教材规定的要求,增加了每章教学课件和教学视频。还将每章习题按难易程度进行了分级,其中一级习题难度较低,为要求必须掌握的基本概念;二级习题为中等难度,通过练习能够有利于熟练掌握课程的基本知识;三级习题难度较大,为综合运用知识概念的习题。

本书内容和结构基本与第 1 版相同。编写中,考虑高校专业基础课学时限制,为便于学生课后自学,除继续保留较多的塑性成形问题工程解法的例题外,还增加了一些新例题。全书共分 13 章,第 1、6~10 章由上海应用技术大学徐春编写,第 2、3、13 章由重庆科技学院阳辉编写,第 4、5 章由重庆工学院张驰编写,第 11、12 章由上海应用技术大学徐春和郭艳辉共同编写,第 1~8 章习题由江西理工大学王和斌编写,第 9~13 章习题由新疆工程学院史强编写。

由于编者水平有限,书中不妥之处,希望读者批评指正。

编 者
2020 年 10 月

第1版前言

金属塑性成形理论是我国高校材料成形与控制、机械工程及自动化专业的技术基础课程。根据工程应用型技术人才"基础扎实、知识面宽、应用能力强、素质高、有较强的创新精神"的培养目标,本教材在编写过程中结合多年教学实践,并参考近年来国内外出版的塑性力学、金属塑性变形理论专著和文献,在充分吸收现有各教材精华的基础上,尽量体现"宽口径、厚基础、高素质"的人才培养要求。

本教材系统地阐述了金属塑性变形的力学方程、物理本质和基本规律。全书共分12章,其中,第1章到第4章主要论述了金属塑性变形的力学基础理论,包括应力状态、应变状态、屈服准则、本构关系等,将应力、应变、屈服准则之间的内在关系联系在一起;第5章着重介绍了金属在塑性成形过程中产生的摩擦及影响摩擦系数的主要因素等基本问题;第6章介绍了主应力法求解几种常见塑性成形的方法;第7章介绍了滑移线场基础理论以及应用滑移线理论求解金属塑性成形问题的方法;第8章介绍了上限法理论和应用上限法理论求解塑性成形问题的方法;第9章到第12章主要论述了金属的塑性及超塑性、加工硬化、金属塑性变形的本质及塑性变形对金属组织和性能的影响,讨论了塑性成形时金属变形与流动的有关问题,包括最小阻力定律、变形不均匀性及影响因素、附加应力、残余应力、金属的断裂等。

考虑到高校专业基础课学时限制,为便于学生课后自学需要,增加了大量求解金属塑性变形问题的实例,特别是塑性成形问题工程解法的例题。

本书第1、6、7、8、9、10和11章由上海应用技术学院徐春编写,第4、5、12章由重庆工学院张驰编写,第2、3章由重庆科技学院阳辉编写,全书由徐春任主编。另外,本教材的编写还得到"上海市高等学校——《材料加工》本科教育高

IV

地建设"和"上海市教育委员会重点学科建设项目(项目编号:J51501)"的联合资助,在此表示衷心的感谢。

本书可作为机械类、材料类和力学类等专业本科生教学参考用书,也可供研究生和相关工程技术人员参考。

由于编者水平有限,若有不妥之处,恳请广大读者指正。

编　者

2008 年 10 月

目　　录

0　绪论 ··· 1

0.1　金属的塑性成形及其特点 ··· 1

0.2　金属塑性成形的分类 ··· 1

0.2.1　按加工时工件的受力和变形方式分类 ····················· 1

0.2.2　根据加工时工件的温度特征分类 ···························· 4

0.3　本课程的目的及任务 ··· 4

1　应力理论 ·· 5

1.1　外力与应力 ··· 5

1.2　物体内应力状态 ·· 6

1.3　任意斜面上的应力确定 ·· 8

1.4　主应力、应力张量不变量和应力椭球面 ··························· 9

1.4.1　主应力 ··· 9

1.4.2　应力张量不变量 ··· 10

1.4.3　应力椭球面 ··· 11

1.4.4　主应力图 ·· 12

1.5　主剪应力和最大剪应力 ··· 13

1.6　应力偏张量和球应力张量 ·· 15

1.7　八面体应力和等效应力 ··· 16

1.8　应力平衡方程 ··· 17

1.9　平面状态与轴对称状态 ··· 19

1.9.1　平面状态 ·· 19

1.9.2　轴对称状态 ··· 21

1.10　应力莫尔圆 ··· 22

1.10.1　应力莫尔圆符号规定 ·· 22

1.10.2　平面应力状态的莫尔圆 ······································· 22

1.10.3　平面应变状态下的应力莫尔圆 ······························· 23

1.10.4　三向应力莫尔圆 ··· 24

1.11　应力理论实例 ·· 26

思考题及习题 ·· 27

2　变形几何理论 ·· 33

2.1　位移 ··· 33

2.2　应变分量 ………………………………………………………… 33

2.3　应变分量与位移分量关系 ……………………………………… 35

2.4　应变分析 ………………………………………………………… 37

2.5　主应变、应变不变量、体积应变 ………………………………… 38

2.6　应变张量、球应变张量与偏差应变张量 ……………………… 39

2.7　八面体应变和等效应变 ………………………………………… 40

2.8　变形连续条件 …………………………………………………… 40

2.9　变形几何理论实例 ……………………………………………… 42

思考题及习题 ……………………………………………………… 43

3　屈服条件 ………………………………………………………… 47

3.1　屈服准则的概念 ………………………………………………… 47

3.1.1　有关材料性质的一些基本概念 ……………………… 47

3.1.2　屈服准则 ……………………………………………… 48

3.2　屈雷斯加屈服准则 ……………………………………………… 48

3.3　米塞斯屈服准则 ………………………………………………… 49

3.4　屈服准则几何表达 ……………………………………………… 50

3.5　硬化材料的屈服准则简介 ……………………………………… 52

3.6　屈服条件实例 …………………………………………………… 53

思考题及习题 ……………………………………………………… 54

4　塑性本构关系 …………………………………………………… 56

4.1　弹性本构关系 …………………………………………………… 56

4.2　塑性变形时应力-应变的关系特点 …………………………… 59

4.2.1　加载路径与加载历史 ………………………………… 59

4.2.2　加载与卸载准则 ……………………………………… 60

4.3　增量理论 ………………………………………………………… 61

4.3.1　列维-米塞斯增量理论 ………………………………… 61

4.3.2　应力-应变速率关系方程(Saint-Venant 塑性流动理论) … 63

4.3.3　普朗特-路埃斯增量理论 ……………………………… 63

4.4　塑性变形的全量理论(形变理论) ……………………………… 64

4.5　真实应力-应变曲线 …………………………………………… 66

4.5.1　基于拉伸试验确定的应力-应变曲线 ………………… 67

4.5.2　基于单向压缩试验确定的应力-应变曲线 …………… 69

4.5.3　基于平面应变压缩确定的应力-应变曲线 …………… 71

4.5.4　基于双向等拉实验确定的应力-应变曲线 …………… 72

4.5.5　真实应力-应变曲线与数学模型 ……………………… 73

4.6　塑性本构关系实例 ……………………………………………… 74

思考题及习题 ……………………………………………………… 75

5　金属塑性加工中的摩擦与润滑⋯⋯⋯⋯⋯⋯⋯⋯⋯⋯⋯⋯⋯⋯⋯⋯⋯⋯⋯⋯　78

　5.1　金属塑性加工中摩擦的特点与作用⋯⋯⋯⋯⋯⋯⋯⋯⋯⋯⋯⋯⋯⋯⋯　78

　　5.1.1　塑性成形时摩擦的特点⋯⋯⋯⋯⋯⋯⋯⋯⋯⋯⋯⋯⋯⋯⋯⋯⋯　78

　　5.1.2　外摩擦在压力加工中的作用⋯⋯⋯⋯⋯⋯⋯⋯⋯⋯⋯⋯⋯⋯⋯　78

　5.2　金属塑性加工中的摩擦与润滑理论⋯⋯⋯⋯⋯⋯⋯⋯⋯⋯⋯⋯⋯⋯　79

　　5.2.1　摩擦的分类⋯⋯⋯⋯⋯⋯⋯⋯⋯⋯⋯⋯⋯⋯⋯⋯⋯⋯⋯⋯⋯⋯　79

　　5.2.2　塑性加工时接触表面摩擦力的计算⋯⋯⋯⋯⋯⋯⋯⋯⋯⋯⋯　80

　5.3　影响摩擦的主要因素⋯⋯⋯⋯⋯⋯⋯⋯⋯⋯⋯⋯⋯⋯⋯⋯⋯⋯⋯⋯　81

　　5.3.1　金属的种类和化学成分⋯⋯⋯⋯⋯⋯⋯⋯⋯⋯⋯⋯⋯⋯⋯⋯⋯　81

　　5.3.2　工具材料及其表面状态⋯⋯⋯⋯⋯⋯⋯⋯⋯⋯⋯⋯⋯⋯⋯⋯⋯　81

　　5.3.3　接触面上的单位压力⋯⋯⋯⋯⋯⋯⋯⋯⋯⋯⋯⋯⋯⋯⋯⋯⋯⋯　82

　　5.3.4　变形温度⋯⋯⋯⋯⋯⋯⋯⋯⋯⋯⋯⋯⋯⋯⋯⋯⋯⋯⋯⋯⋯⋯⋯　82

　　5.3.5　变形速度⋯⋯⋯⋯⋯⋯⋯⋯⋯⋯⋯⋯⋯⋯⋯⋯⋯⋯⋯⋯⋯⋯⋯　82

　　5.3.6　润滑剂⋯⋯⋯⋯⋯⋯⋯⋯⋯⋯⋯⋯⋯⋯⋯⋯⋯⋯⋯⋯⋯⋯⋯⋯　83

　5.4　摩擦系数测定⋯⋯⋯⋯⋯⋯⋯⋯⋯⋯⋯⋯⋯⋯⋯⋯⋯⋯⋯⋯⋯⋯⋯　83

　　5.4.1　夹钳轧制法⋯⋯⋯⋯⋯⋯⋯⋯⋯⋯⋯⋯⋯⋯⋯⋯⋯⋯⋯⋯⋯⋯　83

　　5.4.2　楔形件压缩法⋯⋯⋯⋯⋯⋯⋯⋯⋯⋯⋯⋯⋯⋯⋯⋯⋯⋯⋯⋯⋯　85

　　5.4.3　圆环镦粗法⋯⋯⋯⋯⋯⋯⋯⋯⋯⋯⋯⋯⋯⋯⋯⋯⋯⋯⋯⋯⋯⋯　85

　思考题及习题⋯⋯⋯⋯⋯⋯⋯⋯⋯⋯⋯⋯⋯⋯⋯⋯⋯⋯⋯⋯⋯⋯⋯⋯⋯　88

6　主应力法⋯⋯⋯⋯⋯⋯⋯⋯⋯⋯⋯⋯⋯⋯⋯⋯⋯⋯⋯⋯⋯⋯⋯⋯⋯⋯⋯⋯⋯　89

　6.1　概述⋯⋯⋯⋯⋯⋯⋯⋯⋯⋯⋯⋯⋯⋯⋯⋯⋯⋯⋯⋯⋯⋯⋯⋯⋯⋯⋯　89

　　6.1.1　主应力法解题的基本原理⋯⋯⋯⋯⋯⋯⋯⋯⋯⋯⋯⋯⋯⋯⋯⋯　89

　　6.1.2　平面应变问题基本方程的简化⋯⋯⋯⋯⋯⋯⋯⋯⋯⋯⋯⋯⋯　90

　　6.1.3　轴对称问题基本方程的简化⋯⋯⋯⋯⋯⋯⋯⋯⋯⋯⋯⋯⋯⋯⋯　91

　6.2　直角坐标平面应变问题解析⋯⋯⋯⋯⋯⋯⋯⋯⋯⋯⋯⋯⋯⋯⋯⋯⋯　92

　　6.2.1　低摩擦条件下镦粗矩形件时，接触面上单位压力分布⋯⋯⋯　92

　　6.2.2　高摩擦条件下镦粗矩形件时，接触面上单位压力分布⋯⋯⋯　93

　　6.2.3　混合摩擦条件下的压缩⋯⋯⋯⋯⋯⋯⋯⋯⋯⋯⋯⋯⋯⋯⋯⋯⋯　94

　6.3　圆柱坐标平面应变问题解析⋯⋯⋯⋯⋯⋯⋯⋯⋯⋯⋯⋯⋯⋯⋯⋯⋯　96

　　6.3.1　圆盘压缩时的压力分布及变形力⋯⋯⋯⋯⋯⋯⋯⋯⋯⋯⋯⋯　96

　　6.3.2　无硬化的圆棒拉拔时的应力⋯⋯⋯⋯⋯⋯⋯⋯⋯⋯⋯⋯⋯⋯　98

　　6.3.3　杯形件不变薄拉深时的应力⋯⋯⋯⋯⋯⋯⋯⋯⋯⋯⋯⋯⋯⋯　99

　　6.3.4　半圆形砧拔长时的应力⋯⋯⋯⋯⋯⋯⋯⋯⋯⋯⋯⋯⋯⋯⋯⋯　100

　思考题及习题⋯⋯⋯⋯⋯⋯⋯⋯⋯⋯⋯⋯⋯⋯⋯⋯⋯⋯⋯⋯⋯⋯⋯⋯⋯　101

7　滑移线理论及应用⋯⋯⋯⋯⋯⋯⋯⋯⋯⋯⋯⋯⋯⋯⋯⋯⋯⋯⋯⋯⋯⋯⋯⋯　103

　7.1　滑移线场的基本概念⋯⋯⋯⋯⋯⋯⋯⋯⋯⋯⋯⋯⋯⋯⋯⋯⋯⋯⋯⋯　103

7.1.1 平面变形应力特点 ·· 103
7.1.2 滑移线概念与滑移线微分方程 ······················· 105
7.1.3 α 与 β 滑移线命名和 ω 线的规定 ····················· 105

7.2 汉盖(Hencky)应力方程——滑移线沿线力学方程 ······· 106

7.3 滑移线的几何性质 ··· 108
7.3.1 汉盖第一定理 ··· 108
7.3.2 汉盖第二定理 ··· 108

7.4 应力边界条件和滑移线场的建立 ······························ 110
7.4.1 塑性区的应力边界条件 ································· 110
7.4.2 几种滑移线场 ··· 113

7.5 滑移线场的速度场理论 ·· 115
7.5.1 盖林格尔(H. Geiringer)速度方程 ·················· 115
7.5.2 速度间断 ··· 116
7.5.3 速度矢端图(速端图) ··································· 117

7.6 滑移线场应用求解实例 ·· 119
7.6.1 滑移线场的建立 ·· 119
7.6.2 简单滑移线场问题的求解方法 ······················ 121

7.7 滑移线场绘制的数值计算方法 ·································· 124
7.7.1 特征线问题 ·· 124
7.7.2 特征值问题 ·· 126
7.7.3 混合问题 ··· 127
7.7.4 数值计算方法实例 ······································· 127

思考题及习题 ··· 132

8 功及上限法求解 ··· 134

8.1 功平衡法 ·· 134

8.2 极值原理及上限法 ·· 136
8.2.1 虚功原理 ··· 137
8.2.2 最大散逸功原理 ·· 138
8.2.3 上限定理 ··· 138

8.3 Johnson 上限模式及应用 ·· 140
8.3.1 Johnson 上限模式 ·· 140
8.3.2 速度间断面及其速度特性 ······························ 141
8.3.3 速端图及速度间断量的计算 ··························· 141
8.3.4 速端图的简单记号 ······································· 143
8.3.5 Johnson 上限模式求解应用 ···························· 143

8.4 Avitzur 连续速度场上限模式及应用 ·························· 151
8.4.1 平锤压缩板坯 ··· 151
8.4.2 宽板平辊轧制 ··· 153

　　思考题及习题 ……………………………………………………………… 157

9　金属的塑性 ………………………………………………………………… 160

　9.1　金属塑性的基本概念及测定方法 ……………………………………… 160

　　9.1.1　金属塑性的基本概念 ………………………………………… 160

　　9.1.2　金属塑性的测定方法 ………………………………………… 160

　　9.1.3　塑性图 …………………………………………………………… 163

　9.2　影响塑性的主要因素及提高塑性的途径 ……………………………… 164

　　9.2.1　影响塑性的内部因素 ………………………………………… 164

　　9.2.2　影响金属塑性的外部因素 …………………………………… 167

　　9.2.3　提高金属塑性的主要途径 …………………………………… 173

　9.3　金属的超塑性 …………………………………………………………… 173

　　9.3.1　超塑性的种类 ………………………………………………… 174

　　9.3.2　细晶超塑性的特征 …………………………………………… 175

　　9.3.3　细晶超塑性变形的机制 ……………………………………… 177

　　9.3.4　影响超塑性的主要因素 ……………………………………… 178

　　9.3.5　超塑性的应用 ………………………………………………… 178

　　思考题及习题 ……………………………………………………………… 180

10　金属塑性变形的物理本质 …………………………………………… 182

　10.1　单晶体的塑性变形 ……………………………………………………… 182

　　10.1.1　滑移 …………………………………………………………… 182

　　10.1.2　孪生 …………………………………………………………… 187

　　10.1.3　扭折带和形变带 ……………………………………………… 192

　10.2　多晶体塑性变形 ………………………………………………………… 193

　　10.2.1　多晶体的塑性变形机制 ……………………………………… 193

　　10.2.2　多晶体塑性变形的特点 ……………………………………… 194

　　10.2.3　多晶体的屈服与形变时效 …………………………………… 196

　10.3　金属在塑性变形中的硬化 ……………………………………………… 198

　　10.3.1　单晶体的加工硬化 …………………………………………… 198

　　10.3.2　多晶体金属的硬化 …………………………………………… 200

　　10.3.3　影响加工硬化的因素 ………………………………………… 201

　10.4　金属塑性变形的不均匀性与残余应力 ………………………………… 202

　　10.4.1　金属塑性变形的不均匀性 …………………………………… 202

　　10.4.2　基本应力与附加应力 ………………………………………… 203

　　10.4.3　残余应力 ……………………………………………………… 203

　　思考题及习题 ……………………………………………………………… 204

11　金属塑性变形对组织性能的影响 …………………………………… 205

　11.1　冷变形中组织性能变化 ………………………………………………… 205

11.1.1 冷变形中组织变化 ···························· 205

11.1.2 性能的变化 ·································· 207

11.2 冷变形金属在加热时的组织性能变化 ·················· 208

11.2.1 回复与再结晶概念 ···························· 208

11.2.2 回复 ······································ 209

11.2.3 再结晶 ···································· 211

11.2.4 晶粒长大 ·································· 215

11.3 金属在热变形过程中的回复及再结晶 ·················· 216

11.3.1 动态回复和动态再结晶 ······················ 217

11.3.2 热加工中断后的静态回复和再结晶 ·············· 234

11.4 热变形过程中金属组织性能的变化 ···················· 235

11.4.1 热加工变形中金属组织性能的变化 ·············· 235

11.4.2 热加工过程的实验分析 ······················ 237

11.5 温加工变形中组织性能的变化 ······················ 240

11.5.1 金属材料加工性能的改善 ···················· 241

11.5.2 产品使用性能的改善 ························ 241

11.6 剧烈塑性变形中金属组织性能的变化 ················ 241

11.6.1 剧烈塑性变形技术 ·························· 241

11.6.2 大塑性变形技术 ···························· 242

11.6.3 剧烈塑性变形材料组织演变机理 ·············· 244

思考题及习题 ·································· 248

12 金属塑性加工过程中的织构与各向异性 ·············· 250

12.1 晶体取向与织构 ·································· 251

12.1.1 晶体取向的概念 ···························· 251

12.1.2 晶体取向的常见表示 ························ 251

12.1.3 织构的概念 ································ 258

12.1.4 织构的分析方法 ···························· 259

12.2 塑性变形织构 ···································· 267

12.2.1 面心立方的形变织构 ························ 267

12.2.2 体心立方的形变织构 ························ 269

12.2.3 密排六方的形变织构 ························ 270

12.3 织构对材料性能的影响 ···························· 275

12.3.1 织构对材料冲压成形性能的影响 ·············· 275

12.3.2 织构对材料性能的影响 ······················ 281

思考题及习题 ·································· 283

13 金属在加工变形中的断裂 ·························· 286

13.1 断裂的物理本质 ·································· 286

13.1.1　断裂的基本类型 ··· 286

13.1.2　断裂过程与物理本质 ·· 287

13.1.3　金属断裂的基本过程 ·· 288

13.2　影响断裂类型的因素 ··· 289

13.2.1　变形温度的影响 ··· 289

13.2.2　变形速度的影响 ··· 289

13.2.3　应力状态的影响 ··· 290

13.3　塑性加工中金属的断裂 ·· 290

13.3.1　镦粗饼材时侧面纵裂 ·· 290

13.3.2　锻压延伸(或拔长)时的内部纵裂 ······························ 292

13.3.3　锻压延伸及轧制时产生的内部横裂 ····························· 294

13.3.4　锻压延伸及轧制时产生的角裂 ·································· 294

13.3.5　锻压延伸及轧制时产生的端裂(劈头) ························· 295

13.3.6　轧板时的边裂和薄件的中部开裂 ······························· 295

13.3.7　挤压和拉拔时产生的主要断裂 ·································· 295

思考题及习题 ·· 297

参考文献 ··· 298

0 绪 论

0.1 金属的塑性成形及其特点

金属材料在外力作用下发生塑性变形而不破坏其完整性的能力称为塑性。金属材料在一定的外力作用下，利用其塑性而使其成形并获得一定力学性能的加工方法称为塑性成形，也称塑性加工或压力加工。

金属塑性成形与金属切削加工、铸造、焊接相比有如下特点：

（1）组织、性能得到改善和提高；

（2）无铁屑，材料利用率高，可以节约大量金属材料；

（3）尺寸精度高；

（4）生产效率高，适于大批量的生产。

0.2 金属塑性成形的分类

金属塑性成形的种类很多，分类方法也较多。通常按加工时工件的受力、变形方式和加工温度分类。

0.2.1 按加工时工件的受力和变形方式分类

0.2.1.1 压力作用

锻造是用锻锤运动锤击或用压力机压头压缩工件。锻造分自由锻和模锻两种基本形式，其中自由锻又有镦粗、延伸以及切断等工艺。锻造工艺可生产各种轴类、曲柄和连杆，如图 0-1 所示。

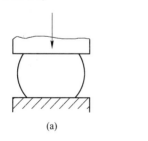   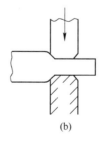   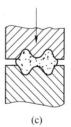

（a）　　　　　　　　　　（b）　　　　　　　　（c）

图 0-1 锻造工艺示意图

（a）镦粗；（b）延伸；（c）模锻

轧制是坯料通过转动的轧辊受到压缩，使其断面减小、形状改变、长度增加。它可分为纵轧、横轧和斜轧三种形式，如图 0-2 所示。纵轧时，两个工作轧辊旋转方向相反，轧件的纵轴线与轧辊轴线垂直。横轧时，工作轧辊旋转方向相同，轧件的纵轴线与轧辊轴线平行。斜轧时，工作轧辊的旋转方向相同，轧件的纵轴线与轧辊轴线成一定的倾斜角。利用轧制方法可生产板带材、简单断面和复杂断面型钢、管材、回转体（如变断面的轴、齿轮等）、各种周期断面型材、丝杠、麻花钻头和钢球等。

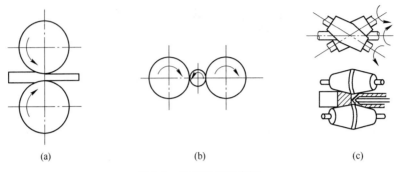

图 0-2　轧制工艺示意图

（a）纵轧；（b）横轧；（c）斜轧

挤压是把坯料放在挤压筒中，垫片在挤压轴的推动下，迫使金属从一定形状和尺寸的模孔中挤压出。挤压有正挤压和反挤压两种基本形式，如图 0-3 所示。正挤压时，挤压轴的运动方向与金属挤出方向一致；反挤压时，挤压轴的运动方向与金属从模孔中挤出的方向相反。挤压法可生产各种断面的型材和管材。

0.2.1.2　拉力作用

拉拔是用拉拔机的钳子夹住金属，使金属从一定形状和尺寸的模孔中拉出，如图 0-4 所示。拉拔一般是在冷状态下进行，产品表面粗糙度降低，尺寸精确度及金属的强度均有所增加。拉拔产品种类很多，可生产各种断面的型材、线材和管材，被广泛地应用在电线、电缆线、金属网以及各种仪器制造业中。

冲压属于板料成形，是用冲头将金属板顶入凹模，冲压成所需形状和尺寸的产品，如图0-5所示。冲压一般在室温下进行，通常称为冷冲压。薄板的冲压生产产品有飞机零部件、子弹壳、汽车零件、仪表零件以及日常生活用品，如锅、碗、勺、盆等。

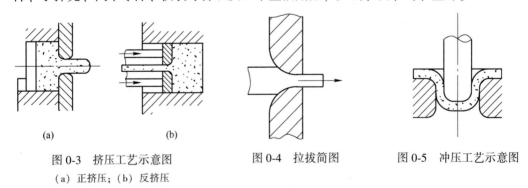

图 0-3　挤压工艺示意图

（a）正挤压；（b）反挤压

图 0-4　拉拔简图

图 0-5　冲压工艺示意图

拉伸是板料在外力作用下，沿一定形状的模具包制成形，如图 0-6 所示。如带材的拉力矫直等。

0.2.1.3　弯矩和剪力作用

弯曲是在弯矩作用下成形，如图 0-7 所示。如板带弯曲成形和型材的矫直。

剪切是坯料在剪力作用下进行剪切变形，如图 0-8 所示。如板料的冲剪和型材的剪切。

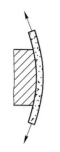 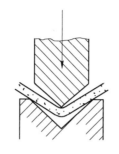 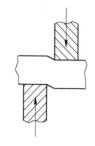

图 0-6　拉伸工艺示意图　　　图 0-7　弯曲工艺示意图　　　图 0-8　剪切工艺示意图

0.2.1.4　组合加工变形方式

把上述基本加工变形方式组合起来，形成新的组合加工变形过程。如轧制和其他基本加工变形方式的组合，即轧制与锻压、挤压、拉拔、弯曲和剪切的复合加工。一个复合加工过程可达到其中一两个目的或同时达到几个目的，最终达到节能、节材、高产优质、多品种以及获得特殊用途材料的目的。

锻轧（或辊锻）是坯料被镶有锻模的一对反向转动的轧辊咬入后产生局部塑性变形，从而得到各种制坯和成品锻件的加工方式，如图 0-9 所示。它与锻压相比设备吨位小、生产率高、材料消耗少、模具寿命长、易于实现机械化和自动化、公害小、劳动条件好、可生产各种变断面零件。如汽车用经济变断面弹簧用锻轧法生产就很经济。

轧挤是一种常见的纵轧压力穿孔，如图 0-10 所示。它可对斜轧法难以穿孔的连铸坯（如易开裂和折叠）进行穿孔，并能用方坯代替圆坯。轧挤工艺可提高生产率和成品率、且投资少、耗能低。

拔轧是工件前端在外拉力作用下，通过由游动辊组成的孔型，拔制出各种实心和空心的断面形状制品，如图 0-11 所示。拔轧的主要优点是拉拔力低、拔轧道次和总变形增加、工具费用低、对润滑剂要求不高、比常规轧制的宽展小、工件形状易于控制、适用于拉拔异形件。拔轧机结构简单、动力小、投资省，是盘条、棒材、管材深加工的高效生产方法。

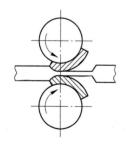 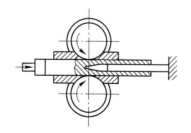 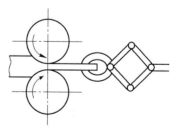

图 0-9　锻轧工艺示意图　　　图 0-10　轧挤工艺示意图　　　图 0-11　拔轧工艺示意图

辊弯是在辊弯轧机上，通过一系列轧辊孔型，将热轧带材或退火后的冷轧带材逐渐弯曲成要求外廓形状的型材，如图 0-12 所示。辊弯成形不仅可以得到外形复杂的开口或闭口型材，还可生产各种断面的冷弯型材和特殊型材。

辊弯与热轧型材相比可节约金属 25%～35%，产品精度高、生产连续化、设备投资少、制造机构装配容易、节约劳动力，有着显著的经济效益。

异步轧制是利用上下工作辊的线速度不相等，造成上下辊辊面对轧件摩擦力方向相反的搓轧条件的轧制过程，如图 0-13 所示。与常规轧制相比，异步轧制能显著减少轧制道次和中间退火次数，尤其是对轧制薄而硬的带材，可大幅度降低轧制压力，得到良好的板形。

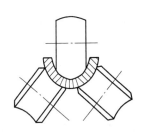
图 0-12 辊弯工艺示意图

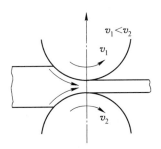
图 0-13 异步轧制工艺示意图

0.2.2 根据加工时工件的温度特征分类

按加工时工件的温度特征，金属塑性成形可分为热加工、冷加工和温加工。

（1）热加工：再结晶温度以上进行的加工。

（2）冷加工：在不产生回复和再结晶的温度以下进行的加工。

（3）温加工：在产生回复的温度下进行的加工。

0.3 本课程的目的及任务

金属塑性成形是借助一定的外力使金属产生所需形状的塑性变形。金属产生塑性变形时，金属材料在金属学和力学等方面有共同的基础知识和变化规律。因此，学习金属塑性成形理论，就是掌握金属在塑性成形时的共同性，研究和发现金属在各种塑性成形过程中所遵循的变化规律，为合理制定塑性成形工艺规范、选择设备及设计模具奠定理论基础。

金属塑性成形工艺要求如下：

（1）金属具有良好的塑性；

（2）变形抗力小；

（3）保证塑性成形件质量，即使成形件组织均匀、晶粒细小、强度高、残余应力小等；

（4）了解变形力，以便为选择成形设备、设计模具提供理论依据。

为实现上述要求，需掌握塑性变形的力学基础、物理基础、塑性成形问题的工程解法等方面内容。因此，本课程的具体任务是：

（1）掌握金属塑性变形的物理本质、塑性变形与金属组织性能的关系，为拟定塑性加工变形制度提供理论依据；

（2）熟悉变形、力、能工程计算法以及这些参数的理论模型的建立；

（3）掌握金属塑性变形所遵循的基本规律以及影响金属塑性和变形抗力的因素，寻找和发现提高金属塑性，降低变形抗力的最佳措施。

1 应 力 理 论

金属塑性加工是金属与合金在外力作用下产生塑性变形的过程。金属塑性成形原理是用数学方法研究金属塑性变形的规律，即研究金属在外力作用下应力及应变的分布规律，从而进行压力加工力能参数的计算。为了简化研究过程，塑性理论通常假定变形体是连续的且是均质和各向同性的，因此可以把变形体切成无数个微小单元体进行研究，研究单元体的应力、应变及平衡条件，建立平衡微分方程和边界条件并设法求解。为此，首先了解并研究单元体的应力状态和推导出单元体的平衡微分方程。

1.1 外力与应力

物体所承受外力分成两类：一类是作用在物体表面上的力，称为表面力，可以是集中力，也可以是分布力，如水坝所受的水压力；另一类是作用在物体每个质点上的力，如重力、磁力以及惯性力等，称为体积力。塑性成形时，除高速锻造、爆炸成形、磁力成形等少数情况外，体积力相对于表面力而言很小，可忽略不计。

在外力作用下，物体内部之间相互作用的力称为内力，单位面积上的内力称为应力。图1-1所示为一个物体受外力系 P_1、P_2、…的作用而处于平衡状态。设物体内有任意一点 Q，过 Q 作一个法线为 N 的平面 A，将物体切开后移去上半部，这时 A 面即可看成是下半部的外表面，A 面上作用的内力应与下半部其余的外力保持平衡。这样，内力的问题就可以当成外力来处理。

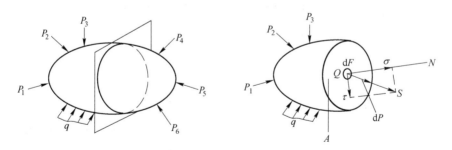

图 1-1 面力、内力和应力

在 A 面上围绕 Q 点取一很小的面积 ΔF，设该面积上内力的合力为 ΔP，则定义：

$$S = \lim_{\Delta F \to 0} \frac{\Delta P}{\Delta F} = \frac{\mathrm{d}P}{\mathrm{d}F} \tag{1-1}$$

式中，S 称为 A 面上 Q 点的全应力。全应力 S 可以分解成两个分量：一个垂直于 A 面，称为正应力，一般用 σ 表示；另一个平行于 A 面，称为剪应力，用 τ 表示。这时，面积 $\mathrm{d}F$ 可称为 Q 点在 N 方向的微分面。S、σ、τ 分别称为 Q 点在 N 方向微分面上的全应力、正应力及剪应力。全应力 S、正应力 σ 及剪应力 τ 之间关系为：

$$S^2 = \sigma^2 + \tau^2 \qquad (1\text{-}2)$$

过 Q 点可以作无限多的切面，在不同方向的切面上，Q 点的应力显然是不同的。现以单向均匀拉伸为例进行分析，如图 1-2 所示，垂直于试样拉伸轴线的横截面上的应力为：

$$\sigma_0 = \frac{P}{F_0} \qquad (1\text{-}3)$$

式中　F_0——试样横截面面积；

　　　P——轴向拉力。

透过棒内一点 Q 作一切面 A，其法线 N 与拉伸轴成 θ 角，将棒料切开移去上半部。由于是均匀拉伸，故 A 面上的应力是均布的。设 Q 点在 A 面上的全应力为 S，则 S 的方向一定平行于拉伸轴，其大小为：

$$S = \frac{P}{\dfrac{F_0}{\cos\theta}} = \frac{P}{F_0}\cos\theta = \sigma_0\cos\theta \qquad (1\text{-}4)$$

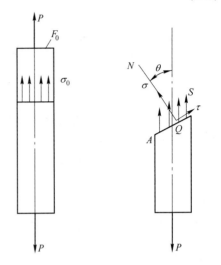

图 1-2　单向均匀拉伸时任意斜面上的应力

式中，σ_0 为垂直于拉伸轴的切面上的正应力。全应力 S 的正应力分量及剪应力分量用下式求得：

$$\begin{cases} \sigma = S\cos\theta = \sigma_0\cos^2\theta \\ \tau = S\sin\theta = \dfrac{1}{2}\sigma_0\sin2\theta \end{cases} \qquad (1\text{-}5)$$

即对于单向均匀拉伸，只要知道点 Q 任意一个切面上的应力，就可以通过式(1-5)求得其他切面上的应力。但在多向受力的情况下，显然不能由一点的任意切面上的应力求得该点其他方向切面上的应力。也就是说，仅仅用某一方向切面上的应力并不足以全面地表示出一点所受应力的情况，为了全面地表示一点的受力情况，就需引入"点应力状态"的概念。

1.2　物体内应力状态

一般情况下，物体内的同一截面上不同点的应力不同，而且通过一点的不同方向截面上的应力也不相同。对于各处应力不同的情况。称之为非均匀应力情况。例如，受弯扭的杆件横截面上的应力分布。

弄清一点的应力情况，就是了解通过这点的任意截面上应力的状态，并从力学基本概念上分析和判断受力物体会在哪些特定的方向受多大应力产生变形或导致破坏。物体内一点各个截面上的应力情况，通常被称为物体内的点应力状态。研究点的应力状态的具体内容就是建立通过一点各截面上的应力表达方式，并研究它们之间的相互联系。

点应力状态的研究，对于解决物体无论处于弹性阶段或塑性阶段的强度问题都是很重要的。特别是在复杂应力状态下强度准则的建立，必须依靠有关应力状态的基本概念作为基础。

设有一个承受任意力系的物体，物体内有一任意点 Q，围绕 Q 点切取一立方六面体作为单元体，当用直角坐标系 $Oxyz$ 时，可取各平行平面与坐标面平行的正六面体，如图 1-3 所示。如以点 Q 为正六面体的体心，由于物体各部分间力的作用，单元体的各截面都有应力存在。若这些应力已知，根据平衡法则，可求得通过该点任意斜面上的应力。

通常用单元体的三对相互垂直面上的应力来表示一点的应力状态。若应力状态均匀，则可取有限大小的单元体，否则应取微小单元体，简称微单元。设边长分别为 dx、dy、dz，此时各微分面上的应力被认为是均匀分布的，且每微分面上的总应力可以分别向三个坐标轴投影，得到三个应力分量。由于每个微分面都与一个坐标轴垂直而与另两个坐标轴平行，故三个应力分量中必有一个是正应力分量，另两个则是剪应力分量，三个微分面共有九个分量。因此一般情况下，一点的应力状态应该用九个应力量来描述，如图 1-4 所示。

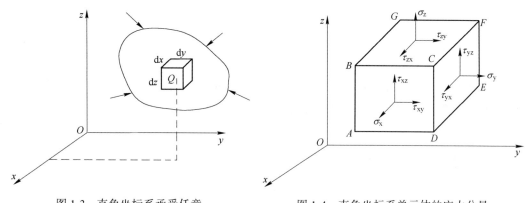

图 1-3　直角坐标系承受任意
力系的物体中的单元体

图 1-4　直角坐标系单元体的应力分量

为了清楚地表示出各个微分面上的应力分量，三个微分面都用各自的法线方向命名，图 1-4 中 *ABCD* 面称为 x 面，*CDEF* 面称为 y 面等。每个应力分量的符号都带有两个下角标，第一个角标表示该应力分量的作用面，第二个角标表示它的作用方向。两个下角标相同的是正应力分量，例如 σ_{xx}，即表示 x 面上平行于 x 轴的正应力分量，一般简写为 σ_x，两个下角标不同的是剪应力分量，例如 τ_{xy}，即表示 x 面上平行于 y 轴的剪应力分量。为了清楚起见，可将九个分量表示如下：

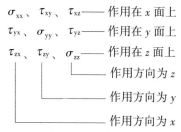

应力分量的正、负号按以下方法确定：在单元体上，外法线指向坐标轴正向的微分面称为正面，反之称为反面。在正面上，指向坐标轴正向的应力分量取正号，指向负向的取负号。负面上的应力分量则相反，指向坐标轴负向的为正，反之为负。按此规定，正应力

分量以拉为正，以压为负，图 1-4 中给出的剪应力分量都是正的。

由于单元体处于静力平衡状态，故绕单元体各轴的合力矩必须等于零，由此可以导出以下关系：

$$\tau_{xy} = \tau_{yx}; \quad \tau_{xz} = \tau_{zx}; \quad \tau_{yz} = \tau_{zy} \tag{1-6}$$

式(1-6)称为剪应力互等定律，它表明为保持单元体的平衡，剪应力总是成对出现。由此，表示一点的应力状态，实际上只需要六个应力分量。

对于同一个 Q 点，如果选取的坐标轴方向不同，那么，虽然该点的应力状态没有改变，但用来表示该点应力状态的九个应力分量就会有不同的数值。

这些不同坐标的应力分量之间可以用一定的线性关系式来换算，所以点的应力状态是一个二阶张量，称为应力张量，可以用符号 σ_{ij}（i、$j = x$、y、z）表示，使角标 i、j 依次分别等于 x、y、z，可得到九个分量。例如，$i = j = x$，可得 σ_{xx}，也可写成 σ_x；如 $i = x$，$j = y$，则得 σ_{xy}，也可写成 τ_{xy}。于是应力张量可以表示成矩阵的形式：

$$\sigma_{ij} = \begin{pmatrix} \sigma_x & \tau_{xy} & \tau_{xz} \\ \tau_{yx} & \sigma_y & \tau_{yz} \\ \tau_{zx} & \tau_{zy} & \sigma_z \end{pmatrix} \tag{1-7}$$

根据剪应力互等定律，可发现式(1-7)中矩阵主对角线两边是对称的，这样的张量称为对称张量，它有许多独特的性质。上述 σ_{ij} 这种类型的符号叫角标符号，它可使公式大为简化。

1.3　任意斜面上的应力确定

取质点 Q（单元体）与 $Oxyz$ 坐标系中的原点重合。设此单元体的应力分量为 σ_{ij}，现有一任意方向的斜切微分面 ABC 把单元体切成一个四面体 $QABC$，如图 1-5 所示，则该微分面上的应力就是质点在任意切面上的应力，它可通过四面体 $QABC$ 的静力平衡求得。设 ABC 微分面的法线为 N，N 的方向余弦为 l、m、n，则：

$$l = \cos(x, N); \quad m = \cos(y, N); \quad n = \cos(z, N)$$

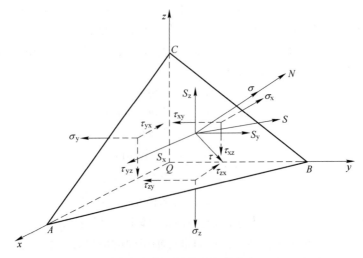

图 1-5　斜切微分面上的应力

用角标符号可简记为：

$$l_i = \cos(i, N)\,(i = x, y, z)$$

设微分面 ABC 的面积为 $\mathrm{d}F$，微分面 QBC（即 x 面）、QCA（即 y 面）、QAB（即 z 面）的面积分别为 $\mathrm{d}F_x$、$\mathrm{d}F_y$ 及 $\mathrm{d}F_z$，则：

$$\mathrm{d}F_x = l \cdot \mathrm{d}F; \quad \mathrm{d}F_y = m \cdot \mathrm{d}F; \quad \mathrm{d}F_z = n \cdot \mathrm{d}F$$

设 ABC 面上的全应力为 S，它在三个坐标轴方向的分量为 S_x、S_y、S_z。由静力平衡条件 $\Sigma P_x = 0$ 有：

$$\Sigma P_x = S_x \cdot \mathrm{d}F - \sigma_x \cdot \mathrm{d}F_x - \tau_{xy} \cdot \mathrm{d}F_y - \tau_{xz} \cdot \mathrm{d}F_z = 0$$

可得：

$$\begin{cases} S_x = \sigma_x l + \tau_{yx} m + \tau_{zx} n \\ S_y = \tau_{xy} l + \sigma_y m + \tau_{zy} n \\ S_z = \tau_{xz} l + \tau_{yz} m + \sigma_z n \end{cases} \tag{1-8}$$

或

$$S_j = \sigma_{ij} l_i \,(i, j = x, y, z)$$

斜切微分面 ABC 上的全应力为：

$$S^2 = S_x^2 + S_y^2 + S_z^2 = S_j S_j \tag{1-9}$$

通过全应力 S 及其分量 S_j，即可方便地求得斜切微分面上的正应力 σ 和剪应力 τ，正应力 σ 是 S 在法线 N 上的投影，也就等于 S_j 在法线 N 上的投影之和，即：

$$\sigma = S_x l + S_y m + S_z n \tag{1-10}$$

将式(1-8)代入式(1-10)，整理后可得：

$$\sigma = \sigma_x l^2 + \sigma_y m^2 + \sigma_z n^2 + 2(\tau_{xy} lm + \tau_{yz} mn + \tau_{zx} nl) \tag{1-11}$$

因为

$$S^2 = \sigma^2 + \tau^2$$

所以斜切微分面上的剪应力为：

$$\tau^2 = S^2 - \sigma^2 \tag{1-12}$$

这也就证明了：如质点在三个相互垂直切面上的应力已知，则该点在任意方向切面上的应力均可求得。

如果质点处在物体的边界上，斜切微分面 ABC 就是物体的外表面，则该面上作用的就是外力 T_j（$j = x, y, z$）。这时，式(1-8)的关系仍成立。故用 T_j 代替 S_j，因 $\sigma_{ij} = \sigma_{ji}$，即：

$$T_j = \sigma_{ij} l_i \tag{1-13}$$

这就是应力边界条件的表达式。

1.4　主应力、应力张量不变量和应力椭球面

1.4.1　主应力

如果点应力状态的应力分量已经确定，那么微分面 ABC 上的正应力及剪应力，都将随法线 N 的方向，也即随 l、m、n 的数值而变。例如，N 在某一方向时，微分面上的 $\tau = 0$，这样的特殊微分面叫主平面，面上作用的正应力即称为主应力（其数值有时也可能为零），主平面的法线方向称为应力主方向或应力主轴。

对于任意一点的应力状态，一定存在相互垂直的三个主方向、三个主平面和三个主应

力。这是应力张量的一个重要特性。若选取三个相互垂直的主方向作为坐标轴，那么应力张量的六个剪应力分量都将为零，可使问题大为简化。

三个主应力和三个相互垂直的主方向都可以由任意坐标里的应力分量求得。为此，可以假定图 1-5 中法线方向余弦为 l、m、n 的斜切微分面 ABC 正好是主平面，面上的剪应力 $\tau = 0$，由式(1-12)可得 $\sigma = S$，于是主应力在三个坐标轴方向上的投影 S_x、S_y 及 S_z 可表示为：

$$S_x = l\sigma; \quad S_y = m\sigma; \quad S_z = n\sigma \tag{1-14}$$

将上列的 S_i 值代入式(1-8)，整理后可得：

$$\begin{cases} (\sigma_x - \sigma)l + \tau_{yx}m + \tau_{zx}n = 0 \\ \tau_{xy}l + (\sigma_y - \sigma)m + \tau_{zy}n = 0 \\ \tau_{xz}l + \tau_{yz}m + (\sigma_x - \sigma)n = 0 \end{cases} \tag{1-15}$$

式(1-15)是以 l、m、n 为未知数的齐次线性方程组。此方程组的一组解是 $l = m = n = 0$。

由解析几何可知，方向余弦之间必须保持：

$$l^2 + m^2 + n^2 = 1 \tag{1-16}$$

它们不能同时为零，所以必须寻求非零解。齐次线性方程组(1-15)存在非零解的条件是方程组的系数所组成的行列式等于零，即：

$$\begin{vmatrix} (\sigma_x - \sigma) & \tau_{yx} & \tau_{zx} \\ \tau_{xy} & (\sigma_y - \sigma) & \tau_{zy} \\ \tau_{xz} & \tau_{yz} & (\sigma_z - \sigma) \end{vmatrix} = 0 \tag{1-17}$$

式(1-17)是 σ 的三次方程，它的根是主应力。将行列式展开，整理后可得：

$$\sigma^3 - J_1\sigma^2 - J_2\sigma - J_3 = 0 \tag{1-18}$$

式中

$$J_1 = \sigma_x + \sigma_y + \sigma_z \tag{1-19a}$$

$$J_2 = -\begin{vmatrix} \sigma_y & \tau_{yz} \\ \tau_{zy} & \sigma_z \end{vmatrix} - \begin{vmatrix} \sigma_x & \tau_{xz} \\ \tau_{zx} & \sigma_z \end{vmatrix} - \begin{vmatrix} \sigma_x & \tau_{xy} \\ \tau_{yx} & \sigma_y \end{vmatrix}$$

$$= -\sigma_y\sigma_z + \tau_{yz}^2 - \sigma_x\sigma_z + \tau_{xz}^2 - \sigma_x\sigma_y + \tau_{xy}^2 \tag{1-19b}$$

$$= -(\sigma_y\sigma_z + \sigma_x\sigma_z + \sigma_x\sigma_y) + \tau_{yz}^2 + \tau_{xz}^2 + \tau_{xy}^2$$

$$J_3 = \begin{vmatrix} \sigma_x & \tau_{xy} & \tau_{xz} \\ \tau_{yx} & \sigma_y & \tau_{yz} \\ \tau_{zx} & \tau_{zy} & \sigma_z \end{vmatrix} \tag{1-19c}$$

$$= \sigma_x\sigma_y\sigma_z + 2\tau_{xy}\tau_{yz}\tau_{xz} - \sigma_x\tau_{yz}^2 - \sigma_y\tau_{xz}^2 - \sigma_z\tau_{xy}^2$$

1.4.2　应力张量不变量

若 σ_1、σ_2、σ_3 为方程(1-18)的根，则：

$$(\sigma - \sigma_1)(\sigma - \sigma_2)(\sigma - \sigma_3) = 0$$

$$\sigma^3 - (\sigma_1 + \sigma_2 + \sigma_3)\sigma^2 + (\sigma_1\sigma_2 + \sigma_2\sigma_3 + \sigma_1\sigma_3)\sigma - \sigma_1\sigma_2\sigma_3 = 0 \tag{1-20}$$

对比式(1-18)~式(1-20)得：

$$\begin{cases} J_1 = (\sigma_1 + \sigma_2 + \sigma_3) = \sigma_x + \sigma_y + \sigma_z \\ J_2 = -(\sigma_1\sigma_2 + \sigma_2\sigma_3 + \sigma_3\sigma_1) = -(\sigma_y\sigma_z + \sigma_x\sigma_z + \sigma_x\sigma_y) + \tau_{yz}^2 + \tau_{xz}^2 + \tau_{xy}^2 \\ J_3 = \sigma_1\sigma_2\sigma_3 = \sigma_x\sigma_y\sigma_z + 2\tau_{xy}\tau_{yz}\tau_{xz} - \sigma_x\tau_{yz}^2 - \sigma_y\tau_{xz}^2 - \sigma_z\tau_{xy}^2 \end{cases} \quad (1\text{-}21)$$

由式(1-21)可知，对同一点应力状态，三个主应力的数值是一定的，与过该点坐标无关。无论过该点坐标轴如何选择，方程式的系数 J_1、J_2、J_3 均等于常数。所以，这些系数称为应力常量。其中 J_1、J_2、J_3 分别称一次、二次和三次应力常量，也有的把这个常量称为应力张量常量。如果过该点坐标轴的选取发生变化，则新旧坐标系各应力分量之间存在着固定的内在联系，这种联系就是 J_1、J_2、J_3 固定不变。

若取三个应力主方向为坐标轴，则一点的应力状态只有三个主应力，应力张量为：

$$\sigma_{ij} = \begin{pmatrix} \sigma_1 & 0 & 0 \\ 0 & \sigma_2 & 0 \\ 0 & 0 & \sigma_3 \end{pmatrix}$$

在应力主轴坐标系下，斜面上应力分量的公式简化如下：

$$S_1 = \sigma_1 l; \quad S_2 = \sigma_2 m; \quad S_3 = \sigma_3 n \tag{1-22}$$

$$S^2 = \sigma_1^2 l^2 + \sigma_2^2 m^2 + \sigma_3^2 n^2 \tag{1-23}$$

$$\sigma = \sigma_1 l^2 + \sigma_2 m^2 + \sigma_3 n^2 \tag{1-24}$$

$$\tau^2 = (\sigma_1^2 l^2 + \sigma_2^2 m^2 + \sigma_3^2 n^2) - (\sigma_1 l^2 + \sigma_2 m^2 + \sigma_3 n^2)^2 \tag{1-25}$$

1.4.3 应力椭球面

图 1-6 为主平面条件下的单元体，求任意斜切面上全应力的三个分量 S_1、S_2 及 S_3，则由式(1-8)得：

$$\begin{cases} S_1 = \sigma_1 l \\ S_2 = \sigma_2 m \\ S_3 = \sigma_3 n \end{cases} \tag{1-26a}$$

或

$$l = \frac{S_1}{\sigma_1}; \quad m = \frac{S_2}{\sigma_2}; \quad n = \frac{S_3}{\sigma_3} \tag{1-26b}$$

由于

$$l^2 + m^2 + n^2 = 1 \tag{1-27}$$

将式(1-26b)代入式(1-27)得：

$$\frac{S_1^2}{\sigma_1^2} + \frac{S_2^2}{\sigma_2^2} + \frac{S_3^2}{\sigma_3^2} = 1 \tag{1-28}$$

对于一点的应力状态，主应力 σ_1、σ_2、σ_3 是确定的，因此式(1-28)表示一个椭球面，称为应力椭球面，它是点应力状态任意斜切面的全应力矢量 S 端点的轨迹，如图 1-7 所示。其主半轴的长度分别等于 σ_1、σ_2、σ_3，另外，三个主应力中的最大者和最小者即是一点所有方向的应力中的最大者和最小者。

根据三个主应力的特点可以区分各种应力状态。在三个主应力中，如两个为零，则为单向应力状态，例如单向拉伸就是这种状态。如有一个主应力为零，就为两向应力状态，例如弯曲、扭转等。塑性成形中的多数板料的成形工序也可看成是两向应力状态，如三个主应力不为零，为三向应力状态。锻造、轧钢等工艺，大多是这种状态。另外，当三个主应力中有两个相等，例如 $\sigma_1 \neq \sigma_2 = \sigma_3$，则可称为圆柱形应力状态，单向应力时，$\sigma_1 \neq \sigma_2 = \sigma_3 = 0$，也属这种应力状态。在这种应力状态下，与 σ_1 垂直的所有方向都是主方向，而且这些方向上的主应力都相等，当三个主应力相等时，设过一点各向都具有符号相同，大小相等的正应力 $\sigma_m = -p$，即：

$$\sigma_1 = \sigma_2 = \sigma_3 = \sigma_m = -p \tag{1-29}$$

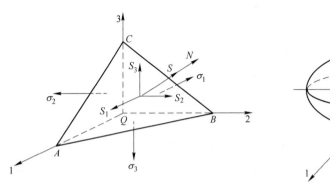

图 1-6　主平面上的应力

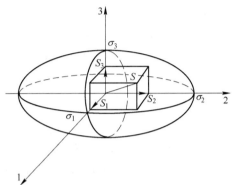

图 1-7　应力椭球面

由式（1-29）得知，椭球体变为球体。则应力图变成球面，故为球应力状态。由式（1-12）知 $\tau \equiv 0$，即所有方向都没有剪应力，所以都是主方向，而且所有方向的应力都相等。

1.4.4　主应力图

用来定性说明变形体上主应力作用情况的示意图，称为主应力图。已知过一点三个主平面上的三个主应力，可以求过该点任意倾斜截面上的应力，从而也就确定了该点的应力状态。为定性说明变形体中某点应力状态，常采用主应力状态图示（简称应力图示）。应力图示就是在变形体内某点处用截面法截取立方体，在其三个互相垂直的面上用箭头定性地表示有无主应力存在（拉应力箭头向外为正，压应力箭头向内为负）。如果变形区内绝大部分属于某种应力图示，则这种应力图示就表示该塑性加工过程的应力图示。

可能的应力图示共有九种，如图 1-8 所示。其中单向应力状态（或线应力状态）有两种，即一个为拉应力；另一个为压应力；平面应力状态有三种，即一个为两向拉应力，一个为两向压应力，另一个为一向拉应力和一向压应力；体应力状态有四种，即一个为三向拉应力，一个三向压应力，一个为一向压和两向拉应力，另一个为一向拉和两向压应力。塑性加工中常见的是体应力状态。

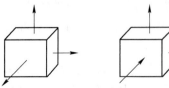

(a)

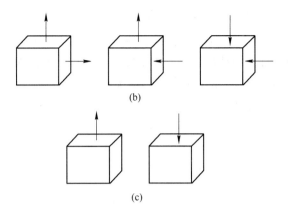

图 1-8 应力图示

（a）体应力状态；（b）平面应力状态；（c）单向应力状态

1.5 主剪应力和最大剪应力

与任意斜面上的正应力相同，剪应力值也会随斜面上的方向而改变，剪应力有极值的切面称为主剪应力平面，面上作用的剪应力称为主剪应力，如图 1-9 所示。

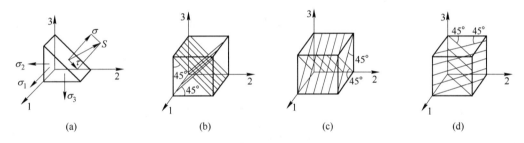

图 1-9 主剪应力平面

（a）$l=0$，$m^2+n^2=1$；（b）$l=0$，$m=n=\pm\dfrac{1}{\sqrt{2}}$ $\tau_{23}=\pm\dfrac{\sigma_2-\sigma_3}{2}$；（c）$m=0$，$l=n=\pm\dfrac{1}{\sqrt{2}}$

$\tau_{31}=\pm\dfrac{\sigma_3-\sigma_1}{2}$；（d）$n=0$，$m=l=\pm\dfrac{1}{\sqrt{2}}$ $\tau_{12}=\pm\dfrac{\sigma_1-\sigma_2}{2}$

取应力主轴为坐标轴，则任意斜面上的剪应力由式（1-12）得：

$$\tau^2 = \sigma_1^2 l^2 + \sigma_2^2 m^2 + \sigma_3^2 n^2 - (\sigma_1 l^2 + \sigma_2 m^2 + \sigma_3 n^2)^2 \tag{1-30}$$

以 $n^2 = 1 - l^2 - m^2$ 代入式（1-30）得：

$$\tau^2 = (\sigma_1^2 - \sigma_3^2) l^2 + (\sigma_2^2 - \sigma_3^2) m^2 + \sigma_3 - [(\sigma_1 - \sigma_2) l^2 + (\sigma_2 - \sigma_3) m^2 + \sigma_3]^2 \tag{1-31}$$

为求剪应力极值，对式（1-31）中的 l、m 分别求偏导并令其为 0，化简得：

$$\left. \begin{array}{l} [(\sigma_1 - \sigma_3) - 2(\sigma_1 - \sigma_3) l^2 - 2(\sigma_2 - \sigma_3) m^2](\sigma_1 - \sigma_3) l = 0 \\ [(\sigma_2 - \sigma_3) - 2(\sigma_2 - \sigma_3) l^2 + 2(\sigma_2 - \sigma_3) m^2](\sigma_1 - \sigma_3) m = 0 \end{array} \right\} \tag{1-32}$$

对式（1-32）进行讨论：

（1）若式（1-32）的一组解为 $l=m=0$，$n=\pm1$，这是一对主平面，剪切应力为零，不是所需解。

（2）若 $\sigma_1=\sigma_2=\sigma_3$，则式（1-32）无解，这时是球应力状态，$\tau\equiv0$。

（3）若 $\sigma_1\neq\sigma_2=\sigma_3$，则由式（1-32）解得 $l=\pm1/\sqrt{2}$。这是圆柱应力状态，这时与 σ_1 轴成 45°（或 135°）的所有平面都是主切应力平面，单向拉伸就是如此。

（4）一般情况 $\sigma_1\neq\sigma_2\neq\sigma_3$，这里又有下列情况：

1）若 $l\neq0$，$m\neq0$，则式（1-32）必将有 $\sigma_1=\sigma_2$，这与前提条件 $\sigma_1\neq\sigma_2\neq\sigma_3$ 不符，故这时式（1-32）无解。

2）若 $l=0$，$m\neq0$，即斜微分面始终垂直于 1 主平面［见图 1-9（a）］，则由式（1-32）解得此斜微分面（即主剪应力平面）的方向余弦为：

$$l=0,\ m=n=\pm\frac{1}{\sqrt{2}}\quad［见图 1-9（b）］\tag{1-33}$$

3）若 $l\neq0$，$m=0$，即斜微分面始终垂直于 2 主平面［见图 1-9（a）］，则由式（1-32）解得此斜微分面（即主剪应力平面）的方向余弦为：

$$m=0,\ l=n=\pm\frac{1}{\sqrt{2}}\quad［见图 1-9（c）］\tag{1-34}$$

同理，从式（1-32）中消去 l 或 m，则可分别求得三组方向余弦，除去重复解，还可以得到一组解为：

$$n=0,\ m=l=\pm\frac{1}{\sqrt{2}}\quad［见图 1-9（d）］\tag{1-35}$$

将上述三组方向余弦分别代入式（1-25）得主剪应力平面的剪应力为：

$$\begin{cases}\tau_{12}=\pm\dfrac{\sigma_1-\sigma_2}{2}\\[2mm]\tau_{23}=\pm\dfrac{\sigma_2-\sigma_3}{2}\\[2mm]\tau_{31}=\pm\dfrac{\sigma_3-\sigma_1}{2}\end{cases}\tag{1-36}$$

因此，主剪应力平面是一对相互垂直的平面，主剪应力平面与主平面垂直，并与另两个主平面呈 45°。

主剪应力中绝对值最大的一个，即一点所有方向切面上剪应力的最大值者称为最大剪应力，以 $\tau_{\max}$ 表示。设 $\sigma_1\geq\sigma_2\geq\sigma_3$，则：

$$\tau_{\max}=\frac{\sigma_1-\sigma_3}{2}\tag{1-37}$$

将上述三组方向余弦分别代入式（1-24）得主剪应力平面的正应力为：

$$\begin{cases}\sigma_{12}=\dfrac{\sigma_1+\sigma_2}{2}\\[2mm]\sigma_{23}=\dfrac{\sigma_2+\sigma_3}{2}\\[2mm]\sigma_{31}=\dfrac{\sigma_3+\sigma_1}{2}\end{cases}\tag{1-38}$$

由式(1-38)可以发现每对主剪应力平面的正应力都是相等的，如图 1-10 所示。

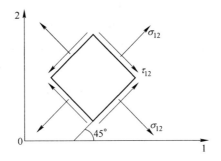

图 1-10　主剪应力平面上正应力（设 $\sigma_1>\sigma_2>0$）

1.6　应力偏张量和球应力张量

物体受外力作用下发生变形，变形分为体积变化和形状变化，单位体积的改变为：

$$dV = \frac{1-2\nu}{E}(\sigma_1 + \sigma_2 + \sigma_3) \tag{1-39}$$

式中　ν——材料泊松比；

　　　E——材料弹性模量。

现设 σ_m 为三个正应力分量的平均值，即：

$$\sigma_m = \frac{1}{3}(\sigma_x + \sigma_y + \sigma_z) = \frac{1}{3}(\sigma_1 + \sigma_2 + \sigma_3) = \frac{1}{3}J_1 \tag{1-40}$$

σ_m 称为平均应力，是不变量，与所取坐标无关，对于一个确定的应力状态，它是单值的。

将三个正应力分量写成如下形式：

$$\begin{cases} \sigma_x = (\sigma_x - \sigma_m) + \sigma_m = \sigma_x' + \sigma_m \\ \sigma_y = (\sigma_y - \sigma_m) + \sigma_m = \sigma_y' + \sigma_m \\ \sigma_z = (\sigma_z - \sigma_m) + \sigma_m = \sigma_z' + \sigma_m \end{cases} \tag{1-41}$$

将式(1-41)代入应力张量式，即可将应力张量分解成两个张量：

$$\begin{aligned} \sigma_{ij} &= \begin{pmatrix} \sigma_x' + \sigma_m & \tau_{xy} & \tau_{xz} \\ \tau_{yx} & \sigma_y' + \sigma_m & \tau_{yz} \\ \tau_{zx} & \tau_{zy} & \sigma_z' + \sigma_m \end{pmatrix} \\ &= \begin{pmatrix} \sigma_x' & \tau_{xy} & \tau_{xz} \\ \tau_{yx} & \sigma_y' & \tau_{yz} \\ \tau_{zx} & \tau_{zy} & \sigma_z' \end{pmatrix} + \begin{pmatrix} \sigma_m & 0 & 0 \\ 0 & \sigma_m & 0 \\ 0 & 0 & \sigma_m \end{pmatrix} \end{aligned} \tag{1-42}$$

用张量符号可把式(1-42)简记为：

$$\sigma_{ij} = \sigma_{ij}' + \delta_{ij}\sigma_m \tag{1-43}$$

式(1-43)中的 δ_{ij} 是一个常用的符号，称为克氏符号，是单位向量。

$$\delta_{ij} = \begin{pmatrix} 1 & 0 & 0 \\ 0 & 1 & 0 \\ 0 & 0 & 1 \end{pmatrix} \tag{1-44}$$

式(1-43)中的后一张量 $\delta_{ij}\sigma_{\mathrm{m}}$ 表示一种球应力状态，故称为球应力张量。球应力状态下，所有方向都是主方向，而且主应力都相等，故 σ_{m} 又称为静水应力。由于球应力在所有方向都没有剪应力，故不能使物体产生形状变化和塑性变形，而只能产生体积变化。

式(1-43)中的前一张量 σ'_{ij} 称为应力偏张量，它是由原应力张量减去球张量后得到的。由于球应力没有剪应力，所有方向都是主方向且主应力相等，故减去球张量后得到的 σ'_{ij} 的剪应力分量、主剪应力、最大剪应力及应力主轴等与原应力张量相同。应力偏张量只能使物体产生形状变化，不能产生体积变化。

应力偏张量同样有三个不变量，即：

$$J'_1 = \sigma'_x + \sigma'_y + \sigma'_z = (\sigma_1 - \sigma_{\mathrm{m}}) + (\sigma_2 - \sigma_{\mathrm{m}}) + (\sigma_3 - \sigma_{\mathrm{m}})$$
$$= \sigma_1 + \sigma_2 + \sigma_3 - 3\sigma_{\mathrm{m}}$$
$$= 0$$

$$J'_2 = \frac{1}{6}\left[(\sigma_x - \sigma_y)^2 + (\sigma_y - \sigma_z)^2 + (\sigma_x - \sigma_z)^2 \right] + \tau_{xy}^2 + \tau_{yz}^2 + \tau_{zx}^2$$
$$= \frac{1}{6}\left[(\sigma_1 - \sigma_2)^2 + (\sigma_2 - \sigma_3)^2 + (\sigma_3 - \sigma_1)^2 \right] \tag{1-45}$$

$$J'_3 = \begin{vmatrix} \sigma'_x & \tau_{xy} & \tau_{xz} \\ \tau_{yx} & \sigma'_y & \tau_{yz} \\ \tau_{zx} & \tau_{zy} & \sigma'_z \end{vmatrix} = \sigma'_1 \sigma'_2 \sigma'_3 \tag{1-46}$$

1.7 八面体应力和等效应力

以受力物体内任意点的应力主轴为坐标轴，在无限靠近该点处做等倾斜的微分面，其法线与三个主轴的夹角都相等，在主轴坐标系空间八个象限中的等倾斜微分面构成一个正八面体（简称八面体），如图 1-11 所示。正八面体的每个平面称为八面体平面，八面体平面上的应力称为八面体应力。

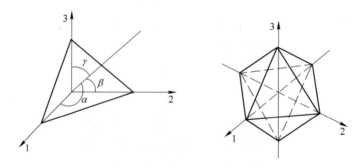

图 1-11　八面体平面与八面体

由于八面体平面的方向余弦具有如下关系：

$$l = m = n \tag{1-47}$$

而 $$l^2 + m^2 + n^2 = 1 \quad 或 \quad 3l^2 = 3m^2 = 3n^2 = 1$$

所以 $$l = m = n = \frac{1}{\sqrt{3}} \tag{1-48}$$

将式(1-48)代入式(1-24)和式(1-25)得八面体正应力 σ_8 和八面体剪应力 τ_8：

$$\sigma_8 = \sigma_m = \frac{1}{3}J_1 = \frac{1}{3}(\sigma_1 + \sigma_2 + \sigma_3) \tag{1-49}$$

$$\tau_8^2 = \sigma_1^2 l^2 + \sigma_2^2 m^2 + \sigma_3^2 n^2 - (\sigma_1 l^2 + \sigma_2 m^2 + \sigma_3 n^2)^2$$

$$= \frac{1}{3}(\sigma_1^2 + \sigma_2^2 + \sigma_3^2) - \frac{1}{9}(\sigma_1 + \sigma_2 + \sigma_3)^2$$

$$\tau_8 = \pm\frac{1}{3}\sqrt{(\sigma_1 - \sigma_2)^2 + (\sigma_2 - \sigma_3)^2 + (\sigma_3 - \sigma_1)^2} = \pm\sqrt{\frac{2}{3}J_2'} \tag{1-50}$$

将 τ_8 取绝对值，乘以 $3/\sqrt{2}$，所得到的参数是一个不变量，称为"等效应力"，也称为"广义应力"或"应力强度"，定义为：

$$\bar{\sigma} = \frac{3}{\sqrt{2}}|\tau_8| = \sqrt{3J_2'} = \sqrt{\frac{1}{2}(\sigma_1 - \sigma_2)^2 + (\sigma_2 - \sigma_3)^2 + (\sigma_3 - \sigma_1)^2} \tag{1-51}$$

由此可见，作用在八面体面上的正应力是常量。在这个八面体各面上都作用有固定不变的正应力 σ_8，就相当于过该点四面八方都作用固定不变的一个应力，其符号和大小与平均应力相同，如果此正应力为压应力就好比该点受静水压力 p 一样。所以也把 $\sigma_m = p$ 称为静水压力。

物体在变形过程中，一点的应力状态是会变化的，这时就需判断是加载还是卸载。在塑性变形理论中，一般根据等效应力的变化来判断。若等效应力增大，即 $d\bar{\sigma} > 0$，则称为加载；若各应力分量都按同一比例增加，则称为比例加载或简单加载；若等效应力不变，即 $d\bar{\sigma} = 0$，则称为中性变载，如果等效应力不变，各应力分量此消彼长而变化，也可称为中性变载；如果等效应力减小，即 $d\bar{\sigma} < 0$，则称为卸载。

1.8 应力平衡方程

在外力作用下处于平衡状态的变形物体，其内部点与点之间的应力大小是连续变化的，也就是说应力是坐标的连续函数。

设连续体内有一点 Q，在直角坐标系中坐标为 $(x、y、z)$。其应力状态为 σ_{ij}，以 Q 为顶点切取一个边长为 dx、dy、dz 的平行六面体，则六面体另一顶点 Q' 的坐标为 $(x+dx, y+dy, z+dz)$。由于坐标的微量变化，各个应力分量也将产生微量的变化，故 Q' 点的应力比 Q 点的应力增加一个微小的增量，即为 $\sigma_{ij} + d\sigma_{ij}$，如图 1-12 所示。

Q 点 x 面上的正应力分量为 σ_x，则：
$$\sigma_x = f(x, y, z)$$
在 Q' 点的 x 面上，由于坐标变化了 dx，故其正应力分量将为：

$$\sigma_x + d\sigma_x = f(x+dx, y, z) = f(x, y, z) + \frac{\partial f}{\partial x}dx + \frac{1}{2}\frac{\partial^2 f}{\partial x^2}dx^2 + \cdots \approx \sigma_x + \frac{\partial \sigma_x}{\partial x}dx$$

其余的八个应力分量也可同样推导，故 Q' 点的应力状态为（见图 1-12）：

$$\sigma_{ij} + \mathrm{d}\sigma_{ij} = \begin{bmatrix} \sigma_x + \dfrac{\partial \sigma_x}{\partial x}\mathrm{d}x & \tau_{xy} + \dfrac{\partial \tau_{xy}}{\partial x}\mathrm{d}x & \tau_{xz} + \dfrac{\partial \tau_{xz}}{\partial x}\mathrm{d}x \\[2mm] \tau_{yx} + \dfrac{\partial \tau_{yx}}{\partial y}\mathrm{d}y & \sigma_y + \dfrac{\partial \sigma_y}{\partial y}\mathrm{d}y & \tau_{yz} + \dfrac{\partial \tau_{yz}}{\partial y}\mathrm{d}y \\[2mm] \tau_{zx} + \dfrac{\partial \tau_{zx}}{\partial z}\mathrm{d}z & \tau_{zy} + \dfrac{\partial \tau_{zy}}{\partial z}\mathrm{d}z & \sigma_z + \dfrac{\partial \sigma_z}{\partial z}\mathrm{d}z \end{bmatrix} \tag{1-52}$$

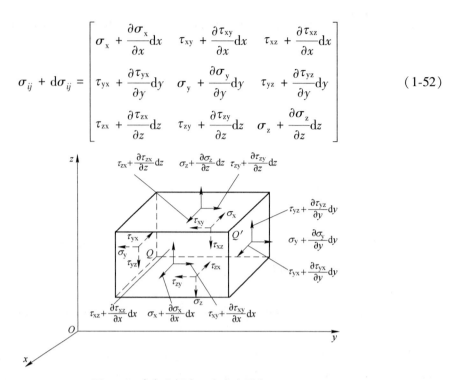

图 1-12　直角坐标中一点应力平衡

设如图 1-12 所示的单元体处于静力平衡状态，不考虑体力，则由静力平衡条件（$\Sigma P_x = 0$）有：

$$\left(\sigma_x + \frac{\partial \sigma_x}{\partial x}\mathrm{d}x\right)\mathrm{d}y\mathrm{d}z + \left(\tau_{yx} + \frac{\partial \tau_{yx}}{\partial y}\mathrm{d}y\right)\mathrm{d}x\mathrm{d}z + \left(\tau_{zx} + \frac{\partial \tau_{zx}}{\partial z}\mathrm{d}z\right)\mathrm{d}y\mathrm{d}x$$
$$- \sigma_x\mathrm{d}y\mathrm{d}z - \tau_{yx}\mathrm{d}x\mathrm{d}z - \tau_{zx}\mathrm{d}y\mathrm{d}x = 0$$

简化整理后得：

$$\frac{\partial \sigma_x}{\partial x} + \frac{\partial \tau_{yx}}{\partial y} + \frac{\partial \tau_{zx}}{\partial z} = 0$$

按 $\Sigma P_y = 0$ 及 $\Sigma P_z = 0$ 还可以推得两个式子，于是质点的平衡微分方程为：

$$\begin{cases} \dfrac{\partial \sigma_x}{\partial x} + \dfrac{\partial \tau_{yx}}{\partial y} + \dfrac{\partial \tau_{zx}}{\partial z} = 0 \\[3mm] \dfrac{\partial \tau_{xy}}{\partial x} + \dfrac{\partial \sigma_y}{\partial y} + \dfrac{\partial \tau_{zy}}{\partial z} = 0 \\[3mm] \dfrac{\partial \tau_{xz}}{\partial x} + \dfrac{\partial \tau_{yz}}{\partial y} + \dfrac{\partial \sigma_z}{\partial z} = 0 \end{cases} \tag{1-53}$$

简记为：

$$\frac{\partial \sigma_{ij}}{\partial x_i} = 0$$

下面考虑转矩的平衡。以过单元体中心且平行于 x 轴的直线为轴线取力矩，由 $\Sigma M_x = 0$，有：

$$\left(\tau_{yz} + \frac{\partial \tau_{yz}}{\partial y}\mathrm{d}y\right)\mathrm{d}x\mathrm{d}z\,\frac{\mathrm{d}y}{2} + \tau_{yz}\mathrm{d}x\mathrm{d}z\,\frac{\mathrm{d}y}{2} - \left(\tau_{zy} + \frac{\partial \tau_{zy}}{\partial z}\mathrm{d}z\right)\mathrm{d}y\mathrm{d}x\,\frac{\mathrm{d}z}{2} - \tau_{zy}\mathrm{d}x\mathrm{d}y\,\frac{\mathrm{d}z}{2} = 0$$

或 $$\tau_{yz} + \frac{1}{2}\frac{\partial \tau_{yz}}{\partial y}dy - \tau_{zy} - \frac{1}{2}\frac{\partial \tau_{zy}}{\partial z}dz = 0$$

略去微量后可得： $$\tau_{yz} = \tau_{zy}$$

同理可得： $$\tau_{zx} = \tau_{xz}, \quad \tau_{xy} = \tau_{yx}$$

这就是剪应力互等定律。

式(1-53)所列的平衡微分方程中，三个式子包含了六个未知应力分量，所以是超静定的。为使方程有解，还应寻找补充方程，这将在以后讨论。

1.9 平面状态与轴对称状态

1.9.1 平面状态

求解一般的三维问题是很困难的，在处理实际问题时，通常要把复杂的三维问题简化为比较特殊的问题，如平面的或轴对称的状态。这些问题在工程上经常会遇到，而有些问题也可以近似地简化处理为这类问题。因此，研究平面问题的应力状态和轴对称应力状态有重要的实际意义。平面问题的应力状态有两类：平面应力和平面应变状态下的应力问题。

1.9.1.1 平面应力状态

平面应力状态的特点是：

（1）变形体内所有质点在与某一方向垂直的平面上没有应力作用，设取该方向为 z 轴，则 $\sigma_z = \tau_{xz} = \tau_{yz} = 0$，只有 σ_x、σ_y、τ_{xy} 三个应力分量。若 z 向为主方向，所有质点都是两向应力状态。

（2）各应力分量与 z 轴无关，整个物体的应力分布可以在 xy 坐标平面上表示出来。在实际工程中，如薄壁管扭转、薄壁容器承受内压、板料形成中的一些工序等，由于厚度方向的应力相对很小而可以忽略，一般均作平面应力状态来处理。

平面应力状态的应力张量为：

$$\sigma_{ij} = \begin{pmatrix} \sigma_x & \tau_{xy} & 0 \\ \tau_{yx} & \sigma_y & 0 \\ 0 & 0 & 0 \end{pmatrix} \quad 或 \quad \sigma_{ij} = \begin{pmatrix} \sigma_1 & 0 & 0 \\ 0 & \sigma_2 & 0 \\ 0 & 0 & 0 \end{pmatrix} \tag{1-54}$$

直角坐标系中，由于 $\sigma_z = \tau_{xz} = \tau_{yz} = 0$，由式（1-53）可得平面应力状态下应力平衡微分方程为：

$$\begin{cases} \dfrac{\partial \sigma_x}{\partial x} + \dfrac{\partial \tau_{yx}}{\partial y} = 0 \\[3mm] \dfrac{\partial \tau_{xy}}{\partial x} + \dfrac{\partial \sigma_y}{\partial y} = 0 \end{cases} \tag{1-55}$$

平面应力状态下任意斜面上的应力、主应力和主切应力可分别由三向应力状态的公式导出，设斜面 AB 的法线 N 与 x 轴的交角为 φ ［见图 1-13（b）］，则该斜面上的三个方向余弦为：

$$l = \cos\varphi; \quad m = \cos(90° - \varphi) = \sin\varphi; \quad n = 0$$

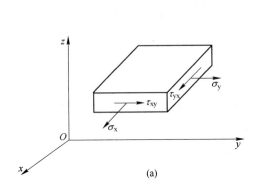
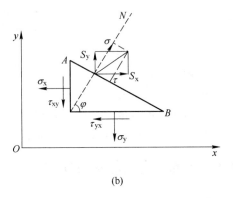

(a)　　　　　　　　　　　　　　　　　(b)

图 1-13　平面应力状态

（a）单元体上的应力；（b）任意斜面上的应力

可得：
$$\begin{cases} S_x = \sigma_x l + \tau_{xy} m = \sigma_x \cos\varphi + \tau_{xy} \sin\varphi \\ S_y = \tau_{xy} l + \sigma_y m = \tau_{xy} \cos\varphi + \sigma_y \sin\varphi \end{cases} \tag{1-56}$$

斜面上正应力由式（1-10）得：
$$\sigma = \sigma_x l^2 + \sigma_y m^2 + 2\tau_{xy} lm = \frac{1}{2}(\sigma_x + \sigma_y) + \frac{1}{2}(\sigma_x - \sigma_y)\cos 2\varphi + \tau_{xy}\sin 2\varphi \tag{1-57}$$

斜面上剪应力由图 1-13（b）得：
$$\tau = S_x m - S_y l = \frac{1}{2}(\sigma_x - \sigma_y)\sin 2\varphi - \tau_{xy}\cos 2\varphi \tag{1-58}$$

由式（1-21）得三个应力不变量为：
$$\begin{cases} J_1 = \sigma_x + \sigma_y \\ J_2 = \sigma_x \sigma_y - \tau_{xy}^2 \\ J_3 = 0 \end{cases} \tag{1-59}$$

应力状态的特征方程为：
$$\sigma^3 - (\sigma_x + \sigma_y)\sigma^2 + (\sigma_x \sigma_y - \tau_{xy}^2)\sigma = 0 \tag{1-60}$$

解方程（1-60）可求得主应力为：
$$\left.\begin{array}{c} \sigma_1 \\ \sigma_2 \end{array}\right\} = \frac{\sigma_x + \sigma_y}{2} \pm \sqrt{\left(\frac{\sigma_x - \sigma_y}{2}\right)^2 + \tau_{xy}^2} \tag{1-61}$$
$$\sigma_3 = 0$$

平面应力状态下的主切应力为：
$$\begin{cases} \tau_{12} = \pm\dfrac{\sigma_1 - \sigma_2}{2} = \pm\sqrt{\left(\dfrac{\sigma_x - \sigma_y}{2}\right)^2 + \tau_{xy}^2} \\ \tau_{23} = \pm\dfrac{\sigma_2 - \sigma_3}{2} = \pm\dfrac{\sigma_2}{2} \\ \tau_{31} = \pm\dfrac{\sigma_3 - \sigma_1}{2} = \pm\dfrac{\sigma_1}{2} \end{cases} \tag{1-62}$$

注意平面应力状态下 z 方向虽然没有应力，但有应变。纯剪切应力状态为平面应力状态，其没有应力的方向也没有应变。

1.9.1.2　平面应变状态

变形物体在某一方向不产生变形，称为平面变形或平面应变状态。其应力状态称为平面应变状态下的应力状态。平面应变的应力状态特点是：（1）不产生变形的方向为主方向，与该方向垂直的平面上没有切应力；（2）在该方向有阻止变形的正应力；（3）有应力分量沿该轴均匀分布，即与该轴无关，如图 1-14 所示。

平面应变状态下的应力张量为：

$$\sigma_{ij} = \begin{pmatrix} \sigma_x & \tau_{xy} & 0 \\ \tau_{yx} & \sigma_y & 0 \\ 0 & 0 & \sigma_z \end{pmatrix} \tag{1-63}$$

1.9.2　轴对称状态

当旋转体承受的外力对称于旋转轴分布时，则物体内质点所处的应力状态称为轴对称应力状态。由于变形体是旋转体，所以采用圆柱坐标系更为方便，如图 1-15 所示。轴对称应力状态的特点是：

（1）由于通过旋转体轴线的平面，即 φ 面在变形过程中始终不会扭曲，所以在 φ 面上没有剪应力，即 $\tau_{\rho\varphi} = \tau_{z\varphi} = 0$，只有 σ_ρ、σ_φ、σ_z、$\tau_{\rho z}$ 等应力分量，而且 σ_φ 是主应力。

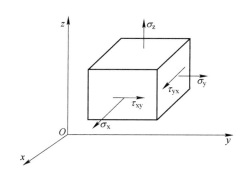

图 1-14　平面应变状态

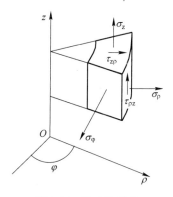

图 1-15　轴对称状态

（2）各应力分量与 φ 坐标无关。

因此，轴对称应力状态下的应力张量为：

$$\sigma_{ij} = \begin{pmatrix} \sigma_\rho & 0 & \tau_{\rho z} \\ 0 & \sigma_\varphi & 0 \\ \tau_{z\rho} & 0 & \sigma_z \end{pmatrix} \tag{1-64}$$

由式(1-52)得轴对称应力状态下的应力平衡微分方程为：

$$\frac{\partial \sigma_\rho}{\partial \rho} + \frac{\partial \tau_{z\rho}}{\partial z} + \frac{\sigma_\rho - \sigma_\varphi}{\rho} = 0$$

$$\frac{\partial \tau_{\rho z}}{\partial \rho} + \frac{\partial \sigma_z}{\partial z} + \frac{\tau_{\rho z}}{\rho} = 0 \tag{1-65}$$

1.10 应力莫尔圆

应力莫尔圆是表示点的应力状态的几何方法。已知某点的一组应力分量或主应力，就可以利用应力莫尔圆通过图解法来确定该点任意方向上的应力。

1.10.1 应力莫尔圆符号规定

在作应力莫尔圆时，正应力的正、负与坐标指向相同，但切应力的正、负按照材料力学中的规定确定：即顺时针作用于所研究的单元体上的切应力为正，反之为负。

1.10.2 平面应力状态的莫尔圆

平面应力状态的应力分量为 σ_x、σ_y、τ_{xy}，如果已知这三个应力分量，就可以利用应力莫尔圆求任意斜面上的应力、主应力和主切应力等。

设平面应力状态如图 1-16（a）所示，在 σ-τ 坐标系内标出点 $A(\sigma_x, \tau_{xy})$ 和点 $B(\sigma_y, \tau_{yx})$，连接 A、B 两点，以 AB 线与 σ 轴的交点 C 为圆心，AC 为半径作圆，即得应力莫尔圆。其根据是将式（1-57）和式（1-58）联立求解，消去 φ 得到，即：

$$\left(\sigma - \frac{\sigma_x + \sigma_y}{2}\right)^2 + \tau^2 = \left(\frac{\sigma_x - \sigma_y}{2}\right)^2 + \tau_{xy}^2 \tag{1-66}$$

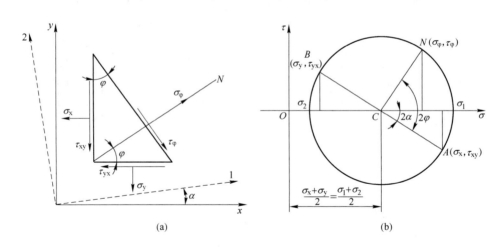

(a)   (b)

图 1-16　平面应力状态莫尔圆

（a）应力平面；（b）应力莫尔圆

式（1-66）是平面应力状态下的应力莫尔圆方程，其圆心为 $C\left(\dfrac{\sigma_x + \sigma_y}{2}, 0\right)$，半径为 $\sqrt{\left(\dfrac{\sigma_x - \sigma_y}{2}\right)^2 + \tau_{xy}^2}$。结果如图 1-16(b)所示，圆与 σ 轴的两个交点便是主应力 σ_1 和 σ_2。由图1-16中的几何关系很方便地得出求主应力和主切应力的公式（1-61）和公式（1-62）。若已知主应力 σ_1 和 σ_2，也可以求出 σ_x、σ_y 和 τ_{xy} 的公式，即：

$$\begin{cases} \sigma_x = \dfrac{\sigma_1 + \sigma_2}{2} + \dfrac{\sigma_1 - \sigma_2}{2}\cos 2\alpha \\[3mm] \sigma_y = \dfrac{\sigma_1 + \sigma_2}{2} - \dfrac{\sigma_1 - \sigma_2}{2}\cos 2\alpha \\[3mm] \tau_{xy} = \dfrac{\sigma_1 - \sigma_2}{2}\sin 2\alpha \end{cases} \tag{1-67}$$

主应力 σ_1 的方向与轴的夹角为 $\alpha = \arctan\dfrac{-\tau_{xy}}{\sigma_x - \sigma_y}$。

在与 σ 轴成逆时针角 φ 的斜切面，即图中法线为 N 的平面上的应力 σ_φ 和 τ_φ 就是莫尔圆中将 CA 逆时针转 2φ 后所得的 N 点坐标。由图中的几何关系，也可以很方便地得到计算 σ_φ 和 τ_φ 的公式(1-57)和公式(1-58)。

前已述及，平面应力状态下的主切应力 τ_{12} [见图 1-16(b)中莫尔圆半径] 并不是最大切应力，最大切应力应该是由 σ_1 和 σ_3（$\sigma_3 = 0$ 即坐标原点 O），组成的莫尔圆的半径，即：

$$\tau_{\max} = \tau_{13} = \pm\dfrac{\sigma_1}{2}$$

只有在 σ_1 和 σ_2 的大小相等方向相反，即一拉一压，且 $\sigma_1 = -\sigma_2$ 的情况下，τ_{12} 才是最大切应力，如图 1-17 所示，这时，主切应力平面上的正应力等于零，主切应力在数值上等于主应力。这种应力状态就是纯切应力状态，它是平面应力状态的特例。

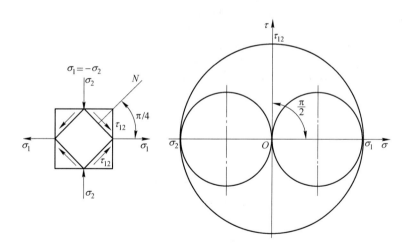

图 1-17 纯切应力状态莫尔圆

1.10.3 平面应变状态下的应力莫尔圆

平面应变状态下的三个主应力为 σ_1、σ_2 和 σ_3，其应力莫尔圆如图 1-18 所示。与图 1-17 比较可知，其莫尔圆就是把纯切应力莫尔圆的圆心向右移动

$\sigma_3 \left(\sigma_3 = \dfrac{\sigma_1 + \sigma_2}{2} = \sigma_m \right)$ 的距离，所以，平面应变状态下的应力张量是纯切应力张量迭加球张量。

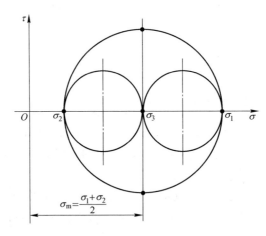

图 1-18　平面应变状态的应力莫尔圆

1.10.4　三向应力莫尔圆

三向应力状态，也可作应力莫尔圆，圆上的任何一点的横坐标与纵坐标值代表某一微分面上的正应力及切应力的大小。

设变形体中某点的三个主应力为 σ_1、σ_2 和 σ_3，且 $\sigma_1 > \sigma_2 > \sigma_3$。以应力主轴为坐标轴，作一斜面，其方向余弦为 l、m、n，则有如下三个方程：

$$\begin{cases} \sigma = \sigma_1 l^2 + \sigma_2 m^2 + \sigma_3 n^2 \\ \tau^2 = \sigma_1^2 l^2 + \sigma_2^2 m^2 + \sigma_3^2 n^2 - (\sigma_1 l^2 + \sigma_2 m^2 + \sigma_3 n^2)^2 \\ l^2 + m^2 + n^2 = 1 \end{cases} \tag{1-68}$$

式中，σ、τ 为所作斜面上的正应力、切应力。

求式(1-68)中的 l、m、n，可得：

$$\begin{cases} l^2 = \dfrac{(\sigma - \sigma_2)(\sigma - \sigma_3) + \tau^2}{(\sigma_1 - \sigma_2)(\sigma_1 - \sigma_3)} \\[2mm] m^2 = \dfrac{(\sigma - \sigma_1)(\sigma - \sigma_3) + \tau^2}{(\sigma_2 - \sigma_1)(\sigma_2 - \sigma_3)} \\[2mm] n^2 = \dfrac{(\sigma - \sigma_1)(\sigma - \sigma_2) + \tau^2}{(\sigma_3 - \sigma_1)(\sigma_3 - \sigma_2)} \end{cases} \tag{1-69}$$

在 σ 为横坐标，τ 为纵坐标的坐标系中，式(1-69)是三个圆的方程式，圆心到坐标原点 O 距离分别为三个主切应力平面上的正应力，即为 $\dfrac{\sigma_1 + \sigma_2}{2}$、$\dfrac{\sigma_1 + \sigma_3}{2}$、$\dfrac{\sigma_3 + \sigma_2}{2}$。式(1-69)

表明斜面上的应力即在第一式所表示的圆周上，又在第二式和第三式所表示的圆周上。所以，以上三式所表示的三个圆交于一点。交点的坐标就是斜面上的应力。可见，在 σ_1、σ_2、σ_3 和 l、m、n 已知后，可以作出上述三个圆的任意两个，其交点的坐标即为所求斜面上的应力。

若式(1-69)中，三个方向余弦 l、m、n 分别为零，则可得到下列三个圆的方程：

$$\begin{cases} \left(\sigma - \dfrac{\sigma_2 + \sigma_3}{2}\right)^2 + \tau^2 = \left(\dfrac{\sigma_2 - \sigma_3}{2}\right)^2 = \tau_{23}^2 \\[3mm] \left(\sigma - \dfrac{\sigma_1 + \sigma_3}{2}\right)^2 + \tau^2 = \left(\dfrac{\sigma_1 - \sigma_3}{2}\right)^2 = \tau_{13}^2 \\[3mm] \left(\sigma - \dfrac{\sigma_2 + \sigma_1}{2}\right)^2 + \tau^2 = \left(\dfrac{\sigma_2 - \sigma_1}{2}\right)^2 = \tau_{21}^2 \end{cases} \qquad (1\text{-}70)$$

由式(1-70)作的三个圆称为三向状态应力莫尔圆，如图 1-19 所示。它们的圆心位置与式(1-69)表示的三个圆相同，半径分别等于三个主切应力。图 1-19 中 O_1 圆表示 $l=0$，$m^2+n^2=1$ 时，即外法线 N 与主轴 σ_1 垂直的斜面，在 σ_2-σ_3 坐标平面上旋转时，其 σ 和 τ 的变化规律。O_2 圆、O_3 圆也可同样理解。它与前面所述的平面应力状态下的莫尔圆的一些特性完全相同。

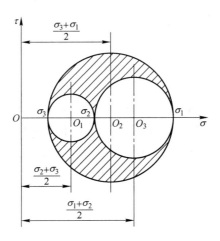

图 1-19　三向应力莫尔圆

若 $\sigma_1 \geqslant \sigma_2 \geqslant \sigma_3$ 时，比较式(1-69)和式(1-70)，可得两组圆的半径之间的关系，即：

$$\begin{cases} R_1' = \sqrt{l^2(\sigma_1 - \sigma_2)(\sigma_1 - \sigma_3) + \dfrac{(\sigma_2 - \sigma_3)^2}{2}} \geqslant R_1 = \tau_{23} \\[3mm] R_2' = \sqrt{m^2(\sigma_2 - \sigma_3)(\sigma_2 - \sigma_1) + \dfrac{(\sigma_3 - \sigma_1)^2}{2}} \geqslant R_2 = \tau_{31} \\[3mm] R_3' = \sqrt{n^2(\sigma_3 - \sigma_1)(\sigma_3 - \sigma_2) + \dfrac{(\sigma_1 - \sigma_2)^2}{2}} \geqslant R_3 = \tau_{12} \end{cases} \qquad (1\text{-}71)$$

式(1-71)说明，由式(1-69)画得三个圆的交点一定落在由式(1-70)画得的 O_1、O_3 圆

以外和 O_2 圆以内的影线部分（包括圆周上）。从三向应力莫尔圆上可看出一点的最大切应力、主切应力和主应力。

应力莫尔圆上，平面之间的夹角是实际物理平面之间夹角的两倍。另外，应力球张量在 $\sigma\text{-}\tau$ 坐标系中只是一个点 O'，距坐标原点的距离为 σ_m。而应力偏量莫尔圆与原莫尔圆的大小是相同的，只需将 τ 轴移动 σ_m 值（τ' 的位置），而且 τ' 轴必然处在大圆之内，如图 1-20 所示。

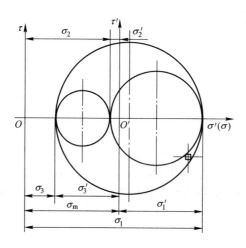

图 1-20　应力偏量莫尔圆

1.11　应力理论实例

【例 1】　已知物体中的一点应力分量为 $\sigma_x = 0$，$\sigma_y = 2a$，$\sigma_z = a$，$\tau_{xy} = a$，$\tau_{xz} = 2a$，$\tau_{yz} = 0$，试求作用在此点的平面 $x+3y+z=1$ 的应力分量 σ 和 τ 的数值。

解：已知若平面方程为 $Ax+By+Cz+D=0$，其方向余弦为：

$$l = \frac{A}{\sqrt{A^2 + B^2 + C^2}}, \quad m = \frac{B}{\sqrt{A^2 + B^2 + C^2}}, \quad n = \frac{C}{\sqrt{A^2 + B^2 + C^2}}$$

因此，平面 $x+3y+z=1$ 的方向余弦为：

$$l = \frac{1}{\sqrt{1 + 3^2 + 1}} = \frac{1}{\sqrt{11}}; \quad m = \frac{3}{\sqrt{1 + 3^2 + 1}} = \frac{3}{\sqrt{11}}; \quad n = \frac{1}{\sqrt{1 + 3^2 + 1}} = \frac{1}{\sqrt{11}}$$

应力分量 S 为：

$$\begin{pmatrix} S_x \\ S_y \\ S_z \end{pmatrix} = \begin{pmatrix} 0 & a & 2a \\ a & 2a & 0 \\ 2a & 0 & a \end{pmatrix} \begin{pmatrix} l \\ m \\ n \end{pmatrix}$$

$$S = \sqrt{S_x^2 + S_y^2 + S_z^2} = \frac{1}{\sqrt{11}} \sqrt{(5a)^2 + (7a)^2 + (3a)^2} = a\sqrt{\frac{83}{11}}$$

$$\sigma = S_x l + S_y m + S_z n = \frac{29}{11}a = 2.636a$$

$$\tau = \sqrt{S^2 - \sigma^2} = \frac{\sqrt{72}}{11}a = 0.771a$$

【例2】 已知受力物体内一点的应力张量为：

$$\sigma_{ij} = \begin{pmatrix} -7 & -2 & 0 \\ -2 & -1 & 0 \\ 0 & 0 & -4 \end{pmatrix}$$

画出该点的应力单元体和应力莫尔圆，标注应力单元体的微分面，即 x、y、z 面在应力莫尔圆上，求出主应力。

解：该点的应力单元体如图 1-21 所示，应力莫尔圆如图 1-22 所示。

由公式 $\sigma_{1,2} = \dfrac{\sigma_x + \sigma_y}{2} \pm \sqrt{\left(\dfrac{\sigma_x - \sigma_y}{2}\right)^2 + \tau_{xy}^2}$ 得主应力 σ_1 和 σ_2 为：

$$\sigma_1 = -0.39, \quad \sigma_2 = -7.61$$

由应力单元体得主应力 $\sigma_3 = -4$。

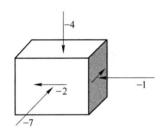

图 1-21　点的应力单元体

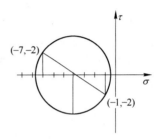

图 1-22　应力莫尔圆

思考题及习题

1 级作业题

1. 填空

（1）等效应力的数学表达式为：_____。

（2）在_____平面的正应力称主应力。该平面特点_____，主应力的方向与主剪应力方向的夹角为_____或_____。剪应力在_____平面为极值，该剪应力称为_____。

（3）应力图示共有_____种，其中单向应力状态有_____种，平面应力状态有_____种，体应力状态有_____种，变形图示有_____种。

（4）等效应力是八面体的剪应力值的_____倍，是偏应力张量第二不变量_____倍。它在数值上等于_____。

（5）八面体的正应力是_____。八面体的三个方向余弦分别为：_____，_____。

（6）单位面积上的_____称为应力。正应力是_____，剪应力是_____。

（7）主平面的特点是_____。_____称为主应力。剪应力在_____平面为极值，该剪应力称为_____。主应力的方向与主剪应力方向的夹角为_____或_____。

（8）正应力是_____，剪应力_____。_____称为主平面，主平面上正应力称为_____，主平面_____方向称为应力主轴。主切平面上的切应力_____，主应力的方向与主剪应力方向的夹角为_____或_____。

（9）八面体平面的特点是_____，八面体上应力的特点是_____。

（10）物体的变形分为两部分：（1）_____，（2）_____。其中，引起_____变化与球应力张量有关，引起_____变化与偏应力张量有关。

（11）_____称为平面应力。

（12）根据三个主应力的特点可以区分各种应力状态。_____称为单向应力状态，_____称为两向应力状态，例如弯曲，扭转等，_____称为三向应力状态。单元体上某一微分面上的剪应力为零的这个面称为_____，面上作用的正应力称为_____。

（13）单元体的应力状态以主应力来表示共有_____种，其中单向应力状态有_____种，平面应力状态有_____种，体应力状态有_____种。塑性变形类型可以采用_____定性判断。根据塑性变形体积不变条件，主变形图只可能有_____种形式。

（14）若选取三个相互垂直的主方向作为坐标轴，那么应力张量的_____分量都将为零。

（15）同一点应力状态，三个主应力的数值_____，与过该点坐标_____。

（16）球应力状态下，所有方向都是_____，而且主应力都_____。

（17）主剪应力平面是一对_____的平面，主剪应力平面与主平面_____，并与另二个主平面成_____角。

（18）一个物体受外力作用下会发生_____变形和_____变形。_____使物体产生体积变化。

（19）平面应力的应力状态特点是：_____个方向上没有应力。

（20）应力莫尔圆时，规定正应力箭头指向与坐标指向_____为正，切应力_____方向作用于所研究的单元体上的切应力为正。

2. 选择题

（1）"等效应力等于八面体的剪应力"说法（　　）。

    A. 正确

    B. 错误

（2）"等效应力是不变量"说法（　　）。

    A. 正确

    B. 错误

（3）根据下面的应力应变张量，判断出单元体的变形状态。

$$\sigma_{ij} = \begin{pmatrix} 10 & 0 & 0 \\ 0 & 10 & 0 \\ 0 & 0 & 8 \end{pmatrix} \qquad \sigma_{ij} = \begin{pmatrix} -20 & 0 & 0 \\ 0 & 0 & 0 \\ 0 & 0 & 10 \end{pmatrix}$$

（　　）　　　　　　　　（　　）

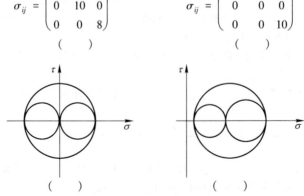

（　　）　　　　　　　　（　　）

    A. 平面应力状态

    B. 单向应力状态

C. 三向应力状态

D. 纯剪应力状态

（4）根据下面的应力应变张量，判断出单元体的变形状态。

$$\sigma_{ij} = \begin{pmatrix} 2 & -2 & 0 \\ -2 & 2 & 0 \\ 0 & 0 & 2 \end{pmatrix} \qquad \sigma_{ij} = \begin{pmatrix} 6 & -1 & 0 \\ -1 & 1 & 0 \\ 0 & 0 & 0 \end{pmatrix} \qquad \sigma_{ij} = \begin{pmatrix} 0 & 172 & 0 \\ 172 & 0 & 0 \\ 0 & 0 & 0 \end{pmatrix}$$

（　　）状态　　　　　　　　（　　）状态　　　　　　　　（　　）状态

A. 平面应力状态

B. 单向应力状态

C. 纯剪应力状态

D. 三向应力状态

（5）主平面作用的正应力数值（　　）。

A. 永远不能为零

B. 不能为零，剪应力为零

C. 有时也为零

（6）任意一点的应力状态，一定存在相互垂直（　　）。

A. 三个主方向、一个主平面和一个主应力

B. 三个主方向、三个主平面和三个主应力

C. 三个主方向、二个主平面和二个主应力

（7）若塑性变形体积不变，则塑性变形时（　　）为零。

A. 应力球张量

B. 应力偏张量

C. 应变球张量

（8）点的应力单元体如图 1-23 所示，单元体处于（　　）状态。

A. 平面应力状态

B. 平面应变状态

C. 单向应力状态

D. 体应力状态

E. 纯剪应力状态

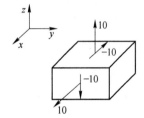

图 1-23　点的应力单元体

（9）根据图 1-24 的应力莫尔圆特征，判断出单元体处于（　　）状态。

A. 平面应力状态

B. 平面应变状态

C. 单向应力状态

D. 体应力状态

E. 纯剪应力状态

（10）球应力（　　）。

A. 不能使物体产生形状变化和塑性变形，而只能产生体积变化

B. 能使物体产生形状变化和体积变形

C. 能使物体产生形状变化，不能产生体积变化

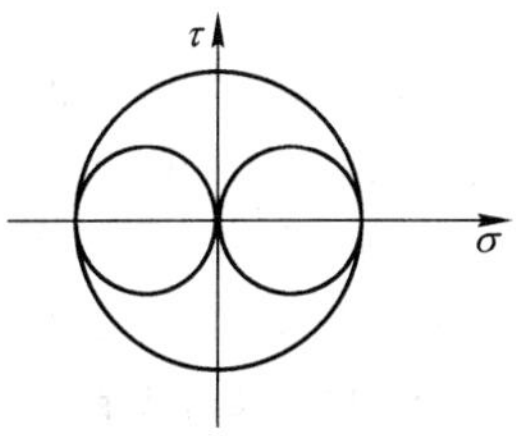

图 1-24　应力莫尔圆特征

2 级作业题

（1）塑性加工的外力有哪些类型？

（2）何谓应力、全应力、正应力与切应力，塑性力学上应力的正、负号是如何规定的？

（3）何谓应力特征方程、应力不变量？

（4）何谓应力张量和张量分解方程，它有何意义？

（5）已知一点的应力状态 $\sigma_{ij} = \begin{pmatrix} 20 & \cdots & \cdots \\ 5 & -15 & \cdots \\ 0 & 0 & -10 \end{pmatrix} \times 10 \mathrm{MPa}$，试求该应力空间中 $x - 2y + 2z = 1$ 的

斜截面上的正应力 σ_n 和切应力 τ_n 为多少？

（6）已知 $Oxyz$ 坐标系中，物体内某点的坐标为（4，3，-12），其应力张量 $\sigma_{ij} = \begin{pmatrix} 100 & \cdots & \cdots \\ 40 & 50 & \cdots \\ -20 & 30 & -10 \end{pmatrix}$。求出主应力、应力偏量及球张量和八面体应力。

（7）已知受力物体内一点应力张量 $\sigma_{ij} = \begin{pmatrix} 50 & 50 & 80 \\ 50 & 0 & -75 \\ 80 & -75 & -30 \end{pmatrix} \mathrm{MPa}$，求外法线方向余弦为 $l = m = \frac{1}{2}$、$n = \frac{1}{\sqrt{2}}$ 的斜截面上的全应力、正应力和剪应力。

（8）在直角坐标系中，已知物体内某点的应力张量为：

$$\sigma_{ij} = \begin{pmatrix} 10 & 0 & -10 \\ 0 & -10 & 0 \\ -10 & 0 & 10 \end{pmatrix} ; \quad \sigma_{ij} = \begin{pmatrix} 0 & 50 & 0 \\ 50 & 0 & 0 \\ 0 & 0 & 10 \end{pmatrix} ; \quad \sigma_{ij} = \begin{pmatrix} -10 & -5 & -10 \\ -5 & -2 & 0 \\ -10 & 0 & -6 \end{pmatrix}$$

1）画出该点的应力单元体；

2）求出该点的应力不变量、主应力和主方向、主剪应力、最大剪应力、八面体应力、等效应力、应力偏张量和球张量。

（9）设物体内的应力场为 $\sigma_x = -6xy^2 + c_1 x^3$，$\sigma_y = -\frac{3}{2} c_2 xy^2$，$\tau_{xy} = -c_2 y^3 - c_3 x^2 y$，$\sigma_z = \tau_{yz} = \tau_{zx} = 0$，试求系数 c_1、c_2、c_3。

（10）等效应力有何特点？写出其数学表达式。

（11）平面应力状态、平面应变状态、轴对称应力状态及纯切应力状态各有何特点？

（12）对于 $Oxyz$ 直角坐标系，已知受力物体内一点的应力张量分别为（应力单位为 MPa）：

$$\sigma_{ij} = \begin{pmatrix} 0 & 172 & 0 \\ 172 & 0 & 0 \\ 0 & 0 & 100 \end{pmatrix} ; \quad \sigma_{ij} = \begin{pmatrix} -7 & -4 & 0 \\ -4 & -1 & 0 \\ 0 & 0 & -4 \end{pmatrix}$$

1）画出该点的应力单元体；

2）求出该点的应力张量不变量、主应力及主方向、主切应力、最大切应力、八面体应力、等效应力、应力偏张量和应力球张量；

3）画出该点的应力莫尔圆，并将应力单元体的微分面（即 x、y、z 面）分别标注在应力莫尔圆上。

（13）已知变形体某点的应力状态为：

$$\sigma_{ij} = \begin{pmatrix} 10 & 0 & 15 \\ 0 & 20 & -15 \\ 15 & -15 & 0 \end{pmatrix}$$

1）将它分解为应力球张量和应力偏张量。

2）主应力 σ_1、σ_2、σ_3 之值各为多少？

3）八面体正应力 σ_8 和八面体剪应力 τ_8 之值各为多少？

(14) 已知应力状态为 $\sigma_{ij} = \begin{pmatrix} \sigma_1 & 0 & 0 \\ 0 & \sigma_2 & 0 \\ 0 & 0 & \sigma_3 \end{pmatrix}$，试求八面体正应力、八面体切应力和等效应力，并简述其物理意义。

3 级作业题

（1）平面应力状态、平面应变状态和轴对称状态及纯切应力状态的应力特点有哪些？

（2）锻造、轧制、挤压和拉拔的主力学图属何种类型？

（3）平板在 x 方向均匀拉伸（见图 1-25），在板上每一点的应力都有 σ_x = 常数。试问：σ_y 为多大时，等效应力为最小？并求其最小值。

（4）在平面塑性变形条件下，塑性区一点在与 x 轴交成 θ 角的一个平面上，其正应力为 σ（$\sigma < 0$），切应力为 τ，且为最大切应力 K，如图 1-26 所示。试画出该点的应力莫尔圆，并求出在 y 方向上的正应力 σ_y 及切应力 τ_{xy}，且将 σ_y、τ_{yz} 及 σ_x、τ_{xy} 所在平面标注在应力莫尔圆上。

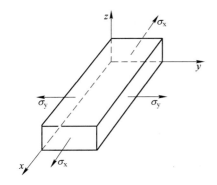

图 1-25 题（3）图

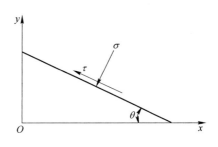

图 1-26 题（4）图

（5）已知应力张量 $T_\sigma = \begin{pmatrix} 10 & 0 & 0 \\ 0 & 3 & 0 \\ 0 & 0 & -1 \end{pmatrix}$，试写出应力球张量及应力偏量，并画出应力莫尔圆、应变增量简图及应力状态简图。

（6）已知某点的应力分量 $\sigma_r = 0$，$\tau_{rz} = \tau_{t\theta} = 0$，$\sigma_z = \alpha$，$\tau_{z\theta} = 2\alpha$，$\sigma_\theta = 0$。试求该点的主应力。

（7）表示某点处应力状态的应力莫尔圆如图 1-27 所示，利用图解法图中 P 点对应的平面与三主轴间的夹角及其应力分量。

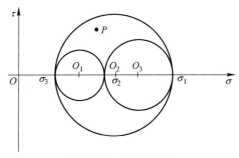

图 1-27 题（7）图

（8）在 x、y、z 直角坐标系中，一点应力状态用下列张量表示。试计算主应力大小及其作用方向。

$$\sigma_{ij} = \begin{pmatrix} 1000 & -5000 & 0 \\ -5000 & 2000 & 0 \\ 0 & 0 & 3000 \end{pmatrix}$$

2 变形几何理论

扫一扫查看
本章数字资源

2.1 位移

物体变形时，内部各质点都在运动，质点在不同时刻所走的距离称作位移。空间各质点的位移是坐标的函数：

$$u_i = u_i(x, y, z) \tag{2-1}$$

式中　x，y，z——分别为坐标轴；

　　　　u_i——位移分量，一般记为 (u, v, w)。

变形体内不同点的位移分量是不同的，不同点的位移是坐标的连续函数并构成位移场。

变形体内任意一点的位移在不同时刻是不相同的。位移同时也是时间的连续函数，由此引入位移速度概念。物体变形时，体内各质点都在运动，即存在一个速度场。设物体内任一点的速度为：

$$\dot{u}_i = \dot{u}_i(x, y, z, t) \tag{2-2}$$

式中　t——时间；

　　　　$\dot{u}_i$——位移速度分量，一般记为 $(\dot{u}, \dot{v}, \dot{w})$。

如已知速度场，在无限小的时间间隔 dt 内，其质点产生极小的位移变化即位移增量，记为：

$$du_i = \dot{u}_i dt \tag{2-3}$$

2.2 应变分量

应变（或称为变形的大小描述）是指物体变形时任意两质点的相对位置随时间发生变化。对于一个宏观物体来说，在物体上任取两质点，放在空间坐标系中，连接两点构成一个向量 MN（见图 2-1），当物体发生变形时，向量的长短及方位发生变化，此时描述变

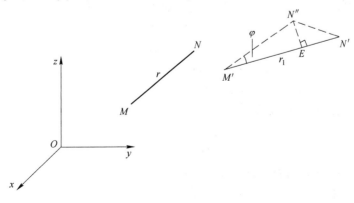

图 2-1　任意方向上变形

形的大小可用线尺寸的变化与方位上的改变来表示，即线应变（正应变）与切应变（剪应变）。

线应变
$$\varepsilon_r = \frac{r_1 - r}{r} = \frac{dr}{r}$$

切应变
$$\gamma_n = \varphi$$

线应变是描述线元尺寸长度方向上的变化（伸长或缩短），分一般相对应变（名义应变或工程应变）与自然应变（对数应变或真应变）。

以杆件拉伸变形为例，变形前两质点的标定长度为 l_0，变形后为 l_n。其相对应变为：

$$\varepsilon = \frac{l_n - l_0}{l_0} \tag{2-4}$$

这种相对应变一般用于小变形情况（变形量在 $10^{-3} \sim 10^{-2}$ 数量级的弹、塑性变形）。在大的塑性变形过程中，相对应变不足以反映实际变形情况，因为相对应变公式中的基长 l_0 是固定不变的。而实际变形过程中，长度 l_0 是由无穷多个中间的数值逐渐变形至 l_n 的，即 l_0，l_1，l_2，$\cdots$，l_{n-1}，l_n。由 $l_0 \sim l_n$ 的总的变形程度可以近似看作是各个阶段相对应变之和，即：

$$\frac{l_1 - l_0}{l_0} + \frac{l_2 - l_1}{l_1} + \cdots + \frac{l_n - l_{n-1}}{l_{n-1}}$$

或用微分概念，设变形某一时刻杆件的长度为 l，经历时间 dt 杆件伸长为 dl，则物体的总的变形程度为：

$$\epsilon = \int_{l_0}^{l_n} \frac{dl}{l} = \ln \frac{l_n}{l_0} \tag{2-5}$$

ϵ 反映物体的真实变形情况，故称真应变。

真应变与一般相对应变的关系，可将自然对数按泰勒级数展开得：

$$\epsilon = \ln \frac{l_n}{l_0} = \ln(1 + \varepsilon) = \varepsilon - \frac{\varepsilon^2}{2} + \frac{\varepsilon^3}{3} - \frac{\varepsilon^4}{4} + \cdots$$

当变形程度很小时，$\varepsilon \approx \epsilon$。当变形程度大于 10% 以后，误差逐渐增大。

在实际的塑性加工中，实际变形量一般采用以下几种计算方法：

（1）绝对变形量。绝对变形量是指变形前后某主轴方向上尺寸改变的总量。在生产中常见的绝对变形量有锻造时拔长及轧制时的压下量和宽展量：

压下量
$$\Delta h = H - h$$

宽展量
$$\Delta b = b - B$$

式中　H，B——拔长及轧制前的高度和宽度；

　　　h，b——拔长及轧制后的高度和宽度。

管材拉拔时的减径量和减壁量：

减径量
$$\Delta D = D_0 - D_1$$

减壁量
$$\Delta t = t_0 - t_1$$

式中　D_0，t_0——拉拔前管材的外径和壁厚；

　　　D_1，t_1——拉拔后管材的外径和壁厚。

（2）相对变形量。相对变形量是指某方向尺寸的绝对变化量与该方向原始尺寸之比值。属于这类变形量常用的有：

相对压缩率
$$\varepsilon_h = \frac{H - h}{H} = \frac{\Delta h}{H}$$

相对伸长率
$$\varepsilon_l = \frac{l - L}{L} = \frac{\Delta l}{L}$$

相对宽展率
$$\varepsilon_b = \frac{b - B}{B} = \frac{\Delta b}{B}$$

式中　　H，B，L——变形前高度、宽度和长度；

　　　　h，b，l——变形后高度、宽度和长度。

用面积比或线尺寸表示的变形量。表示这类变形量的有：

自由锻时的锻造比
$$K = \frac{A_0}{A}$$

式中　　A_0，A——坯料变形前后的横截面积。

辊锻及轧制时的延伸系数
$$\lambda = \frac{A_0}{A}$$

式中　　A_0，A——锻、轧件入口断面和出口断面的横截面积。

挤压时的挤压比 λ（或称为延伸系数）或毛坯断面的缩减率 ε_f：

$$\lambda = \frac{A_0}{A}$$

$$\varepsilon_f = \frac{A_0 - A}{A_0}$$

式中　　A_0，A——分别为毛坯和挤压工件的断面面积。

以上所述的压缩率、伸长率、宽展率、锻造比、挤压比等都可以明确地表示和比较物体变形程度的大小，但应该根据实际的工艺形式选择。上述表示方法如取对数就成为对数应变。还应指出，以上表示变形程度的方法都只表示应变的平均值，并不代表各处的真实值。不过，一般它们能满足计算毛坯尺寸及选择设备能力和制定工艺规程的需要，在生产中得到了广泛的应用。若需研究变形体内部组织及质量，则尚需研究内部变形分布。

2.3 应变分量与位移分量关系

研究变形通常从小变形着手。大变形可以划分成若干小变形，由小变形叠加而来。物体变形后，体内各质点都产生了位移，由此引起了质点的变形即应变。在分析研究质点的应变时，应去除物体刚性平移与转动。因此，位移场与应变场之间存在某种对应关系，下面就来建立小变形时位移分量与应变分量之间的关系。

在研究变形时，为了便于建立几何关系，作均匀变形假设。即单元体切取很小时，变形前原来的直线与平面在变形后仍为直线与平面。变形前原来相互平行的直线与平面变形后仍相互平行。

在平面直角坐标系 xOy 下，如图 2-2 所示，变形前单元面 $abcd$ 变形后为单元面 $a'b'c'd'$。

a 点的位移分量为（u，v）。b 点的位置相对于 a 点在 x 轴上产生了 dx 的变化量，由

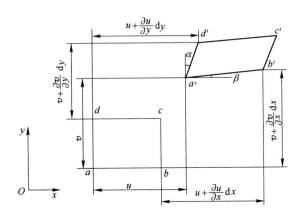

图 2-2 xoy 面上单元面变形情况

于位移是坐标的连续函数，b 点的位移分量按泰勒级数展开并忽略高阶项，则 b 点的位移分量为：

$$\left(u + \frac{\partial u}{\partial x}\mathrm{d}x,\ v + \frac{\partial v}{\partial x}\mathrm{d}x\right)$$

同样，d 点的位置相对于 a 点在 y 轴上产生了 $\mathrm{d}y$ 的变化量，d 点的位移分量为：

$$\left(u + \frac{\partial u}{\partial y}\mathrm{d}y,\ v + \frac{\partial v}{\partial y}\mathrm{d}y\right)$$

棱边 ab 在 x 轴方向上的线应变为：

$$\varepsilon_{\mathrm{x}} = \frac{a'b'|_{\mathrm{x}} - ab}{ab} = \frac{\left(u + \dfrac{\partial u}{\partial x}\mathrm{d}x\right) - u}{\mathrm{d}x} = \frac{\partial u}{\partial x}$$

棱边 ad 在 y 轴方向上的线应变为：

$$\varepsilon_{\mathrm{y}} = \frac{a'd'|_{\mathrm{y}} - ad}{ad} = \frac{\left(v + \dfrac{\partial v}{\partial y}\mathrm{d}y\right) - v}{\mathrm{d}y} = \frac{\partial v}{\partial y}$$

工程切应变为：
$$\phi_{\mathrm{xy}} = \alpha + \beta$$

$$\alpha \approx \tan\alpha = \frac{\left(u + \dfrac{\partial u}{\partial y}\mathrm{d}y\right) - u}{\mathrm{d}y} = \frac{\partial u}{\partial y}$$

$$\beta \approx \tan\beta = \frac{\left(v + \dfrac{\partial v}{\partial x}\mathrm{d}x\right) - v}{\mathrm{d}x} = \frac{\partial v}{\partial x}$$

在一般弹、塑性理论中的切应变取：

$$\gamma_{\mathrm{xy}} = \gamma_{\mathrm{yx}} = \frac{1}{2}\phi_{\mathrm{xy}} = \frac{1}{2}\left(\frac{\partial u}{\partial y} + \frac{\partial v}{\partial x}\right)$$

由平面问题上升到三维问题，可把单元体分解为三个相互垂直的单元面 xOy、yOz、zOx；用同样的方法可分析得出 yOz、zOx 面上的应变情况。综上所述，可得出空间直角坐标系下小变形时位移分量与应变分量的关系为：

$$\begin{cases} \varepsilon_x = \dfrac{\partial u}{\partial x}; \quad \gamma_{xy} = \gamma_{yx} = \dfrac{1}{2}\left(\dfrac{\partial u}{\partial y} + \dfrac{\partial v}{\partial x}\right) \\[2mm] \varepsilon_y = \dfrac{\partial v}{\partial y}; \quad \gamma_{yz} = \gamma_{zy} = \dfrac{1}{2}\left(\dfrac{\partial v}{\partial z} + \dfrac{\partial w}{\partial y}\right) \\[2mm] \varepsilon_z = \dfrac{\partial w}{\partial z}; \quad \gamma_{xz} = \gamma_{zx} = \dfrac{1}{2}\left(\dfrac{\partial u}{\partial z} + \dfrac{\partial w}{\partial x}\right) \end{cases} \tag{2-6}$$

用角标符号表示为：

$$\varepsilon_{ij} = \frac{1}{2}\left(\frac{\partial u_i}{\partial x_j} + \frac{\partial u_j}{\partial x_i}\right) \tag{2-7}$$

这也称为小变形时应变与位移的几何方程。如果物体中位移场已知，则可由几何方程求得应变场。在圆柱坐标系或球坐标系下同样可以得出应变与位移的几何方程。

2.4 应变分析

物体变形时，其体内各质点在各个方向上会有应变，与应力分析一样，同样需引入"点应变状态"的概念。点应变状态也是二阶张量，故与应力张量有许多相似的性质。

在应力状态分析中，由一点三个相互垂直的微分面上九个应力分量可求得过该点任意方位斜面上的应力分量，则该点的应力状态即可确定。与此相似，根据质点三个相互垂直方向上的九个应变分量，也就求出过该点任意方向上的应变分量，则该点的应变状态即可确定。

点应变状态的描述如下：

$$\varepsilon_{ij} = \begin{pmatrix} \varepsilon_x & \gamma_{xy} & \gamma_{xz} \\ \gamma_{yx} & \varepsilon_y & \gamma_{yz} \\ \gamma_{zx} & \gamma_{zy} & \varepsilon_z \end{pmatrix} \tag{2-8}$$

现设变形体内任一点 $M(x, y, z)$，应变分量为 ε_{ij}，如图 2-1 所示。由 M 引一任意方向线元 MN，其长度为 r，方向余弦为 (l, m, n)。小变形前，N 点可视为与 M 点无限接近的一点，其坐标为 $(x+dx, y+dy, z+dz)$，则 MN 在三个坐标轴上的投影为 dx、dy、dz，且 $l = \dfrac{dx}{r}$，$m = \dfrac{dy}{r}$，$n = \dfrac{dz}{r}$；$r^2 = dx^2 + dy^2 + dz^2$。

小变形后，MN 线元移至 $M'N'$，其长度为 $r_1 = r + dr$，同时偏转角度为 $\gamma_n = \varphi$，如图 2-1 所示。

现求 MN 方向上的线应变。为求得 r_1，可将 MN 平移至 $M'N''$，构成三角形 $M'N'N''$。M 点的位移为 u_i，则 M' 点的位置坐标为 $x_i + u_i$；N 点的位移相对于 M 点产生了位移增量 du_i，则 N' 点的位置坐标为 $x_i + dx_i + u_i + du_i$。于是 $M'N'$ 的长度为：

$$r_1^2 = (r + dr)^2 = (dx + du)^2 + (dy + dv)^2 + (dz + dw)^2 \tag{2-9}$$

将式(2-9)展开减去 r^2 并略去 dr、du、dv、dw 的平方项，整理得：

$$r\,dr = du\,dx + dv\,dy + dw\,dz$$

等式两边同除以 r^2，得：

$$\varepsilon_r = \frac{dr}{r} = l\frac{du}{r} + m\frac{dv}{r} + n\frac{dw}{r} \tag{2-10}$$

因为

$$u_i = u_i(x, y, z)$$

则：

$$\begin{cases} \mathrm{d}u = \dfrac{\partial u}{\partial x}\mathrm{d}x + \dfrac{\partial u}{\partial y}\mathrm{d}y + \dfrac{\partial u}{\partial z}\mathrm{d}z \\[2mm] \mathrm{d}v = \dfrac{\partial v}{\partial x}\mathrm{d}x + \dfrac{\partial v}{\partial y}\mathrm{d}y + \dfrac{\partial v}{\partial z}\mathrm{d}z \\[2mm] \mathrm{d}w = \dfrac{\partial w}{\partial x}\mathrm{d}x + \dfrac{\partial w}{\partial y}\mathrm{d}y + \dfrac{\partial w}{\partial z}\mathrm{d}z \end{cases} \tag{2-11}$$

将式(2-11)代入式(2-10)，整理得：

$$\varepsilon_r = \frac{\partial u}{\partial x}l^2 + \frac{\partial v}{\partial y}m^2 + \frac{\partial w}{\partial z}n^2 + \left(\frac{\partial u}{\partial y} + \frac{\partial v}{\partial x}\right)lm + \left(\frac{\partial v}{\partial z} + \frac{\partial w}{\partial y}\right)mn + \left(\frac{\partial w}{\partial x} + \frac{\partial u}{\partial z}\right)nl$$

$$= \varepsilon_x l^2 + \varepsilon_y m^2 + \varepsilon_z n^2 + 2(r_{xy}lm + r_{yz}mn + r_{zx}nl) \tag{2-12}$$

下面求线元变形后的偏转角，即图 2-1 中的 φ。为了推导方便，可设 $r=1$。由 N'' 点引到 $M'N'$ 的垂线，其交点为 E，在直角三角形 $M'EN''$ 中有：

$$M'E \approx M'N'' = 1$$

$$\tan\varphi \approx \varphi = \gamma_n = \frac{N''E}{M'E} \approx N''E$$

在直角三角形 $N''EN'$ 中有：

$$N''E^2 = N''N'^2 - EN'^2$$

$$N''N' = \mathrm{d}u_i$$

$$EN' = \mathrm{d}r = \varepsilon_r$$

则：

$$\gamma_n^2 = (\mathrm{d}u_i)^2 - \varepsilon_r^2 \tag{2-13}$$

式中，

$$(\mathrm{d}u_i)^2 = (\mathrm{d}u)^2 + (\mathrm{d}v)^2 + (\mathrm{d}w)^2$$

如果没有刚体转动，则求得的 γ_n 就是切应变；否则去掉刚体转动引起的相对位移分量。

2.5 主应变、应变不变量、体积应变

给定一点应变状态，总存在三个相互垂直的主方向，该方向上的线元没有切应变，只有线应变，称为主应变，用 ε_1，ε_2，ε_3 表示。若取应变主轴为坐标轴，则主应变张量为：

$$\varepsilon_{ij} = \begin{pmatrix} \varepsilon_1 & 0 & 0 \\ 0 & \varepsilon_2 & 0 \\ 0 & 0 & \varepsilon_3 \end{pmatrix} \tag{2-14}$$

主应变可由应变状态特征方程求得：

$$\varepsilon^3 - I_1\varepsilon^2 - I_2\varepsilon - I_3 = 0$$

式中，

$$I_1 = \varepsilon_x + \varepsilon_y + \varepsilon_z = \varepsilon_1 + \varepsilon_2 + \varepsilon_3 \tag{2-15}$$

$$I_2 = -(\varepsilon_x\varepsilon_y + \varepsilon_y\varepsilon_z + \varepsilon_z\varepsilon_x) + \gamma_{xy}^2 + \gamma_{yz}^2 + \gamma_{zx}^2$$

$$= -(\varepsilon_1\varepsilon_2 + \varepsilon_2\varepsilon_3 + \varepsilon_3\varepsilon_1) \tag{2-16}$$

$$I_3 = \begin{vmatrix} \varepsilon_x & \gamma_{xy} & \gamma_{xz} \\ \gamma_{yx} & \varepsilon_y & \gamma_{yz} \\ \gamma_{zx} & \gamma_{zy} & \varepsilon_z \end{vmatrix} = \begin{vmatrix} \varepsilon_1 & 0 & 0 \\ 0 & \varepsilon_2 & 0 \\ 0 & 0 & \varepsilon_3 \end{vmatrix} = \varepsilon_1\varepsilon_2\varepsilon_3 \tag{2-17}$$

I_1、I_2、I_3 分别称为应变张量的第一、第二、第三不变量。

在探讨一点的应变状态时，设过该点的单元体初始边长为 $\mathrm{d}x$、$\mathrm{d}y$、$\mathrm{d}z$，则变形前的体积为：

$$V_0 = \mathrm{d}x\mathrm{d}y\mathrm{d}z$$

考虑到小变形，切应变引起的边长变化及体积的变化都是高阶微量，可以忽略，则体积的变化只由线应变引起，如图 2-3 所示，在 x 方向上的应变为：

$$\varepsilon_{\mathrm{x}} = \frac{r_{\mathrm{x}} - \mathrm{d}x}{\mathrm{d}x}$$

则：　　　　　　　$r_{\mathrm{x}} = \mathrm{d}x(1 + \varepsilon_{\mathrm{x}})$

同理可得：　　　　$r_{\mathrm{y}} = \mathrm{d}y(1 + \varepsilon_{\mathrm{y}})$

　　　　　　　　　$r_{\mathrm{z}} = \mathrm{d}z(1 + \varepsilon_{\mathrm{z}})$

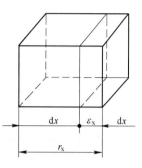

图 2-3　单元体边长的线变形

变形后的体积为：

$$V_1 = r_{\mathrm{x}}r_{\mathrm{y}}r_{\mathrm{z}} = \mathrm{d}x\mathrm{d}y\mathrm{d}z(1 + \varepsilon_{\mathrm{x}})(1 + \varepsilon_{\mathrm{y}})(1 + \varepsilon_{\mathrm{z}})$$

将上式展开，并忽略二阶以上的高阶微量，于是得到单元体单位体积的变化，即体积应变为：

$$\theta = \frac{V_1 - V_0}{V_0} = \varepsilon_{\mathrm{x}} + \varepsilon_{\mathrm{y}} + \varepsilon_{\mathrm{z}} \tag{2-18}$$

当塑性变形时，变形物体变形前后的体积保持不变，即：

$$\theta = \varepsilon_{\mathrm{x}} + \varepsilon_{\mathrm{y}} + \varepsilon_{\mathrm{z}} = 0 \tag{2-19}$$

主变形图是定性判断塑性变形类型的图示方法。根据塑性变形体积不变条件，主变形图只可能有三种形式，如图 2-4 所示（设 $\varepsilon_1 \geqslant \varepsilon_2 \geqslant \varepsilon_3$）。

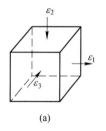

(a)

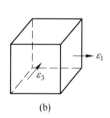

(b)

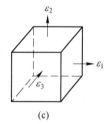

(c)

图 2-4　主变形图

（a）广义拉伸；（b）广义剪切；（c）广义压缩

2.6　应变张量、球应变张量与偏差应变张量

与一点应力状态一样，一点应变状态是一个二阶张量。应变张量可以分解为两个张量，即：

$$\varepsilon_{ij} = \begin{pmatrix} \varepsilon_{\mathrm{x}} & \gamma_{\mathrm{xy}} & \gamma_{\mathrm{xz}} \\ \gamma_{\mathrm{yx}} & \varepsilon_{\mathrm{y}} & \gamma_{\mathrm{yz}} \\ \gamma_{\mathrm{zx}} & \gamma_{\mathrm{zy}} & \varepsilon_{\mathrm{z}} \end{pmatrix} = \begin{pmatrix} \varepsilon_{\mathrm{m}} & 0 & 0 \\ 0 & \varepsilon_{\mathrm{m}} & 0 \\ 0 & 0 & \varepsilon_{\mathrm{m}} \end{pmatrix} + \begin{pmatrix} \varepsilon_{\mathrm{x}} - \varepsilon_{\mathrm{m}} & \gamma_{\mathrm{xy}} & \gamma_{\mathrm{xz}} \\ \gamma_{\mathrm{yx}} & \varepsilon_{\mathrm{y}} - \varepsilon_{\mathrm{m}} & \gamma_{\mathrm{yz}} \\ \gamma_{\mathrm{zx}} & \gamma_{\mathrm{zy}} & \varepsilon_{\mathrm{z}} - \varepsilon_{\mathrm{m}} \end{pmatrix}$$

$$= \delta_{ij}\varepsilon_m + \varepsilon'_{ij}$$

式中　ε_m——平均应变，$\varepsilon_m = \dfrac{\varepsilon_x + \varepsilon_y + \varepsilon_z}{3}$；

　　$\delta_{ij}\varepsilon_m$——球应变张量；

　　ε'_{ij}——偏差应变张量。

应变偏张量同样有三个张量不变量，即：

$$I'_1 = \varepsilon'_x + \varepsilon'_y + \varepsilon'_z = \varepsilon'_1 + \varepsilon'_2 + \varepsilon'_3 = 0$$

$$I'_2 = -(\varepsilon'_x\varepsilon'_y + \varepsilon'_y\varepsilon'_z + \varepsilon'_z\varepsilon'_x) + \gamma^2_{xy} + \gamma^2_{yz} + \gamma^2_{zx}$$

$$= -(\varepsilon'_1\varepsilon'_2 + \varepsilon'_2\varepsilon'_3 + \varepsilon'_3\varepsilon'_1)$$

$$I'_3 = |\varepsilon'_{ij}| = \varepsilon'_1\varepsilon'_2\varepsilon'_3$$

2.7　八面体应变和等效应变

如以三个主应变为坐标轴建立主应变空间，在主应变空间中同样可作出正八面体，在正八面体的平面的法线方向线元的应变称为八面体应变。

八面体线应变为：

$$\varepsilon_8 = \frac{1}{3}(\varepsilon_x + \varepsilon_y + \varepsilon_z) = \frac{1}{3}(\varepsilon_1 + \varepsilon_2 + \varepsilon_3) = \varepsilon_m \qquad (2\text{-}20)$$

八面体切应变为：

$$\gamma_8 = \pm\frac{1}{3}\sqrt{(\varepsilon_x - \varepsilon_y)^2 + (\varepsilon_y - \varepsilon_z)^2 + (\varepsilon_z - \varepsilon_x)^2 + 6(\gamma^2_{xy} + \gamma^2_{yz} + \gamma^2_{zx})}$$

$$= \pm\frac{1}{3}\sqrt{(\varepsilon_1 - \varepsilon_2)^2 + (\varepsilon_2 - \varepsilon_3)^2 + (\varepsilon_3 - \varepsilon_1)^2} \qquad (2\text{-}21)$$

将八面体切应变 γ_8 取绝对值乘以系数 $\sqrt{2}$，所得的参量称为等效应变或应变强度，即：

$$\bar{\varepsilon} = \sqrt{2}\,|\gamma_8| = \frac{\sqrt{2}}{3}\sqrt{(\varepsilon_x - \varepsilon_y)^2 + (\varepsilon_y - \varepsilon_z)^2 + (\varepsilon_z - \varepsilon_x)^2 + 6(\gamma^2_{xy} + \gamma^2_{yz} + \gamma^2_{zx})}$$

$$= \frac{\sqrt{2}}{3}\sqrt{(\varepsilon_1 - \varepsilon_2)^2 + (\varepsilon_2 - \varepsilon_3)^2 + (\varepsilon_3 - \varepsilon_1)^2}$$

2.8　变形连续条件

由小变形时应变与位移关系的几何方程可知，六个应变分量取决于三个位移分量，很显然，这六个应变分量不应是任意的，其间必存在一定的关系，才能保证变形物体的连续性，应变分量之间的关系称为变形连续条件或变形协调方程。变形协调方程有两组，共六式，简略推导如下：

（1）每个坐标平面内应变分量之间满足的关系。如在 xoy 坐标平面内，将几何方程(2-6)中的 ε_x 对 y 求两次偏导数，ε_y 对 x 求两次偏导数得：

$$\frac{\partial^2 \varepsilon_x}{\partial y^2} = \frac{\partial^2}{\partial x \partial y}\left(\frac{\partial u}{\partial y}\right); \quad \frac{\partial^2 \varepsilon_y}{\partial x^2} = \frac{\partial^2}{\partial x \partial y}\left(\frac{\partial v}{\partial x}\right)$$

两式相加得：

$$\frac{\partial^2 \varepsilon_x}{\partial y^2} + \frac{\partial^2 \varepsilon_y}{\partial x^2} = \frac{\partial^2}{\partial x \partial y}\left(\frac{\partial u}{\partial y} + \frac{\partial v}{\partial x}\right) = 2\frac{\partial^2 \gamma_{xy}}{\partial x \partial y}$$

用同样的方法可求出其他两式，连同上式共得到下面三式：

$$\begin{cases} \dfrac{1}{2}\left(\dfrac{\partial^2 \varepsilon_x}{\partial y^2} + \dfrac{\partial^2 \varepsilon_y}{\partial x^2}\right) = \dfrac{\partial^2 \gamma_{xy}}{\partial x \partial y} \\[3mm] \dfrac{1}{2}\left(\dfrac{\partial^2 \varepsilon_y}{\partial z^2} + \dfrac{\partial^2 \varepsilon_z}{\partial y^2}\right) = \dfrac{\partial^2 \gamma_{yz}}{\partial y \partial z} \\[3mm] \dfrac{1}{2}\left(\dfrac{\partial^2 \varepsilon_z}{\partial x^2} + \dfrac{\partial^2 \varepsilon_x}{\partial z^2}\right) = \dfrac{\partial^2 \gamma_{zx}}{\partial z \partial x} \end{cases} \tag{2-22}$$

（2）另一组为不同坐标平面内应变分量之间应满足的关系。将式(2-6)中的 ε_x 对 y、z，ε_y 对 z、x，ε_z 对 x、y 分别求偏导，并将切应变分量 γ_{xy}、γ_{yz}、γ_{zx} 分别对 z、x、y 求偏导得：

$$\frac{\partial^2 \varepsilon_x}{\partial y \partial z} = \frac{\partial^3 u}{\partial x \partial y \partial z} \tag{a}$$

$$\frac{\partial^2 \varepsilon_y}{\partial z \partial x} = \frac{\partial^3 v}{\partial x \partial y \partial z} \tag{b}$$

$$\frac{\partial^2 \varepsilon_z}{\partial x \partial y} = \frac{\partial^3 w}{\partial x \partial y \partial z} \tag{c}$$

$$\frac{\partial \gamma_{xy}}{\partial z} = \frac{1}{2}\left(\frac{\partial^2 u}{\partial y \partial z} + \frac{\partial^2 v}{\partial x \partial z}\right) \tag{d}$$

$$\frac{\partial \gamma_{yz}}{\partial x} = \frac{1}{2}\left(\frac{\partial^2 v}{\partial z \partial x} + \frac{\partial^2 w}{\partial y \partial x}\right) \tag{e}$$

$$\frac{\partial \gamma_{zx}}{\partial y} = \frac{1}{2}\left(\frac{\partial^2 w}{\partial x \partial y} + \frac{\partial^2 u}{\partial z \partial y}\right) \tag{f}$$

将式(e)+(f)-(d)得：

$$\frac{\partial \gamma_{yz}}{\partial x} + \frac{\partial \gamma_{zx}}{\partial y} - \frac{\partial \gamma_{xy}}{\partial z} = \frac{\partial^2 w}{\partial x \partial y}$$

再将上式对 z 求偏导数得：

$$\begin{cases} \dfrac{\partial}{\partial z}\left(\dfrac{\partial \gamma_{yz}}{\partial x} + \dfrac{\partial \gamma_{zx}}{\partial y} - \dfrac{\partial \gamma_{xy}}{\partial z}\right) = \dfrac{\partial^2 \varepsilon_z}{\partial x \partial y} \\[3mm] \dfrac{\partial}{\partial y}\left(\dfrac{\partial \gamma_{xy}}{\partial z} + \dfrac{\partial \gamma_{yz}}{\partial x} - \dfrac{\partial \gamma_{zx}}{\partial y}\right) = \dfrac{\partial^2 \varepsilon_y}{\partial z \partial x} \\[3mm] \dfrac{\partial}{\partial x}\left(\dfrac{\partial \gamma_{zx}}{\partial y} + \dfrac{\partial \gamma_{xy}}{\partial z} - \dfrac{\partial \gamma_{yz}}{\partial x}\right) = \dfrac{\partial^2 \varepsilon_x}{\partial y \partial z} \end{cases} \tag{2-23}$$

变形协调方程的物理意义在于，只有当应变分量之间的关系满足上述方程时，物体变形才是连续的。否则，变形后会出现"撕裂"或"重叠"，破坏了变形物体的连续性。

2.9　变形几何理论实例

【**例 1**】　设物体中任意一点的位移分量 $u = 10 \times 10^{-3} + 0.1 \times 10^{-3} xy + 0.05 \times 10^{-3} z$；$v = 5 \times 10^{-3} - 0.05 \times 10^{-3} x + 0.1 \times 10^{-3} yz$，$w = 10 \times 10^{-3} - 0.1 \times 10^{-3} xyz$。求点 A （1，1，1）与 B （0.5，−1，0）的应变分量、应变球张量、主应变、八面体应变、等效应变。

解：

$$\varepsilon_x = \frac{\partial u}{\partial x} = 0.1 \times 10^{-3} y$$

$$\varepsilon_y = \frac{\partial v}{\partial y} = 0.1 \times 10^{-3} z$$

$$\varepsilon_z = \frac{\partial w}{\partial z} = -0.1 \times 10^{-3} xy$$

$$\gamma_{xy} = \gamma_{yx} = \frac{1}{2}\left(\frac{\partial u}{\partial y} + \frac{\partial v}{\partial x}\right) = 0.05 \times 10^{-3} x - 0.025 \times 10^{-3}$$

$$\gamma_{yz} = \frac{1}{2}\left(\frac{\partial v}{\partial z} + \frac{\partial w}{\partial y}\right) = 0.05 \times 10^{-3} y - 0.05 \times 10^{-3} xz$$

$$\gamma_{xz} = \frac{1}{2}\left(\frac{\partial w}{\partial x} + \frac{\partial u}{\partial z}\right) = 0.025 \times 10^{-3} y - 0.05 \times 10^{-3} yz$$

将 $A(1，1，1)$ 代入上式得：

$$\varepsilon_A = \begin{pmatrix} 0.1 \times 10^{-3} & 0.025 \times 10^{-3} & -0.025 \times 10^{-3} \\ 0.025 \times 10^{-3} & 0.1 \times 10^{-3} & 0 \\ -0.025 \times 10^{-3} & 0 & -0.1 \times 10^{-3} \end{pmatrix}$$

对于点 A：

$$\varepsilon_{mA} = \frac{1}{3}(\varepsilon_x + \varepsilon_y + \varepsilon_z) = \frac{1}{3} \times 10^{-4}$$

$$\delta_{ij}\varepsilon_{mA} = \begin{pmatrix} \dfrac{1}{3} \times 10^{-4} & 0 & 0 \\ 0 & \dfrac{1}{3} \times 10^{-4} & 0 \\ 0 & 0 & \dfrac{1}{3} \times 10^{-4} \end{pmatrix}$$

$$I_1 = \varepsilon_x + \varepsilon_y + \varepsilon_z = 0.1 \times 10^{-3}$$

$$I_2 = -(\varepsilon_x\varepsilon_y + \varepsilon_y\varepsilon_z + \varepsilon_z\varepsilon_x) + (\gamma_{xy}^2 + \gamma_{yz}^2 + \gamma_{zx}^2) = -1.125 \times 10^{-8}$$

$$I_3 = -1 \times 10^{-12}$$

$$\varepsilon^3 - I_1\varepsilon^2 - I_2\varepsilon - I_3 = 0$$

$$\varepsilon_8 = \frac{1}{3}(\varepsilon_x + \varepsilon_y + \varepsilon_z) = \frac{1}{3} \times 10^{-4}$$

$$\gamma_8 = \pm\frac{1}{3}\sqrt{(\varepsilon_x - \varepsilon_y)^2 + (\varepsilon_y - \varepsilon_z)^2 + (\varepsilon_z - \varepsilon_x)^2 + 6(\gamma_{xy}^2 + \gamma_{yz}^2 + \gamma_{zx}^2)} = \pm 9.86 \times 10^{-5}$$

$$\bar{\varepsilon} = \sqrt{2}\,|\gamma_8| = 1.39 \times 10^{-4}$$

【例2】 设 $\varepsilon_x = a(x^2 - y^2)$，$\varepsilon_y = axy$，$\gamma_{xy} = 2bxy$，其中 a、b 为常数。试问上述应变场在什么情况下成立？

解：

$$\frac{\partial^2 \varepsilon_x}{\partial y^2} = -2a; \quad \frac{\partial^2 \varepsilon_y}{\partial x^2} = 0; \quad \frac{\partial^2 \gamma_{xy}}{\partial x \partial y} = 2b$$

$$\frac{1}{2}\left(\frac{\partial^2 \varepsilon_x}{\partial y^2} + \frac{\partial^2 \varepsilon_y}{\partial x^2} \right) = \frac{\partial^2 \gamma_{xy}}{\partial x \partial y}$$

$$\frac{1}{2}(-2a + 0) = 2b$$

$$a = -2b$$

当 $a = -2b$ 时，上式成立，应变场成立。

【例3】 试求平面应变情况下的应变分量的不变量及主应变表达式，平面应变为

$$\begin{pmatrix} \varepsilon_x & \gamma_{xy} & 0 \\ \gamma_{yx} & \varepsilon_y & 0 \\ 0 & 0 & 0 \end{pmatrix}。$$

解：

$$I_1 = \varepsilon_x + \varepsilon_y$$

$$I_2 = \gamma_{yx}^2 - \varepsilon_x \varepsilon_y$$

$$I_3 = 0$$

$$\varepsilon^3 - I_1 \varepsilon^2 - I_2 \varepsilon - I_3 = 0$$

$$\varepsilon^3 - (\varepsilon_x + \varepsilon_y)\varepsilon^2 - (\gamma_{yx}^2 - \varepsilon_x \varepsilon_y)\varepsilon = 0$$

$$\varepsilon_1 = \frac{(\varepsilon_x + \varepsilon_y) + \sqrt{\varepsilon_x^2 + \varepsilon_y^2 - 4\gamma_{xy} + 6\varepsilon_x \varepsilon_y}}{2}$$

$$\varepsilon_3 = \frac{(\varepsilon_x + \varepsilon_y) - \sqrt{\varepsilon_x^2 + \varepsilon_y^2 - 4\gamma_{xy} + 6\varepsilon_x \varepsilon_y}}{2}$$

$$\varepsilon_2 = 0$$

思考题及习题

1 级作业题

1. 填空

（1）线应变表示_____，切应变表示_____。

（2）物体的变形分为两部分：1）_____，2）_____。其中，引起_____变化与球应力张量有关，引起_____变化与偏应力张量有关。

（3）_____称为平面应力，_____称为平面应变。

（4）应变可分为_____和_____。线尺寸的伸长缩短称为_____；单元体发生偏斜，称为_____。

（5）相对应变与对数应变的关系_____。

（6）一点应变状态总存在_____相互垂直的主方向，该方向上的线元没有切应变，只有线应变，称为_____。

（7）平面应变的应力状态特点是：与不产生变形的方向垂直的平面上没有_____；在该方向有阻止变形的_____应力。

2. 选择题

（1）"真实应变就是工程应变"说法（　　　）。

A. 正确

B. 错误

（2）"无变形的方向无应力"说法（　　　）。

A. 正确

B. 错误

（3）根据下面的应力应变张量，判断出单元体的变形状态。

$$\sigma_{ij} = \begin{pmatrix} 10 & 0 & 0 \\ 0 & 10 & 0 \\ 0 & 0 & 8 \end{pmatrix} \qquad \sigma_{ij} = \begin{pmatrix} -7 & -2 & 0 \\ -2 & -1 & 0 \\ 0 & 0 & -4 \end{pmatrix} \qquad \sigma_{ij} = \begin{pmatrix} -20 & 0 & 0 \\ 0 & 0 & 0 \\ 0 & 0 & 10 \end{pmatrix}$$

　　　　（　　　）　　　　　　　　　（　　　）　　　　　　　　　（　　　）

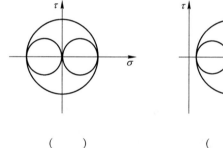

　　　　　（　　　）　　　　　　　　　　（　　　）

A. 平面应力状态

B. 平面应变状态

C. 单向应力状态

D. 体应力状态

E. 纯剪应力状态

（4）根据下面的应力应变张量，判断出单元体的变形状态。

$$\sigma_{ij} = \begin{pmatrix} 2 & -4 & 0 \\ -4 & 2 & 0 \\ 0 & 0 & 2 \end{pmatrix} \qquad \sigma_{ij} = \begin{pmatrix} 4 & -1 & 0 \\ -1 & 4 & 0 \\ 0 & 0 & 0 \end{pmatrix}$$

　　　　（　　　）　　　　　　　　　　（　　　）

$$\sigma_{ij} = \begin{pmatrix} 0 & 172 & 0 \\ 172 & 0 & 0 \\ 0 & 0 & 0 \end{pmatrix} \qquad \varepsilon_{ij} = \begin{pmatrix} 0.002 & -0.002 & 0 \\ -0.002 & 0.001 & 0 \\ 0 & 0 & 0 \end{pmatrix}$$

　　　　（　　　）　　　　　　　　　　（　　　）

A. 平面应力状态

B. 平面应变状态

C. 纯剪状态

D. 单向应力状态

（5）根据单元体的应力张量表示，判断出处于（　　）状态。

$$\sigma_{ij} = \begin{pmatrix} -7 & -2 & 0 \\ -2 & -1 & 0 \\ 0 & 0 & -4 \end{pmatrix}$$

A. 平面应力状态

B. 平面应变状态

C. 单向应力状态

D. 体应力状态

（6）根据单元体的应变张量表示，判断出单元体处于（　　）状态。

$$\varepsilon_{ij} = \begin{pmatrix} 0.002 & -0.002 & 0 \\ -0.002 & 0.001 & 0 \\ 0 & 0 & 0 \end{pmatrix}$$

A. 平面应力状态

B. 平面应变状态

C. 纯剪状态

D. 单向应力状态

（7）根据塑性变形体积不变条件，主变形图只可能有（　　）种形式。

A. 1

B. 3

C. 4

D. 9

2 级作业题

（1）如何完整地表示受力物体内一点的应变状态，原因何在？（用文字叙述）。

（2）用主应变简图来表示塑性变形的类型有哪些。

（3）试判断下列应变场是否存在？

1）$\varepsilon_x = xy^2$，$\varepsilon_y = x^2 y$，$\varepsilon_z = xy$，$\gamma_{xy} = 0$，$\gamma_{yz} = \frac{1}{2}(z^2 + y)$，$\gamma_{xz} = \frac{1}{2}(x^2 + y^2)$

2）$\varepsilon_x = x^2 + y^2$，$\varepsilon_y = y^2$，$\varepsilon_z = 0$，$\gamma_{xy} = 2xy$，$\gamma_{yz} = \gamma_{xz} = 0$

（4）物体中一点应变状态为：$\varepsilon_x = 0.001$，$\varepsilon_y = 0.005$，$\varepsilon_z = -0.0001$，$\gamma_{xy} = 0.0008$，$\gamma_{yz} = 0.0006$，$\gamma_{xz} = -0.0004$。试求主应变。

（5）设 $\varepsilon_x = a(x^2 - 2y^2)$；$\varepsilon_y = bxy$；$\gamma_{xy} = bxy$，其中 a、b 为常数。试问上述应变场在什么情况下成立？

（6）设物体中任一点的位移分量为：

$u = 10 \times 10^{-3} + 0.1 \times 10^{-3} xy + 0.05 \times 10^{-3} z$，

$v = 5 \times 10^{-3} - 0.05 \times 10^{-3} x + 0.1 \times 10^{-3} yz$，

$w = 10 \times 10^{-3} - 0.1 \times 10^{-3} xyz$。

求点 A（0.5，-1，0）的应变分量、应变球张量，主应变，八面体应变和等效应变。

3 级作业题

（1）已知平面应变状态下，变形体某点的位移函数为 $U_x = \frac{1}{4} + \frac{3}{200}x + \frac{1}{40}y$，$U_y = \frac{1}{5} + \frac{1}{25}x -$

$\dfrac{1}{200}\gamma$。试求该点的应变分量 ε_x、ε_y、γ_{xy}，并求出主应变 ε_1、ε_2 的大小与方向。

（2）直杆拉伸处于均匀变形状态时，证明相对伸长 ε 和真实应变（对数应变）$\epsilon = \ln\dfrac{l_n}{l_0}$ 之间存在着以下关系：

$$\varepsilon = e^{\epsilon} - 1 \,(满足体积不变条件)$$

（3）在直角坐标系中推证平面变形（$\varepsilon_y = 0$）近似塑性条件 $\dfrac{\mathrm{d}\sigma_z}{\mathrm{d}x} = \dfrac{\mathrm{d}\sigma_x}{\mathrm{d}x}$ 和在圆柱坐标系推证轴对称变形（$\varepsilon_\rho = \varepsilon_\theta$）近似塑性条件 $\dfrac{\mathrm{d}\sigma_\rho}{\mathrm{d}\rho} = \dfrac{\mathrm{d}\sigma_z}{\mathrm{d}\rho}$。

3 屈 服 条 件

3.1 屈服准则的概念

3.1.1 有关材料性质的一些基本概念

（1）理想弹性材料物体发生弹性变形时，应力与应变完全成线性关系［见图 3-1 (a)、(b) 和(d)］，并假定它从弹性变形过渡到塑性变形是突然的。

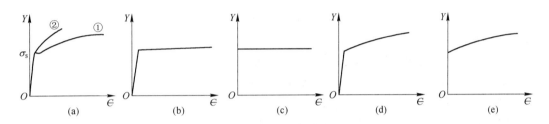

图 3-1 真实应力-应变曲线及某些简化形式

(a) 实际金属材料（①—有物理屈服点；②—无明显物理屈服点）；(b) 理想弹塑性；
(c) 理想刚塑性材料；(d) 弹塑性硬化；(e) 刚塑性硬化

（2）理想塑性材料（全塑性材料），材料发生塑性变形时不产生硬化的材料，这种材料在进入塑性状态之后，应力不再增加，也即在中性载荷时即可连续产生塑性变形，如图 3-1(b)和(c)所示。

（3）弹塑性材料在研究材料塑性变形时，需要考虑塑性变形之前的弹性变形的材料。这里还可分两种情况：

1）理想弹塑性材料。在塑性变形时，需考虑塑性变形之前的弹性变形，而不考虑硬化的材料，也即材料进入理想状态后，应力不再增加可连续产生塑性变形，如图 3-1 (b)所示。

2）弹塑性硬化材料。在塑性变形时，即要考虑塑性变形之前的弹性变形，又要考虑加工硬化的材料，如图 3-1(d)所示。这种材料在进入塑性状态后，如应力保持不变，则不能进一步变形。只有在应力不断增加，也即在加载条件下才能连续产生塑性变形。

（4）刚塑性材料。在研究塑性变形时不考虑塑性变形之前的弹性变形的材料。可分两种情况：

1）理想刚塑性材料。在研究塑性变形时，既不考虑弹性变形，又不考虑变形过程中的加工硬化的材料，如图 3-1(c)所示。

2）刚塑性硬化材料。在研究塑性变形时，不考虑塑性变形之前的弹性变形，但需考虑变形过程中的加工硬化的材料，如图 3-1(e)所示。

实际金属材料在拉伸曲线的比例极限以下是理想弹性的，由于比例极限和弹性极限以至屈服点通常都很接近，所以一般可以认为金属材料是理想弹性材料。金属材料在慢速热变形时接近理想塑性，冷变形时则一般都要产生加工硬化。但是，部分材料在拉伸曲线上有明显的物理屈服点，这时曲线上的屈服平台部分接近于理想塑性，过了平台之后，材料才开始硬化。

3.1.2 屈服准则

质点处于单向应力状态下，只要单向应力达到材料的屈服点，则该点由弹性变形状态进入塑性变形状态，该屈服点的应力称为屈服应力 σ_s。在多向应力状态下，显然不能用一个应力分量的数值来判断受力物体内质点是否进入塑性变形状态，而必须同时考虑所有的应力分量。实验研究表明，在一定的变形条件下，只有当各应力分量之间符合一定关系时，质点才开始进入塑性变形状态，这种关系称为屈服准则，也称塑性条件。一般表示为：

$$f(\sigma_{ij}) = C \tag{3-1}$$

式中　$f(\sigma_{ij})$——应力分量的函数；

　　　C——与材料性质有关的常数，可通过实验测得。

在建立屈服准则时，常常提出如下基本假设：

(1) 材料为均匀连续，且各向同性。

(2) 体积变化为弹性的，塑性变形时体积不变。

(3) 静水压力不影响塑性变形，只引起体积弹性变化。

(4) 不考虑时间因素，认为变形为准静态。

(5) 不考虑包辛格（Banschinger）效应。

历史上曾有不少学者提出了不同的理论来描述受力物体由弹性状态向塑性状态过渡的力学条件，但普遍采用而且比较符合实验数据的是屈雷斯加屈服准则和米塞斯屈服准则。

3.2 屈雷斯加屈服准则

1864 年，法国工程师屈雷斯加（H. Tresca）根据库伦在土力学中的研究结果，并从他自己做的金属挤压试验中提出材料的屈服与最大切应力有关，即当受力材料中的最大切应力达到某一极限 k 时，材料发生屈服。其表达式为：

$$\tau_{\max} = k \tag{3-2}$$

用主应力表示时，则有：

$$\max[\,|\sigma_1 - \sigma_2|,\ |\sigma_2 - \sigma_3|,\ |\sigma_3 - \sigma_1|\,] = 2k \tag{3-3}$$

当有 $\sigma_1 \geq \sigma_2 \geq \sigma_3$ 约定时，则有：

$$\sigma_1 - \sigma_3 = 2k \tag{3-4}$$

在某一变形温度和变形速度条件下，材料单向均匀拉伸时，当拉应力 σ_1 达到相应条件下的屈服应力 σ_s 时，材料进入塑性变形状态，此时：

$$\sigma_1 = \sigma_s, \quad \sigma_2 = \sigma_3 = 0$$

$$\tau_{\max} = \frac{\sigma_1 - \sigma_3}{2} = \frac{\sigma_s}{2}$$

由式(3-2)可知：

$$k = \frac{\sigma_s}{2}$$

因此，式(3-3)和式(3-4)可分别写成：

$$\max[\,|\sigma_1 - \sigma_2|,\ |\sigma_2 - \sigma_3|,\ |\sigma_3 - \sigma_1|\,] = \sigma_s \tag{3-5}$$

$$\sigma_1 - \sigma_3 = \sigma_s \tag{3-6}$$

在材料力学中，Tresca 屈服准则对应第三强度理论。

在一般应力状态下，应用 Tresca 准则较为繁琐。只有当主应力已知的前提下，使用 Tresca 屈服准则较为方便。

3.3 米塞斯屈服准则

德国力学家米塞斯（Von. Mises）于1913年提出了另一个屈服准则，称为米塞斯屈服准则。由于材料屈服是物理现象，与坐标的选择无关，而材料的塑性变形是由应力偏张量引起的，且只与应力偏张量的第二不变量有关，于是将应力偏张量和第二不变量作为屈服准则的判据。当应力偏张量的第二不变量 J_2' 达到某一定值时，该点进入塑性变形状态，即：

$$J_2' = B^2 \tag{3-7}$$

$$J_2' = \frac{1}{6}\left[(\sigma_x - \sigma_y)^2 + (\sigma_y - \sigma_z)^2 + (\sigma_z - \sigma_x)^2 + 6(\tau_{xy}^2 + \tau_{yz}^2 + \tau_{zx}^2)\right]$$

$$= \frac{1}{6}\left[(\sigma_1 - \sigma_2)^2 + (\sigma_2 - \sigma_3)^2 + (\sigma_3 - \sigma_1)^2\right]$$

式中，B 为常数，与应力状态无关，其值可由简单拉伸来确定。单向拉伸时，有：

$$\sigma_1 = \sigma_s;\quad \sigma_2 = \sigma_3 = 0$$

则：
$$J_2' = \frac{1}{3}\sigma_s^2 \tag{3-8}$$

将式(3-8)代入式(3-7)得：

$$B^2 = \frac{1}{3}\sigma_s^2$$

因此，米塞斯屈服准则的数学表达式为：

$$(\sigma_x - \sigma_y)^2 + (\sigma_y - \sigma_z)^2 + (\sigma_z - \sigma_x)^2 + 6(\tau_{xy}^2 + \tau_{yz}^2 + \tau_{zx}^2) = 2\sigma_s^2 \tag{3-9}$$

$$(\sigma_1 - \sigma_2)^2 + (\sigma_2 - \sigma_3)^2 + (\sigma_3 - \sigma_1)^2 = 2\sigma_s^2 \tag{3-10}$$

当用等效应力表达材料的屈服时，等效应力为：

$$\bar{\sigma} = \frac{1}{\sqrt{2}}\sqrt{(\sigma_x - \sigma_y)^2 + (\sigma_y - \sigma_z)^2 + (\sigma_z - \sigma_x)^2 + 6(\tau_{xy}^2 + \tau_{yz}^2 + \tau_{zx}^2)}$$

$$= \frac{1}{\sqrt{2}}\sqrt{(\sigma_1 - \sigma_2)^2 + (\sigma_2 - \sigma_3)^2 + (\sigma_3 - \sigma_1)^2}$$

$$= \sqrt{3J_2'}$$

将上式代入式(3-8)得：

$$\bar{\sigma} = \sigma_s \tag{3-11}$$

即当等效应力达到相应条件下单向拉伸时的屈服应力时，材料进入塑性变形状态。

后来学者研究发现，材料的弹性形状改变位能与应力偏张量第二不变量有关，因此具有不同的物理意义。其定义为：

$$U_D^\varphi = \frac{1}{2G}J_2'$$

式中　U_D^φ——材料的弹性形状改变位能；

　　　G——材料的切变模量。

当材料的弹性形状改变位能达到某一定值时，材料进入塑性变形状态，即：

$$U_D^\varphi = \frac{1}{6G}\sigma_s^2 \tag{3-12}$$

为了便于两个屈服准则的比较，将米塞斯屈服准则的数学表达式(3-10)进行简化。为此，设 $\sigma_1 \geqslant \sigma_2 \geqslant \sigma_3$，引入罗德（W. Lode）应力参数：

$$\mu_\sigma = \frac{\sigma_2 - \dfrac{\sigma_1 + \sigma_3}{2}}{\dfrac{\sigma_1 - \sigma_3}{2}} \tag{3-13}$$

$$\mu_\sigma \in [-1, +1]$$

则中间主应力为：　　　　$\sigma_2 = \dfrac{\sigma_1 + \sigma_3}{2} + \mu_\sigma \dfrac{\sigma_1 - \sigma_3}{2}$

将上式代入式(3-10)中，整理得：

$$\sigma_1 - \sigma_3 = \frac{2}{\sqrt{3 + \mu_\sigma^2}}\sigma_s$$

令 $\beta = \dfrac{2}{\sqrt{3 + \mu_\sigma^2}}$，$\beta$ 称为中间主应力影响系数，则米塞斯屈服准则的数学表达式可改写成：

$$\sigma_1 - \sigma_3 = \beta\sigma_s \quad (\beta = 1 \sim 1.155) \tag{3-14}$$

米塞斯屈服准则的数学表达式(3-14)与屈雷斯加屈服准则的数学表达式(3-6)相比，等式右边相差系数 β。

β 是随应力状态变化而变化的。当中间主应力 $\sigma_2 = \sigma_1$ 时，$\mu_\sigma = 1$，$\beta = 1$；当 $\sigma_2 = \sigma_3$ 时，$\mu_\sigma = -1$，$\beta = 1$；当 $\sigma_2 = \dfrac{\sigma_1 + \sigma_3}{2}$ 时（平面应变）$\mu_\sigma = 0$，$\beta = 1.155$。$\beta = 1$ 时两个屈服准则的数学表达式相同，$\beta = 1.155$ 时两个屈服准则差别最大。由此可见，米塞斯屈服准则考虑了中间主应力的影响，这与实验结果比较接近。

引入了中间主应力影响系数后，两个屈服准则可以写成统一数学表达式：

$$\sigma_{max} - \sigma_{min} = \beta\sigma_s$$

式中，σ_{max}、σ_{min} 分别为最大主应力与最小主应力。

3.4　屈服准则几何表达

将屈服准则抽象的数学表达式用几何图形形象化地表示出来的一种方法称为屈服表面与屈服轨迹。屈服表面与屈服轨迹是人们进一步分析屈服准则的有效工具。

以三个主应力为坐标轴构成一个主应力空间，如图 3-2 所示。屈服准则的数学表达式在主应力空间中的几何图形是个封闭的空间曲面，这个封闭的空间曲面称为屈服表面。

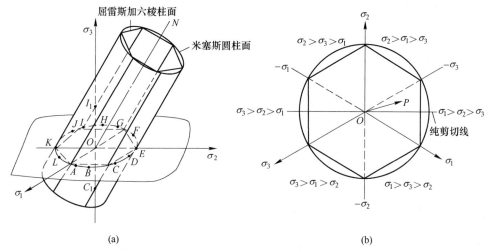

图 3-2　屈服准则的图示
(a) 主应力空间的屈服表面；(b) π 平面上的屈服轨迹

下面以米塞斯屈服表面为例，介绍其几何表达的意义。

如图 3-3 所示，设一点 P 的应力状态为 $(\sigma_1, \sigma_2, \sigma_3)$，可用向量 $\boldsymbol{OP}$ 来表示。过坐标原点 O 作与坐标轴成等倾角的直线 OM，向量 $\boldsymbol{OP}$ 在该直线上的投影为 $\boldsymbol{OM}$。由此向量 $\boldsymbol{OP}$ 可分解为向量 $\boldsymbol{OM}$ 与 $\boldsymbol{MP}$，且有：

$$\boldsymbol{OP} = \boldsymbol{OM} + \boldsymbol{MP}$$

$$|\boldsymbol{OP}|^2 = \sigma_1^2 + \sigma_2^2 + \sigma_3^2$$

$$|\boldsymbol{OM}| = \frac{1}{\sqrt{3}}(\sigma_1 + \sigma_2 + \sigma_3)$$

$$|\boldsymbol{MP}| = \sqrt{|\boldsymbol{OP}|^2 - |\boldsymbol{OM}|^2}$$

$$= \sqrt{\sigma_1^2 + \sigma_2^2 + \sigma_3^2 - \frac{1}{3}(\sigma_1 + \sigma_2 + \sigma_3)^2}$$

$$= \sqrt{\frac{1}{3}\left[(\sigma_1 - \sigma_2)^2 + (\sigma_2 - \sigma_3)^2 + (\sigma_3 - \sigma_1)^2\right]}$$

$$= \sqrt{\frac{2}{3}}\,\bar{\sigma}$$

根据米塞斯屈服准则，$\bar{\sigma} = \sigma_s$，则有：

$$|\boldsymbol{MP}| = \sqrt{\frac{2}{3}}\,\sigma_s$$

由此，米塞斯屈服表面是以 OM 直线为轴线，以 $\sqrt{\dfrac{2}{3}}\,\sigma_s$ 为半径的圆柱面，如图 3-1(a) 所示。

同理，屈雷斯加屈服准则的数学表达式(3-5)转化成方程为：

$$\sigma_1 - \sigma_2 = \pm\sigma_s; \quad \sigma_2 - \sigma_3 = \pm\sigma_s; \quad \sigma_3 - \sigma_1 = \pm\sigma_s$$

在主应力空间中屈雷斯加屈服表面是一个内接于米塞斯圆柱面的正六棱柱面，如图 3-2 (a)所示。

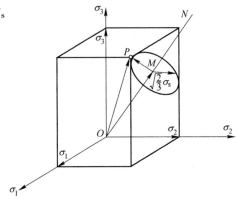

屈服表面的几何意义在于，当主应力空间中的一点应力状态所表达的向量端点位于屈服表面上，则该点处于塑性状态；若端点位于屈服表面内部，则该点处于弹性状态。

在主应力空间中，通过坐标原点并垂直于等倾角直线 ON 的平面称为 π 平面，其方程为：

图 3-3　主应力空间

$$\sigma_1 + \sigma_2 + \sigma_3 = 0$$

两个屈服表面与 π 平面的交线称为 π 平面上的屈服轨迹。米塞斯屈服轨迹是以坐标原点为中心，半径为 $\sqrt{\dfrac{2}{3}}\sigma_s$ 的圆；屈雷斯加屈服轨迹是米塞斯屈服轨迹的内接正六边形。三根应力主轴在 π 平面上的投影互为 120°，如图 3-2(b)所示。

3.5　硬化材料的屈服准则简介

实际上，材料经塑性变形后，要产生应变硬化，因此屈服应力并非常数，在变形过程的每一瞬间，都有一后继的瞬时屈服表面和屈服轨迹。而米塞斯和屈雷斯加两个屈服准则只适用于各向同性理想刚塑性材料，即屈服应力常数的情况。

后继的瞬时屈服轨迹的变化复杂，为简化起见，假设材料各向同性硬化，即：

（1）材料硬化后仍然保持各向同性。

（2）材料硬化后屈服轨迹的中心位置和形状都不变，它们在 π 平面上仍然是以原点为中心的对称封闭曲线，其大小是随着变形的进行而不断地扩大，组成一系列不断向外扩展的同心相似图形，如图 3-4 所示。

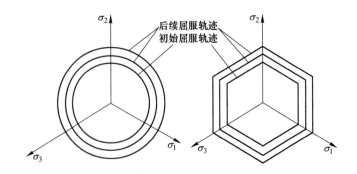

图 3-4　各向同性应变硬化材料的后继屈服轨迹

如果把前述屈服准则统一写成 $f(\sigma_{ij}) = C$ 的形式，则屈服轨迹的中心位置和形状是由应力状态函数 $f(\sigma_{ij})$ 所确定的，而常数 $C(C = \sigma_s)$ 决定了轨迹的大小。根据上述假设，各向同性硬化材料的屈服准则可以用同样的函数 $f(\sigma_{ij})$ 来表示，但此时等式右边的常数 C 改变成随变形程度而改变的变量。设这一变量用 Y（材料为理想刚塑性材料时，$Y=C$）表示。则各向同性硬化材料和理想刚塑性材料的屈服准则都可表示为：

$$f(\sigma_{ij}) = Y$$

关于 Y 的变化规律，目前有两种假设，第一种假设为单一曲线假设，根据这种假设，Y 只是等效应变 $\bar{\varepsilon}$ 的函数，这一函数只取决于材料性质，与应力状态无关。因此，可以用单向拉伸等比较简单的实验确定。这时的 Y 实际上就是流动应力，这种假设在简单加载条件和某些非简单加载条件下已被证明是正确的。由于这种假设使用方便，所以尽管不能被更多的实验所证实，但仍得到广泛应用。第二种假设是"能量条件"，即认为材料的硬化过程只取决于变形过程中塑性变形功，与应力状态和加载路线无关。因此，Y 是塑性变形功的函数。这一假设得到较多实验证明，更具有普遍意义，但比较复杂，使用不够方便。

对于应变硬化材料，应力状态有三种情况：

（1）当 $\mathrm{d}f = \dfrac{\partial f}{\partial \sigma_{ij}}\mathrm{d}\sigma_{ij} > 0$ 时，为加载，表示应力状态由初始屈服表面向外移动，发生了塑性流动。

（2）当 $\mathrm{d}f = \dfrac{\partial f}{\partial \sigma_{ij}}\mathrm{d}\sigma_{ij} = 0$ 时，表示应力状态保持在屈服表面上移动，对于应变硬化材料来说，既不会产生塑性流动，也不会发生弹性卸载，为中性变载。强化材料变载，理想材料加载。

（3）当 $\mathrm{d}f = \dfrac{\partial f}{\partial \sigma_{ij}}\mathrm{d}\sigma_{ij} < 0$ 时，为卸载，表示应力由初始屈服表面向内移动，产生了弹性卸载。

对于理想塑性材料，$\mathrm{d}f = 0$ 时，塑性流动继续，仍为加载，不会出现 $\mathrm{d}f > 0$ 的情况。当 $\mathrm{d}f < 0$ 时，表示弹性应力状态。

3.6 屈服条件实例

【例1】 一直径为 50mm 的圆柱体试样，在无摩擦的光滑平板间镦粗，当总压力达到 628kN 时，试样屈服，现设在圆柱体周围方向上加 10MPa 的压力，试求试样屈服时所需的总压力。

解：材料屈服应力： $\sigma_s = \dfrac{4 \times 628 \times 10^3}{50^2 \times \pi}\mathrm{MPa} = 320\mathrm{MPa}$

圆柱体加压后： $\sigma_1 = -10\mathrm{MPa}$，$\sigma_2 = -10\mathrm{MPa}$

由米塞斯屈服准则得：$\bar{\sigma} = \sigma_1 - \sigma_3 = \sigma_s = 320\mathrm{MPa}$，$\sigma_3 = (-320-10)\mathrm{MPa} = -330\mathrm{MPa}$

【例2】 已知一点的应力状态为：

$$\sigma_{ij} = \begin{pmatrix} 1.2\sigma_s & 0 & 0 \\ 0 & 0.1\sigma_s & 0 \\ 0 & 0 & 0 \end{pmatrix}$$

试用屈雷斯加屈服准则判断应力是否存在。如果存在，材料处于弹性还是塑性变形状态（材料为理想塑性材料，屈服强度为 σ_s）。

解：由屈雷斯加屈服准则 $\max\left[\,|\sigma_1 - \sigma_2|,\ |\sigma_2 - \sigma_3|,\ |\sigma_3 - \sigma_1|\,\right] = 2k$ 得：

$$\sigma_1 = 1.2\sigma_s,\ \sigma_2 = 0.1\sigma_s,\ \sigma_3 = 0$$

$$\sigma_1 - \sigma_2 = 1.2\sigma_s - 0.1\sigma_s > \sigma_s$$

由于为理想塑性材料，屈服强度为 σ_s，故此应力不存在。

思考题及习题

1 级作业题

1. 填空

（1）Mise 的屈服表面在 π 平面上的屈服轨迹是_____；Tresca 的屈服表面在 π 平面上的屈服轨迹是_____。

（2）常用的屈服准则有_____和_____。在_____应力状态下他们相同，_____准则没有考虑中间应力的影响。

（3）弹塑性硬化材料进入塑性状态后应力会_____，其 π 平面屈服曲线具有_____特征。

（4）理想弹性材料物体发生弹性变形时，应力与应变完全成_____关系。理想塑性材料变形时不考虑弹性，进入塑性状态后应力_____。

（5）屈服轨迹是屈服表面与_____。Mise 的屈服表面在 π 平面上的屈服轨迹是_____；Tresca 的屈服表面在 π 平面上的屈服轨迹是_____。

2. 选择题

（1）"Mises 屈服轨迹与 Tresca 屈服轨迹有六个重合点"的说法是（　　　）。

    A. 正确

    B. 错误

（2）"用滑移线场可解决所有变形问题"的说法是（　　　）。

    A. 正确

    B. 错误

（3）$\sigma_{ij} = \begin{pmatrix} -5\sigma_s & 0 & 0 \\ 0 & 0 & 0 \\ 0 & 0 & -4\sigma_s \end{pmatrix}$ 材料处于（　　　）。

    A. 弹性状态

    B. 塑性状态

（4）"米赛斯屈服轨迹在主应力空间中的几何图形是正六面体"的说法是（　　　）。

    A. 正确

    B. 错误

（5）米塞斯与屈雷斯加两个屈服准则在（　　　）条件下的数学表达式相同。

    A. 平面应力状态

    B. 平面应变状态

    C. 单向应力状态

    D. 体应力状态

2 级作业题

（1）已知平面应变、单向应力时，中间主应力影响系数都为常数，它们分别是 $\beta = 1.155$、$\beta = 1$。试分析平面应力时 β 是否为常数。

（2）对各向同性的硬化材料的屈服准则是如何考虑的？

（3）试证明米塞斯屈服准则可用主应力偏量表达为：

$$\sqrt{\frac{3}{2}(\sigma'^2_1 + \sigma'^2_2 + \sigma'^2_3)} = \sigma_s$$

（4）已知开始塑性变形时点的应力状态为 $\sigma_{ij} = \begin{pmatrix} 75 & 15 & 0 \\ -15 & 15 & 0 \\ 0 & 0 & 0 \end{pmatrix}$。试求：

1）主应力大小；

2）作为平面应力问题处理时的最大切应力和单轴向屈服应力；

3）作为空间应力状态处理时按屈雷斯加和米塞斯准则计算的单轴向屈服应力。

（5）试述中间主应力对米塞斯屈服准则的简化表达式的影响。

（6）某理想塑性材料在平面应力状态下的各应力分量为 $\sigma_x = 75$，$\sigma_y = 15$，$\sigma_z = 0$，$\tau_{xy} = 15$（应力单位为 MPa）。若该应力状态足以产生屈服，试问该材料的屈服应力是多少？

（7）试分别用屈雷斯加和米塞斯屈服准则判断下列应力状态是否存在，如果存在，判断应力使材料处于弹性变形状态还是塑性变形状态（材料为理想塑性材料）。

1）$\sigma_{ij} = \begin{pmatrix} \sigma_s & 0 & 0 \\ 0 & 0 & 0 \\ 0 & 0 & \sigma_s \end{pmatrix}$；

2）$\sigma_{ij} = \begin{pmatrix} 1.2\sigma_s & 0 & 0 \\ 0 & 0.1\sigma_s & 0 \\ 0 & 0 & 0 \end{pmatrix}$；

3）$\sigma_{ij} = \begin{pmatrix} -\sigma_s & 0 & 0 \\ 0 & -0.5\sigma_s & 0 \\ 0 & 0 & -1.5\sigma_s \end{pmatrix}$；

4）$\sigma_{ij} = \begin{pmatrix} 0 & 0.45\sigma_s & 0 \\ 0.45\sigma_s & 0 & 0 \\ 0 & 0 & 0 \end{pmatrix}$。

3 级作业题

（1）对于同一种材料，试用其屈服表面说明为什么具有相同的变形类型却存在不同的应力状态？

（2）设材料的屈服应力为 σ_s，按米塞斯屈服准则画出平面应力状态下的图形，这时双向拉应力区所能承受的最大拉应力为多大？

（3）写出平面应力状态、平面应变状态及轴对称应力状态的米塞斯屈服准则（塑性能量条件）的表达式，若 $\sigma_z = 0$，$\sigma_\theta > 0$，$\sigma_\rho < 0$，这时简化的塑性条件应如何书写？它相当于什么工序？

（4）试求米塞斯圆柱的半径，并说明其上各特征点、线、面的应力状态。

（5）写出平面应力状态下的米塞斯屈服准则与屈雷斯加屈服准则的表达式，画出几何图形；标出与该几何图形上任意四个点对应的塑性成形工序，画出工序示意图及相应变形区的应力图。

4 塑性本构关系

塑性变形时应力与应变之间的关系称为本构关系，这种关系的数学表达式称为本构方程，它和屈服准则都是求解塑性成形问题的基本方程。

在加载过程中，应力与应变增量间关系或应力、应力增量与应变增量间的关系叫做塑性本构关系。卸载过程中应力增量与应变增量的关系是弹性的，服从广义胡克定律。

在单向受力状态下，初始屈服极限、瞬时屈服极限以及塑性本构关系都可由实验测定的 σ-ε 曲线来确定。但在复杂受力情况下，初始弹性状态的界限（屈服条件）和后继弹性状态的界限（称后继屈服条件或加载条件、强化条件）以及塑性本构方程，就不能单纯依靠实验来解决。因为在复杂应力状态下，单元体的三个主应力的相互比值可以有无限多，要按每种比值进行实验是不可能的，更何况复杂受力的实验，其设备和技术都很困难。因此，就需要在一定实验结果的基础上，通过假设和推理，对这些问题进行科学的探讨。本章的基本内容就是介绍在复杂应力状态下，材料的加载条件和塑性本构方程，且假定材料是均匀的和初始各向同性的。

4.1 弹性本构关系

单向应力状态时的弹性应力应变关系就是熟知的胡克定律，即：

$$\sigma_x = E\varepsilon_x \tag{4-1}$$

式中，E 称为弹性模量。对于一种材料，在一定温度下它是一个常数。将它推广到一般应力状态的各向同性材料，就叫广义胡克定律。

材料拉伸变形时，沿受力方向伸长，垂直于力作用方向则缩短，根据实验得知：在弹性范围内，横向相对缩短（ε_y）和纵向相对伸长（ε_x）成正比，因伸长与缩短符号相反，故：

$$\varepsilon_y = -\nu\varepsilon_x \tag{4-2}$$

式中，ν 为泊松比。

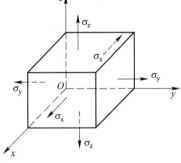

图 4-1 单元体应力分布

图 4-1 所示为单元体的应力分布，在各正应力作用下，沿 x 轴的相对伸长 ε_x 由三部分组成，即：

$$\varepsilon_x = \varepsilon_x' + \varepsilon_x'' + \varepsilon_x''' \tag{4-3}$$

其中，ε_x' 为 σ_x 作用下产生的相对伸长，即：

$$\varepsilon_x' = \frac{\sigma_x}{E} \tag{4-4}$$

ε_x'' 为 σ_y 作用下产生的相对缩短，即：

$$\varepsilon_x'' = -\nu\frac{\sigma_y}{E} \tag{4-5}$$

ε_x''' 为 σ_z 作用下产生的相对缩短，即：

$$\varepsilon_x''' = -\nu \frac{\sigma_z}{E} \tag{4-6}$$

x 轴方向的总应变为：

$$\varepsilon_x = \frac{\sigma_x}{E} - \nu \frac{\sigma_y}{E} - \nu \frac{\sigma_z}{E} \tag{4-7}$$

即：

$$\varepsilon_x = \frac{1}{E}[\sigma_x - \nu(\sigma_y + \sigma_z)] \tag{4-8}$$

同理得 y、z 轴方向的总应变为：

$$\varepsilon_y = \frac{1}{E}[\sigma_y - \nu(\sigma_x + \sigma_z)] \tag{4-9}$$

$$\varepsilon_z = \frac{1}{E}[\sigma_z - \nu(\sigma_y + \sigma_x)] \tag{4-10}$$

由实验得，τ_{xy} 只引起 xy 坐标面内的剪应变 γ_{xy}，不引起剪应变 γ_{zy} 和 γ_{zz}，这样：

$$\gamma_{xy} = \frac{\tau_{xy}}{2G} \tag{4-11}$$

同理可得：

$$\gamma_{xz} = \frac{\tau_{xz}}{2G}$$

$$\gamma_{yz} = \frac{\tau_{yz}}{2G}$$

上述六式所得的空间应力状态时应力应变的关系，即广义胡克定律：

$$\begin{cases} \varepsilon_x = \dfrac{1}{E}[\sigma_x - \nu(\sigma_y + \sigma_z)]; & \gamma_{yz} = \dfrac{\tau_{yz}}{2G} \\[2ex] \varepsilon_y = \dfrac{1}{E}[\sigma_y - \nu(\sigma_x + \sigma_z)]; & \gamma_{xz} = \dfrac{\tau_{xz}}{2G} \\[2ex] \varepsilon_z = \dfrac{1}{E}[\sigma_z - \nu(\sigma_y + \sigma_x)]; & \gamma_{xy} = \dfrac{\tau_{xy}}{2G} \end{cases} \tag{4-12}$$

式中 E——弹性模数，

ν——泊松比；

G——剪切模数，$G = \dfrac{E}{2(1+\nu)}$。

弹性变形中包含了体积变化和形状变化，可以分别写出它们和应力之间的关系。将式 (4-12) 的前三式相加，整理后得：

$$\varepsilon_m = \frac{1-2\nu}{E}\sigma_m \tag{4-13}$$

式中，ε_m、σ_m 分别为平均应变和平均应力。由式 (4-13) 可知，平均应变 ε_m 等于体积变化率的 1/3，故式 (4-13) 就可表示弹性体积变化和平均应力也即静水应力之间的关系。

将式 (4-12) 中的第一式减去式 (4-13)，可得：

$$\varepsilon_x - \varepsilon_m = \frac{1+\nu}{E}(\sigma_x - \sigma_m) = \frac{1}{2G}(\sigma_x - \sigma) \tag{4-14}$$

即：
$$\varepsilon'_x = \frac{1}{2G}\sigma'_x \tag{4-15}$$

同理可得：
$$\varepsilon'_y = \frac{1}{2G}\sigma'_y$$

$$\varepsilon'_z = \frac{1}{2G}\sigma'_z$$

上列三式可以和式(4-12)的后三式合并写成：
$$\varepsilon'_{ij} = \frac{1}{2G}\sigma'_{ij} \tag{4-16}$$

式(4-16)表示了应变偏张量和应力偏张量之间的关系，也就是形状变化和应力值张量之间的关系。由上式可知，弹性变形时应变偏张量的分量和应力偏张量的分量成正比，比例系数为常数 $1/(2G)$。应注意，塑性变形时也有类似关系，但比例系数是变量。

应变张量可以分解成偏张量和球张量，即：
$$\varepsilon_{ij} = \varepsilon'_{ij} + \varepsilon_m\delta_{ij} \tag{4-17}$$

将式(4-13)和式(4-16)代入式(4-17)，就可得到广义胡克定律的张量表达式：
$$\varepsilon_{ij} = \frac{1}{2G}\sigma'_{ij} + \frac{1-2\nu}{E}\sigma_m\delta_{ij} \tag{4-18}$$

由式(4-15)和式(4-16)得：
$$\frac{\varepsilon'_x}{\sigma'_x} = \frac{\varepsilon'_y}{\sigma'_y} = \frac{\varepsilon'_z}{\sigma'_z} = \frac{\gamma_{xy}}{\tau_{xy}} = \frac{\gamma_{yz}}{\tau_{yz}} = \frac{\gamma_{xz}}{\tau_{xz}} = \frac{1}{2G} \tag{4-19}$$

$$\frac{\varepsilon_x - \varepsilon_y}{\sigma_x - \sigma_y} = \frac{\varepsilon_y - \varepsilon_z}{\sigma_y - \sigma_z} = \frac{\varepsilon_z - \varepsilon_x}{\sigma_z - \sigma_x} = \frac{\gamma_{xy}}{\tau_{xy}} = \frac{\gamma_{yz}}{\tau_{yz}} = \frac{\gamma_{xz}}{\tau_{xz}} = \frac{1}{2G} \tag{4-20}$$

由式(4-20)得：
$$\begin{cases} (\sigma_x - \sigma_y)^2 = 4G^2(\varepsilon_x - \varepsilon_y)^2 \\ (\sigma_y - \sigma_z)^2 = 4G^2(\varepsilon_y - \varepsilon_z)^2 \\ (\sigma_z - \sigma_x)^2 = 4G^2(\varepsilon_z - \varepsilon_x)^2 \end{cases} \tag{4-21}$$

$$\begin{cases} \tau_{xy}^2 = 4G^2\gamma_{xy}^2 \\ \tau_{yz}^2 = 4G^2\gamma_{yz}^2 \\ \tau_{xz}^2 = 4G^2\gamma_{xz}^2 \end{cases} \tag{4-22}$$

已知应力强度（等效应力）为：
$$\bar{\sigma} = \frac{1}{\sqrt{2}}\sqrt{(\sigma_x - \sigma_y)^2 + (\sigma_y - \sigma_z)^2 + (\sigma_z - \sigma_x)^2 + 6(\tau_{xy}^2 + \tau_{yz}^2 + \tau_{xz}^2)}$$

将式(4-21)和式(4-22)代入上式得：
$$\bar{\sigma} = \frac{2G}{\sqrt{2}}\sqrt{(\varepsilon_x - \varepsilon_y)^2 + (\varepsilon_y - \varepsilon_z)^2 + (\varepsilon_z - \varepsilon_x)^2 + 6(\gamma_{xy}^2 + \gamma_{yz}^2 + \gamma_{xz}^2)}$$

即：
$$\bar{\sigma} = \frac{1}{\sqrt{2}}\frac{E}{1+\nu}\sqrt{(\varepsilon_x - \varepsilon_y)^2 + (\varepsilon_y - \varepsilon_z)^2 + (\varepsilon_z - \varepsilon_x)^2 + 6(\gamma_{xy}^2 + \gamma_{yz}^2 + \gamma_{xz}^2)} \tag{4-23}$$

$$\diamondsuit \bar{\varepsilon}_i = \frac{1}{\sqrt{2}} \frac{1}{1+\nu} \sqrt{(\varepsilon_x - \varepsilon_y)^2 + (\varepsilon_y - \varepsilon_z)^2 + (\varepsilon_z - \varepsilon_x)^2 + 6(\gamma_{xy}^2 + \gamma_{yz}^2 + \gamma_{xz}^2)}$$

$$(4\text{-}24)$$

式中，$\bar{\varepsilon}_i$ 为弹性应变强度。则式(4-23)转变为：

$$\bar{\sigma} = E\bar{\varepsilon}_i \tag{4-25}$$

已知等效应变为：

$$\bar{\varepsilon} = \frac{\sqrt{2}}{3} \sqrt{(\varepsilon_x - \varepsilon_y)^2 + (\varepsilon_y - \varepsilon_z)^2 + (\varepsilon_z - \varepsilon_x)^2 + 6(\gamma_{xy}^2 + \gamma_{yz}^2 + \gamma_{xz}^2)} \tag{4-26}$$

则等效应变与弹性应变强度关系为：

$$\bar{\varepsilon}_i = \frac{3}{2(1+\nu)} \bar{\varepsilon} \tag{4-27}$$

式(4-25)表明，材料弹性变形范围内，应力强度与应变强度成正比，比例系数为 E。

弹性变形时，应力-应变关系有以下特点：

（1）应力-应变完全成线性关系，应力主轴与应变主轴重合。

（2）弹性变形可逆，应力-应变之间为单值关系，即一种应力状态对应一种应变状态，与加载路线无关。

（3）弹性变形时，应力球张量使物体产生体积变化，泊松比 $\nu < 0.5$。

4.2 塑性变形时应力-应变的关系特点

材料产生塑性变形时，应变与应力关系有以下特点：

（1）塑性变形不可恢复，是不可逆的关系，与应变历史有关，即应力与应变关系不再保持单值关系。

（2）塑性变形时，认为体积不变，即应变球张量为零，泊松比 $\nu = 0.5$。

（3）应力-应变之间关系是非线性关系，因此，全量应变主轴与应力主轴不一定重合。

（4）对于硬化材料，卸载后再重新加载，其屈服应力就是卸载后的屈服应力，比初始屈服应力要高。

图4-1为单向拉伸应力-应变关系曲线，在弹性范围内，应变只取决于当时的应力。反之亦然，如 σ_c 总是对应 ε_c，不管 σ_c 是加载而得还是由 σ_d 卸载而得。在塑性范围内，若是理想塑性材料（见图4-2中的虚线），则同一 σ_s 可以对应任何应变。如是硬化材料，则由 σ_s 加载到 σ_e，对应的应变为 ε_e，如由 σ_f 卸载到 σ_e，则应变为 ε_f'，即塑性变形时，应力与应变关系不再保持单值关系。

4.2.1 加载路径与加载历史

从单拉实验可以看到，屈服后加载才有新的塑性变形发生。但是，怎样加载，是一直加载还是加载、卸载、再加载？这里存在一个路径问题，也即应力点在应力空间或 π 平面变动的轨迹问题。不同

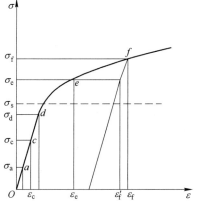

图4-2 单向拉伸应力-应变关系曲线

的路径或者历史会产生不同的塑性变形。以金属薄壁管拉扭复合作用为例，设其屈服曲面如图4-3所示。路径1为 $OACE$，先拉伸至 C 点，然后扭矩逐步增大，拉力逐步减小，使应力点沿 CE 变载至 E 点。这时总的塑性变形为 ε_C^P。路径2为 OFE，从原点加载路径 F 点到达 E 点，塑性变形为（ε_E^P，γ_E^P）。尽管路径1与路径2都有相同的最终应力状态，但产生的塑性变形不相同。因此，欲求 σ-ε 关系，就必须弄清是哪条路径下的 σ-ε 关系。

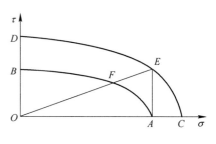

图4-3 不同路径下的变形

加载路径可分成简单加载和复杂加载两大类。简单加载是指单元体的应力张量各分量之间的比值保持不变，按同一参量单调增长。不满足上述条件的为复杂加载。很明显，简单加载路径在应力空间中为一直线，如图4-3中的 OFE。

4.2.2　加载与卸载准则

从单拉实验可以看到，进入塑性变形以后，加载有新的塑性变形产生；卸载的 σ-ε 关系为弹性关系，复杂应力状态下，设 $\bar{\sigma}$ 为等效应力，若 $\bar{\sigma}\mathrm{d}\bar{\sigma}>0$，应力点保持在加载曲面上变动，称作加载，此时有新的塑性变形发生，σ-ε 关系为塑性的。对于理想塑性材料，这一条不成立；若 $\bar{\sigma}\mathrm{d}\bar{\sigma}<0$，应力点向加载曲面内侧变动，称作卸载，不会产生新的塑性变形，σ-ε 关系为弹性关系；若 $\bar{\sigma}\mathrm{d}\bar{\sigma}=0$，应力点在原有屈服曲面上变动，对于硬化材料而言为中性变载，没有新的塑性变形，σ-ε 关系为弹性关系，对于理想塑性材料仍为加载过程。如果以 $f(\sigma_{ij})=0$ 表示屈服曲面，则可以把上述加载与卸载准则用屈服曲面形式来表示。

$$
\begin{cases}
f(\sigma_{ij}) < 0 & \text{弹性状态} \\[2mm]
f(\sigma_{ij}) = 0, \quad \mathrm{d}f = \dfrac{\partial f}{\partial \sigma_{ij}}\mathrm{d}\sigma_{ij} > 0 & \text{硬化材料加载，理想材料不成立} \\[2mm]
f(\sigma_{ij}) = 0, \quad \mathrm{d}f = \dfrac{\partial f}{\partial \sigma_{ij}}\mathrm{d}\sigma_{ij} = 0 & \text{硬化材料变载，理想材料加载} \\[2mm]
f(\sigma_{ij}) = 0, \quad \mathrm{d}f = \dfrac{\partial f}{\partial \sigma_{ij}}\mathrm{d}\sigma_{ij} < 0 & \text{卸载}
\end{cases}
\tag{4-28}
$$

当应力点处在 $f_1=0$ 及 $f_m=0$ 两个屈服曲面"交线"处时，应有：

$$
\begin{cases}
f_1 = 0, \quad f_m = 0, \quad \max\left(\dfrac{\partial f_1}{\partial \sigma_{ij}}\mathrm{d}\sigma_{ij},\ \dfrac{\partial f_m}{\partial \sigma_{ij}}\mathrm{d}\sigma_{ij}\right) > 0 & \text{硬化材料加载，理想材料不成立} \\[3mm]
f_1 = 0, \quad f_m = 0, \quad \max\left(\dfrac{\partial f_1}{\partial \sigma_{ij}}\mathrm{d}\sigma_{ij},\ \dfrac{\partial f_m}{\partial \sigma_{ij}}\mathrm{d}\sigma_{ij}\right) = 0 & \text{硬化材料变载，理想材料加载} \\[3mm]
f_1 = 0, \quad f_m = 0, \quad \max\left(\dfrac{\partial f_1}{\partial \sigma_{ij}}\mathrm{d}\sigma_{ij},\ \dfrac{\partial f_m}{\partial \sigma_{ij}}\mathrm{d}\sigma_{ij}\right) < 0 & \text{卸载}
\end{cases}
$$

$$
\tag{4-29}
$$

4.3 增量理论

增量理论也称流动理论，是描述材料处于塑性状态时，应力与应变增量或应变速率之间关系的理论，它是针对加载过程中的每一瞬间的应力状态所确定的该瞬间的应变增量。Saint 与 Venant 早在 1870 年就提出在一般加载条件下，应力主轴和应变增量主轴相重合，而不是与全应变主轴相重合的见解，并发表了应力-应变速度（塑性流动）方程。M. Levy 于 1871 年提出了应力-应变增量关系，1913 年 Mises 独立地提出了与 Levy 相同的方程，称之为 Levy-Mises 方程。它适用于服从 Mises 塑性条件的理想刚塑性体。L. Prandtl 于 1924 年提出了平面应变问题的理想弹塑性体的增量理论，并由 A. Reuss 推广至一般应力状态，称作 Prandtl-Reuss 方程。现在这两个增量理论已推广至硬化材料。

4.3.1 列维-米塞斯（Levy-Mises）增量理论

列维-米塞斯（Levy-Mises）增量理论建立在以下假设基础上：

（1）材料是理想刚塑性体，即弹性应变增量为零，塑性应变增量即为总应变增量。

（2）材料符合米塞斯塑性准则，即 $\bar{\sigma} = \sigma_s$。

（3）塑性变形时体积不变，即：

$$\mathrm{d}\varepsilon_x + \mathrm{d}\varepsilon_y + \mathrm{d}\varepsilon_z = \mathrm{d}\varepsilon_1 + \mathrm{d}\varepsilon_2 + \mathrm{d}\varepsilon_3 = 0$$

也就是应变增量张量与应变偏张量相等，即：

$$\mathrm{d}\varepsilon_{ij} = \mathrm{d}\varepsilon'_{ij}$$

（4）每一加载瞬间，应变增量主轴与偏应力主轴相重合。

（5）应变增量与应力偏张量成正比，即：

$$\mathrm{d}\varepsilon_{ij} = \sigma'_{ij}\mathrm{d}\lambda \tag{4-30}$$

式中，$\mathrm{d}\lambda$ 为瞬时非负比例系数，它在加载过程中是变化的。卸载时，$\mathrm{d}\lambda = 0$。

式（4-30）称为列维-米塞斯方程，由于 $\mathrm{d}\varepsilon_{ij} = \mathrm{d}\varepsilon'_{ij}$，所以式（4-30）其形式与广义胡克定律式（4-16）相似。

式（4-30）可写成比例形式和差比形式：

$$\frac{\mathrm{d}\varepsilon_x}{\sigma'_x} = \frac{\mathrm{d}\varepsilon_y}{\sigma'_y} = \frac{\mathrm{d}\varepsilon_z}{\sigma'_z} = \frac{\mathrm{d}\gamma_{xy}}{\tau_{xy}} = \frac{\mathrm{d}\gamma_{yz}}{\tau_{yz}} = \frac{\mathrm{d}\gamma_{xz}}{\tau_{xz}} = \mathrm{d}\lambda \tag{4-31a}$$

$$\frac{\mathrm{d}\varepsilon_x - \mathrm{d}\varepsilon_y}{\sigma_x - \sigma_y} = \frac{\mathrm{d}\varepsilon_y - \mathrm{d}\varepsilon_z}{\sigma_y - \sigma_z} = \frac{\mathrm{d}\varepsilon_z - \mathrm{d}\varepsilon_x}{\sigma_z - \sigma_x} = \mathrm{d}\lambda \tag{4-31b}$$

或

$$\frac{\mathrm{d}\varepsilon_1 - \mathrm{d}\varepsilon_2}{\sigma_1 - \sigma_2} = \frac{\mathrm{d}\varepsilon_2 - \mathrm{d}\varepsilon_3}{\sigma_2 - \sigma_3} = \frac{\mathrm{d}\varepsilon_3 - \mathrm{d}\varepsilon_1}{\sigma_3 - \sigma_1} = \mathrm{d}\lambda \tag{4-31c}$$

为确定比例系数 $\mathrm{d}\lambda$，将式（4-31b）写成三个等式，并两边平方，得：

$$\begin{cases} (\mathrm{d}\varepsilon_x - \mathrm{d}\varepsilon_y)^2 = (\sigma_x - \sigma_y)^2 \mathrm{d}\lambda^2 \\ (\mathrm{d}\varepsilon_y - \mathrm{d}\varepsilon_z)^2 = (\sigma_y - \sigma_z)^2 \mathrm{d}\lambda^2 \\ (\mathrm{d}\varepsilon_z - \mathrm{d}\varepsilon_x)^2 = (\sigma_z - \sigma_x)^2 \mathrm{d}\lambda^2 \end{cases} \tag{4-32a}$$

再将式（4-31a），$i \neq j$ 中的三个等式两边平方后再乘以 6，可得：

$$\begin{cases} 6\mathrm{d}\gamma_{xy}^2 = 6\,\tau_{xy}^2 \mathrm{d}\lambda^2 \\ 6\mathrm{d}\gamma_{yz}^2 = 6\,\tau_{yz}^2 \mathrm{d}\lambda^2 \\ 6\mathrm{d}\gamma_{xz}^2 = 6\,\tau_{xz}^2 \mathrm{d}\lambda^2 \end{cases} \tag{4-32b}$$

将式（4-32a）与式（4-32b）相加得：

$$(\mathrm{d}\varepsilon_x - \mathrm{d}\varepsilon_y)^2 + (\mathrm{d}\varepsilon_y - \mathrm{d}\varepsilon_z)^2 + (\mathrm{d}\varepsilon_z - \mathrm{d}\varepsilon_x)^2 + 6(\mathrm{d}\gamma_{xy}^2 + \mathrm{d}\gamma_{yz}^2 + \mathrm{d}\gamma_{xz}^2)$$
$$= \mathrm{d}\lambda^2 [(\sigma_x - \sigma_y)^2 + (\sigma_y - \sigma_z)^2 + (\sigma_z - \sigma_x)^2 + 6(\tau_{xy}^2 + \tau_{yz}^2 + \tau_{xz}^2)] \tag{4-33}$$
$$= 2\bar{\sigma}^2 \mathrm{d}\lambda^2$$

令 $\mathrm{d}\bar{\varepsilon}$ 为塑性应变增量强度，也称等效应变增量，其表达式为：

$$\mathrm{d}\bar{\varepsilon} = \frac{\sqrt{2}}{3}\sqrt{(\mathrm{d}\varepsilon_x - \mathrm{d}\varepsilon_y)^2 + (\mathrm{d}\varepsilon_y - \mathrm{d}\varepsilon_z)^2 + (\mathrm{d}\varepsilon_z - \mathrm{d}\varepsilon_x)^2 + 6(\mathrm{d}\gamma_{xy}^2 + \mathrm{d}\gamma_{yz}^2 + \mathrm{d}\gamma_{xz}^2)}$$

则式（4-33）可表示为：

$$\frac{9}{2}\mathrm{d}\bar{\varepsilon}^2 = 2\bar{\sigma}^2 \mathrm{d}\lambda^2$$

经整理可得：

$$\mathrm{d}\lambda = \frac{3}{2}\frac{\mathrm{d}\bar{\varepsilon}}{\bar{\sigma}} \tag{4-34}$$

将式（4-34）和 $\sigma_m = \frac{1}{3}(\sigma_x + \sigma_y + \sigma_z)$ 代入式（4-30），可得类似广义胡克定律的形式：

$$\begin{cases} \mathrm{d}\varepsilon_x = \dfrac{\mathrm{d}\bar{\varepsilon}}{\bar{\sigma}}\left(\sigma_x - \dfrac{1}{2}(\sigma_y + \sigma_z)\right) \\[2mm] \mathrm{d}\varepsilon_y = \dfrac{\mathrm{d}\bar{\varepsilon}}{\bar{\sigma}}\left(\sigma_y - \dfrac{1}{2}(\sigma_z + \sigma_x)\right) \\[2mm] \mathrm{d}\varepsilon_z = \dfrac{\mathrm{d}\bar{\varepsilon}}{\bar{\sigma}}\left(\sigma_z - \dfrac{1}{2}(\sigma_x + \sigma_y)\right) \\[2mm] \mathrm{d}r_{xy} = \dfrac{3}{2}\dfrac{\mathrm{d}\bar{\varepsilon}}{\bar{\sigma}}\tau_{xy} \\[2mm] \mathrm{d}r_{yz} = \dfrac{3}{2}\dfrac{\mathrm{d}\bar{\varepsilon}}{\bar{\sigma}}\tau_{yz} \\[2mm] \mathrm{d}r_{zx} = \dfrac{3}{2}\dfrac{\mathrm{d}\bar{\varepsilon}}{\bar{\sigma}}\tau_{zx} \end{cases} \tag{4-35}$$

设 $E' = \dfrac{\bar{\sigma}}{\mathrm{d}\bar{\varepsilon}}$，$G' = \dfrac{1}{3}\dfrac{\bar{\sigma}}{\mathrm{d}\bar{\varepsilon}}$，则类似于弹性模量与剪切模量。

由式（4-35）可以证明前面已引用的结论：

（1）平面塑性变形时，设 y 方向无应变，则有 $\mathrm{d}\varepsilon_y = 0$，根据式（4-35）有：

$$\sigma_y = \frac{1}{2}(\sigma_x + \sigma_z)$$

则：

$$\sigma_m = \frac{1}{3}(\sigma_x + \sigma_y + \sigma_z) = \frac{1}{3}\left[\sigma_x + \frac{1}{2}(\sigma_x + \sigma_z) + \sigma_z\right] = \frac{1}{2}(\sigma_x + \sigma_z) = \sigma_y$$

即没有应变方向的应力值等于球应力的值。

（2）对于某些轴对称的问题，若有某两个应变分量的增量相等，则对应的应力偏量的增量也相等，于是，对应的应力分量也相等。如 $\Delta\varepsilon_\rho = \Delta\varepsilon_\theta$，根据式（4-34）有 $\sigma_\theta' = \sigma_\rho'$，因此有 $\sigma_\rho = \sigma_\theta$。

应当指出的是，Levy-Mises 增量理论对于理想材料而言，若已知应力分量只能求出应变增量或应变速率各分量之间的比值，一般不能直接求出它们的值。若已知应变增量分量或应变速率分量，只能求出应力偏张量或应力比值，而无法求出各应力分量。对于硬化材料而言，若已知应力分量，要求出应变增量分量，则必须给出应力增量分量。若已知应变增量分量，在给出了应变分量的条件下，也只能求出应力偏张量。

4.3.2 应力-应变速率关系方程（Saint-Venant 塑性流动理论）

将式（4-30）两边除以 dt，得：

$$\dot{\varepsilon}_{ij} = \dot{\lambda}\sigma_{ij}' \tag{4-36}$$

式中，$\dot{\varepsilon}_{ij} = \dfrac{\mathrm{d}\varepsilon_{ij}}{\mathrm{d}t}$ 称为应变速率张量。

$\dot{\lambda} = \dfrac{\mathrm{d}\lambda}{\mathrm{d}t} = \dfrac{3}{2}\dfrac{\bar{\dot{\varepsilon}}_{ij}}{\bar{\sigma}}$。卸载时，$\dot{\lambda} = 0$，$\bar{\dot{\varepsilon}}_{ij}$ 称为应变速率强度，也称等效应变速率。式（4-36）即为应力-应变速率分量方程，它是圣文南（Saint-Venant）于1870年提出的，又称为 Saint-Venant 塑性流动方程。由于与黏性流体的牛顿公式相似，故称为塑性流动方程。列维-米塞斯方程实际上是塑性流动方程的增量形式。若不考虑应变速率对材料性能的影响，二者是一致的。

同样也可写成广义胡克定律的形式：

$$\begin{cases} \dot{\varepsilon}_x = \dfrac{\bar{\dot{\varepsilon}}}{\bar{\sigma}}\left[\sigma_x - \dfrac{1}{2}(\sigma_y + \sigma_z)\right]; & \dot{\gamma}_{xy} = \dfrac{3}{2}\dfrac{\bar{\dot{\varepsilon}}}{\bar{\sigma}}\tau_{xy} \\[2mm] \dot{\varepsilon}_y = \dfrac{\bar{\dot{\varepsilon}}}{\bar{\sigma}}\left[\sigma_y - \dfrac{1}{2}(\sigma_x + \sigma_z)\right]; & \dot{\gamma}_{yz} = \dfrac{3}{2}\dfrac{\bar{\dot{\varepsilon}}}{\bar{\sigma}}\tau_{yz} \\[2mm] \dot{\varepsilon}_z = \dfrac{\bar{\dot{\varepsilon}}}{\bar{\sigma}}\left[\sigma_z - \dfrac{1}{2}(\sigma_y + \sigma_x)\right]; & \dot{\gamma}_{xz} = \dfrac{3}{2}\dfrac{\bar{\dot{\varepsilon}}}{\bar{\sigma}}\tau_{xz} \end{cases} \tag{4-37}$$

4.3.3 普朗特-路埃斯增量理论

普朗特-路埃斯（Prandtl-Reuss）在列维-米塞斯增量理论基础上发展起来，它考虑了弹性变形的影响，即总应变增量由弹性和塑性两部分组成，弹性部分同弹性广义胡克定律，即：

$$\mathrm{d}\varepsilon_{ij} = \mathrm{d}\varepsilon_{ij}^p + \mathrm{d}\varepsilon_{ij}^e = \mathrm{d}\varepsilon_{ij}^p + \mathrm{d}\varepsilon_{ij}^{e'} + \mathrm{d}\varepsilon_m^e \delta_{ij} \tag{4-38}$$

式中，上角标 e 表示弹性部分，上角标 p 表示塑性部分。塑性应变增量可用列维-米塞斯增量理论计算。将式（4-18）微分，可得弹性应变增量表达式为：

$$\mathrm{d}\varepsilon_{ij}^e = \dfrac{1}{2G}\mathrm{d}\sigma_{ij}' + \dfrac{1-2\nu}{E}\mathrm{d}\sigma_m \delta_{ij} \tag{4-39}$$

由此得普朗特-路埃斯方程为：

$$d\varepsilon_{ij} = d\lambda\sigma'_{ij} + \frac{1}{2G}d\sigma'_{ij} + \frac{1-2\nu}{E}d\sigma_m\delta_{ij} \qquad (4\text{-}40a)$$

或

$$d\varepsilon'_{ij} = d\lambda\sigma'_{ij} + \frac{1}{2G}d\sigma'_{ij} \qquad (4\text{-}40b)$$

$$d\varepsilon_m = \frac{1-2\nu}{E}d\sigma_m\delta_{ij} \qquad (4\text{-}40c)$$

式中，G、E 分别为弹性剪切模量和弹性模量。

分析上式可知，若已知 $d\varepsilon_{ij}$ 和 ε_{ij}，不论材料是理想还是硬化的，σ_{ij} 均可以确定。反过来，若已知 σ_{ij}，对理想材料而言，仍不能求出 $d\varepsilon_{ij}$。对硬化材料而言，则可给出 $d\varepsilon_{ij}$。

普朗特-路埃斯理论与列维-米塞斯理论的差别就在于前者考虑了弹性变形，后者没有考虑弹性变形，实质上，可以把后者看成前者的特殊情况。列维-米塞斯理论仅适用于大应变，无法求弹性回跳与残余应力场问题，普朗特-路埃斯方程适用于各种情况，但由于该方程较为复杂，所以，用得还不太多。目前，它主要用于小变形及求弹性回跳与残余应力场问题。

普朗特-路埃斯理论，在已知应变增量分量或应变速率分量时，能直接求出各应力分量；对于理想塑性材料，仍不能在已知应力分量的情况下，直接求出应变增量或应变速率各分量的值；对于硬化材料，变形过程每一瞬间的 $d\lambda$ 是定值，因此，应变增量或应变速率与应力分量之间是完全单值关系，所以，在已知应力分量的情况下，可以直接求出应变增量或应变速率各分量的值。

增量理论着重指出了塑性应变增量与应力偏量之间的关系，可以理解为它是建立各瞬时应力与应变增量的变化关系，而整个变形过程可以由各瞬时应变增量累积而得。因此，增量理论能表达出加载过程对变形的影响，能反映出复杂的加载状况；增量理论并没有给出卸载规律，所以这个理论仅适应于加载情况，卸载情况下仍按胡克定律进行。

4.4 塑性变形的全量理论 (形变理论)

塑性变形时，全量应变主轴与应力主轴不一定重合，于是提出了增量理论。增量理论比较严密，但实际解题并不方便，因为在解决实际问题时往往感兴趣的是全量应变，从应变增量求全量应变并非易事。因此，需要建立全量应变与应力之间的关系式。由塑性应力-应变关系特点可知，在比例加载时，应力主轴的方向将固定不变，由于应变增量主轴与应力主轴重合，所以应变增量主轴也将固定不变，这种变形称为简单变形。在比例加载条件下，可以对普朗特-路埃斯方程进行积分得到全量应力应变的关系，叫做全量理论。

用下列式子表示比例加载：

$$\sigma_{ij} = C\sigma^0_{ij} \quad \sigma'_{ij} = C\sigma^{0'}_{ij}$$

式中 σ_{ij}，σ'_{ij}——初始应力和初始应力偏张量；

  C——变形过程单调函数。对于理想塑性材料，塑性变形阶段的 C 为常数。

$$\Delta\varepsilon'_{ij} = C\sigma^{0'}_{ij}d\lambda + \frac{1}{2G}d\sigma'_{ij}$$

于是普朗特-路埃斯方程式(4-40b)可以改写为：

小变形时，$\Delta\varepsilon'_{ij}$ 积分即为小应变张量 ε'_{ij}，对上式积分为：

$$\varepsilon'_{ij} = \frac{1}{2G}\int \mathrm{d}\sigma'_{ij} + \sigma'^{0}_{ij}\int C\mathrm{d}\lambda = \frac{1}{2G}\sigma'_{ij} + \sigma'_{ij}\frac{\int C\mathrm{d}\lambda}{C}$$

设 $\lambda = \dfrac{\int C\mathrm{d}\lambda}{C}$，$\lambda$ 为比例系数；$\dfrac{1}{2G'} = \lambda + \dfrac{1}{2G}$，$G'$ 为塑性切变模量，则式（4-40b）积分所得的全量关系式为：

$$\varepsilon'_{ij} = \sigma'_{ij}\left(\frac{1}{2G} + \frac{\int C\mathrm{d}\lambda}{C}\right) = \frac{1}{2G'}\sigma'_{ij} \tag{4-41}$$

$$\varepsilon_{\mathrm{m}} = \frac{1 - 2\nu}{E}\sigma_{\mathrm{m}}$$

式（4-41）也称为汉基方程。汉基方程没有考虑硬化，因此系数 λ 中所包含的函数 C 在塑性变形时是常数。

1945 年伊留申发展了汉基理论，把它推广到硬化材料，而且他证明了在满足下列条件时，可保证物体内每个质点都是简单加载：

（1）塑性变形微小，和弹性变形同一数量级；

（2）外载荷各分量按比例增加，不中途卸载；

（3）变形体不可压缩，即 $\nu = 0.5$，$\varepsilon_{\mathrm{m}} \equiv 0$；

（4）加载过程中，应力主轴方向与应变主轴方向固定不变，且重合；

（5）$\sigma\text{-}\varepsilon$ 符合单一曲线假设，且呈幂指数关系 $\bar{\sigma} = B\bar{\varepsilon}^{n}$。

在上述条件下，如果材料刚塑性，则 $1/2G = 0$，式（4-41）可写为：

$$\varepsilon'_{ij} = \sigma'_{ij}\frac{1}{2G'} = \lambda\sigma'_{ij} \tag{4-42a}$$

或

$$\varepsilon_{ij} = \sigma'_{ij}\frac{1}{2G'} = \lambda\sigma'_{ij} \tag{4-42b}$$

式（4-42）与胡克定律式（4-25）相似，故可写成比例形式和差比形式：

$$\frac{\varepsilon_{\mathrm{x}}}{\sigma'_{\mathrm{x}}} = \frac{\varepsilon_{\mathrm{y}}}{\sigma'_{\mathrm{y}}} = \frac{\varepsilon_{\mathrm{z}}}{\sigma'_{\mathrm{z}}} = \frac{\gamma_{\mathrm{xy}}}{\tau_{\mathrm{xy}}} = \frac{\gamma_{\mathrm{yz}}}{\tau_{\mathrm{yz}}} = \frac{\gamma_{\mathrm{xz}}}{\tau_{\mathrm{xz}}} = \frac{1}{2G'} = \lambda \tag{4-43}$$

$$\frac{\varepsilon_{1}}{\sigma_{1} - \sigma_{\mathrm{m}}} = \frac{\varepsilon_{2}}{\sigma_{2} - \sigma_{\mathrm{m}}} = \frac{\varepsilon_{3}}{\sigma_{3} - \sigma_{\mathrm{m}}} = \frac{1}{2G'} = \lambda \tag{4-44a}$$

$$\frac{\varepsilon_{\mathrm{x}} - \varepsilon_{\mathrm{y}}}{\sigma_{\mathrm{x}} - \sigma_{\mathrm{y}}} = \frac{\varepsilon_{\mathrm{y}} - \varepsilon_{\mathrm{z}}}{\sigma_{\mathrm{y}} - \sigma_{\mathrm{z}}} = \frac{\varepsilon_{\mathrm{x}} - \varepsilon_{\mathrm{z}}}{\sigma_{\mathrm{x}} - \sigma_{\mathrm{z}}} = \frac{1}{2G'} = \lambda \tag{4-44b}$$

$$\frac{\varepsilon_{1} - \varepsilon_{2}}{\sigma_{1} - \sigma_{2}} = \frac{\varepsilon_{2} - \varepsilon_{3}}{\sigma_{2} - \sigma_{3}} = \frac{\varepsilon_{3} - \varepsilon_{1}}{\sigma_{3} - \sigma_{1}} = \frac{1}{2G'} = \lambda \tag{4-44c}$$

设 E' 为塑性模量，则塑性变形时，塑性模量 E' 与塑性切变模量 G' 之间关系为：

$$G' = \frac{E'}{2(1 + \nu)} = \frac{E'}{3} \tag{4-45}$$

E'、G' 是与材料特性、塑性变形程度、加载历史有关，而与物体所处的应力状态无关的变量。与推定 $\mathrm{d}\lambda$ 方法相同，可得比例系数为：

$$\lambda = \frac{3}{2}\frac{\overline{\varepsilon}}{\overline{\sigma}}, \ G' = \frac{1}{3}\frac{\overline{\sigma}}{\overline{\varepsilon}}$$

则：
$$E' = 3G' = \frac{\overline{\sigma}}{\overline{\varepsilon}}$$

即：
$$\overline{\sigma} = E'\overline{\varepsilon} \tag{4-46}$$

式中　$\overline{\sigma}$——等效应力；

　　　$\overline{\varepsilon}$——等效应变。

将式（4-45）和 $\sigma_\mathrm{m} = \frac{1}{3}(\sigma_\mathrm{x} + \sigma_\mathrm{y} + \sigma_\mathrm{z})$ 代入式（4-42a），可得：

$$\begin{cases} \varepsilon_\mathrm{x} = \dfrac{1}{E'}\left[\sigma_\mathrm{x} - \dfrac{1}{2}(\sigma_\mathrm{y} + \sigma_\mathrm{z})\right]; \ \ \gamma_\mathrm{yz} = \dfrac{\tau_\mathrm{yz}}{2G'} \\[3mm] \varepsilon_\mathrm{y} = \dfrac{1}{E'}\left[\sigma_\mathrm{y} - \dfrac{1}{2}(\sigma_\mathrm{x} + \sigma_\mathrm{z})\right]; \ \ \gamma_\mathrm{xz} = \dfrac{\tau_\mathrm{xz}}{2G'} \\[3mm] \varepsilon_\mathrm{z} = \dfrac{1}{E'}\left[\sigma_\mathrm{z} - \dfrac{1}{2}(\sigma_\mathrm{y} + \sigma_\mathrm{x})\right]; \ \ \gamma_\mathrm{xy} = \dfrac{\tau_\mathrm{xy}}{2G'} \end{cases} \tag{4-47}$$

式（4-47）类似广义胡克定律的形式，式中的 E'、$1/2$、G' 与广义胡克定律的 E、ν、G 相当。

在塑性成形中，一般难于保证比例加载，所以一般不能使用塑性变形的全量理论。但如果以变形体在某瞬时的形状、尺寸及性能作为原始状态，那么小变形全量理论与增量理论可以认为是一致的。一些研究表明，某些塑性加工过程，虽然与比例加载有一定偏距，但运用全量理论也能得出较好的计算结果。

4.5　真实应力-应变曲线

在 σ-ε 关系中含有系数 $\mathrm{d}\lambda$，要确定 $\mathrm{d}\lambda$，必须知道等效应力与等效应变的关系，即函数 $\overline{\sigma} = f(\overline{\varepsilon})$ 或 $\overline{\sigma} = f(\mathrm{d}\varepsilon)$，这种函数关系与材料性质和变形条件有关，而与应力状态无关。因此，采用单向应力状态来建立这种函数关系，如单向均匀拉伸、压缩及纯剪切等，其建立的应力与应变的函数关系具有普遍意义。

对理想塑性材料，屈服应力为常数 σ_s，但对一般工程材料来说，进入塑性状态后，继续变形时，会产生强化，则屈服应力将不断变化，即为后继屈服应力。一般用流动应力来泛指屈服应力，用 S 表示，它包括初始屈服应力 σ_s 和后继屈服应力。流动应力的数值等于试样断面上的实际应力，它是金属塑性加工变形抗力的指标。变形抗力是指材料在一定温度、速度和变形程度条件下，保持原有状态而抵抗塑性变形的能力，它是一个与应力状态有关的量。不同的应力状态，有不同的变形抗力，如单拉、单压下的变形抗力为 σ_s（也称为流动应力），平面应变压缩下的变形抗力为 K_f，纯剪切状态下的剪切变形抗力为 K 等，其中 $K_\mathrm{f} = 2K = \dfrac{2}{\sqrt{3}}\sigma_\mathrm{s}$。实际变形抗力还与接触条件有关。

流动应力变化规律通常表达为真实应力与应变的关系，真实应力-应变关系曲线一般由实验确定。

4.5.1 基于拉伸试验确定的应力-应变曲线

4.5.1.1 标称应力-应变曲线

单向静力拉伸实验是室温下在万能材料试验机上以小于 $10^{-3}/s$ 的变形速度的条件下进行的。图 4-4(a) 是退火状态低碳钢拉伸实验确定的标称应力-应变曲线。标称应力（也称名义应力或条件应力）σ 及相对线应变 ε 分别为：

$$\sigma = \frac{P}{A_0}, \ \varepsilon = \frac{\Delta l}{l_0}$$

式中　P——拉伸载荷；

　　　A_0——试样原始横断面积；

　　　Δl——试样标距伸长量；

　　　l_0——试样标距原始长度。

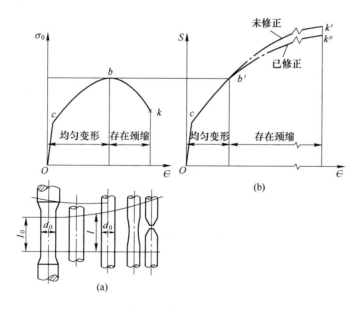

图 4-4　拉伸实验曲线

（a）标称应力-应变曲线；（b）真实应力-应变曲线

标称应力-应变曲线有三个特征点，将整个拉伸变形过程分为三个阶段，分别为弹性变形、塑性变形和局部塑性变形。

第一特征点是屈服点 c，它是弹性变形与塑性变形的分界点。对于有明显屈服点的金属，在曲线上呈现屈服平台，此时的应力称为屈服应力 σ_s。对于没有明显屈服点的材料，在曲线上无屈服平台，这时规定试件产生残余应变 $\varepsilon = 0.2\%$ 的应力作为材料的屈服应力，称为屈服强度，一般用 $\sigma_{0.2}$ 表示。

第二特征点是曲线最高点 b，它是均匀塑性变形和局部塑性变形的分界点。这时载荷达到最大值 $P_{\max}$，其对应的标称应力称为抗拉强度，以 σ_b 表示$\left(\sigma_b = \dfrac{P_{\max}}{A_0}\right)$。

第三特征点是破坏点 k，这时试样发生断裂，是单向拉伸塑性变形的终止点。

标称应力是假设试样横截面的面积 A_0 为常数的条件下得到的，材料在单向拉伸实际过程中，试样横截面的面积不断变小，因此标称应力不能反映单向拉伸时试样横截面上的真实应力；同样试样标距长度在变形过程中不断变化，故相对线应变也不能反映单向拉伸变形瞬时的真实应变，所以，标称应力-应变曲线不能真实地反映材料在塑性变形阶段的力学特征。

4.5.1.2 真实应力-应变曲线

在解决实际塑性成形问题时，需要反映实际应力与应变的曲线，即真实应力-应变曲线（又称为硬化曲线）。真实应力简称真应力，是瞬时的流动应力 S。

A 真实应力-应变曲线分类

按不同应变表示方式，可以有三种类型：

第一类，真实应力与相对线应变组成的 $S\text{-}\varepsilon$ 曲线；第二类，真实应力与相对断面收缩率组成的 $S\text{-}\Psi$ 曲线；第三类，真实应力与对数应变（也称为真实应变）组成的 $S\text{-}\epsilon$ 曲线。由于对数应变具有可加性、可比性、可逆性等特点，能真实地反映塑性变形过程，因此在实际应用中，常用第三种类型的曲线，如图 4-4(b) 所示。

B 第三种类型的真实应力-应变曲线的确定

首先求屈服点应力 σ_s：屈服点 σ_s 可以用标称应力-应变曲线的屈服点 σ_s。

其次，找出均匀塑性变形阶段各瞬间的实际应力 S 和对数应变 ϵ，即：

$$S = \frac{P}{A}$$

式中 P——各加载瞬间的载荷，由试验机载荷刻度盘上读出；

A——各加载瞬间的横截面面积，由体积不变条件求出。

$$A = \frac{A_0 l_0}{l} = \frac{A_0 l_0}{l_0 + \Delta l}$$

式中 Δl——试样标距长度的瞬间伸长量，可由试验机的标尺上读出。

$$\epsilon = \ln \frac{l}{l_0} = \ln \frac{l_0 + \Delta l}{l_0} \quad 或 \quad \epsilon = \ln \frac{A_0}{A}$$

塑性失稳点 b' 所对应的是最大载荷 P_{max}。

由于

$$S = \frac{P}{A} = \frac{P}{A_0} \frac{A_0}{A} = \sigma e^{\epsilon}$$

又有

$$\epsilon = \ln \frac{A_0}{A}$$

$$\frac{A_0}{A} = e^{\epsilon} > 1$$

因此在均匀塑性变形阶段，实际应力总是大于条件应力，即 $S > \sigma$；在塑性失稳点 b'，$S_{b'} > \sigma_b$。

其三，局部变形阶段，由于这一阶段出现了颈缩，不再是均匀变形，所以，上述公式不再成立。为求得 b' 点以后的实际应力-应变，必须记录下拉伸时每一瞬时试样颈缩处的断面积 A，这样可画出 $b'k'$ 段。因为测量横截面的瞬时值很困难，一般只有 b'、k' 两处的数据，两点的曲线只能近似地做出。

做出了 $b'k'$ 段后，还必须加以修正，因为出现了颈缩，细颈处的横截面上已不再是均布的单向拉应力，而是处于不均布的三向拉伸应力状态。如图 4-5 所示，$\sigma_\theta = \sigma_\rho$，$\sigma_\theta$、$\sigma_\rho$ 在自由表面上为零，向内逐渐增大，到中心处达到最大值。

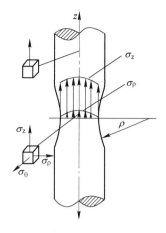

变形体在三向应力状态下，塑性变形必须满足塑性条件，即：

$$\sigma_z - \sigma_\rho = \beta\bar{\sigma} = \bar{\sigma}(\beta = 1)$$

则有：

$$\sigma_z = \sigma_\rho + \bar{\sigma}$$

在试件颈缩处的自由表面上 $\sigma_z = \bar{\sigma}$，而在试件内部 $\sigma_z > \bar{\sigma}$，并且越接近中心处 σ_z 越大。

这种由于颈缩，即形状变化而产生应力升高的现象称为

图 4-5　颈缩处断面上应力分布

形状硬化。图 4-4(b) 中 $b'k'$ 段 $S = \dfrac{P}{A}$ 只是一个平均值，是反映材料冷作硬化和形状硬化总的效应，它必然大于单向均匀拉伸时 $S = \bar{\sigma}$ 的拉应力，于是所得的曲线 $b'k'$ 有偏高的趋势。所以为了求得纯粹的 S-ϵ 曲线，必须把形状硬化影响消除，为此，齐别尔等人提出用下式对曲线 $b'k'$ 段进行修正。

$$S_{k''} = \frac{S_{k'}}{1 + \dfrac{d}{8\rho}}$$

式中　$S_{k''}$——去除形状硬化的真实应力；

　　　$S_{k'}$——包含形状硬化在内的真实应力；

　　　d——试样颈缩处直径；

　　　ρ——试样颈缩处外形的曲率半径。

$b'k'$ 段进行修正后成为 $b'k''$ 段，图 4-4(b) 中 $Ocb'k''$ 为所求的真实应力-应变曲线。

4.5.2　基于单向压缩试验确定的应力-应变曲线

拉伸实验曲线的最大应变受到颈缩的限制，一般 $\epsilon \approx 1.0$，曲线精确度在 $\epsilon < 0.3$ 范围内，而实际塑性成形时的应变往往比 1.0 大得多，因此，用拉伸实验确定的实际应力-应变曲线不能满足分析塑性成形过程的需要。为了解决这一问题，可用压缩实验来确定实际应力-应变曲线，压缩实验曲线的变形量可达 $\epsilon = 2.0$，有人在压缩铜试样时曾获得 $\epsilon = 3.9$ 的变形程度。

压缩实验的主要问题是试样与工具的接触面上不可避免地存在摩擦，这就改变了试样的单向压应力状态，并使试样出现鼓形。所以，消除接触表面间的摩擦是求得精确压缩实际应力-应变曲线的关键。

图 4-6(a) 是圆柱压缩实验简图，上、下压头经淬火、回火、磨削和抛光。试样尺寸一般取 $H_0 = D_0$，$D_0 = 20 \sim 30\text{mm}$。为减小试样与压头间的摩擦，可在试样的端面上车出沟槽 [见图 4-6(b)] 以保存润滑剂，或将试样端面车出浅坑 [见图 4-6(c)]，浅坑中充以石蜡或猪油等，也可保持润滑作用，使实验过程接近均匀压缩。测定单压 σ-ε 曲线时，试样的直径/高度一般为 1，每次压缩量为试样高度的 10%。记录载荷和测量高度，然后加

润滑剂再压。若出现明显鼓形，将试样进行车削，消除侧鼓，并使直径/高度仍为1。这样一直压缩至要求的变形程度为止。利用数据绘制 $\sigma\text{-}\varepsilon$ 曲线，如图 4-7（a）所示。显然外摩擦影响了 $\sigma\text{-}\varepsilon$ 曲线，D/H 越大，$\sigma\text{-}\varepsilon$ 曲线越高，从而可以推知当 $D/H \to 0$ 时，认为外摩擦影响消除。

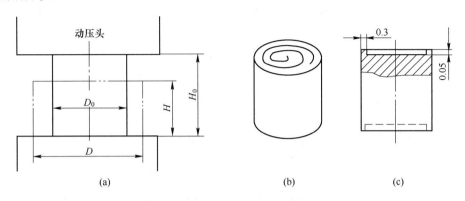

图 4-6　圆柱压缩实验及其试件

（a）压缩实验简图；（b），（c）压缩实验试件

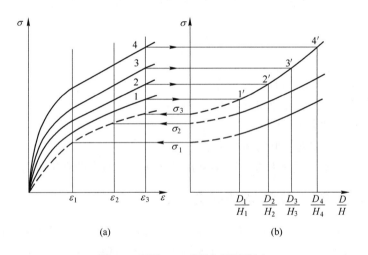

图 4-7　压缩 $\sigma\text{-}\varepsilon$ 曲线与摩擦影响

用外推法可以得到消除摩擦影响的 $\sigma\text{-}\varepsilon$ 曲线。用不同 D/H 试样进行压缩实验，记录 $P\text{-}\Delta H$ 曲线，可得到不同 D/H 的 $\sigma\text{-}\varepsilon$ 曲线，如图 4-7（a）所示。然后根据图 4-7（a）可得到一定变形程度下的 $\sigma\text{-}(D/H)$ 曲线，如图 4-7（b）所示。将图中各曲线延伸到与 σ 轴相交，就可得到一定变形程度下 $D/H \to 0$ 时的应力，从而得到消除摩擦影响的 $\sigma\text{-}\varepsilon$ 曲线。

$$S = \frac{P}{A} = \frac{P}{A_0}\mathrm{e}^{\epsilon}, \quad \epsilon = \ln\frac{H_0}{H}$$

式中　S，ϵ——压缩时的真实应力与对数应变；

　　　H_0，H——试样原始高度和压缩后高度；

　　　A_0，A——试样原始截面积和压缩后截面积；

　　　P——压缩时的载荷。

4.5.3 基于平面应变压缩确定的应力-应变曲线

平面应变压缩实验示意如图 4-8 所示。实验所用的工具是一对狭长的窄平锤。板条宽 W 应是锤头宽 b 的 6~10 倍。压缩时 2 轴方向上的宽展很小，可认为板条受压部分处于平面应变状态（$\varepsilon_3 = 0$）。板厚可取 $\dfrac{b}{4} \sim \dfrac{b}{2}$。实验步骤：润滑砧面与板条，压缩时每压缩高度的 2%~5% 记录一次压力，并测量板厚 t；重新润滑，直到压缩至所需变形量为止，最后绘制 S-ϵ 曲线。

根据各次压缩记录下的数据，就可算出每次的压应力 p（$p = \dfrac{P}{Wb}$）和对数应变 ϵ_3

（$\epsilon_3 = \ln \dfrac{h}{h_1}$），$h_1$ 为每次压缩后高度，于是就可作出此平面应变压缩时的压应力 p 与对数应变 ϵ_3 的关系曲线，如图 4-9 中曲线 a 所示，但这并不是所求的真实应力-应变曲线。根据曲线 a，并利用下面的方法可作出单向应力状态下的真实应力-应变曲线，如图 4-9 中曲线 b 所示。

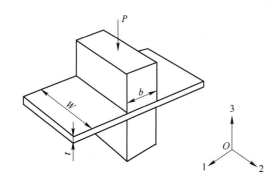

图 4-8　平面应变压缩实验

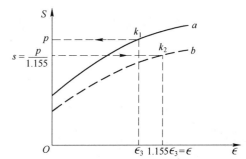

图 4-9　平面应变压缩曲线转换成单向压缩曲线
a—平面应变压缩曲线；b—转换成的单向压缩曲线

因为锤头很窄，又有良好的润滑，可认为 1 轴方向的主应力 $\sigma_1 \approx 0$，并设锤头下压的压应力 $\sigma_3 = p$。因为是平面应变，所以 $\epsilon_2 = 0$，$\sigma_2 = \dfrac{\sigma_1 + \sigma_3}{2} = \dfrac{p}{2}$。又根据体积不变条件，$\epsilon_1 = -\epsilon_3$。这样可求得等效应力 $\overline{\sigma}$ 与等效应变 $\overline{\varepsilon}$，即：

$$\overline{\sigma} = \frac{1}{\sqrt{2}} \sqrt{(\sigma_1 - \sigma_2)^2 + (\sigma_2 - \sigma_3)^2 + (\sigma_3 - \sigma_1)^2}$$

$$= \frac{1}{\sqrt{2}} \sqrt{\left(0 - \frac{p}{2}\right)^2 + \left(\frac{p}{2} - p\right)^2 + (p - 0)^2}$$

$$= \frac{\sqrt{3}}{2} p$$

$$\overline{\epsilon} = \frac{\sqrt{2}}{3} \sqrt{(\epsilon_1 - \epsilon_2)^2 + (\epsilon_2 - \epsilon_3)^2 + (\epsilon_1 - \epsilon_3)^2}$$

$$= \frac{\sqrt{2}}{3} \sqrt{(-\epsilon_3 - 0)^2 + (0 - \epsilon_3)^2 + (-\epsilon_3 - \epsilon_3)^2}$$

$$= \frac{2}{\sqrt{3}} \epsilon_3$$

单向应力状态下：

$$\bar{\sigma} = S$$

$$\bar{\epsilon} = \epsilon$$

即：

$$S = \frac{\sqrt{3}}{2} p = 0.866 p$$

$$\epsilon = \frac{2}{\sqrt{3}} \epsilon_3 = 1.155 \epsilon_3$$

这样，可将平面应变压缩状态下的压应力 p 和应变 ϵ_3，分别换算成单向压缩状态下的真实应力 S 和真应变 ϵ，如图 4-9 中曲线 a 上的 k_1 点换算成单向压缩状态时的 k_2 点。于是就可求得单向压缩状态下的真实应力-应变曲线，如图 4-9 中的曲线 b。

4.5.4 基于双向等拉实验确定的应力-应变曲线

将一块圆形板四周固定，然后在内部充液压进行胀形，如图 4-10 所示。根据图 4-11 所示单元体的力平衡条件，可得：

$$p\rho \mathrm{d}\theta \mathrm{d}\varphi - 2\sigma_\theta \rho \mathrm{d}\varphi t \sin \frac{\mathrm{d}\theta}{2} - 2\sigma_\varphi \rho \mathrm{d}\theta t \sin \frac{\mathrm{d}\varphi}{2} = 0$$

式中，p 为内压；σ_θ，σ_φ 为"经线""纬线"上的正应力；t 为板厚。

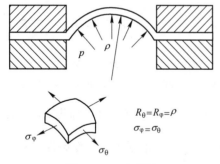

图 4-10 双向等拉

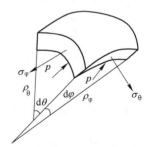

图 4-11 球面微体受力

由于对称性，$\sigma_\theta = \sigma_\varphi$，$\mathrm{d}\theta = \mathrm{d}\varphi$，因此上式变成：

$$\sigma_\theta = \sigma_\varphi = \frac{p}{2t}$$

由于球对称，有 $\varepsilon_\theta = \varepsilon_\varphi$，根据体积不变，有：

$$\varepsilon_t = -2\varepsilon_\theta = -2\varepsilon_\varphi = \ln(t/t_0)$$

胀形时，应力状态为 $\sigma_\theta = \sigma_\varphi$，$\sigma_t = 0$ 双向等拉。由于球张量对塑性变形没有影响，因此在实际应力状态上叠加一个应力值为 σ_0 的球应力，对胀形无影响。叠加后的结果为 $\sigma_\theta = \sigma_\varphi = 0$，$\sigma_t = \sigma_0$，这种应力状态相当于单向压缩试验，既无颈缩又无摩擦。因此，其应变量远超过单向的。

4.5.5　真实应力-应变曲线与数学模型

把各种应力状态下的应力应变曲线折算成$\bar{\sigma}$-$\bar{\varepsilon}$曲线后，使材料具有统一的应力-应变曲线。理论上各种应力-应变曲线折算的$\bar{\sigma}$-$\bar{\varepsilon}$曲线应当重合，但实际上是有偏差的。综合各方面的大量实验数据，根据不同的$\bar{\sigma}$-$\bar{\varepsilon}$曲线，可以划分为以下若干种类型：

（1）幂函数强化模型（见图4-12）。该模型特点为弹塑性区域均用统一方程表示，即：

$$\bar{\sigma} = A\bar{\varepsilon}^n$$

该模型常应用于室温下的冷加工。

（2）线性强化模型（见图4-13）。该模型的弹塑区域分开表示，即：

$$\begin{cases} \bar{\sigma} = E\bar{\varepsilon}, & \varepsilon \leqslant \sigma_s/E \quad （弹性） \\ \bar{\sigma} = \sigma_s + D(\varepsilon - \sigma_s/E), & \varepsilon > \sigma_s/E \quad （塑性） \end{cases}$$

$\bar{\sigma}$-$\bar{\varepsilon}$呈线性关系，只是弹性、塑性的斜率有所差异，适合于考虑弹性问题的冷加工，如弯曲。

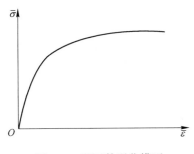

图4-12　幂函数强化模型

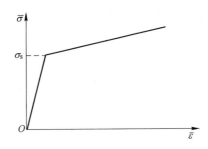

图4-13　线性强化模型

（3）线性刚塑性强化模型（见图4-14）。与模型（2）相似，只是没有考虑弹性变形，即：

$$\bar{\sigma} = \sigma_s + D(\varepsilon - \sigma_s/E), \quad \varepsilon > \sigma_s/E$$

适合于忽略弹性的冷加工。

（4）理想弹塑性模型（见图4-15）。该模型的弹塑区域分开表示，即该模型的特点在于屈服后σ_e与ε_e无关，即：

$$\bar{\sigma} = \sigma_s \quad （\varepsilon \geqslant \sigma_s/E）$$

该模型软化与硬化相等，适合于热加工分析。

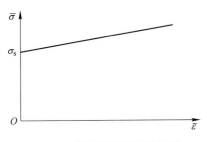

图4-14　线性刚塑性强化模型

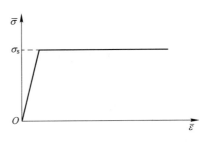

图4-15　理想弹塑性模型

（5）理想刚塑性模型（见图 4-16）。特点与（4）相似，只是忽略了弹性，即：

$$\bar{\sigma} = \sigma_s$$

该模型适合于不考虑弹性的热加工问题。

一般的 $\bar{\sigma}\text{-}\bar{\varepsilon}$ 关系的数学模型为：

$$\bar{\sigma} = A\bar{\varepsilon}^n \, \dot{\bar{\varepsilon}}^m \, \mathrm{e}^{-bT}$$

式中　n——加工与强化指数；

　　　m——应变速率敏感性系数；

　　　A——材料常数；

　　　T——绝对温度；

　　　b——温度影响系数。

图 4-16　理想刚塑性模型

4.6　塑性本构关系实例

【例 1】　边长为 200mm 的立方块金属，在 z 方向作用有 200MPa 的压应力。为了阻止立方体在 x、y 方向的膨胀量不大于 0.05mm，须在 x、y 方向上应加多大的压力（设 $E = 2.07 \times 10^5 \mathrm{MPa}$，$\nu = 0.3$）。

解：x、y 方向应变量为：$\varepsilon_x = \varepsilon_y = \dfrac{0.05}{200} = 2.5 \times 10^{-4}$，$z$ 方向应力为：$\sigma_z = 200\mathrm{MPa}$，则应由万能胡克定律得：

$$\varepsilon_x = \frac{1}{E}\left[\sigma_x - \nu(\sigma_y + \sigma_z)\right]$$

$$\varepsilon_y = \frac{1}{E}\left[\sigma_y - \nu(\sigma_x + \sigma_z)\right]$$

$$2.5 \times 10^{-4} = \frac{1}{2.07 \times 10^5}\left[\sigma_x - 0.3(\sigma_y - 200)\right]$$

$$2.5 \times 10^{-4} = \frac{1}{2.07 \times 10^5}\left[\sigma_y - 0.3(\sigma_x - 200)\right]$$

$$\sigma_x = \sigma_y = -8.25\mathrm{MPa}$$

即：
$$P_x = P_y = (-8.25 \times 200^2)\mathrm{N} = 3.3 \times 10^5 \mathrm{N}$$

【例 2】　已知处于塑性变形状态的某个质点的应力状态为：$\sigma_1 = 2\sigma$，$\sigma_2 = \sigma$，$\sigma_3 = 0$。试求塑性应变增量 $\Delta\varepsilon_1$、$\Delta\varepsilon_2$、$\Delta\varepsilon_3$ 与等效应变增量 $\Delta\varepsilon^p$ 的关系表达式。

解：由等效应力表达式得：

$$\bar{\sigma} = \frac{1}{\sqrt{2}}\sqrt{(\sigma_1 - \sigma_2)^2 + (\sigma_2 - \sigma_3)^2 + (\sigma_3 - \sigma_1)^2} = \sqrt{3}\,\sigma$$

$$\Delta\varepsilon_1 = \frac{\Delta\varepsilon^p}{\bar{\sigma}}\left[\sigma_1 - \frac{1}{2}(\sigma_2 + \sigma_3)\right]$$

即：
$$\frac{\Delta\varepsilon_1}{\Delta\varepsilon^p} = \frac{\sqrt{3}}{2}\sigma$$

同理可得：
$$\frac{\Delta\varepsilon_2}{\Delta\varepsilon^p} = 0, \quad \frac{\Delta\varepsilon_3}{\Delta\varepsilon^p} = \frac{\sqrt{3}}{2}\sigma$$

思考题及习题

1 级作业题

1. 填空题

（1）相对应变与对数应变的关系_____。

（2）加载路径可分成_____加载和_____加载两大类。

（3）塑性变形时，应变的_____为零，其 ν＝_____。全量应变主轴与应力主轴_____，应力与应变关系是_____。

（4）根据材料单向拉伸的真实应力-应变曲线类型，可以将金属材料分为_____、_____、_____和_____。

（5）普朗特-路埃斯理论与列维-米塞斯理论的差别就在于_____。

（6）塑性变形_____恢复，与应变历史_____。塑性变形时体积_____，即应力球张量为_____，泊松比 ν＝_____。

（7）弹性变形时应力与应变关系可用_____定律表达。

（8）比例加载必须满足如下条件：_____，_____，_____，_____。

2. 判断题

（1）真实应变就是工程应变。   （   ）

（2）弹性变形时，泊松比小于 0.5。   （   ）

（3）工程应变就是真实应变。   （   ）

（4）塑性变形时，全量应变主轴与应力主轴重合。   （   ）

（5）塑性变形时，泊松比小于 0.5。   （   ）

（6）塑性变形与应变历史无关。   （   ）

（7）全量理论适合于简单加载的弹塑性材料。   （   ）

（8）塑性变形可以恢复，是可逆关系。   （   ）

（9）塑性变形时，全量应变主轴与应力主轴重合。   （   ）

（10）相对应变是对数应变。   （   ）

3. 选择题

（1）塑性变形的全量理论适用于（   ）。

    A. 各种情况

    B. 简单加载

    C. 复杂加载

（2）静水压力（   ）金属塑性。

    A. 降低

    B. 不改变

    C. 提高

（3）塑性变形时应力和应变之间关系与加载历史（   ）。

    A. 有关

    B. 无关

    C. 不一定有关

（4）普朗特-路埃斯方程增量理论适用于（   ）。

    A. 各种情况

    B. 简单加载

    C. 复杂加载

（5）列维-米塞斯增量理论建立在假设材料为（   ）。

    A. 刚塑性材料

    B. 弹塑性材料

    C. 刚塑性硬化材料

（6）列维-米塞斯增量理论考虑了（   ）。

    A. 弹性变形

    B. 塑性变形

    C. 弹性和塑性变形

（7）塑性变形时，泊松比（   ）。

    A. 小于 0.5

    B. 等于 0.5

    C. 大于 0.5

（8）弹性变形时，泊松比（   ）。

    A. 小于 0.5

    B. 等于 0.5

    C. 大于 0.5

2 级作业题

（1）有一金属块，在 x 方向作用有 150MPa 的压应力。在 y 方向作用有 150MPa 的压应力，z 方向作用有 200MPa 的压应力。试求金属块的单位体积变化率（设 $E = 207 \times 10^3$ MPa，$\nu = 0.3$）。

（2）已知一点的应力状态如图 4-17 所示，试写出其应力偏量并画出主应变简图。

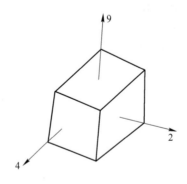

图 4-17   题（2）图

3 级作业题

（1）两端封闭的细长薄壁管平均直径为 r，平均壁厚为 l，承受内压力 p 而产生塑性变形。设管材各向同性，试计算切向、轴向及径向应变增量比及应变比。

（2）求出下列两种情况下塑性应变增量的比：

1）单向应力状态：$\sigma_1 = \sigma_s$；

2）纯剪力应力状态：$\tau_s = \dfrac{\sigma_s}{\sqrt{3}}$。

5 金属塑性加工中的摩擦与润滑

扫一扫查看
本章数字资源

5.1 金属塑性加工中摩擦的特点与作用

5.1.1 塑性成形时摩擦的特点

塑性成形中的摩擦与机械传动中的摩擦相比，有以下特点：

（1）在高压下产生的摩擦。塑性成形时接触表面上的单位压力很大，一般热加工时面压力为 100~150MPa，冷加工时可高达 500~2500MPa。但是，机器轴承中，接触面压通常只有 20~50MPa。如此高的面压使润滑剂难以带入或易从变形区挤出，使润滑困难及润滑方法特殊。

（2）较高温度下的摩擦。塑性加工时界面温度条件恶劣，对于热加工，根据金属不同，温度在数百摄氏度至一千多摄氏度之间；对于冷加工，则由于变形热效应、表面摩擦热，温度可达到颇高的程度。高温下的金属材料，除了内部组织和性能变化外，金属表面要发生氧化，给摩擦润滑带来很大影响。

（3）伴随着塑性变形而产生的摩擦。在塑性变形过程中，由于高压下变形，会不断增加新的接触表面，使工具与金属之间的接触条件不断改变。接触面上各处的塑性流动情况不同，有的滑动，有的黏着，有的快，有的慢，因而在接触面上各点的摩擦也不一样。

（4）摩擦副（金属与工具）的性质相差大。一般工具都硬且要求在使用时不产生塑性变形；而金属不但比工具柔软得多，且希望有较大的塑性变形。二者的性质与作用差异如此之大，使变形时摩擦情况也很特殊。

5.1.2 外摩擦在压力加工中的作用

塑性加工中的外摩擦，大多数情况是有害的，主要有：

（1）塑性加工中的外摩擦会改变物体应力状态，增加变形抗力和能耗。例如，平锤锻造圆柱体（见图 5-1），若变形金属与工具接触表面无摩擦存在，则变形金属内应力状态为单向压应力状态，设单向压应力为 σ_3，这时单位流动压力为 $p = \sigma_3$，即 $\sigma_3 = \sigma_1$。有摩擦时，则呈三向应力状态，即 $\sigma_3 = \beta\sigma_s + \sigma_1$。$\sigma_3$ 为主变形力，σ_1 为摩擦力引起的。若接触面间摩擦越大，则 σ_1 越大，即静水压力愈大，所需变形力也随之增大，从而消耗的变形功增加。一般情况下，摩擦的加大可使负荷增加 30%。

（2）引起工件变形与应力分布不均匀。塑性成形时，因接触摩擦的作用使金属质点的流动受到阻碍，此种阻力在接触面的中部特别强，边缘部分的作用较弱，这将引起金属的不均匀变形。图 5-1 中平塑压圆柱体试样时，接触面受摩擦影响大，远离接触面处受摩擦影响小，最后工件变为鼓形。此外，外摩擦使接触面单位压力分布不均匀，由边缘至中心压力逐渐升高。变形和应力的不均匀，直接影响制品的性能，降低生产成品率。

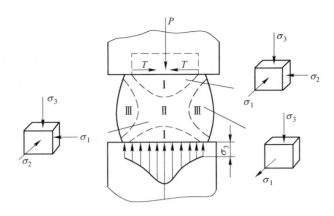

图 5-1 塑压时摩擦力对应力及变形分布的影响

（3）恶化工件表面质量，加速模具磨损，降低工具寿命。塑性成形时接触面间的相对滑动加速工具磨损；因摩擦热更增加工具磨损；变形与应力的不均匀亦会加速工具磨损。此外，金属黏结工具的现象，不仅缩短了工具寿命，增加了生产成本，而且也降低制品的表面质量与尺寸精度。

摩擦也能变害为利。例如，增大摩擦，改善轧制过程咬入条件；增大冲头与板片间的摩擦，强化工艺，减少起皱和撕裂等造成的废品。

5.2 金属塑性加工中的摩擦与润滑理论

5.2.1 摩擦的分类

塑性成形时的摩擦根据其性质可分为干摩擦、边界摩擦和流体摩擦三种，分述如下：

（1）干摩擦。金属与工具的接触表面之间不存在任何外来介质，即直接接触时所产生的摩擦称为干摩擦，如图 5-2(a) 所示。但在实际生产中，这种绝对理想的干摩擦是不存在的。因为金属塑性加工过程中，其表面多少存在氧化膜，或吸附一些气体和灰尘等其他介质。但通常说的干摩擦指的是不加润滑剂的摩擦状态。

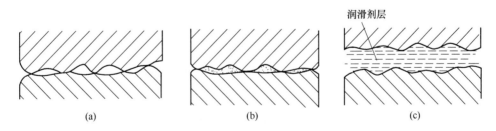

图 5-2 摩擦分类示意图
(a) 干摩擦；(b) 边界摩擦；(c) 流体摩擦

（2）流体摩擦。当金属与工具表面间加入润滑层较厚，摩擦副在相互运动中不直接接触，完全由润滑油膜隔开［见图 5-2(c)］，摩擦发生在流体内部分子之间称为流体摩擦。它不同于干摩擦，摩擦力的大小与接触面的表面状态无关，而是与流体的黏度、速度梯度等因素有关，因而流体摩擦的摩擦系数是很小的。塑性加工中接触面上压力和温度较高，使润滑剂常易挤出或被烧掉，所以流体摩擦只在有条件的情况下发生和作用。

（3）边界摩擦。当金属与工具之间的接触表面上加润滑剂时，随着接触压力的增加，金属表面凸起部分被压平，润滑剂被挤入凹坑中，被封存在里面［见图 5-2（b）］，这时在压平部分与模具之间存在一层极薄的润滑膜，其厚度约为 10^{-6}mm。这种润滑膜一般是一种流体的单分子膜，接触表面就处在被这种单分子膜隔开的状态，这种单分子膜润滑的状态称为边界润滑，这种状态下产生的摩擦称为边界摩擦，如图 5-2（b）所示。若这层单分子膜完全被挤掉，则工具与变形金属直接接触，此时会出现黏膜现象。大多数塑性成形中的摩擦属于边界摩擦。

在塑性加工中，理想的干摩擦不可能存在。实际上常常是上述三种摩擦共存的混合摩擦。它既可以是半干摩擦又可以是半流体摩擦。半干摩擦是边界摩擦与干摩擦的混合状态。当接触面间存在少量的润滑剂或其他介质时，就会出现这种摩擦。半流体摩擦是流体摩擦与边界摩擦的混合状态。当接触表面间有一层润滑剂，在变形中个别部位会发生相互接触的干摩擦。

5.2.2 塑性加工时接触表面摩擦力的计算

金属塑性加工时，工具与坯料接触面上的摩擦力采用下列三种假设。

5.2.2.1 库仑摩擦条件

不考虑接触面上的黏合现象，认为摩擦符合库仑定律，即：

（1）摩擦力与作用于摩擦表面的垂直压力成正比例，与摩擦表面的大小无关；

（2）摩擦力与滑动速度的大小无关；

（3）静摩擦系数大于动摩擦系数。

其数学表达式为：

$$F = \mu N \quad 或 \quad \tau = \mu \sigma_n \tag{5-1}$$

式中　　F——摩擦力；

μ——外摩擦系数；

N——垂直于接触面正压力；

τ——接触面上的摩擦切应力；

σ_n——接触面上的正应力。

摩擦系数由实验确定。在使用式（5-1）时应注意，摩擦切应力 τ 不能随接触面上正应力 σ_n 的增大而无限增大，这是因为当 $\tau = \tau_{max} = K$（被加工金属的剪切屈服强度）时，被加工金属的接触表面将要产生塑性流动，此时 σ_n 的极限值为被加工金属的拉伸屈服强度 Y（真实应力），K 与 Y 之间应满足一定关系，由屈服准则，$K = \left(\dfrac{1}{2} \sim \dfrac{1}{\sqrt{3}} \right) Y$，由此根据式（5-1）确定摩擦系数 μ 的极限值为 $\mu = 0.5 \sim 0.577$。

式（5-1）适用于拉拔及其他润滑效果较好的冷加工工序。

5.2.2.2 最大摩擦条件

当接触表面没有相对滑动，完全处于粘合状态时，单位摩擦力 τ 等于变形金属流动时的临界切应力 k，即：

$$\tau = k \tag{5-2}$$

根据塑性条件，在轴对称情况下，$k = 0.5\sigma_T$，在平面变形条件下，$k = 0.577\sigma_T$。式中，σ_T 为该变形温度或变形速度条件下材料的真实应力。热变形常采用最大摩擦条件，这是因为事先无需知道接触面上的正压应力分布情况。

5.2.2.3 摩擦力不变条件（也称常摩擦力定律）

认为接触面间的摩擦力不随正压力大小而变。其单位摩擦力 τ 是常数，即表达式为：

$$\tau = mk \tag{5-3}$$

式中，m 为摩擦因子，$m = 0 \sim 1.0$。

对照式（5-2）与式（5-3），当 $m = 1.0$ 时，两个摩擦条件是一致的。对于面压较高的挤压、变形量大的镦粗、模锻以及润滑较困难的热轧等变形过程中，由于金属的剪切流动主要出现在次表层内，$\tau = \tau_s$，故摩擦应力与相应条件下变形金属的性能有关。

实际金属塑性加工过程中，接触面上的摩擦规律，除与接触表面的状态（粗糙度、润滑剂）、材料的性质与变形条件等有关外，还与变形区几何因子密切相关。在某些条件下，同一接触面上存在常摩擦系数区与常摩擦力区的混合摩擦状态。这时求解变形力，有关方程的边界条件是十分重要的。

5.3 影响摩擦的主要因素

5.3.1 金属的种类和化学成分

摩擦系数随着不同的金属、不同的化学成分而异。由于金属表面的硬度、强度、吸附性、扩散能力、导热性、氧化速度、氧化膜的性质以及金属间的相互结合力等都与化学成分有关，因此不同种类的金属，摩擦系数不同。例如，用光洁的钢压头在常温下对不同材料进行压缩时，测得摩擦系数：软钢为 0.17；铝为 0.18；α 黄铜为 0.10；电解铜为 0.17。即使同种材料，化学成分变化时，摩擦系数也不同。如钢中的碳含量增加时，摩擦系数会减小，如图 5-3 所示。一般来说，随着合金元素的增加，摩擦系数下降。

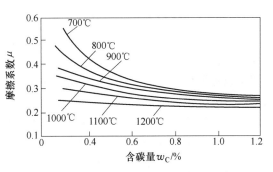

图 5-3 钢中碳含量对摩擦系数的影响

黏附性较强的金属通常具有较大的摩擦系数，比如铅、铝、锌等。材料的硬度、强度越高，摩擦系数就越小。因而凡是能提高材料硬度、强度的化学成分都可使摩擦系数减小。

5.3.2 工具材料及其表面状态

工具选用铸铁材料时的摩擦系数，比选用钢时摩擦系数可低 15% ~ 20%，而淬火钢的摩擦系数与铸铁的摩擦系数相近。硬质合金轧辊的摩擦系数较合金钢轧辊摩擦系数可降低 10% ~ 20%，而金属陶瓷轧辊的摩擦系数比硬质合金辊也同样可降低 10% ~ 20%。

工具的表面状态视工具表面的精度及机加工方法的不同，摩擦系数可能在 0.05 ~ 0.5

变化。一般来说，工具表面光洁度越高，摩擦系数越小。但如果两个接触面光洁度都非常高，由于分子吸附作用增强，反使摩擦系数增大。

5.3.3　接触面上的单位压力

　　单位压力较小时，表面分子吸附作用不明显，摩擦系数与正压力无关，摩擦系数可认为是常数。当单位压力增加到一定数值后，润滑剂被挤掉或表面膜破坏，这不但增加了真实接触面积，而且使分子吸附作用增强，从而使摩擦系数随压力增加而增加，但增加到一定程度后趋于稳定，如图5-4 所示。

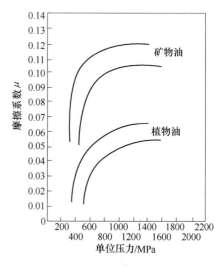

图 5-4　正压力对摩擦系数的影响

5.3.4　变形温度

　　变形温度对摩擦系数的影响很复杂。因为温度变化时，材料的温度、硬度及接触面上的氧化物的性能都会发生变化，可能产生两个相反的结果：一方面随着温度的增加，可加剧表面的氧化而增加摩擦系数；另一方面，随着温度的提高，被变形金属的强度降低，单位压力也降低，这又导致摩擦系数的减小。所以，变形温度是影响摩擦系数变化因素中，最积极、最活泼的一个，很难一概而论。此外还可出现其他情况，如温度升高，润滑效果可能发生变化；温度高达某值后，表面氧化物可能熔化而从固相变为液相，致使摩擦系数降低。但是，根据大量实验资料与生产实际观察，认为开始时摩擦系数随温度升高而增加，达到最大值以后又随温度升高而降低，如图 5-5 和图 5-6 所示。这是因为温度较低时，金属的硬度大，氧化膜薄，摩擦系数小。随着温度升高，金属硬度降低，氧化膜增厚，表面吸附力、原子扩散能力加强；同时，高温使润滑剂性能变坏，所以，摩擦系数增大。当温度继续升高，由于氧化物软化和脱落，氧化物在接触表面间起润滑剂的作用，摩擦系数反而减小。

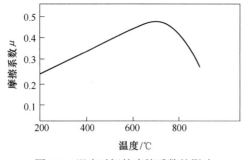

图 5-5　温度对钢的摩擦系数的影响

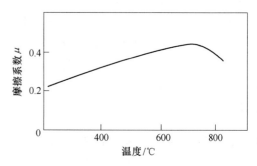

图 5-6　温度对铜的摩擦系数的影响

5.3.5　变形速度

　　许多实验结果表明，随着变形速度增加，摩擦系数下降。例如，用粗磨锤头压缩硬铝试验给出：400℃静压缩 $\mu=0.32$；动压缩时 $\mu=$ 0.22；在450℃时相应为 0.38 及 0.22。实验也测得，当轧制速度由 0m/s 增加到 5m/s 时，摩擦系数降低一半。

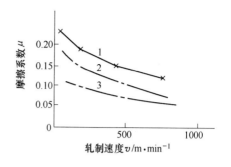

变形速度增加引起摩擦系数下降的原因，与摩擦状态有关。在干摩擦时，变形速度增加，表面凹凸不平部分来不及相互咬合，表现出摩擦系数的下降。在边界润滑条件下，由于变形速度增加，油膜厚度增大，导致摩擦系数下降，如图 5-7 所示。但是，变形速度与变形温度密切相关，并影响润滑剂的曳入效果。因此，实际生产中，随着条件的不同，变形速度对摩擦系数的影响也很复杂。有时会得到相反的结果。

图 5-7 纯铝轧制时轧制速度对摩擦系数的影响
1—压下率 60%，润滑油中无添加剂；
2—压下率 60%，润滑油中加入酒精；
3—压下率 25%，润滑油中加入酒精

5.3.6 润滑剂

压力加工中，采用润滑剂能起到防粘减摩以及减少工模具磨损的作用，而不同润滑剂所起的效果不同。因此，正确选用润滑剂，可显著降低摩擦系数。常用金属及合金在不同加工条件下的摩擦系数可查有关加工手册（或实际测量）。

5.4 摩擦系数测定

目前，测定塑性加工中摩擦系数的方法中，大都是利用库仑定律，即求相应正应力下的摩擦力，然后求出摩擦系数。由于上述诸多因素的影响，加上接触面各处情况不一致，因此只能确定平均值，下面对几种常用的方法作简要介绍。

5.4.1 夹钳轧制法

这种方法也称轧件强迫制动法，基本原理是利用纵轧时力的平衡条件来测定摩擦系数，此法如图 5-8 所示，实验时用钳子夹住板材的未轧入部分，钳子的另一端与测力仪相联，由该测力仪可测得轧辊打滑瞬间的水平制动力 T 和轧制力 Q。

轧辊打滑时，板料试样在水平方向所受的力平衡条件为：

$$T + 2P_x = 2N_x \tag{5-4}$$

其中

$$P_x = P\sin\frac{\alpha}{2}, \quad N_x = \mu P\cos\frac{\alpha}{2}$$

轧辊打滑时，板料试样在垂直方向所受的力平衡条件为：

$$Q = N_y + P_y \tag{5-5}$$

其中

$$P_y = P\cos\frac{\alpha}{2}, \quad N_y = \mu P\sin\frac{\alpha}{2}$$

由式(5-4)得：

$$P = \frac{T}{2\left(\mu\cos\dfrac{\alpha}{2} - \sin\dfrac{\alpha}{2}\right)} \qquad (5\text{-}6)$$

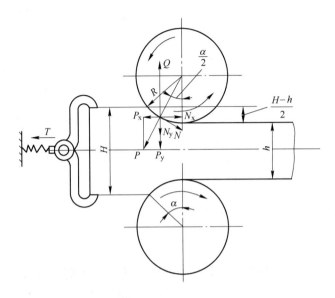

图 5-8　夹钳轧制法

将式(5-6)代入式(5-5)，化简得到确定摩擦系数 μ 的计算公式：

$$\mu = \frac{T\cos\dfrac{\alpha}{2} + 2Q\sin\dfrac{\alpha}{2}}{2Q\cos\dfrac{\alpha}{2} - T\sin\dfrac{\alpha}{2}} = \frac{\dfrac{T}{2Q} + \tan\dfrac{\alpha}{2}}{1 - \dfrac{T}{2Q}\tan\dfrac{\alpha}{2}} \qquad (5\text{-}7)$$

式中，接触角 α 可用几何关系算出：

$$\cos\alpha = \frac{R - \dfrac{H - h}{2}}{R} = 1 - \frac{H - h}{2R}$$

由半角公式得：

$$1 - \cos\alpha = 2\sin^2\frac{\alpha}{2}$$

因此

$$\sin^2\frac{\alpha}{2} = \frac{H - h}{4R}$$

$$\sin\frac{\alpha}{2} \approx \frac{\alpha}{2} = \frac{1}{2}\sqrt{\frac{H - h}{R}}$$

即：

$$\alpha = \sqrt{\frac{H - h}{R}} \qquad (5\text{-}8)$$

由于 T、Q 可测得，由式(5-5)即求出摩擦系数 μ，此法简单易做，也比较精确，可用来测定冷、热态下的摩擦系数。

5.4.2 楔形件压缩法

在倾斜的平锤头间压缩楔型试件，可根据试件变形情况来确定摩擦系数。

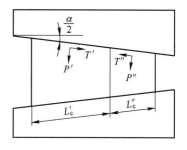

如图5-9所示，试件受压缩时，水平方向的尺寸要扩大。按照金属流动规律，接触表面金属质点要朝着流动阻力最小的方向流动，因此，在水平方向的中间，一定有一个金属质点朝两个方向流动的分界面——中立面，那么根据图示建立力的平衡方程时，可得出：

$$p'_x + p''_x + T''_x = T'_x \tag{5-9}$$

设锤头倾角为$\dfrac{\alpha}{2}$，试件的宽度为b，平均单位压力为p，则：

图 5-9 斜锤间压缩楔形件

$$p'_x = pbL'_c \sin\frac{\alpha}{2} \tag{5-10}$$

$$p''_x = pbL''_c \sin\frac{\alpha}{2} \tag{5-11}$$

$$T'_x = \mu pbL'_c \cos\frac{\alpha}{2} \tag{5-12}$$

$$T''_x = \mu pbL''_c \cos\frac{\alpha}{2} \tag{5-13}$$

将式(5-10)~式(5-13)代入式(5-9)并化简后，得：

$$L'_c \sin\frac{\alpha}{2} + L''_c \sin\frac{\alpha}{2} + \mu L''_c \cos\frac{\alpha}{2} = \mu L'_c \cos\frac{\alpha}{2} \tag{5-14}$$

$$\sin\frac{\alpha}{2} \approx \frac{\alpha}{2}, \quad \cos\frac{\alpha}{2} \approx 1$$

当α角很小时，

$$\frac{L'_c \alpha}{2} + \frac{L''_c \alpha}{2} + \mu L''_c = \mu L'_c \tag{5-15}$$

故由式(5-15)得：

$$\mu = \frac{(L'_c + L''_c)\dfrac{\alpha}{2}}{L'_c - L''_c} \tag{5-16}$$

当α角已知，并在实验后能测出L'_c及L''_c的长度，即可按式(5-16)算出摩擦系数。此法的实质可以认为与轧制过程及一般的平锤下镦粗相似，故可用来确定这两种过程中的摩擦系数。此法应用较方便，主要困难在于较难准确地确定中立面的位置及精确地测定有关数据。

5.4.3 圆环镦粗法

该方法是把一定尺寸的圆环试样（如$D : d_0 : H = 20 : 10 : 7$）放在平砧上镦粗。由于试样和砧面间接触摩擦系数的不同，圆环的内、外径在压缩过程中将有不同的变化。在任何摩擦情况下，外径总是增大的，而内径则随摩擦系数而变化，或增大或缩小。当摩擦系数很小时，变形后的圆环内外径都增大；当摩擦系数超过某一临界值时，在圆环中就会出现一个以 R_n 为半径的分流面。分流面以外的金属向外流动，分流面以内的金属向内流动。所以变形后的圆环其外径增大，内径缩小，如图 5-10 所示。

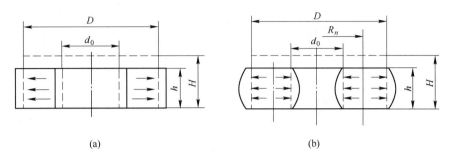

(a)　　　　　　　　　　　　(b)

图 5-10　圆环镦粗时金属的流动

(a) 内外径均匀变化；(b) 内外径呈单鼓形改变

用上限法或应力分析法可求出分流面半径 R_n、摩擦系数 μ 和圆环尺寸的理论关系式。据此可绘制成如图 5-11 所示的理论校准曲线。欲测摩擦系数时，把试件做成图 5-10 所示的尺寸，在特定的条件下进行多次镦粗，每次应取很小的压下量，记下每次镦粗后圆环的高度 H 和内径 d_0，可利用图 5-11 理论校正曲线，查到欲测接触面间的摩擦系数 μ。

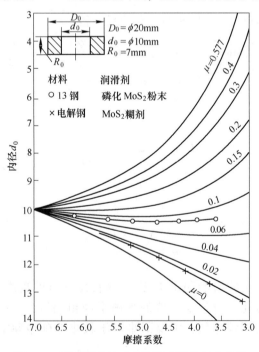

图 5-11　圆环镦粗法确定摩擦系数的标定曲线

此法较简单，不需测定压力，也不需制备许多压头和试件，即可测得摩擦系数。一般用于测定各种温度、速度条件下的摩擦系数，是目前较广泛应用的方法。但由于圆环试件在镦粗时会出现鼓形、环孔出现椭圆形等，引起测量上的误差，影响结果的精确性。

以下介绍在不同塑性加工条件下摩擦系数的一些数据，可供使用时参考：

（1）热锻时的摩擦系数见表 5-1。

（2）磷化处理后冷锻时的摩擦系数见表 5-2。

（3）拉深时的摩擦系数见表 5-3。

（4）热挤压时的摩擦系数，钢热挤压（玻璃润滑）时，$\mu = 0.025 \sim 0.050$，其他金属热挤压摩擦系数见表 5-4。

表 5-1 热锻时的摩擦系数

材 料	坯料温度 /℃	不同润滑剂的 μ 值		
		无润滑	炭 末	机油石墨
45 钢	1000	0.37	0.18	0.29
	1200	0.43	0.25	0.31
锻 铝	400	无润滑	汽缸油+10%石墨	胶体石墨	精制石蜡+10%石墨	精制石蜡
		0.48	0.09	0.10	0.09	0.16

表 5-2 磷化处理后冷锻时的摩擦系数

单位压力/MPa	μ 值			
	无磷化膜	磷酸锌	磷酸锰	磷酸镉
7	0.108	0.013	0.085	0.034
35	0.068	0.032	0.070	0.069
70	0.057	0.043	0.057	0.055
140	0.07	0.043	0.066	0.055

表 5-3 拉深时的摩擦系数

材 料	无润滑	矿物油	油+石墨
08 钢	0.20~0.25	0.15	0.08~0.10
12Cr18Ni9Ti	0.30~0.35	0.25	0.15
铝	0.25	0.15	0.10
杜拉铝	0.22	0.16	0.08~0.10

表 5-4 热挤压时的摩擦系数

润 滑	μ 值					
	铜	黄 铜	青 铜	铝	铝合金	镁合金
无润滑	0.25	0.18~0.27	0.27~0.29	0.28	0.35	0.28
石墨+油	比上面相应数值降低 0.030~0.035					

思考题及习题

1 级作业题

1. 填空

（1）塑性成形时的摩擦根据其性质可分为_____、_____和_____三种。求解塑性成形问题时常用_____、_____和_____。

（2）金属与工具表面之间在相互运动中_____接触，完全由_____隔开，摩擦发生在_____称为流体摩擦。

（3）一般来说，工具表面光洁度_____，摩擦系数_____。但如果两个接触面光洁度_____，摩擦系数_____。

（4）库仑摩擦定律认为摩擦力与滑动速度的大小_____；静摩擦系数_____动摩擦系数。

（5）变形温度对摩擦系数的影响很复杂：一方面随着温度的增加，_____；另一方面，随着温度的提高，被变形金属的强度_____，这又导致摩擦系数的_____。

2. 选择题

（1）金属材料在干摩擦塑性成形时，摩擦条件采用（　　）。

    A. 库仑摩擦条件

    B. 最大摩擦条件

    C. 摩擦力不变条件

（2）"变形速率对摩擦系数没有影响"的说法是（　　）。

    A. 正确

    B. 错误

（3）凡是能提高材料硬度、强度的化学成分都可使摩擦系数（　　）。

    A. 减小

    B. 增大

    C. 不变

（4）变形速度增加引起摩擦系数（　　）。

    A. 增大

    B. 不变

    C. 下降

2 级作业题

（1）塑性成形中的摩擦的机理是什么？

（2）塑性成形时接触面的摩擦的特点有哪几种，各适用于什么情况？

（3）塑性成形时常用的润滑剂有哪些？

3 级作业题

（1）试说明在不同摩擦条件下压缩圆环时外径 D 及内径 d 的变化趋势，并说明典型部位（近外缘处、近内缘处……）应力应变简图。并定性地绘制相应的压力分布曲线，注明压力分布曲线峰值的位置。

（2）试述塑性加工中的摩擦与机械摩擦的区别，并从其积极与消极两方面说明它的作用。

（3）求解塑性成形问题时常用哪几种接触摩擦条件？简述利用圆环镦粗法测定摩擦系数的基本原理。

6 主 应 力 法

6.1 概述

主应力法又称为平截面法和平均应力法，是最早用于工程上求解塑性加工变形力的一种方法。主应力法的实质是将应力平衡微分方程和屈服方程联立求解。为使问题简化，需建立下列基本假设：

（1）把问题简化成平面问题或轴对称问题。对于形状复杂的变形体，根据金属流动的情况，将其划分成若干部分，每一部分分别按平面问题或轴对称问题求解，然后"拼合"在一起，即得到整个问题的解。

（2）根据金属的流动趋向和所选取的坐标系，对变形体截取包括接触面在内的基元或基元板块，切面上的正应力假定为主应力，且均匀分布（即与坐标轴无关）。由于已将实际问题归结为平面问题或轴对称问题，所以各正应力分量就仅随单一坐标变化，对该基元所建立的平衡微分方程，简化为常微分方程。

（3）由于以任意应力分量表示的屈服方程是非线性的，即使对于平面问题或轴对称问题，也难将其与平衡微分方程联解。因此，在对该基元体或基元板块列屈服方程时，假定其各坐标平面上作用的正应力即为主应力，而不考虑面上切应力（包括摩擦切应力）对材料屈服方程的影响。这样，就可将屈服方程简化为线性方程。将上述简化的平衡微分方程和屈服方程联立求解，并利用应力边界条件确定积分常数，以求得接触面上的应力分布，进而求得变形力等。由于经过简化的平衡方程和屈服方程实质上都是以主应力表示的，故此得名主应力法。又因这种解法是从切取基元体或基元板块着手的，故也形象地称为"切块法"。

6.1.1 主应力法解题的基本原理

主应力法解题的基本原理是：

（1）把问题简化成平面问题或轴对称问题。平面问题包括平面变形和平面应力问题，如板、带的轧制过程，当其宽度大大超过厚度时，其宽度上的变形是很小的，一般可以忽略，看作仅有厚度和长度的变形，近似地满足平面变形条件。板金属的深冲，一般也可以近似地看作平面应力问题。轴对称问题更为广泛，例如管、棒、丝的生产过程，大多数可以认为是轴对称问题。把三维问题简化为平面问题和轴对称问题之后，变形力学的基本方程将大为简化。

（2）假设变形体内的法向应力分布与一个坐标轴无关。这样，力平衡微分方程不仅因此减少，而且可将偏微分方程变为常微分方程。

（3）接触表面摩擦规律的简化。接触表面的摩擦是一个复杂的物理过程，接触表面的压缩正应力与摩擦应力间的关系也很复杂，还没有确切地描述这种关系的表达式。目前采用简化的近似关系，最普遍采用的关系式有以下三种：

$$\tau_f = \mu\sigma_n \quad （库仑摩擦条件）$$
$$\tau_f = k \quad （最大摩擦力条件） \tag{6-1}$$
$$\tau_f = mk \quad （摩擦力不变条件）$$

式中　τ_f——摩擦应力；

　　　μ——摩擦系数；

　　　σ_n——接触面上的正压应力；

　　　k——材料的剪切屈服强度；

　　　m——摩擦因子。

（4）简化屈服条件。由于以任意应力分量表示的屈服条件是非线性的，即使是轴对称及平面问题，也难将其与平衡方程（同是以任意应力分量表示）联解。为此，根据主应力法，对单元屈服条件，通常假设其上的正应力即为主应力，这就忽略了切应力对屈服的影响。

（5）其他近似假设。除上述假设外，还将变形区内的工件性质看作是均匀而且各向同性的、变形均匀的，以及某些数学近似处理。

主应力法采用上述简化和假设后，能计算变形力，分析工模具与工件接触面上的应力分布。所得的计算公式比较直观地反映了加工参数对变形力的影响。

6.1.2　平面应变问题基本方程的简化

如图6-1所示，设 z 轴为不变形的方向，适用于求该过程变形力的力平衡微分方程为：

$$\frac{\partial \sigma_x}{\partial x} + \frac{\partial \tau_{yx}}{\partial y} = 0$$

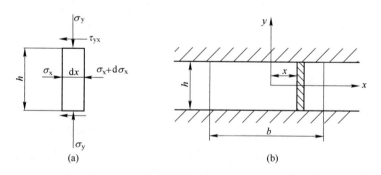

图 6-1　平板压缩时作用在单元体上的应力

根据假设，σ_x 是主应力，且沿 y 轴是均匀分布的，即 σ_x 与 y 轴无关，则：

$$\frac{\partial \sigma_x}{\partial x} = \frac{d\sigma_x}{dx}$$

且设剪应力 τ_{yx} 在 y 轴方向呈线性分布，则：

$$\frac{\partial \tau_{yx}}{\partial y} = \frac{2\tau_{yx}}{h}$$

这样，力平衡微分方程最后简化为：

$$\frac{\mathrm{d}\sigma_x}{\mathrm{d}x} + \frac{2\tau_{yx}}{h} = 0 \tag{6-2}$$

由此可见，沿 x 轴建立的是常微分方程。

实际使用主应力法时，力平衡方程的建立，有时并不是从已有的力平衡微分方程进行简化，而是从变形体上截取单元体，并用力平衡方法建立适当的力平衡方程。如由图 6-1 （a）中单元体求力平衡方程，可得：

$$h\mathrm{d}\sigma_x + 2\tau_{yx}\mathrm{d}x = 0$$

或

$$\frac{\mathrm{d}\sigma_x}{\mathrm{d}x} + \frac{2\tau_{yx}}{h} = 0$$

显然，此式也是在假设 σ_x 在 y 方向均匀分布的基础上得到的。因此与式（6-2）一样。

根据假设，σ_x、σ_y 是主应力，τ_{yx} 是摩擦力且对屈服无影响，由屈雷斯加条件：

$$\sigma_x - \sigma_y = \pm 2k \tag{6-3}$$

如果把 k 作为常量处理，则：

$$\mathrm{d}\sigma_x = \mathrm{d}\sigma_y \tag{6-4}$$

简化后的屈雷斯加屈服条件已是线性方程。当它与力平衡微分方程联解时，后者仅是一个一阶的常微分方程式，从而使求解过程大为简化。

6.1.3　轴对称问题基本方程的简化

研究轴对称问题，采用圆柱坐标系 (r, θ, z)。根据力平衡微分方程式(1-65)，即：

$$\frac{\partial\sigma_r}{\partial r} + \frac{\partial\tau_{zr}}{\partial z} + \frac{\sigma_r - \sigma_\theta}{r} = 0$$

$$\frac{\partial\tau_{rz}}{\partial r} + \frac{\partial\sigma_z}{\partial z} + \frac{\tau_{rz}}{r} = 0$$

根据主应力法的假设，认为变形是均匀的。从变形体内分离出来的单元体的界面是圆柱面，在变形过程中仍保持为圆柱面。假想一个半径为 r，高为 z 的圆柱体，在变形过程中满足下面的体积不变条件：

$$V = \pi r^2 z = C$$

$$\mathrm{d}V = \pi(2rz\mathrm{d}r + r^2\mathrm{d}z) = 0$$

$$\frac{2\mathrm{d}r}{r} + \frac{\mathrm{d}z}{z} = 0$$

即：
$$2\mathrm{d}\varepsilon_r + \mathrm{d}\varepsilon_z = 0$$

又因为
$$\mathrm{d}\varepsilon_r + \mathrm{d}\varepsilon_\theta + \mathrm{d}\varepsilon_z = 0$$

所以
$$\mathrm{d}\varepsilon_r = \mathrm{d}\varepsilon_\theta \tag{a}$$

根据列维-米塞斯的应力-应变关系式(4-30)，有：

$$\mathrm{d}\varepsilon_r = \sigma_r'\mathrm{d}\lambda$$

$$\mathrm{d}\varepsilon_\theta = \sigma_\theta'\mathrm{d}\lambda$$

因此
$$\sigma_r' = \sigma_\theta'$$

或 $$\sigma_r = \sigma_\theta \qquad\qquad (b)$$

这两个结论[式(a)和式(b)]是重要的。它反映了轴对称条件下，均匀变形时，变形状态和应力状态的重要特征，即径向的正应变同周向的正应变相等，径向的正应力同周向的正应力相等。

由于 $\sigma_r = \sigma_\theta$，因此，独立的应力分量仅剩下三个，分别为 σ_r（或 σ_θ）、σ_z 和 τ_{rz}。由于分离单元体时，单元体的一组边界面是接触表面，τ_{rz} 为单元体边界上的摩擦应力，且是已知的，剩下的未知应力只有两个，即 σ_r 和 σ_z。因此，只需要建立一个方向的平衡方程就可以了。例如，只讨论式(1-65)中的第一个方程式，并根据主应力法的假设，σ_r 是均匀分布的，与 z 轴无关，因此：

$$\frac{\partial \sigma_r}{\partial r} = \frac{d\sigma_r}{dr}$$

当单元体一个圆柱面上的正应力为 σ_r 时（剪应力为零，主平面假设），相距为 dr 的另一个圆柱面上的正应力为 $\sigma_r + d\sigma_r$。由此可见，沿径向 r 所建立的是常微分平衡方程，并可将 σ_r 解出。利用屈服条件可得 σ_z 与 σ_r 在径向上的定量关系。

由于 $\tau_{r\theta} = \tau_{\theta z} = 0$，$\sigma_r = \sigma_\theta$，且假设 σ_r、σ_z 是主应力，摩擦应力 τ_{rz} 对屈服无影响，因此，屈雷斯加屈服条件简化为：

$$\sigma_r - \sigma_z = \pm\sigma_s \qquad\qquad (6\text{-}5)$$

如果把 σ_s 作为常量处理，则：

$$d\sigma_r = d\sigma_z \qquad\qquad (6\text{-}6)$$

所以，σ_z 可以求得。

6.2　直角坐标平面应变问题解析

6.2.1　低摩擦条件下镦粗矩形件时，接触面上单位压力分布

假设工件为矩形截面的平板，长度远大于宽度，因此工件在平行压板间压缩时，仅有厚度和宽度上的变形（在 x-y 平面内），在长度方向（z 轴）由于变形足够小，可以忽略不计。因此，可作为平面应变问题处理。在低摩擦时，通常用库仑摩擦定律来表示。平板的压缩过程是一个不稳定态的变形过程，工件的厚度不断减小，接触面积相应地增大，压力的大小也随之发生变化。假定在任一瞬间工件的厚度为 h，接触面宽度为 b，如图6-2所示。由于对称性，仅研究其右半部。

第一步，从变形区内取一单元体作受力分析。单元体的高度为平板间的高度 h，宽度为 dx，长度为一个单位。假定是主应力且均

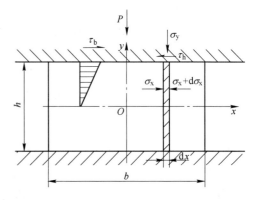

图6-2　矩形工件的平锤压缩

匀分布，当沿 x 轴坐标有 dx 的变量，σ_x 相应的变化量就可用微分 $d\sigma_x$ 来表示。y 方向上的压应力用 σ_y 表示。摩擦应力 τ_h 的方向同金属质点流动方向相反。

第二步，列出单元体的力平衡方程，得到的是近似的常微分方程：

$$\sigma_x h - (\sigma_x + d\sigma_x)h - 2\tau_h dx = 0 \tag{6-7}$$

由于 $$\tau_h = \mu\sigma_y$$

因此 $$h d\sigma_x + 2\mu\sigma_y dx = 0 \tag{6-8}$$

第三步，列出线性的屈服条件，并同平衡方程联解。屈服条件为：

$$\sigma_y - \sigma_x = 2k \tag{6-9}$$

剪切屈服应力 k 作常数处理，这意味着把变形材料看作是理想刚塑性体或者把材料的加工硬化取平均值，即 k 为变形过程屈服应力的平均值。

因此 $$d\sigma_x = d\sigma_y \tag{6-10}$$

将式(6-10)代入式(6-8)，整理得：

$$\frac{d\sigma_y}{\sigma_y} = -2\mu\frac{dx}{h} \tag{6-11}$$

式(6-11)积分后得：

$$\ln\sigma_y = -\frac{2\mu}{h}x + C$$

$$\sigma_y = C_1 e^{-\frac{2\mu}{h}x} \tag{6-12}$$

第四步，根据应力边界条件确定积分常数。应力边界条件为：当 $x = \frac{b}{2}$ 时，$\sigma_x = 0$。

由屈服条件式(6-9)，得 $\sigma_y|_{x=\frac{b}{2}} = 2k$。

代入式(6-12)求系数 C_1，得：

$$C_1 = 2k e^{\frac{2\mu}{h}\frac{b}{2}} \tag{6-13}$$

因此 $$\sigma_y = 2k e^{\frac{2\mu}{h}\left(\frac{b}{2}-x\right)} \tag{6-14}$$

由式(6-14)可知，应力分布与材料特性 k、摩擦系数 μ、工件几何尺寸 b 和 h 有关系，并随坐标 x 而变化。在工件的边缘，$x = \frac{b}{2}$，$\sigma_y = \sigma_{ymin} = 2k$；在工件的中心，$x = 0$，$\sigma_y = \sigma_{ymax} = 2k e^{\frac{\mu b}{h}}$。即接触面上压力由边缘到中心呈指数增加，中心处存在一个压力峰，称为"摩擦峰"。"摩擦峰"的形状和大小反映了摩擦的影响，如图6-3所示。

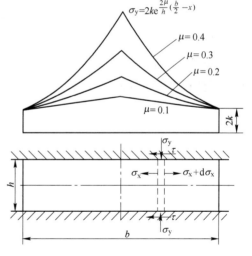

图 6-3 低摩擦时矩形件镦粗接触表面压力分布

6.2.2 高摩擦条件下镦粗矩形件时，接触面上单位压力分布

如果接触面上的摩擦力很大，达到了剪应力的极限值 k，则用最大摩擦条件来表示。假定最大摩擦条件扩展到整个接触面上，则力平衡方程式(6-7)整理后为：

$$h d\sigma_x + 2k dx = 0 \tag{6-15}$$

将式(6-15)代入式(6-10)，得：

$$h d\sigma_y + 2k dx = 0 \tag{6-16}$$

将式(6-16)积分得：

$$\sigma_y = -\frac{2k}{h}x + C \tag{6-17}$$

利用前面提及的应力边界条件，求得 C 后得：

$$\sigma_y = 2k\left(1 + \frac{\frac{b}{2} - x}{h}\right) \tag{6-18}$$

在工件的中心处有最大的压力，此时 $x = 0$，$\sigma_y = 2k\left(1 + \frac{b}{2h}\right)$。接触面上的压力由边部的 $\sigma_y = 2k$ 至中心处的 $\sigma_y = 2k\left(1 + \frac{b}{2h}\right)$ 是按直线增加的，如图6-4所示。

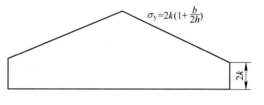

图6-4　高摩擦时矩形件镦粗接触表面压力分布

6.2.3　混合摩擦条件下的压缩

如果摩擦略低一些，μ 是常数，则在接触面的外层区域可能是滑动摩擦。当垂直压应力 σ_y 向中心增加时，摩擦应力（$\tau = \mu\sigma_y$）也随之增加，但当 τ 达到金属的剪切屈服应力 k 的数值时，就不可能再进一步增加了。这样，中心区域就形成了黏着摩擦条件。对于这种存在着滑动摩擦和黏着摩擦的混合摩擦条件情况，可以采用下面的平衡方程式表示：

$$h\mathrm{d}\sigma_y + 2\tau_{xy}\mathrm{d}x = 0 \tag{6-19}$$

当 $\mu\sigma_y < k$ 时，
$$\tau_{xy} = \mu\sigma_y \tag{6-20}$$

当 $\mu\sigma_y \geqslant k$ 时，
$$\tau_{xy} = k \tag{6-21}$$

假设两种摩擦条件的交界面位置的坐标为 x_1，当 $x = x_1$ 时，则：

$$\tau_{xy} = \mu\sigma_y = k \tag{6-22}$$

或

$$\left(\frac{\sigma_y}{2k}\right)_{x=x_1} = \frac{1}{2\mu} \tag{6-23}$$

其中，x_1 的解析表达式可由方程式(6-14)来确定，即：

$$\left(\frac{\sigma_y}{2k}\right)_{x=x_1} = \left[\frac{2k\mathrm{e}^{\frac{2\mu}{h}\left(\frac{b}{2}-x\right)}}{2k}\right]_{x=x_1} = \mathrm{e}^{\frac{2\mu}{h}\left(\frac{b}{2}-x_1\right)} = \frac{1}{2\mu}$$

$$\frac{2\mu}{h}\left(\frac{b}{2} - x_1\right) = \ln\frac{1}{2\mu}$$

$$x_1 = \frac{b}{2} - \frac{h}{2\mu}\ln\frac{1}{2\mu} \tag{6-24}$$

当 $0 \leqslant x \leqslant x_1$ 时，是黏着摩擦条件：$\tau_{xy} = k$。中心线右边的单元体的平衡方程为：

$$h\mathrm{d}\sigma_x + 2k\mathrm{d}x = 0 \tag{6-25}$$

将 $\mathrm{d}\sigma_x = \mathrm{d}\sigma_y$ 代入式(6-25)并积分得：

$$\frac{\sigma_y}{2k} = -\frac{x}{h} + C$$

在 $x = x_1$ 处，

$$\frac{\sigma_y}{2k} = \frac{1}{2\mu}, \quad C = \frac{1}{2\mu} + \frac{x_1}{h}$$

因此可得：

$$\frac{\sigma_y}{2k} = \frac{1}{2\mu} + \frac{x_1 - x}{h}$$

将式(6-24)代入上式得：

$$\sigma_{y\text{黏}} = 2k \left[\frac{\frac{b}{2} - x}{h} + \frac{1}{2\mu} \left(1 - \ln \frac{1}{2\mu} \right) \right] \tag{6-26}$$

当 $x_1 \leqslant x \leqslant \dfrac{b}{2}$ 时，是滑动摩擦条件：$\tau = \mu\sigma_y$，其压应力分布仍由式(6-14)表述，即：

$$\sigma_{y\text{滑}} = 2k e^{\frac{2\mu}{h} \left(\frac{b}{2} - x \right)}$$

混合摩擦条件下，接触面上的应力分布曲线如图6-5所示，其中 $\sigma_{y\text{黏}}$ 是线性分布，$\sigma_{y\text{滑}}$ 是指数分布，而且随着摩擦系数 μ 和变形区几何尺寸 b/h 而变化。如果

$$\frac{b}{2} = \frac{h}{2\mu} \ln \frac{1}{2\mu} \quad \text{或} \quad \frac{b}{h} = \frac{1}{\mu} \ln \frac{1}{2\mu}$$

则 $x_1 = 0$，也就是整个接触面均为滑动区。如果 $\mu = 0.5$，即 $\ln \dfrac{1}{2\mu} = 0$，则 $x_1 = \dfrac{b}{2}$，也就是整个接触面均为黏着区。

但上述讨论中，认为在中心对称轴上的 $\tau = \pm k$，显然是与对称性不符合的。由于对称，在中心轴上 τ 应该为零，剪应力通过中心轴连续变化。因此，可以假定，摩擦力在表面上的分布由三个区域组成，如图6-6所示。

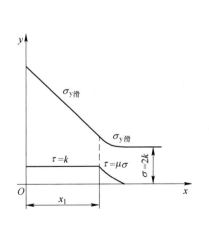

图6-5　按两种摩擦条件计算的压力分布曲线

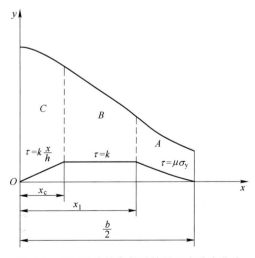

图6-6　按三种摩擦条件计算的压力分布曲线

A 区是摩擦力增大阶段，即滑动区，$\tau = \mu\sigma_y$，该区域的宽度为 $\dfrac{b}{2} \geqslant x_0 \geqslant x_1$。压应力分

布按指数曲线变化，表示为：

$$\sigma_{y滑} = 2ke^{\frac{2\mu}{h}\left(\frac{b}{2}-x\right)}$$

B 区是摩擦力为常数的区域，$\tau = k$，即黏着区，其宽度为 $x_1 \geq x \geq x_0$。压应力分布按线性规律变化，表示为：

$$\sigma_{y黏} = 2k\left[\frac{\frac{b}{2}-h}{h} + \frac{1}{2\mu}\left(1 - \ln\frac{1}{2\mu}\right)\right]$$

C 区是摩擦力下降的区域，即停滞区，$\tau = \dfrac{kx}{h}$，其宽度为 $x_0 \geq x \geq 0$。压应力分布按抛物线的规律变化，表示为：

$$\sigma_{y停} = 2k\left[\frac{\frac{b}{2}-h}{h} + \frac{1}{2\mu}\left(1 - \ln\frac{1}{2\mu}\right)\right] + k\left(1 - \frac{x^2}{h^2}\right)$$

E. I. 翁克索夫等人应用光弹性实验方法确定了平砧镦粗矩形件（无宽展）接触面的压应力和摩擦力的分布，如图 6-7 所示。与图 6-6 比较可以看出，实验结果和计算结果有定性的相似性。

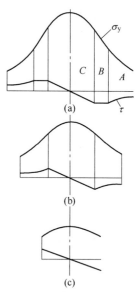

图 6-7　平面应变镦粗时接触面积压力分布

(a) $\dfrac{b}{h} > 6$，无润滑；(b) $\dfrac{b}{h} = 5$，无润滑；(c) $\dfrac{b}{h} < 2$，有润滑或无润滑

6.3　圆柱坐标平面应变问题解析

6.3.1　圆盘压缩时的压力分布及变形力

6.3.1.1　单位压力的确定

由于圆盘压缩是轴对称问题，宜采用柱坐标 (r, θ, z)。假定圆盘和压板交界面上的摩擦服从库仑定律，即 $\tau = \mu\sigma_z$，且摩擦系数很小，圆盘的鼓形不明显。这样，三个坐标方向的正应力 σ_r、σ_θ 和 σ_z 可视为主应力，且与对称轴 z 无关。压缩速度较慢，是准静态的加载过程。在某瞬间圆盘的直径 $D = 2R$，高度为 h，则单元体上的应力如图 6-8 所示，单元体沿径向的静力平衡方程为：

$$(\sigma_r + d\sigma_r)(r + dr)hd\theta - \sigma_r rhd\theta + 2\tau_h d\theta dr - 2\sigma_\theta h\sin\frac{d\theta}{2}dr = 0$$

令 $\sin\dfrac{d\theta}{2} \approx \dfrac{d\theta}{2}$，并忽略二次微分项，又由 $\tau_h = \mu\sigma_z$ 则得：

$$\frac{d\sigma_r}{dr} + \frac{\sigma_r - \sigma_\theta}{r} + \frac{2\mu\sigma_z}{h} = 0$$

由于轴对称条件，$\sigma_r = \sigma_\theta$。此时平衡方程简化为：

$$d\sigma_r = -\frac{2\mu\sigma_z}{h}dr \tag{6-27}$$

根据米塞斯屈服条件，可得近似表达式为：

$$\sigma_z - \sigma_r = \beta\sigma_s$$

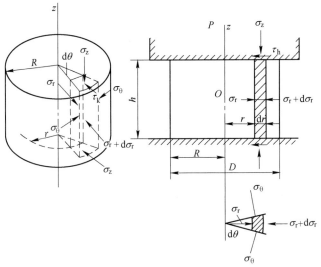

图 6-8 圆盘压缩时作用在单元体上的应力

或

$$d\sigma_r = d\sigma_z$$

代入式(6-27)，得：

$$d\sigma_z = -\frac{2\mu\sigma_z}{h}dr$$

因此

$$\ln\sigma_z = -\frac{2\mu}{h}r + C$$

或

$$\sigma_z = C_1 e^{-\frac{2\mu}{h}r} \qquad (6\text{-}28)$$

边界条件：当 $r = R$ 时，$\sigma_r = 0$。由近似屈服条件知，此时的 $\sigma_z = 2k$，代入方程式 (6-28)，可得：

$$\sigma_s = C_1 e^{-\frac{2\mu}{h}R}$$

或

$$C_1 = 2k e^{\frac{2\mu}{h}R}$$

代入式(6-28)，得：

$$\sigma_z = 2k e^{\frac{2\mu}{h}(R-r)} \qquad (6\text{-}29)$$

在热锻时，接触面上的摩擦很大，可达 $\tau = k$，此时联解单元体的平衡方程和近似屈服条件可得：

$$d\sigma_z = -2k\frac{dr}{h}$$

积分后得：

$$\sigma_z = -2k\frac{r}{h} + C$$

由边界条件可得：

$$C = 2k + 2k \frac{R}{h}$$

因此

$$\sigma_z = 2k + \frac{2k}{h}(R - r) \tag{6-30}$$

比较相同摩擦条件下平面应变和轴对称压缩时的压力分布，可看出它们之间的相似性。

6.3.1.2 总压力和平均压力

假定接触面上的摩擦服从库仑定律，这时总压力 P 为式(6-29)沿接触面的积分：

$$P = \int_0^R \sigma_z \cdot 2\pi r \mathrm{d}r = \int_0^R \sigma_s \mathrm{e}^{\frac{2\mu}{h}(R-r)} \cdot 2\pi r \mathrm{d}r$$

如果仅要求得到线性的关系式，则上式可简化为：

$$
\begin{aligned}
P &= \int_0^R \sigma_s \left[1 + \frac{2\mu}{h}(R - r) \right] \cdot 2\pi r \mathrm{d}r \\
&= 2\pi \sigma_s \int_0^R \left[1 + \frac{2\mu}{h}(R - r) \right] r \mathrm{d}r \\
&= \pi R^2 \sigma_s \left(1 + \frac{\mu}{3} \frac{2R}{h} \right) \\
&= \pi R^2 \left(1 + \frac{\mu}{3} \frac{D}{h} \right) \sigma_s
\end{aligned} \tag{6-31}
$$

压板上的平均单位压力用 $\bar{p}$ 表示，则：

$$\bar{p} = \frac{P}{\pi R^2} = \sigma_s \left(1 + \frac{\mu}{3} \frac{D}{h} \right) \tag{6-32}$$

由式(6-32)可知，圆盘压缩时 $\dfrac{\bar{p}}{\sigma_s}$ 同 μ 和 $\dfrac{D}{h}$ 的关系为：$\dfrac{\bar{p}}{\sigma_s}$ 均随 μ 和 $\dfrac{D}{h}$ 的增大而增大。但是当 $\dfrac{D}{h}$ 较小时，$\dfrac{\bar{p}}{\sigma_s}$ 随着 μ 的增大而增大的趋势比较缓慢，而当 $\dfrac{D}{h}$ 较大时，$\dfrac{\bar{p}}{\sigma_s}$ 的这种增大的趋势就比较剧烈。μ 对 $\dfrac{\bar{p}}{\sigma_s}$ 的影响趋势，在 μ 值较小时最为剧烈，而当 μ 较大时，μ 对 $\dfrac{\bar{p}}{\sigma_s}$ 的影响就不那么显著了。

6.3.2 无硬化的圆棒拉拔时的应力

如图 6-9 所示，考虑到 $\dfrac{\mathrm{d}D}{2} = \mathrm{d}z\tan\alpha$，且略去二阶小量，可以得到单元体在水平轴方向上的力平衡方程为：

$$D\mathrm{d}\sigma_z + 2[\sigma_z + p(1 + \mu\cot\alpha)]\mathrm{d}D = 0 \tag{6-33}$$

由径向的平衡方程可得：

$$\sigma_r = -p(1 - \mu\tan\alpha) \tag{6-34}$$

在通常情形下，$\mu\tan\alpha$ 与 1 相比，是可以忽略的，因此：

$$\sigma_r \approx -p$$

在现在的情况下，$\sigma_1 = \sigma_z$，$\sigma_2 = \sigma_3 = \sigma_r = -p$，代入轴对称条件下近似的屈服条件，即：

$$\sigma_r - \sigma_z = -p - \sigma_z = -\sigma_s$$

或

$$p + \sigma_z = \sigma_s \tag{6-35}$$

将屈服条件式(6-35)同平衡方程式(6-33)联解，并令 $B = \mu\cot\alpha$，则：

$$\frac{d\sigma_z}{B\sigma_z - \sigma_s(1+B)} = 2\frac{dD}{D}$$

积分得拉拔应力为：

$$\sigma_z = \sigma_s \frac{1+B}{B}\left[1 - \left(\frac{D_a}{D_b}\right)^{2B}\right] \tag{6-36}$$

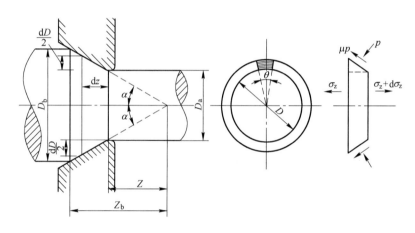

图 6-9 锥形模拉拔圆棒时作用在单元体上的应力

6.3.3 杯形件不变薄拉深时的应力

杯形件的不变薄拉深是指凸模与凹模的间隙略大于板坯厚度的冲杯过程，使用圆形板坯，并有压边装置，如图 6-10 所示。

不变薄拉深时，由于板厚不变化，变形区主要是在凸缘部分，发生周向的压缩及径向延伸的变形，因而凸缘部分的变形是一种适用于极坐标描述的平面应变问题。由于变形的对称性，σ_r、σ_φ 均为主应力，因此平衡微分方程为：

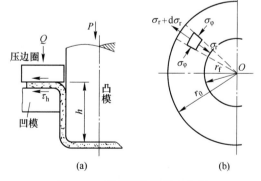

图 6-10 不变薄拉深受力分析
（a）杯形件不变薄拉深示意图；
（b）凸缘区的单元体受力示意图

$$\frac{d\sigma_r}{dr} + \frac{\sigma_r - \sigma_\varphi}{r} = 0 \tag{6-37}$$

将塑性屈服条件 $\sigma_r - \sigma_\varphi = 2K$ 代入式(6-37)得：

$$\sigma_r = -2K\mathrm{ln}r + C$$

积分常数 C 根据凸缘的外缘处 （$r=r_0$） 的 σ_r 与压边力 Q 引起的摩擦阻力相平衡条件确定，即：

$$2\pi\sigma_{r_0}r_0t_0 = 2\mu Q$$

式中 t_0——板坯厚度；

Q——压边力。

因此

$$\sigma_{r_0} = \frac{\mu Q}{\pi r_0 t_0}$$

根据以上边界条件，得积分常数为：

$$C = 2K\mathrm{ln}r_0 + \frac{\mu Q}{\pi r_0 t_0}$$

于是

$$\sigma_r = \frac{2K\mathrm{ln}r_0}{r} + \frac{\mu Q}{\pi r_0 t_0} \tag{6-38}$$

当 $r=r_f$ （凸模半径） 时，得凸缘部分的拉深力为：

$$\sigma_r = \frac{2K\mathrm{ln}r_0}{r_f} + \frac{\mu Q}{\pi r_0 t_0} \tag{6-39}$$

6.3.4 半圆形砧拔长时的应力

采用半圆形砧将直径 D 的棒材拔长成直径为 d 的圆棒，用主应力法进行求解变形力。如图 6-11 所示，切取单元体，并将受力情况标在图中。

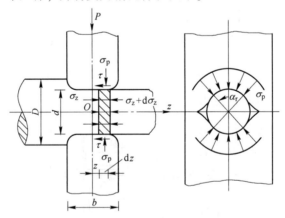

图 6-11 半圆形砧拔长主应力受力分析

（1） 由 $\Sigma F_z = 0$ 列平衡方程：

$$\sigma_z \cdot \frac{\pi d^2}{4} - (\sigma_z + \mathrm{d}\sigma_z)\frac{\pi d^2}{4} - 2\tau \cdot \frac{d}{2} \cdot \alpha \mathrm{d}z = 0$$

化简得：

$$\mathrm{d}\sigma_z = \frac{4\tau\alpha}{\pi d}\mathrm{d}z$$

（2）采用最大摩擦条件，则：

$$\tau = K$$

$$d\sigma_z = \frac{4K\alpha}{\pi d}dz \qquad (6\text{-}40)$$

（3）由屈服条件 $\sigma_z - \sigma_p = \sigma_s$ 得：

$$d\sigma_z = d\sigma_p \qquad (6\text{-}41)$$

（4）联解式（6-40）和式（6-41）得：

$$d\sigma_p = \frac{4K\alpha}{\pi d}dz$$

$$\sigma_p = \frac{4K\alpha}{\pi d}z + C \qquad (6\text{-}42)$$

（5）由边界条件确定积分常数 C，当 $z = \dfrac{b}{2}$ 时，$\sigma_p = -2K$，$\sigma_z = 0$，则：

$$C = -2K - \frac{2K\alpha}{\pi d}b \qquad (6\text{-}43)$$

（6）求变形力。将式（6-43）代入式（6-42）得：

$$\sigma_p = -2K\left[1 + \frac{2\alpha}{\pi d}\left(\frac{b}{2} - z\right)\right]$$

变形力：

$$P = 2\int_0^{\frac{b}{2}} \sigma_p \cdot 2 \cdot \frac{d}{2}\sin\frac{\alpha}{2}dz$$

$$= -2K\left(1 + \frac{1}{2}\frac{\alpha}{\pi}\frac{b}{d}\right)bd\sin\frac{\alpha}{2}$$

单位变形力：

$$p = -2K\left(1 + \frac{1}{2}\frac{\alpha b}{\pi d}\right)\sin\frac{\alpha}{2}$$

思考题及习题

1 级作业题

（1）20 号钢圆柱毛坯，原始尺寸为 $\phi 50\text{mm} \times 50\text{mm}$，室温下压缩至高度 $h = 25\text{mm}$，设接触表面摩擦切应力 $\tau = 0.2y$。已知 $y = 746\varepsilon^{0.20}\text{MPa}$，试求所需变形力 P 和单位流动压力 p。

（2）圆柱体周围作用有均布压应力，如图 6-12 所示。用主应力求镦出力 P 和单位流动压力（设 $\tau = mk$）。

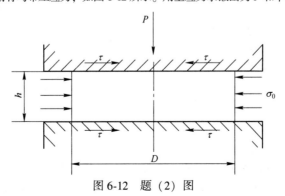

图 6-12　题（2）图

2 级作业题

（1）模内压缩铝块，某瞬间锤头压力为 500kN，坯料尺寸为 50mm×50mm×100mm。如果工具润滑良好，并将槽壁视为刚体，试计算每侧槽壁所受的压力，如图 6-13 所示。

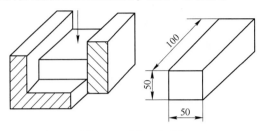

图 6-13　题（1）图

（2）设圆棒材料为理想刚塑性材料，拉拔时满足近似屈服方程 $\sigma_r + p = \sigma_s (p > 0)$，如图 6-14 所示，$F$ 为轴向投影面积。试求图 6-14 拉拔圆棒时单位拉拔力。

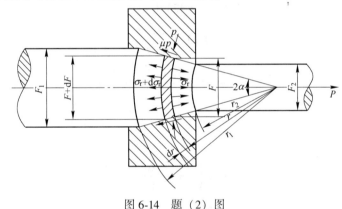

图 6-14　题（2）图

3 级作业题

（1）试用主应力法求解板料拉深某瞬间凸缘变形区的应力分布，如图 6-15 所示（不考虑材料加工硬化）。

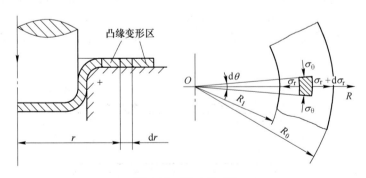

图 6-15　题（1）图

（2）用主应力法推导圆柱体镦粗时接触面上正应力的计算公式（假设接触面上全部为库仑摩擦）材料的屈服剪应力为 K。并说明用主应力法来求开式冲孔的变形力时与以上圆柱体镦粗问题有什么不同。

7 滑移线理论及应用

滑移线是塑性变形体内各点最大剪应力的轨迹。由于最大剪应力成对出现并正交，因此滑移线在变形体区组成两族互相正交的网络，即滑移线场。

滑移线法就是针对具体的变形工序或变形过程，建立滑移线场，然后利用其某些特性求解塑性成形问题，如确定变形体内的应力分布、计算变形力、分析变形和决定毛坯的合理外形、尺寸等。

严格地说，这种方法仅适用于处理理想刚塑性体的平面应变问题。但对于主应力互为异号的平面应力状态问题、简单轴对称问题以及有硬化的材料，也可推广应用。

7.1 滑移线场的基本概念

7.1.1 平面变形应力特点

处于平面塑性应变状态的变形体，如果在某一方向上（设 z 轴）的应变为零，所有应力、应变分量均与该轴无关，即 $d\varepsilon_z = d\gamma_{zx} = d\gamma_{zy} = 0$，变形只发生在一个坐标平面内（如 xoy 平面），此平面也称塑性流动平面。

根据 Levy-Mises 塑性变形增量理论［见式(4-33)］得：

$$\sigma_z' = 0, \quad \tau_{yz} = \tau_{xz} = 0$$

$$\sigma_z - \sigma_m = 0$$

$$\sigma_z - \sigma_m = \sigma_z - \frac{1}{3}(\sigma_x + \sigma_y + \sigma_z) = 0$$

或
$$\sigma_z = (\sigma_x + \sigma_y)/2 = \sigma_m = -p \tag{7-1}$$

式中 σ_m——球应力分量；

p——静水压力。

坐标轴取主轴时，
$$\sigma_2 = \frac{\sigma_1 + \sigma_3}{2} = \sigma_m = -p$$

与塑性流动平面垂直的应力 σ_z 就是中间主应力 σ_2，并等于流动平面内正应力的均值，也等于球应力分量 σ_m 或静水压力 p。即平面塑性流动问题独立的应力分量有三个（σ_x、σ_y、τ_{xy}），塑性变形内任一点 P 的应力状态如图 7-1(a) 所示，其应力莫尔圆如图 7-1(c) 所示，于是平面应变问题的最大切应力为：

$$\tau_{max} = \frac{\sigma_1 - \sigma_3}{2} = \sqrt{\left[\frac{(\sigma_x - \sigma_y)}{2}\right]^2 + \tau_{xy}^2} \tag{7-2}$$

显然，这是一个以 τ_{max} 为半径的圆方程，如图 7-1(c) 所示。绘制莫尔圆时注意切应力正负，习惯上规定顺时针旋转的切应力为正，反之为负。因此，图 7-1(c) 中的 τ_{yx} 为正值，而 τ_{xy} 取负值。

　　根据平面流动的塑性条件，$\tau_{max} = k$，由图 7-1(c) 的几何关系可知：

$$\begin{cases} \sigma_x = \sigma_m - k\sin2\omega = -p - k\sin2\omega \\ \sigma_y = \sigma_m + k\sin2\omega = -p + k\sin2\omega \\ \tau_{xy} = k\cos2\omega \end{cases} \tag{7-3a}$$

$$\begin{cases} \sigma_1 = \sigma_m + k = -p + k \\ \sigma_2 = \sigma_m = -p \\ \sigma_3 = \sigma_m - k = -p - k \end{cases} \tag{7-3b}$$

式中　p——静水压力，$p = -\sigma_m = -\dfrac{\sigma_x + \sigma_y}{2}$ ；

　　　　ω——定义为最大切应力 $\tau_{max}(\tau_{max} = k)$ 方向与坐标轴 Ox 的夹角。

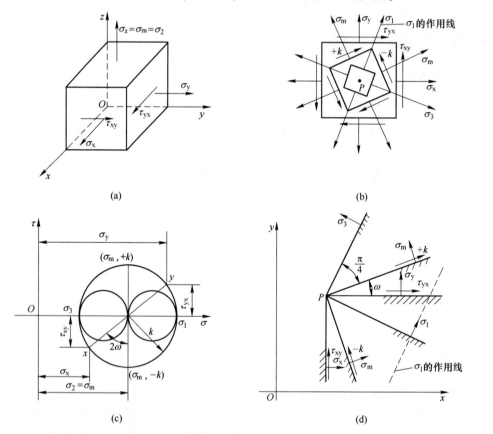

图 7-1　塑性平面应变状态下一点的应力状态、应力莫尔圆及物理平面

　　通常规定，Ox 轴正向为起始轴逆时针旋转构成的夹角 ω 为正，顺时针旋转构成的夹角 ω 为负（见图 7-1，ω 均为正）。由图 7-1 可知，夹角 ω 的数值大小与坐标系的选择有关，但球应力分量 σ_m 和静水压力 p 为不变量，不会随坐标系的选择而变化。

7.1.2 滑移线概念与滑移线微分方程

当材料作塑性平面应变时，在变形平面内任一点皆存在两个数值等于 k，即相互正交的最大切应力。将无限接近的最大切应力方向连接起来，得到两族正交曲线，如图 7-2 所示，线上任一点的切线方向即该点的最大切应力方向。这样的两族正交曲线称为滑移线，其中一族称为 α 线，另一族称为 β 线。

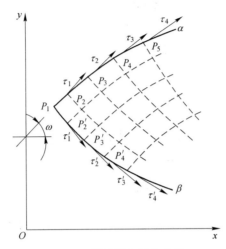

图 7-2 滑移线与滑移线场

由图 7-2 可知，滑移线的微分方程为：

$$
\begin{cases}
\left. \dfrac{\mathrm{d}y}{\mathrm{d}x} \right|_\alpha = \tan\omega & （对 \alpha 线） \\[3mm]
\left. \dfrac{\mathrm{d}y}{\mathrm{d}x} \right|_\beta = \tan\left(\omega + \dfrac{\pi}{2}\right) = -\cot\omega & （对 \beta 线）
\end{cases}
\tag{7-4}
$$

以上分析表明，由 α 线、β 线切割成的材料微元体受 σ_m 和 $\tau = k$ 作用，由于 σ_m 不影响塑性变形，故材料必沿滑移线滑移（塑性变形），在力学上滑移线应是连续的。但根据金属塑性变形的基本机制，晶体在切应力作用下沿着特定的晶面和晶向产生滑移，滑移结果在试样表面显露出滑移台阶，而滑移台阶是原子间距的整数倍，是不连续的。因此，滑移线的物理意义是金属塑性变形时，发生晶体滑移的可能地带。只有特定的晶面和晶向的切应力达到金属的临界屈服切应力时才会使晶体产生滑移变形。

7.1.3 α 与 β 滑移线命名和 ω 线的规定

7.1.3.1 α 与 β 滑移线命名

α、β 线的命名规定如下，使代数值最大的主应力作用线 σ_1 位于由 α、β 线构成的右手坐标系的第一、三象限，由于最大切应力方向与主应力方向成 $\pm 45°$，因此规定代数值最大的主应力作用线 σ_1 方向顺时针转 $45°$ 即为 α 线，如图 7-3

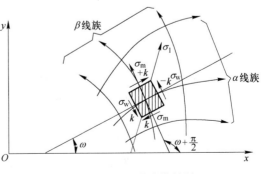

图 7-3 α、β 滑移线判别

所示。

　　α、β 线也可根据质点所处单元体的变形趋势确定，如图 7-4 所示。先确定最大切应力 k 的方向，再根据滑移线两侧的最大切应力 k 所组成的时针方向来确定 α 线和 β 线，即 α 线两侧的最大切应力将组成顺时针方向，而 β 线两侧的最大切应力组成逆时针方向。

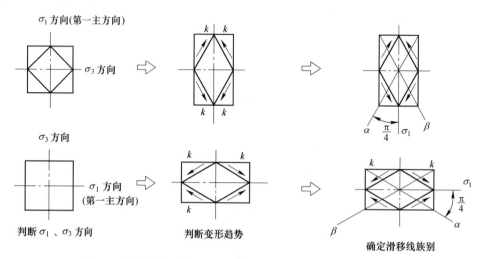

图 7-4　按最大切应力 k 的时针转向和按 σ_1 的方向确定滑移线

7.1.3.2　ω 角正负规定

　　ω 角是 α 滑移线在任意点 P 的切线正方向与 Ox 轴的夹角，如图 7-3 所示，并规定 Ox 轴的正向为 ω 角的量度起始线，逆时针旋转形成正的 ω 角，顺时针旋转则形成负的 ω 角。显然，过 P 点 β 滑移线的切线与 Ox 轴的夹角为 $\omega' = \omega + 90°$。

7.2　汉盖（Hencky）应力方程——滑移线沿线力学方程

　　已知平面应变问题的微分平衡方程为：

$$\frac{\partial \sigma_x}{\partial x} + \frac{\partial \tau_{yx}}{\partial y} = 0$$

$$\frac{\partial \tau_{xy}}{\partial x} + \frac{\partial \sigma_y}{\partial y} = 0$$

将式(7-3a)代入上式，得：

$$\frac{\partial \sigma_m}{\partial x} - 2k\left(\cos 2\omega \frac{\partial \omega}{\partial x} + \sin 2\omega \frac{\partial \omega}{\partial y}\right) = 0 \tag{7-5a}$$

$$\frac{\partial \sigma_m}{\partial y} - 2k\left(\sin 2\omega \frac{\partial \omega}{\partial x} - \cos 2\omega \frac{\partial \omega}{\partial y}\right) = 0 \tag{7-5b}$$

将式(7-5a)乘以 $\cos\omega$，式(7-5b)乘以 $\sin\omega$，两式相加整理后得：

$$\left(\cos\omega \frac{\partial \sigma_m}{\partial x} + \sin\omega \frac{\partial \sigma_m}{\partial y}\right) - 2k\left(\cos\omega \frac{\partial \omega}{\partial x} + \sin\omega \frac{\partial \omega}{\partial y}\right) = 0 \tag{7-6a}$$

同理，将式(7-5a)乘以 $\sin\omega$，式(7-5b)乘以 $\cos\omega$，两式相减整理后得：

$$\left(\sin\omega \frac{\partial \sigma_m}{\partial x} - \cos\omega \frac{\partial \sigma_m}{\partial y}\right) + 2k\left(\sin\omega \frac{\partial \omega}{\partial x} - \cos\omega \frac{\partial \omega}{\partial y}\right) = 0 \tag{7-6b}$$

滑移系 α、β 线本身构成正交曲线坐标系，设为 α 轴和 β 轴。现将坐标原点置于任意两条滑移线的交点 a 上，并使坐标轴 x、y 分别与滑移线的切线 x'、y' 重合，如图 7-5 所示。因为在式(7-3)中坐标轴是任意选取的，所以经坐标变换后式(7-3) 和式(7-6)仍然有效。在无限靠近 a 点处，坐标轴 α、β 的微分弧可认为是与曲线的切线 x'、y' 重合的，于是将直角坐标系 x-y 变换为正交曲线坐标系 α、β，变换公式为：

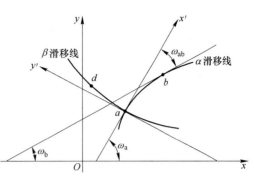

图 7-5 坐标变换示意图

$$\frac{\partial f}{\partial \alpha} = \cos\omega\,\frac{\partial f}{\partial x} + \sin\omega\,\frac{\partial f}{\partial y}$$

$$\frac{\partial f}{\partial \beta} = \sin\omega\,\frac{\partial f}{\partial x} + \cos\omega\,\frac{\partial f}{\partial y}$$

对式(7-5a)和式 (7-5b) 进行坐标变换，沿 α 线和 β 线的微分方程为：

$$\frac{\partial \sigma_m}{\partial \alpha} - 2k\frac{\partial \omega}{\partial \alpha} = 0 \quad 或 \quad \frac{\partial}{\partial \alpha}(\sigma_m - 2k\omega) = 0 \qquad (7\text{-}7a)$$

$$\frac{\partial \sigma_m}{\partial \beta} + 2k\frac{\partial \omega}{\partial \beta} = 0 \quad 或 \quad \frac{\partial}{\partial \beta}(\sigma_m + 2k\omega) = 0 \qquad (7\text{-}7b)$$

将式(7-7a)沿 α 线积分，式(7-7b)沿 β 线积分，得：

$$\sigma_m - 2k\omega = \xi \qquad (沿 \alpha 线) \qquad (7\text{-}8a)$$

$$\sigma_m + 2k\omega = \eta \qquad (沿 \beta 线) \qquad (7\text{-}8b)$$

式中，ξ 和 η 为积分常数。

如图 7-5 所示，A 与 B 点为 α 线上的两点，根据式(7-8a)，可得：

$$\sigma_{ma} - 2k\omega_a = \sigma_{mb} - 2k\omega_b = \xi = 常数$$

所以

$$\sigma_{ma} - \sigma_{mb} = 2k(\omega_a - \omega_b) \qquad (7\text{-}9a)$$

A 与 D 点为 β 线上的两点，同理 β 线有：

$$\sigma_{ma} - \sigma_{md} = -2k(\omega_a - \omega_d) \qquad (7\text{-}9b)$$

由此可得同一条滑移线的平均应力 σ_m 的变化或静水压力差（Δp）与滑移线上倾角变化（$\Delta\omega$）成正比，故式(7-8)也称为滑移线的沿线性质。

式(7-8) 1923 年由 Hencky 导出，称为汉盖应力方程。由于汉盖应力方程式是根据微分平衡方程和塑性条件而导出的，因此不仅体现了微分平衡方程，同时也满足了塑性条件方程。

对 k 为定值的理想刚塑性材料，如给定了滑移线场，则滑移线上的 φ 角便是确定的。根据边界应力条件，确定边界上的 ω_0 与 σ_{m0} 值后，按式(7-8)便可计算出该滑移线场内任意一点的 σ_m 值，按式(7-3)进而求出该点的 σ_x、σ_y 和 τ_{xy}。依此法逐渐求得整个塑性区内各点的应力值。如果滑移线为直线，即 $\Delta\omega = 0$，则 $\Delta\sigma_m = 0$。因此，滑移线为直线时，σ_m 和 ω 为常数。σ_x、σ_y 和 τ_{xy} 也不变化。

若某一区域的两族滑移线都是直线，则整个区域内 σ_m 和 ω 都为常数，该区域为均匀应力场；反之，均匀应力状态所对应的滑移线场是正交的直线场。

7.3 滑移线的几何性质

7.3.1 汉盖第一定理

同族的两条滑移线（如 α_1 和 α_2 线）与另外一族任意一条滑移线（如 β_1 或 β_2 线）相交两点的倾角差 $\Delta\omega$ 和平均应力差 $\Delta\sigma_m$ 的变化均保持不变。

证明：如图 7-6 所示，两对 α、β 线相交构成曲线四边形 $ABCD$。按汉盖应力方程式(7-8)，沿 α_1 线从点 A→点 B 有：

$$\sigma_{mA} - 2k\omega_A = \sigma_{mB} - 2k\omega_B$$

再沿 β_2 线从点 B→点 C 有：

$$\sigma_{mB} + 2k\omega_B = \sigma_{mC} + 2k\omega_C$$

于是，得沿路径 A→B→C 的平均应力差为：

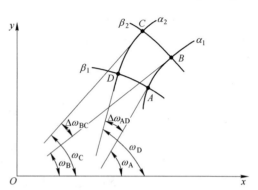

图 7-6 两族滑移线相交

$$\sigma_{mC} - \sigma_{mA} = -2k(\omega_A + \omega_C - 2\omega_D) \tag{7-10a}$$

同理，沿 β_1 线从点 A→点 D 和沿 α_2 线从点 D→点 C 的路径，得：

$$\sigma_{mC} - \sigma_{mA} = -2k(2\omega_D - \omega_A - \omega_C) \tag{7-10b}$$

由式(7-10a)和式(7-10b) 得：

$$\omega_C - \omega_B = \omega_D - \omega_A \tag{7-11a}$$

同理可证得：

$$\sigma_{mC} - \sigma_{mB} = \sigma_{mD} - \sigma_{mA} \tag{7-11b}$$

式(7-11)称为汉盖第一定理，它表明了同族的两条滑移线的有关特性，常称滑移线的跨线定理。

推论 1 若塑性区的滑移线场为正交直线族，此时 $\Delta\omega_1 = \Delta\omega_2 = \Delta\omega_3 = \cdots = 0$，$\xi_1 = \xi_2 = \cdots = 0$，$\eta_1 = \eta_2 = \cdots = 0$，则该塑性区各点的 σ_m、σ_x、σ_y、τ_{xy} 必为常数。这种应力场称为均匀应力场。

推论 2 如果 α 族（或 β 族）滑移线的某一线段是直线，则 α 族（或 β 族）被 β 族滑移线所截割得到（或 α 族）的相应线段都是直线。在该塑性区各点，沿同一条 β 族的 ω 值不变，故 σ_m、σ_x、σ_y、τ_{xy} 也不变。但沿同一条 α 族的 ω 值变，故各应力分量也随着改变。这种应力场称为简单应力场，如图 7-7 所示。

7.3.2 汉盖第二定理

一动点沿某族任意一条滑移线移动时，过该动点起、始位置的另一族两条滑移线的曲率变化量（如 dR_β）等于该点所移动的路程（如 dS_α）。

证明：设 α、β 线上任一点的曲率半径分别为 R_α、R_β，由曲率半径的定义可知：

$$\frac{1}{R_\alpha} = \frac{\partial\omega}{\partial S_\alpha} \qquad \frac{1}{R_\beta} = -\frac{\partial\omega}{\partial S_\beta} \tag{7-12}$$

式中，R_α、R_β 的正负号法则为：如果 α 族滑移线的曲率中心 O_α 在 β 族滑移线的正侧为正，反之为负；β 族亦然。图 7-8 中 R_α、R_β 均为正的。式(7-12)的第二式右边的负号是因为沿 S_β 增加的方向上 ω 角是减小的，因而 $\dfrac{\partial \omega}{\partial S_\beta} < 0$。

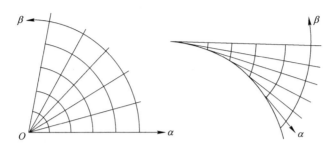

图 7-7 推论 2 示意图

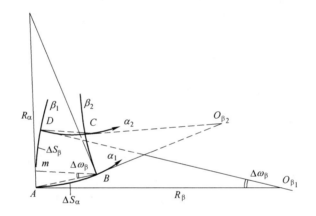

图 7-8 α、β 族滑移线曲率半径的变化量

从图 7-8 可知，无限小的圆弧长 $\Delta S_\beta = -R_\beta \Delta\omega_\beta$，因而 ΔS_β 沿弧 S_α 的变化率为：

$$\frac{\mathrm{d}(\Delta S_\beta)}{\mathrm{d}S_\alpha} = -\frac{\mathrm{d}(R_\beta \Delta\omega_\beta)}{\mathrm{d}S_\alpha} = -\left(\Delta\omega_\beta \frac{\partial R_\beta}{\partial S_\alpha} + R_\beta \frac{\partial \Delta\omega_\beta}{\partial S_\alpha} \right)$$

根据汉盖第一定理，β 族滑移线的转角 $\Delta\omega_\beta$ 不随点沿 S_α 移动而变化，上式右边第二项为零，于是有：

$$\frac{\mathrm{d}(\Delta S_\beta)}{\mathrm{d}S_\alpha} = -\Delta\omega_\beta \frac{\partial R_\beta}{\partial S_\alpha} \tag{7-13}$$

当曲线四边形单元趋近无限小时(见图 7-8)可认为 Am 等于 $\mathrm{d}(\Delta S_\beta)$，于是：

$$\tan\Delta\omega_\beta = \frac{Am}{AB} = \frac{\mathrm{d}(\Delta S_\beta)}{\mathrm{d}S_\alpha} = -\Delta\omega_\beta \frac{\partial R_\beta}{\partial S_\alpha} = \Delta\omega_\beta \tag{7-14}$$

比较式(7-13)和式(7-14)，可得：

$$\frac{\partial R_\beta}{\partial S_\alpha} = -1 \tag{7-15a}$$

同理可得：

$$\frac{\partial R_\alpha}{\partial S_\beta} = -1 \qquad\qquad (7\text{-}15b)$$

汉盖第二定理表明，同族滑移线必然具有相同的曲率方向。

由此，滑移线的基本性质归纳如下：

（1）滑移线为最大切应力等于材料屈服切应力为 k 的迹线，与主应力迹线相交成 $\dfrac{\pi}{4}$ 角。

（2）滑移线场由两族彼此正交的滑移线构成，布满整个塑性变形区。

（3）滑移线上任意一点的倾角 ω 值与坐标的选择相关，而平均应力 σ_m 的大小与坐标选择无关。

（4）沿一滑移线上的相邻两点间平均应力差 $\Delta\sigma_m$ 与相应的倾角差（$\Delta\omega$）成正比。

（5）同族的两条滑移线（如 α_1 和 α_2 线）与另一族任意一条滑移线（如 β_1 或 β_2 线）相交两点的倾角差 $\Delta\omega$ 和平均应力差 $\Delta\sigma_m$ 均保持不变。

（6）一点沿某族任意一条滑移线移动时，过该动点起、始位置的另一族两条滑移线的曲率变化量（如 $\mathrm{d}R_\beta$）等于该点所移动的路程（如 $\mathrm{d}S_\alpha$）。

（7）同族滑移线必然有相同的曲率方向。

7.4　应力边界条件和滑移线场的建立

7.4.1　塑性区的应力边界条件

滑移线伸展至边界时，其倾角取决于边界上剪应力的数值。塑性加工中，应力边界条件有四种情况：（1）自由表面，如图 7-9 所示；（2）无摩擦接触表面，如图 7-10 所示；（3）黏着摩擦接触表面，如图 7-11 所示；（4）库仑摩擦接触表面，如图 7-12 所示。其所对应的应力状态不同，滑移线场也不同。

7.4.1.1　自由表面

由于自由表面，因此剪应力为零，因此，自由表面为主平面。自由表面上的法向应力即为主应力，分析边界面上单元体受力情况，不受力的自由表面有两种情况，如图 7-9 所示，即：

$$\sigma_1 = 2k;\ \sigma_3 = 0 \quad [\text{见图 7-9(a)}]$$

$$\sigma_1 = 0;\ \sigma_3 = -2k \quad [\text{见图 7-9(b)}]$$

由于图 7-9(a)的自由表面上的法向应力（σ_n），即主应力（σ_3）和切应力（τ）均为零，根据式(7-3)，可知滑移线性边界点上的 ω 角和平均应力 σ_m 为：

$$2\omega = \cos^{-1}\frac{\tau}{k} = \pm\frac{\pi}{2} \qquad\qquad (7\text{-}16a)$$

$$\sigma_m = \sigma_1 - k\sin(2\omega) = 0 \pm k = \pm k \qquad\qquad (7\text{-}16b)$$

由此可见，变形区的自由表面上的 $\omega = \pm\dfrac{\pi}{4}$ 和 $\sigma_m = \pm k$。

这说明两族滑移线与自由表面相交呈 45°，按照 7.1 节所述确定 α 线、β 线方向的方法，如图 7-9(a)所示。自由表面上的法向应力为主应力（σ_1），即 $\sigma_1 = 0$，则 $\sigma_3 = -2k$。α

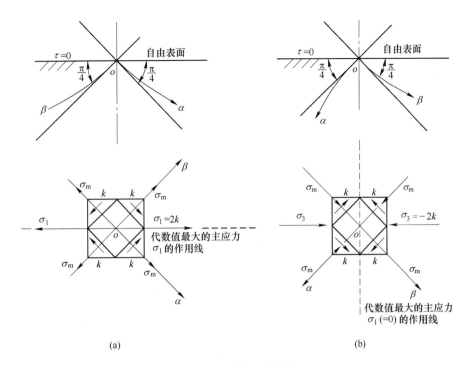

图 7-9   自由表面滑移线

线和 β 线方向如图 7-9(b)所示。

7.4.1.2 无摩擦（光滑）接触表面

接触表面光滑且润滑良好时，可认为接触摩擦切应力为零（$\tau =0$），按式(7-16)第一式，可知滑移线与接触表面相交的 $\omega =\pm\pi/4$。而且垂直于接触表面上的主应力 σ_n 的绝对值最大，因此 $\sigma_n =\sigma_3$，依照 7.1 节所述确定 α 线和 β 线方向的方法，根据主应力 σ_1 确定 α、β 方向（见图 7-10）。

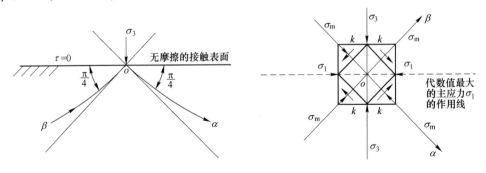

图 7-10   无摩擦接触表面滑移线

7.4.1.3 黏着摩擦接触表面（摩擦力最大接触表面）

高温塑性加工且无润滑时，如热挤压、热轧和热锻等，工件与工具间易出现全黏着现象，以致接触表面上的摩擦应力 $|\tau| = k$ 为最大，由 $2\omega = \arccos(\tau /k) = 0$ 或 $\pm\pi$ 可知，滑移线与接触表面的夹角 ω 为 0 或 $\dfrac{\pi}{2}$，这说明一族滑移线与接触表面相切，另

一族滑移线则与之正交，此时 α 与 β 线应根据接触表面切应力 τ 的正负指向情况来确定，如图 7-11 所示。

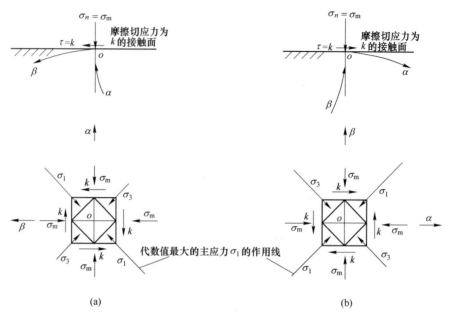

图 7-11 黏着摩擦接触表面

7.4.1.4 库仑摩擦（滑动摩擦）接触表面

许多金属的塑性加工过程（如冷轧、拉拔等），接触表面摩擦应力为某一中间值，即 $\tau = \mu\sigma_n$，库仑摩擦系数的范围为 $0 < \mu < 0.5$，因此滑移线与接触表面的交角 $\omega = \frac{1}{2}\arccos\frac{\mu\sigma_n}{k} \neq \frac{\pi}{4}$，将 τ 的数值代入式(7-3)可求得 ω 的两个解。根据 σ_x、σ_y 的代数值，利用应力莫尔圆来确定 ω，然后确定 α 线与 β 线，如图 7-12 所示。

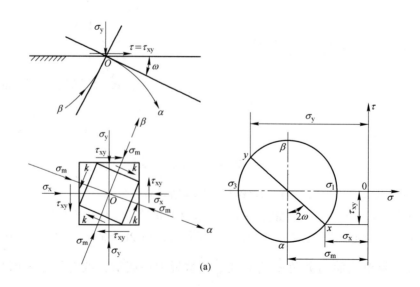

(a)

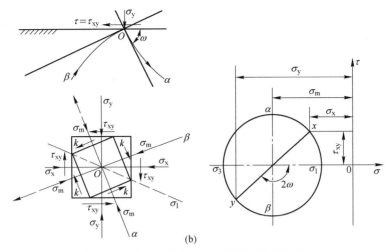

(b)

图 7-12 库仑摩擦接触表面滑移线和莫尔圆

7.4.2 几种滑移线场

7.4.2.1 均匀场

如图 7-13(a)所示的滑移线场由两组正交的平行直线构成,称为直线场,也称均匀场。由于直线上任意点的 ω 角和平均应力 σ_m 值均相同,所以各点的应力分量 σ_x、σ_y 和 τ_{xy} 也是相等的,故直线滑移线场为均匀应力场。

7.4.2.2 简单场

如图 7-13(b)所示的滑移线场由一族汇集于一点的辐射直线和与之正交的另一族同心圆弧所构成,称为有心扇形场。由于该场中每一条直线滑移线上的 ω 角和平均应力 σ_m 不相同,因此,扇形圆心 O 处会有无限多个平均应力 σ_m 对应着,出现所谓应力分布的奇异现象,该点叫做应力奇异点。它通常出现在模具的拐角点或工具截面的突变处,以及应力或应变激剧变化的部位。

如图 7-13(c)所示的滑移线场由一族不汇集于一点的直线和一族不同心的圆弧线所构成,称为无心扇形场。图中曲线 E 为 α 线的包络线(通常是塑性变形区的边界线),即 β 线是一族渐伸线,而与包络线 E 相切的一族为 α 线。

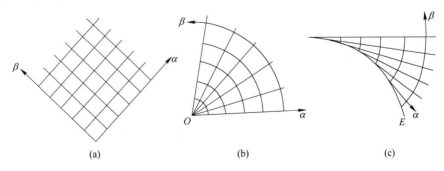

(a)   (b)   (c)

图 7-13 常见的滑移线场

(a)正交直线场;(b)有心扇形场;(c)无心扇形场

如图 7-13(b)和(c)所示的滑移线场也称简单场,即一族滑移线为直线,另一族与直线正交的滑移线为曲线。

7.4.2.3　均匀场与简单场的组合

通过对均匀场和简单场的分析可知,与均匀场相邻的区域,滑移线场必定是简单场,因为其中有一族滑移线只能是由直线所组成。图 7-14(a)中,区域 A 为均匀场,场中 β 族滑移线的边界为 SL,当然 SL 也属于相邻区域中的一条滑移线。由于 SL 为直线,则区域 B 中与 SL 同族的滑移线必定全部都是直线。图 7-14(b)所示的区域 A、C 和 E 都是均匀场,与此相邻的是由两个有心扇形场 B 和 D 连接。

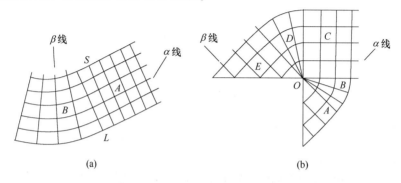

(a)　　　　　　　　　　　　　　(b)

图 7-14　均匀场与简单场的组合

7.4.2.4　由两族互相正交的光滑曲线构成的滑移线场

属于这一类场的主要有:

(1) 当圆形界面为自由表面或其上作用有均布的法向应力时,滑移线场由正交的对数螺旋线网所构成,如图 7-15(a)所示。

(2) 粗糙刚性的平行板间压缩时,在接触面摩擦切应力达到最大值 k 的那一段塑性变形区,滑移线场由正交的圆摆线组成,如图 7-15(b)所示。

(3) 两个等半径圆弧所构成的滑移线场,也称为扩展的有心扇形场,如图 7-15(c)所示。

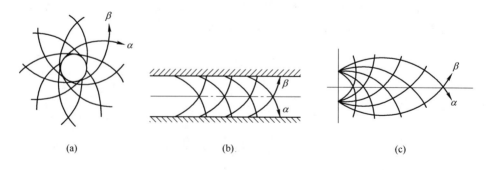

(a)　　　　　　　　(b)　　　　　　　　(c)

图 7-15　两族正交曲线构成的滑移线场

在塑性加工中,通常可根据变形区各部分的应力状态和边界条件,分别建立以上所分析的各相应类型的滑移线场,再根据滑移线的相关性质组合成整个变形的滑移线场,最终实现对问题的求解。

7.5 滑移线场的速度场理论

滑移线场理论，不仅可以根据应力边界条件，利用滑移线的特性，可求得塑性变形区的应力场，同时，还可确定塑性变形区内的速度场，从而可确定各点的位移和应变。

7.5.1 盖林格尔（H. Geiringer）速度方程

根据塑性流动方程（4-36）可得平面应变状态下的应力-应变速率方程为：

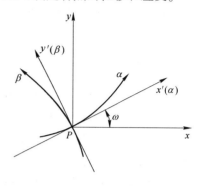

图 7-16 取滑移线为坐标

$$\dot{\varepsilon}_x = \sigma'_x \dot{\lambda} = (\sigma_x - \sigma_m)\dot{\lambda}$$

$$\dot{\varepsilon}_y = \sigma'_y \dot{\lambda} = (\sigma_y - \sigma_m)\dot{\lambda} \qquad (7\text{-}17)$$

$$\dot{\gamma}_{xy} = \tau_{xy}\dot{\lambda}$$

在塑性变形区内任取一点 P，设 P 点为滑移线 α 和 β 的交点，若过 P 点取滑移线为坐标系（见图7-16），则应力-应变速率方程式（7-17）中，$\sigma_x = \sigma_\alpha$，$\sigma_y = \sigma_\beta$，$\dot{\varepsilon}_x = \dot{\varepsilon}_\alpha$、$\dot{\varepsilon}_y = \dot{\varepsilon}_\beta$。由于 σ_α、σ_β 是最大切应力（$\tau = k$）所在平面上的正应力，因此，根据塑性平面应变特点可知：

$$\sigma_\alpha = \sigma_\beta = \sigma_m$$

将上式代入式（7-17）得：

$$\begin{cases} \dot{\varepsilon}_\alpha = 0 \\ \dot{\varepsilon}_\beta = 0 \end{cases} \qquad (7\text{-}18a)$$

即：

$$\begin{cases} \dfrac{d\varepsilon_\alpha}{dt} = 0, \quad d\varepsilon_\alpha = 0 \\ \dfrac{d\varepsilon_\beta}{dt} = 0, \quad d\varepsilon_\beta = 0 \end{cases} \qquad (7\text{-}18b)$$

式（7-18b）表明，沿滑移线无线应变增量，即在滑移线方向上不产生线应变，只有剪切变形，亦即滑移线具有不可伸缩的特性。

若 α 线上点 P_1 处的速度为 v_1，其沿滑移线方向的速度分量为 v_α 和 v_β，如图 7-17 所示。在此 α 线上与 P_1 点无限接近的 P_2 点处的速度为 v_2，其沿滑移线方向的速度分量为 $v_\alpha + dv_\alpha$ 和 $v_\beta + dv_\beta$。同时，由 P_1 点到 P_2 点的转角为 $d\omega$，如图7-17所示。由于 P_1 点与 P_2 点无限接近，则可认为弧 $\overset{\frown}{P_1 P_2}$ 与其弦 $\overline{P_1 P_2}$ 相重合。根据滑移线不可伸缩的性质，则 P_1 点与 P_2 点在 $\overline{P_1 P_2}$ 方向上的速度分量必相等，即有：

$$v_{\alpha 1} = v_{\alpha 2}\cos d\omega - v_{\beta 2}\sin d\omega$$

即：

$$v_{\alpha 1} = (v_{\alpha 1} + dv_\alpha)\cos d\omega - (v_{\beta 1} + dv_\beta)\sin d\omega \qquad (7\text{-}19a)$$

由于 $d\omega$ 很小，式（7-19a）中 $\cos d\omega \approx 1$，$\sin d\omega \approx d\omega$，并忽略高阶项 $dv_\beta \sin d\omega$，则：

$$\begin{cases} dv_\alpha - v_\beta d\omega = 0 & \text{（沿 } \alpha \text{ 线）} \\ dv_\beta + v_\alpha d\omega = 0 & \text{（沿 } \beta \text{ 线）} \end{cases} \qquad (7\text{-}19b)$$

式（7-19b）是 1930 年首先由 Geiringer 提出的，称为 Geiringer 速度方程式。由式（7-19）可见，当滑移线是直线（$d\omega = 0$）时，沿滑移线速度是常数。因此，对于直线滑移线场，$v_\alpha =$ 常数，$v_\beta =$ 常数，故称为均匀速度场，此区域作刚性运动。

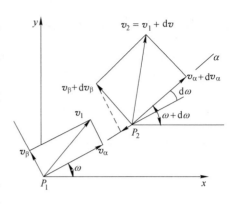

图 7-17   滑移线上邻近两点的速度分解

7.5.2   速度间断

若塑性区与刚性区之间或塑性区内相邻两区域之间可能有相对滑动，即速度发生跳跃，此现象称速度不连续，或称速度间断。例如，刚性区与塑性区的交界，由刚性运动转变为塑性变形，虽然应力状态是连续的，但在交界处存在相对滑动，即产生速度不连续，此分界线称为速度间断线。

由于材料的连续性和不可压缩的要求，速度间断线两侧的法向速度分量必须相等（连续），否则将出现裂缝或者重叠，而切向速度分量可以产生间断。

速度间断线可以看成是从一个速度场连续过渡到另一个速度场的速度间断面（很薄的过渡层）的极限线。如图 7-18 所示，从 1 区域到 2 区域，切向速度沿过渡层厚度作急剧变化，即由 v_t^1 跃变到 v_t^2。由切应变速率方程 $\dot{\gamma}_{xy} = \dfrac{1}{2}\left(\dfrac{\partial \dot{u}_y}{\partial x} + \dfrac{\partial \dot{u}_x}{\partial y}\right)$ 知，当 $dy = 0$，$\dfrac{\partial \dot{u}_x}{\partial y} \to \infty$，$\dot{u}_x$ 为切向速度，$\dot{\gamma}_{xy} \to \infty$。又 $\dot{\gamma}_{xy} = \dot{\lambda}\,\tau_{xy}$，故有 $\tau_{xy} \to \infty$，即 $|\tau_{xy}| = |\tau_{max}| = k$，这说明速度间断线必定是滑移线。

图 7-19 中，设速度间断线为 α 线（或 β 线），线上某点（如 α 点）在 1 区域和 2 区域速度矢量分别为 v_α^1 和 v_β^2，并可分解成切向速度和法向速度分量，其分别为 $v_{0\alpha}^1$ 和 $v_{0\alpha}^2$、$v_{0\beta}^1$ 和 $v_{0\beta}^2$。由于变形体的连续性和不可压缩性，必须满足法向速度分量连续，即 $v_\beta^1 = v_\beta^2$，根据盖林格尔速度方程式（7-19），沿 α 线有：

$$dv_{0\alpha}^1 - v_{0\beta}^1 d\omega = 0$$
$$dv_{0\alpha}^2 - v_{0\beta}^2 d\omega = 0$$

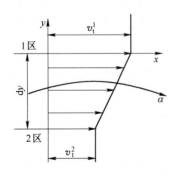

图 7-18   速度间断的过渡层

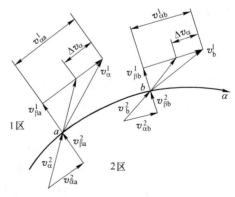

图 7-19   速度间断

以上两式相减，可得：

$$\mathrm{d}v_{0\alpha}^1 = \mathrm{d}v_{0\alpha}^2$$

则由图 7-19 得：

$$v_{0\alpha}^1 - v_{0\alpha}^2 = v_{\alpha b}^1 - v_{\alpha b}^2 = \Delta v_\alpha = 常数$$

即：

$$v_\alpha^1 - v_\alpha^2 = \Delta v_\alpha = 常数 \tag{7-20}$$

式（7-20）中 Δv_α 称为沿 α 线的速度间断值。此式表明，沿同一条滑移线的速度间断值为常数。

7.5.3　速度矢端图（速端图）

当给出滑移线场，并由边界条件定出速度间断线及速度间断值后，可用盖林格尔速度方程式确定其速度场。但是，对于复杂的滑移线场，解盖林格尔速度方程往往是困难的。因此，工程上常用图解法确定塑性变形区内各点的位移速度的分布（即速度场）。为此，将沿滑移线上各点的速度分布表示在速度平面 v_x-v_y 上。在速度平面上以坐标原点 O 为极点零向量，将塑性流动平面内位于同一条滑移线上各点的速度矢量按同一比例均由极点绘出，然后依次连接各速度矢量的端点，只要各点取得足够近，则会形成一条曲线。该曲线称为所研究的那条滑移线上各点的速度矢端曲线，如图 7-20 所示，对于塑性流动平面内的每一条滑移线 α、β 线，一般都可以在速度平面内作出与之对应的速度矢端曲线 α'、β'（见图 7-20）。对于由 α 与 β 两族连续正交的曲线网络所构成的滑移线场，则在速度平面上相应有一个由两族连续正交的速度矢端曲线网络所构成的速度矢端图（速端图），即为速度场。

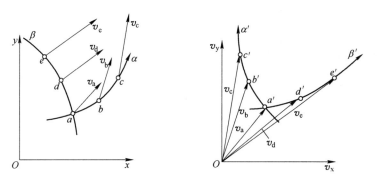

图 7-20　滑移线与速度矢端曲线

7.5.3.1　滑移线和速度矢端曲线之间的关系

如图 7-21 所示，设 P_1、P_2、P_3 为某条滑移线（如 α 线）上相邻的三个节点，v_1、v_2、v_3 分别为这三个节点的速度矢量；由于这三个节点无限接近，则可用弦 $\overline{P_1P_2}$、$\overline{P_2P_3}$ 分别代替微弧 $\overset{\frown}{P_1P_2}$、$\overset{\frown}{P_2P_3}$。在速度平面上，从极点 O 按同一比例画出各点的速度矢量，分别以 $\boldsymbol{OP_1'}$、$\boldsymbol{OP_2'}$、$\boldsymbol{OP_3'}$ 表示。因为滑移线的线素无伸缩，所以 v_1、v_2 在线素 $\overline{P_1P_2}$ 上的投影必相等。这样，在图 7-21 上的 v_1、v_2 两者的共同投影 OQ 必须与滑移线素 $\overline{P_1P_2}$ 平行。于是，联结速度 $\boldsymbol{OP_1'}$ 和 $\boldsymbol{OP_2'}$ 端点的线段 $\overline{P_1'P_2'}$ 必须与 $\overline{OQ}$，即与滑移线素 $\overline{P_1P_2}$ 垂直。同理，$\overline{P_2'P_3'}$ 也与滑移线素 $\overline{P_2P_3}$ 垂直。这样，如以一点作基点可把滑移线上各点的速度矢量绘出，

把各速度矢量的端点依次连成线图（见图 7-21 线 $\overline{P_1'P_2'}$ 和 $\overline{P_2'P_3'}$），该线图称为速端图。由于速端图与滑移线正交，所以速端图便构成与滑移线正交的网。

7.5.3.2　几种速度间断线的速端图

（1）滑移线 ab 速度间断直线 ［见图 7-22(a)］。其一侧为刚性区（"－"），以速度 v^- 刚性平移，另一侧为塑性区（"＋"）。由于 ab 两侧分别具有同一速度，故在速度平面上的速度矢端曲线分别归缩为一个点，其速端图如图 7-22(b) 所示。

（2）滑移线 ab 为速度间断曲线，这又可分为两种情况：其一侧为刚性区（"－"），另一侧为塑性区（"＋"）［见图 7-23(a)］，刚性区一侧在速度平面上的速度矢端曲线归缩为一点，而塑性区一侧的速度矢端曲线为一半径等于速度间断值 Δv 的圆弧 $\overset{\frown}{a^+b^+}$，此圆弧的中心角等于滑移线 $\overset{\frown}{ab}$ 在 a、b 两点之间的转角 ω_{ab}，其速端图如图7-23(b) 所示。

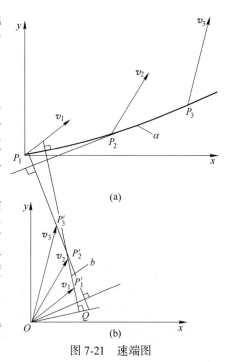

图 7-21　速端图

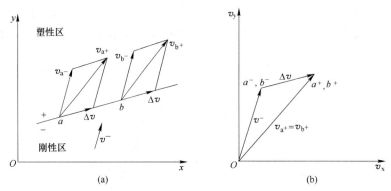

图 7-22　速度间断直线及其速端图
(a) 速度间断直线；(b) 速端图

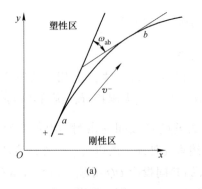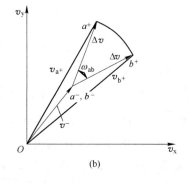

图 7-23　一侧为刚性区的速度间断曲线及其速端图
(a) 速度间断曲线；(b) 速端图

其两侧为塑性区（一侧为"–"，另一侧为"+"）[见图7-24(a)]，这种情况滑移线$\overset{\frown}{ab}$两侧在速度平面上分别有速度矢端曲线$\overset{\frown}{a^-b^-}$和$\overset{\frown}{a^+b^+}$与其对应，其速端图如图7-24(b)所示。

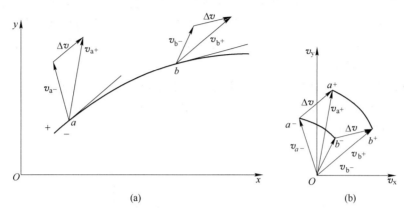

(a) (b)

图 7-24 两侧均为塑性区的速度间断曲线及其速端图

(a) 速度间断曲线；(b) 速端图

7.6 滑移线场应用求解实例

金属塑性加工中，有许多加工方法是平面应变问题，如平冲头压入半无限体、楔形冲头压入半无限体、某些特定挤压比下的挤压、剪切乃至切削加工，如图7-25所示。

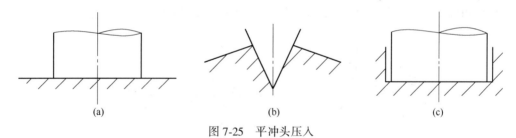

(a) (b) (c)

图 7-25 平冲头压入

(a) 平冲头压入半无限体；(b) 楔形冲头压入半无限体；(c) 冲孔

上述这些平面应变问题的滑移线场均由均匀场和简单场组合而成，这类滑移线场称为简单滑移线场问题，具体分两步解决。

7.6.1 滑移线场的建立

平冲头压入半无限体、平冲头压入、楔形冲头压入半无限体、某些特定挤压比下的挤压等这些平面应变问题的滑移线场的确定方法主要依据应力边界条件，步骤如下：

（1）确定平冲头接触平面的受力状态，根据受力状态确定其应力边界条件。由7.4节的滑移线场的建立方法确定平冲头接触平面的滑移线场。

（2）确定不受力的光滑平面的受力状态。由7.4节的滑移线场的建立方法确定光滑平面的均匀滑移线场的α线和β线。

（3）根据滑移线的几何性质可知连接均匀的滑移线场是简单滑移线场，连接平冲头接触平面的滑移线场和光滑平面的滑移线场的α线和β线，即得整个滑移线场。

以图 7-26(a)的平冲头压入半无限体为例，建立其滑移线场。

在平冲头压缩时，靠近冲头附近的自由表面上金属受挤压而凸起，因为变形的对称性，只研究一侧的滑移线场。平冲头压入半无限体有两种情况，一种是光滑平冲头压入，另一种是粗糙平冲头压入。前者是光滑（无摩擦）接触表面，其滑移线场如图 7-10 所示，故图 7-26 中 $\triangle AEO$ 是均匀滑移线场。另一侧的自由表面的应力边界条件如图 7-9(b)所示，因此 $\triangle AGC$ 也是均匀滑移线场。按滑移线场的几何性质，$\triangle AEO$ 和 $\triangle AGC$ 之间的过渡场为有心扇形场 AEG。

对于粗糙平冲头，$\triangle ABC$ 如同附在平冲头上的金属帽，为变形刚性区，其一侧的自由表面也是均匀滑移线场 ADF。$\triangle ABC$ 与 ADF 用有心扇形场 ACF 相连，即得粗糙平冲头压入半无限体的滑移线场，如图 7-26(b)所示。

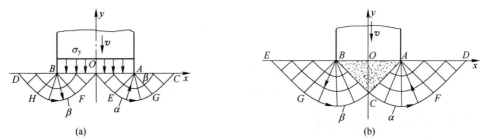

图 7-26   平冲头压入半无限体时的滑移线场

(a) 光滑平冲头压入（扇形张角 $\theta=\dfrac{\pi}{2}$）；(b) 粗糙平冲头压入（扇形张角 $\theta=\dfrac{\pi}{2}$）

同理可建立其他几种变形情况的滑移线场，如图 7-27 所示。

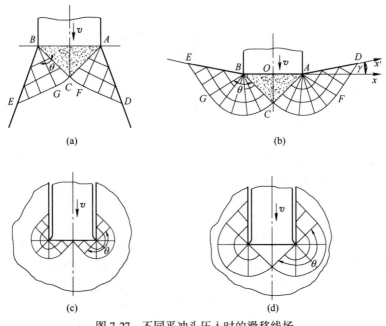

图 7-27   不同平冲头压入时的滑移线场

(a) 粗糙平冲头压入（扇形张角 $\theta<\dfrac{\pi}{2}$）；(b) 粗糙平冲头压入（扇形张角 $\theta>\dfrac{\pi}{2}$）；

(c) 光滑平冲头压入（扇形张角 $\theta=\pi$）；(d) 冲孔：粗糙平冲头压入（扇形张角 $\theta=\pi$）

7.6.2 简单滑移线场问题的求解方法

对于平冲头的简单滑移线场,如果存在自由表面,其求解方法较为简单,具体求解步骤如下:

(1)先在自由表面取一个单元体,由于自由表面单元体 $\sigma_1 = 0$,只有一个压应力 σ_3,根据屈服准则,$\sigma_1 - \sigma_3 = 2k$,因此,$\sigma_3 = -2k$。平均应力 $\sigma_m = \dfrac{\sigma_1 + \sigma_3}{2}$,因此该单元体平均应力 $\sigma_m = -k$。再根据自由表面应力边界条件确定 α 线或 β 线的 ω 角。

(2)平冲头压下时,单元体 $\sigma_y = \sigma_3 = -p$,根据屈服准则 $\sigma_1 - \sigma_3 = 2k$,求出 σ_1,即 $\sigma_1 = 2k - p$。由平均应力 $\sigma_m = \dfrac{\sigma_1 + \sigma_3}{2} = k - p$,得平冲头接触单元体 σ_m。

(3)根据滑移线场的性质,由汉基方程式求出平冲头压力 p。

【例1】 平冲头压入半无限体,平冲头压入半无限体是指窄形冲头单侧压入厚工件(工件高 h 与冲头宽度 W 比 $\dfrac{h}{W} \geqslant 6.3$)的塑性变形过程。冲头压入时,冲头下部的金属受到压缩变形,同时使冲头下部受挤的金属向冲头两侧附近和自由表面流动而隆凸,根据上述变形特点,若设 AB 为光滑接触表面时,可取摩擦切应力 $\tau_k = 0$ 和工作压力 σ_y 为均匀分布。AC 和 BD 为自由表面。由边界上的应力特点,绘出其滑移线场块,如 $\triangle AOE$、$\triangle BOF$、$\triangle ACG$ 和 $\triangle BDH$ 均为均匀应力场块。按滑移线场的几何性质作出四个均匀应力场块之间由两个有心扇形场相连接,扇心张角为 $\dfrac{\pi}{2}$,根据自由表面部位 y 方向为主应力 σ_1 的方向,可确定 GC 为 α 线、GA 为 β 线,如图7-26(a)所示。

由于冲头两侧为自由表面,因此 $\triangle ACG$ 为均匀应力场,此区域内 σ_1 方向为 y 轴向,已知 GC 为 α 线、GA 为 β 线,因此 $\omega_c = \dfrac{\pi}{4}$。由于 C 点在自由表面上,故其单元体 $\sigma_{1c} = 0$,只有一个压应力 σ_{3c},根据屈服准则,$\sigma_1 - \sigma_3 = 2k$,因此,$\sigma_{3c} = -2k$。而平均应力 $\sigma_{mc} = \dfrac{\sigma_{1c} + \sigma_{3c}}{2}$,可得 $\sigma_{mc} = -k$,已知 O 点在光滑接触表面上,因此 $\omega_0 = -\dfrac{\pi}{4}$,其单元体有 σ_x、σ_y 作用,均为压应力,且 $\sigma_3 = \sigma_y = -p$,其绝对值应大于 σ_x,根据屈服准则可得 $\sigma_1 = \sigma_x = -p + 2k$,平均应力 $\sigma_{mo} = -p + k$。由汉盖应力方程式得:

$$\sigma_{mo} - \sigma_{mc} = 2k(\omega_o - \omega_c)$$

于是:

$$-p + k - (-k) = 2k\left(-\dfrac{\pi}{4} - \dfrac{\pi}{4}\right)$$

因而得平均单位压力为:

$$p = k(2 + \pi)$$

以及相对应力因子为:

$$n_\sigma = \dfrac{p}{2k} = 1 + \dfrac{\pi}{2} = 2.57$$

以上解称为 Hill 解。

对于冲头接触表面粗糙的压入，即接触摩擦切应力 $\tau_k = k$ 时，其滑移线场如图 7-26 （b）所示。这个滑移线场是 1920 年由 L. Prandtl 绘出的，他从实验中观察到，粗糙冲头下面存在一个接近等腰直角三角形（△ABC）大小的难变形区，该区内的金属受到强烈的等值三向压应力（静水压力）的作用，不发生塑性变形，好像是一个黏附在冲头下面的刚性金属楔，成为冲头的一个补充部分。和前述情况一样，可以绘制滑移线场［见图 7-26（b）］，并计算出平均单位压力为：

$$p = k(2 + \pi)$$

以及相对压力因子为：

$$n_\sigma = \frac{p}{2k} = 1 + \frac{\pi}{2} = 2.57$$

【例 2】 楔形冲头压入半无限体，锥角为 2φ 的楔形冲头压入刚塑性半无限体的情形如图 7-28 所示。当楔体切入时，金属被楔体从两旁挤出，形成凸起。区域 ABCDE 处于塑性状态，边界 AE 为倾斜的自由表面，可以认为是直线。随着切入深度的增加，塑性变形区按比例扩大。

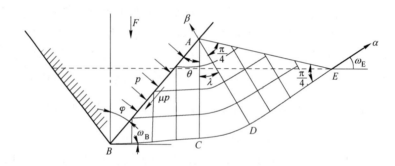

图 7-28　楔形冲头压入半无限体

（1）建立滑移线场。设冲头的表面压力为 p 且均匀分布，摩擦切应力 $\tau = \mu p$。根据边界条件及滑移线的性质，可知△ADE 区是由正交直线组成的均匀场，两族滑移线与边界 DE 都成 45°夹角；△ABC 区也是均匀场，其滑移线与边界 AB 分别成（90°−θ）和 θ 夹角，其中 θ 角可根据摩擦切应力的大小，即由 $\tau_{xy} = k\cos 2\omega$ 确定。根据汉基第二定理及其推论可知，区域 ADC 是中心角为 λ 的有心扇形场，A 点是应力奇异点。组成的整个滑移线场如图 7-28 所示，并按判断规则可确定相应的 α 线与 β 线。

（2）求 AB 面上的平均单位压力。取一条 α 线 BCDE 进行分析，其在边界 AE 上的 E 点，与接触面 AB 上的 B 点的夹角差为 $\Delta\omega$，则 $\Delta\omega = \omega_E - \omega_B = \omega_D - \omega_C = \lambda$。

由汉盖应力方程式，有：

$$\sigma_{mE} - \sigma_{mB} = 2k(\omega_E - \omega_B)$$

$$\sigma_{mB} = \sigma_{mE} - 2k(\omega_E - \omega_B) = -k(1 + 2\lambda)$$

楔面上 B 点的正应力为：

$$\sigma_{yB} = \sigma_{mB} + k\sin 2\omega'_B = -k(1 + 2\lambda) + k\sin 2\left(\frac{\pi}{2} - \theta\right) = -k(1 + 2\lambda + \sin 2\theta)$$

所以 $\qquad p = -\sigma_{yB} = k(1 + 2\lambda + \sin 2\theta)$

此外，上述组合滑移线场还适用其他一些场合，如图7-27(a)和(b)所示，只是扇形张角 $\theta \neq \dfrac{\pi}{2}$。

对于扇形张角 $\theta \neq \dfrac{\pi}{2}$ 的情况，只要沿自由表面取一辅助坐标 $x'\text{-}y'$，并利用滑移线场中，只有 ω 角与坐标选择相关，而静水压力与坐标选择无关的性质。由自由表面上 D 点处 $\sigma'_{yD} = 0$ 和 $\omega'_D = \dfrac{\pi}{4}$，可得 $p'_D = k = p_D$，由图7-27(a)或(b)可知：

$$\omega_D = \omega'_D + \gamma$$

可得：

$$n_\sigma = \frac{p}{2k} = 1 + \left(\frac{\pi}{2} + \gamma\right) = 1 + \theta$$

式中，$\theta = \left(\dfrac{\pi}{2} + \gamma\right)$ 为扇形张角。

如果扇形张角 $\theta = \pi$，便是平面压印的情况，如图7-27(d)所示。

【例3】 光滑模面的平面应变挤压。

平面应变挤压是一种无宽向变形，只有厚度的减薄与长度增加的挤压过程。现以光滑模面平面应变挤压板条，且挤压比 $\dfrac{H}{h} = 3$ 的情况为例进行分析。

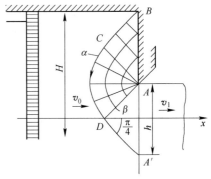

图 7-29 板条平面应变正挤压
$(\mu = 0, \dfrac{H}{h} = 3, \text{不计死区})$

这种特殊挤压比的平面应变板条挤压的滑移线场如图7-29所示。由于 AB 界面上无摩擦，可作出均匀滑移线场块 $\triangle ABC$，连接均匀三角形场块 ABC 的过渡滑移线场是有心扇形场 ACD。在对称轴的出口处 $\sigma_{xD} = 0$，为代数值最大的主应力 σ_1，据此可确定场中 α、β 线的方向。由图知 $\omega_D = -\dfrac{\pi}{4}$，$\omega_c = -\dfrac{3\pi}{4}$。

由于出口处 $\sigma_{xD} = \sigma_{mD} - k\sin 2\omega_D = 0$，得 $\sigma_{mD} = -k$。因此，沿 α 线的汉盖应力方程式为：

$$\sigma_{mD} - \sigma_{mC} = 2k(\omega_D - \omega_C)$$
$$\sigma_{mC} = \sigma_{mD} - 2k(\omega_D - \omega_C) = -k(1 + \pi)$$
$$\sigma_{xC} = \sigma_{mC} - k\sin 2\omega_C = -k(2 + \pi)$$

根据力平衡条件，得单位挤压力为：

$$p = -\frac{\sigma_{xC}(H - h)}{H} = -\frac{2}{3}\sigma_{xC} = \frac{2}{3}k(2 + \pi)$$

$$n_\sigma = \frac{p}{2k} = \frac{2 + \pi}{3} = 1.71$$

　　其他几种特殊挤压情况的板条平面应变正挤压、反挤压及不对称挤压时滑移线场如图 7-30 所示。

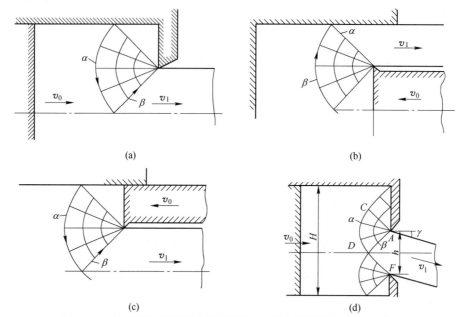

图 7-30　几种特殊情况下的板条平面应变挤压的滑移线场及速端图

（a）正挤压（$\frac{H}{h}=2$，$\mu=0$）；（b）反挤压（$\frac{H}{h}=2.0$，$\mu=0$）；

（c）反挤压（$\frac{H}{h}=2$，$\mu=0$）；（d）不对称正挤压（$\frac{H}{h}=2.5$，$\mu=0$）

7.7　滑移线场绘制的数值计算方法

　　滑移线数值计算方法的实质是：利用差分方程近似代替滑移线的微分方程，计算出各结点的坐标位置，建立滑移线场，然后利用汉盖应力方程计算各结点的平均应力 p 和 ω 角。

　　根据滑移线场块的邻接情况，滑移线场的边值有三类。

7.7.1　特征线问题

　　这是给定两条相交的滑移线为初始线，求作整个滑移线网的边值问题，即所谓黎曼（Riemann）问题。设选定相邻两结点的等倾角差为 $\Delta\omega_\alpha=\Delta\omega_\beta=\Delta\omega$，沿已知 α 滑移线 OA 取点 $(1, 0)$，$(2, 0)$，$(3, 0)$，$\cdots$，$(m, 0)$ 和 β 线 OB 取点 $(0, 1)$，$(0, 2)$，$(0, 3)$，$\cdots$，$(0, n)$。(m, n) 表示第 m 条 α 线和第 n 条 β 线的结点编码，如图 7-31 所示。

　　任意网点 (m, n) 上的参数 $\sigma_{\mathrm{m}(m, n)}$ 和 $\omega_{(m, n)}$，可根据汉盖第一定理，得沿 α 线从点 $(m-1, n-1)$ 到点 $(m, n-1)$，再沿 β 线从点 $(m, n-1)$ 到点 (m, n)，有：

$$\begin{cases} \sigma_{\mathrm{m}(m, n)} = \sigma_{\mathrm{m}(m-1, n)} + \sigma_{\mathrm{m}(m, n-1)} - \sigma_{\mathrm{m}(m-1, n-1)} \\ \omega_{(m, n)} = \omega_{(m-1, n)} + \omega_{(m, n-1)} - \omega_{(m-1, n-1)} \end{cases} \tag{7-21}$$

式中

$$\omega_{(m, n-1)} = \omega_{(m-1, n-1)} + \Delta\omega$$
$$\omega_{(m-1, n)} = \omega_{(m-1, n-1)} + \Delta\omega$$

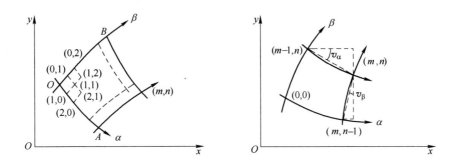

图 7-31 特征线边值计算示意图

则：

$$
\begin{cases}
\dfrac{\mathrm{d}y}{\mathrm{d}x}\Big|_\alpha = \dfrac{\Delta y}{\Delta x} = \tan\omega & \text{（对 } \alpha \text{ 线）}\\[3mm]
\dfrac{\mathrm{d}y}{\mathrm{d}x}\Big|_\beta = \dfrac{\Delta y}{\Delta x} = \tan\!\left(\omega + \dfrac{\pi}{2}\right) = -\cot\omega & \text{（对 } \beta \text{ 线）}
\end{cases}
\tag{7-22}
$$

这实质上是以弦代替微分弧，弦的斜率用两端结点的斜率的平均值，则式（7-22）可写成：

$$
\frac{y_{(m,\,n)} - y_{(m-1,\,n)}}{x_{(m,\,n)} - x_{(m-1,\,n)}} = \tan v_\alpha
$$

$$
\frac{y_{(m,\,n)} - y_{(m,\,n-1)}}{x_{(m,\,n)} - x_{(m,\,n-1)}} = -\cot v_\beta
$$

式中

$$
v_\alpha = \frac{1}{2}\left[\omega_{(m-1,\,n)} + \omega_{(m,\,n)}\right] = \omega_{(m-1,\,n)} + \frac{\Delta\omega}{2} = A
$$

$$
v_\beta = \frac{1}{2}\left[\omega_{(m,\,n-1)} + \omega_{(m,\,n)}\right] = \omega_{(m,\,n-1)} + \frac{\Delta\omega}{2} = B
$$

则：

$$
\begin{cases}
x_{(m,\,n)} = \dfrac{y_{(m,\,n-1)} - y_{(m-1,\,n)} + Ax_{(m-1,\,n)} + Bx_{(m,\,n-1)}}{A + B}\\[4mm]
y_{(m,\,n)} = \dfrac{Ay_{(m,\,n-1)} + By_{(m-1,\,n)} + ABx_{(m-1,\,n)} - ABx_{(m,\,n-1)}}{A + B}
\end{cases}
\tag{7-23}
$$

据此，可依次逐渐求得场内全部结点的坐标，依编码连线，从而绘制出等倾角差为 $\Delta\omega$ 的滑移线网。

对于初始特征线问题的退化情况，如图 7-32 所示，当其中一条滑移线（β 线 $O'B$）收缩成为一奇异点（O' 点），形成一个有心扇形场。此时，可将 $\angle AO'C$ 等分成若干份，分别取为相应滑移线在 O' 点处的倾角 $\omega_{(0,0)}$，$\omega_{(0,1)}$，…，$\omega_{(0,n)}$，在 $O'A$ 上取节点 $(1,0)$，$(2,0)$，…，$(m,0)$；从 $(1,0)$ 开始，求出 β_1 线上各节点 $(1,1)$，$(1,2)$，…，$(1,n)$ 处的 ω 和 σ_m 值；如对于点 $(1,n)$ 有：

$$
\omega_{(1,n)} - \omega_{(1,0)} = \omega_{(0,n)} - \omega_{(0,0)}
$$

$$\sigma_{m(1, n)} - \sigma_{m(1, 0)} = 2k\left[\omega_{(1, 0)} - \omega_{(1, n)}\right]$$

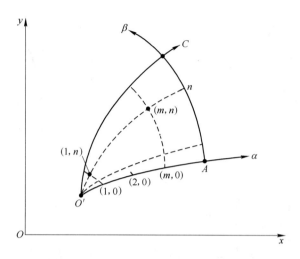

图 7-32　退化的初始特征线边界问题

7.7.2　特征值问题

已知一条不为滑移线的边界 AB 上任一点的应力分量 (σ_x、σ_y、τ_{xy}) 的初始值，求作滑移线场的问题，即所谓柯西 (Cauchy) 问题，也称为初始值问题或特征值问题。

如图 7-33 所示，将边界线 AB 分成若干等份，等分点的编码为 (1, 1)，(2, 2)，…，(m, m)。取边界上各等分点的平均应力和倾角分别为 $\sigma_{m(1,1)}$，…，$\sigma_{m(m,m)}$，…，$\sigma_{m(m,n)}$ 和 $\omega_{(1,1)}$，…，$\omega_{(m,m)}$，…，$\omega_{(m,n)}$。若 AC 为 α 线，BC 为 β 线，利用汉盖第一定理得：

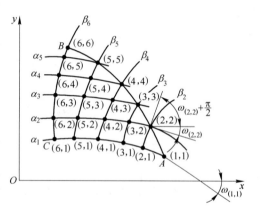

图 7-33　特征值问题计算示意图

$$\sigma_{m(m,m+1)} - 2k\omega_{(m,m+1)} = \sigma_{m(m,m)} - 2k\omega_{(m,m)}（沿 \alpha 线）$$

$$\sigma_{m(m,m+1)} + 2k\omega_{(m,m+1)} = \sigma_{m(m+1,m+1)} + 2k\omega_{(m+1,m+1)}（沿 \beta 线）$$

求解得变形区内结点 (m, $m+1$) 上的 $\sigma_{m(m,m+1)}$ 和 $\omega_{(m, m+1)}$ 为：

$$\begin{cases} \sigma_{m(m,m+1)} = \dfrac{1}{2}\left[\sigma_{m(m,m)} + \sigma_{m(m+1,m+1)}\right] + k\left[-\omega_{(m+1,m+1)} + \omega_{(m,m)}\right] \\[3mm] \omega_{(m,m+1)} = \dfrac{1}{2}\left[\omega_{(m,m)} + \omega_{(m+1,m+1)}\right] - \dfrac{\sigma_{m(m+1,m+1)} - \sigma_{m(m,m)}}{4k} \end{cases} \tag{7-24}$$

依次计算出所需结点的 σ_m 和 ω 值，以及坐标 (x, y) 的位置，并依编码大小连接，得到整个滑移线场。

对于边界线 AB 为直线的简单问题，且为均匀应力场的情况，如直线自由表面，此时将得到一个以 AB 为斜边的等边直角三角形均匀场块。

7.7.3 混合问题

给定一条 α 线 OA，与之相交的某曲线 OB 不是滑移线（可能是接触边界线或变形区中的对称轴线）其上倾角 ω_1 值，如图 7-34 所示。如对称轴线上，其 ω_1 等于 $\pi/4$。

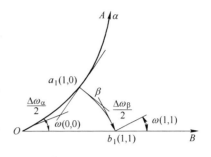

图 7-34 混合问题计算示意图

先假设找到了给定滑移线上点 O 附近的第一条 β_1 线，它与滑移线 α 和边界线的交点为 $a_1(1,0)$ 和 $b_1(1,1)$，根据以弦代弧的几何关系，得：

$$\angle a_1 O b_1 = \frac{1}{2}\left[\omega_{(0,0)} + \omega_{(1,0)}\right] = \omega_{(0,0)} + \frac{\Delta\omega_\alpha}{2}$$

$$\angle O b_1 a_1 = \pi - \frac{\pi}{2} - \omega_{(1,1)} - \frac{\Delta\omega_\beta}{2} = \frac{\pi}{2} - \omega_{(1,1)} - \frac{\Delta\omega_\beta}{2}$$

$$\angle O a_1 b_1 = \frac{\pi}{2} + \frac{\Delta\omega_\alpha}{2} - \frac{\Delta\omega_\beta}{2}$$

由于三角形三个内角之和为 π，因此得：

$$\Delta\omega_\beta = \omega_{(0,0)} - \omega_{(1,1)} + \Delta\omega_\alpha$$

式中，$\Delta\omega_\alpha$ 和 $\Delta\omega_\beta$ 分别为所预选的 α、β 线的倾角差。

于是由汉盖第一定理，可计算出点 a_1 和 b_1 的静水压力为：

$$\sigma_{m(1,1)} = \sigma_{m(0,0)} + 2k(\Delta\omega_\alpha - \Delta\omega_\beta)$$

至于点 a_1 和 b_1 的坐标位置，可根据三角形正弦定理求出。

找到 β_1 后，便可按黎曼问题计算出其余各结点的坐标，绘制出滑移线场。

7.7.4 数值计算方法实例

【例 1】 平砧压缩高件——对称双心扇形场。

平冲头压入半无限高件的情况，塑性变形只发生在冲头下和两侧附近的自由表面。当上下锤头上下对称压缩工件的相对高度为 $1 \leqslant h/b \leqslant 6.3$ 时，塑性变形将深入到工件的整个高度内，锤头两侧的金属不再隆凸。若 z 向尺寸比冲头宽度大很多，可作为平面应变问题对待。由于对称关系，只分析右上半部分。

根据接触应力边界条件 $\tau_k = 0$ 和正应力 σ_y 为均匀分布状态，可作出均匀应力场 $\triangle ABC$，AC 和 BC 为两条滑移线，然后以锤头边角 A、B 两个应力奇异点为圆心，以两滑移线 AC 和 BC 为半径作出圆弧形滑移线 CD 和 CE。再根据 CD 和 CE 为初始滑移线，按黎曼问题向纵深拓展下去，直至左右边界滑移线相交于点 M。由左右两侧无外力作用的边界条件，知 σ_1 指向为 x 轴方向，可确定 α、β 线及方向，这是一典型对称双心扇形滑移线场，如图 7-35 所示。显然扇形张角 θ 与滑移线和工件的相对高度 $\lambda = h/b$ 有关，根据计算，可得其近似关系式：

$$\theta = 0.625\ln\lambda - \frac{0.025}{\lambda} \quad （当 h > b 时） \tag{7-25}$$

计算表明，式（7-25）的偏差值不超过 5%。

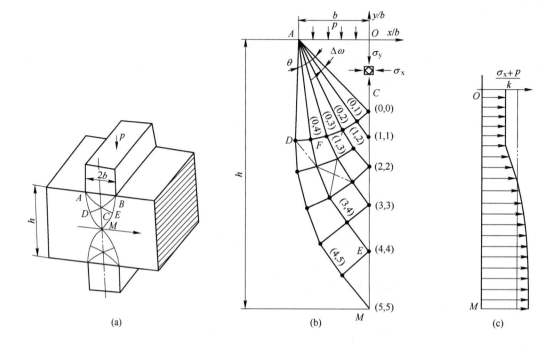

图 7-35　平砧压缩高件的滑移线场（对称双心扇形场）

（a）压缩高坯料；（b）滑移线场；（c）OM 线上的 $(\sigma_x + p)/k$

当接触表面粗糙时，即 $|\tau_k| = k$ 时，与平冲头压入半无限体一样，可认为锤头下面存在一个等腰直角三角形 $\triangle AOC$ 大小的难变形区，因此它的滑移线场与上相同。

已知滑移线场，根据边界条件和汉盖应力方程，计算出各点的转角和平均应力值。由图 7-35 知，C 点的倾角 $\omega(0,0) = -\dfrac{\pi}{4}$、$\sigma_y = -q$，由塑性条件 $\sigma_x - \sigma_y = 2k$ 得：$\sigma_x = -p + 2k$（p 为接触表面的平均单位压力）。

由点（0，0）到点（0，n），每顺时针转一个 $\Delta\omega$ 角，α 线与 x 轴的倾角便减小一个 $\Delta\omega$ 角，所以有：

$$\omega_{(0,n)} = \omega_{(0,0)} - n\Delta\omega = -\frac{\pi}{4} - n\Delta\omega$$

点（0，0）的平均应力为：

$$\sigma_{m(0,0)} = -\frac{\sigma_x + \sigma_y}{2} = p - k$$

再从点（0，n）到点（m，n），沿 α 线，α 线与 x 轴的倾角为：

$$\omega_{(m,n)} = \omega_{(0,n)} + m\Delta\omega = -\frac{\pi}{4} - n\Delta\omega + m\Delta\omega = -\frac{\pi}{4} + (m - n)\Delta\omega \qquad (7\text{-}26)$$

点（m，n）的平均应力为：

$$\sigma_{m(m,n)} = \sigma_{m(0,n)} - 2k\left[\omega_{(0,n)} - \omega_{(m,n)}\right] = p - 2k\left[1 + (m + n)\Delta\omega\right] \qquad (7\text{-}27)$$

根据点（m，n）的倾角 $\omega_{(m,n)}$ 和平均压力 $\sigma_{m(m,n)}$，便可按式(7-3)求得场各点的应力值：

$$
\begin{cases}
\sigma_{x(m,n)} = \sigma_{m(m,n)} - k\sin2\omega_{(m,n)} = p - 2k[1 + (m+n)]\Delta\omega - k\sin\left[-\frac{\pi}{2} + 2(m-n)\Delta\omega\right] \\[3mm]
\sigma_y = \sigma_{m(m,n)} - k\sin2\omega_{(m,n)} = p - 2k[1 + (m+n)]\Delta\omega + k\sin\left[-\frac{\pi}{2} + 2(m-n)\Delta\omega\right] \\[3mm]
\tau_{xy} = k\cos\left[-\frac{\pi}{2} + 2(m-n)\Delta\omega\right]
\end{cases}
$$

$$(7\text{-}28)$$

沿对称轴 Oy 上 $(m=n)$，倾角 $\omega_{(m,m)} = -\dfrac{\pi}{4}$，由式(7-27) 得：

$$\sigma_{m(m,m)} = p - 2k(1 + 2m\Delta\omega)$$

代入式(7-28) 得：

$$\sigma_{x(m,m)} = p - 2k\left(\frac{1}{2} + 2m\Delta\omega\right) \tag{7-29}$$

接触表面的平均单位压力 p，可根据压缩过程板坯左右两侧的刚性外端没有任何外力作用，沿滑移线 ADM 上作用的水平力 $\Sigma F_x = 0$ 的边界条件来确定（见图7-35），即：

$$\int_0^h \sigma_x \mathrm{d}y = 0 \tag{7-30}$$

将式(7-29)代入式(7-30) 得：

$$\int_0^h \sigma_x \mathrm{d}y = \int_0^h \left[p - 2k\left(\frac{1}{2} + 2m\Delta\omega\right)\right]\mathrm{d}y = 0$$

于是

$$p = 2k\frac{\displaystyle\int_0^h \left(\frac{1}{2} + 2m\Delta\omega\right)\mathrm{d}y}{h} \tag{7-31}$$

用近似法计算，设参数 $\lambda = \dfrac{y}{b}$，因此 $\mathrm{d}y = b\mathrm{d}\lambda$，$y$ 为双心扇形场对称轴 y 上任意一点的坐标值，相应的扇形场中心角为 θ（见图7-35），不难得出，$\theta = m\Delta\omega$。由式(7-25) 可知：

$$\theta = m\Delta\omega = 0.625\ln\lambda - \frac{0.025}{\lambda} \tag{7-32}$$

将式(7-32)和 $\mathrm{d}y = b\mathrm{d}\lambda$ 代入式(7-31)，可计算得平均单位压力 p 为：

$$p \approx 2k\left(1.25\ln\lambda + \frac{1.25}{\lambda} - 0.25\right) \tag{7-33}$$

$$n_\sigma = \frac{p}{2k} = 1.25\left(\ln\lambda + \frac{1}{\lambda}\right) - 0.25$$

式(7-33)算出的 p 值与精确计算结果比较，偏差不超过2%。并且当 $\lambda = \dfrac{h}{b} = 8.3$，即 $\theta = 75.2°$时，$n_\sigma = 2.57$，与 Hill 解的结果相同，说明当 $\lambda = \dfrac{h}{b} > 8.3$ 时，应按转化成平冲头压入半无限体问题处理。求出平均单位压力后，点 $m = n$ 的应力分量为：

$$\sigma_x = 2k(1.2 - \frac{1.25}{\lambda})$$

$$\sigma_y = 2k(0.2 - \frac{1.25}{\lambda})$$

$$\tau_{xy} = 0$$

由此可见，当 $\lambda(=\frac{b}{h}) > 1.04$ 时，σ_x 将为拉应力，而当 $\lambda > 6.25$ 时，σ_y 也将为拉应力，同时 $\sigma_z = \frac{\sigma_x + \sigma_y}{2}$ 也为拉应力，即 $\lambda > 6.25$ 时，将出现三向拉应力。这表明高件压缩时中心部位易于出现三向拉应力状态，且 σ_x 大于 $2k$ 值，这便是厚件压缩以及圆棒横锻拔长时芯部易于开裂的力学原因，这一现象在低塑性材料加工中特别值得注意。为了改善这一力学状态，低塑性材料圆棒的锻造应采用"V"形锤头，如钨、钼等难熔金属的旋锻加工，旋锻模的正确设计可以消除中心部位的拉应力，如图 7-36 所示。

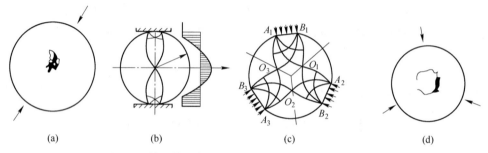

图 7-36　旋锤模包角（α）对断面上 σ_x、σ_y 分布的影响

【例 2】　粗糙平板间压缩长板坯料。

长板坯料在平砧上压缩时，可近似平面变形。假定平砧完全粗糙，接触面上的摩擦切应力 $\tau = k$。由于变形体上下左右对称，故只取 $\frac{1}{4}$ 分析即可；为便于分析，取坯料宽度与厚度之比 b/h 为 3.64。此时，变形区分布如图 7-37 所示，坯料两侧的自由表面附近为均匀应力区Ⅰ，和砧面接触部分为刚性区Ⅳ，中心部分为塑性变形区Ⅱ和Ⅲ。

假定自由表面 AB 为直线，根据应力边界条件，在 △ABC 内滑移线场为均匀场。BF 线为对称轴，滑移线与该线的夹角大小都为 $\frac{\pi}{4}$。根据汉盖定理和边界条件，区域 ACE 为以 A 点为中心的有心扇形场。现以给定的等分角度（$\theta = 5° \sim 15°$）将扇形区域 CAE 等分，等分线将圆弧 CE 分为微小线段，并得到圆弧上的相应节点，节点编号为（0，0），（0，1），…。以弦线代替弧线连接各相邻节点，可以绘制出塑性变形区滑移线场，并得到相应的节点，如图 7-37 所示。△ABC 内的应力状态，可确定 AC 为 α 线，CE 为 β 线，现以 n 表示 α 族滑移线的顺序（$n = 0, 1, 2, \cdots$），以 m 表示 β 族滑移线的顺序（$m = 0, 1, 2, \cdots$），则任意一节点的编号可由（m，n）表示。已知滑移线场和节点标号后，即根据边界条件算出各节点的应力。

由屈服准则和边界条件可得，在（0，0）点，倾角 $\omega_{(0,0)} = -\frac{\pi}{4}$，平均应力 $\sigma_{m(0,0)} =$

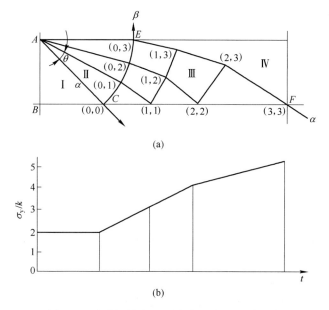

图 7-37 粗糙平板间压缩长板坯料的滑移线场

$\dfrac{\sigma_x + \sigma_y}{2} = -k$。沿 β_0 滑移线从 $(0, 0)$ 点到 $(0, n)$ 点，每经过一个节点，α 线沿 x 轴均减小一个 $-\theta$ 角，即：

$$\omega_{(0,n)} = \omega_{(0,0)} - n(-\theta) = -\frac{\pi}{4} + n\theta$$

点 $(0, n)$ 的平均应力为：

$$\sigma_{m(0,n)} = \sigma_{m(0,0)} + 2k[\omega_{(0,0)} - \omega_{(0,n)}] = -k(1 + 2n\theta)$$

沿 σ_n 从 $(0, n)$ 点到 (m, n) 点，每经过一个节点，α 线与 x 轴倾角增加一个 $-\theta$ 角，即：

$$\omega_{(m,n)} = \omega_{(0,n)} + m(-\theta) = -\frac{\pi}{4} + n\theta - m\theta = -\frac{\pi}{4} - (m - n)\theta$$

点 (m, n) 的平均应力为：

$$\begin{aligned}\sigma_{m(m,n)} &= \sigma_{m(0,n)} - 2k[\omega_{(0,n)} - \omega_{(m,n)}] = -k(1 + 2n\theta) - 2km\theta \\ &= -k[1 + 2(m + n)\theta]\end{aligned}$$

各节点的应力分量为：

$$\sigma_{x(m,n)} = \sigma_{m(m,n)} - k\sin2\omega_{(m,n)} = -k[1 + 2(m + n)\theta + k\cos2(m - n)\theta]$$

$$\sigma_{y(m,n)} = \sigma_{m(m,n)} + k\sin2\omega_{(m,n)} = -k[1 + 2(m + n)\theta - k\cos2(m - n)\theta]$$

$$\tau_{xy} = k\sin2\omega_{(m,n)} = k\sin2(m - n)\theta$$

沿水平对称轴线 BF，$\tau_{xy} = 0$，由力的平衡原理，总压力等于沿 BF 线应力分量 σ_y 与面积的积分，即：

$$\frac{F}{L} = 2\int_{BF} \sigma_y \mathrm{d}x$$

BF 线上，$m=n$，因此

$$\frac{F}{L} = 2 \int_{BF} 2k(1 + 2m\theta)\,\mathrm{d}x$$

思考题及习题

1 级作业题

（1）什么是滑移线，什么是滑移线场？

（2）什么是滑移线的方向角，其正、负号如何确定？

（3）判断滑移线族 α 与 β 族的规则是什么？

（4）写出汉盖应力方程式。该方程有何意义，它说明了滑移线场的哪些重要特性？

（5）滑移线场有哪些典型的应力边界条件（画图说明）？

（6）什么是滑移线场的速端图，速端图有何用途？

（7）已知某物体在高温下产生平面塑性变形，且为理想刚塑性体，其滑移线场如图 7-38 所示，α 族是直线族，β 族为一族同心圆，C 点的平均应力为 $\sigma_{\mathrm{mC}} = -90\mathrm{MPa}$，最大切应力为 $K = 60\mathrm{MPa}$。试确定 C、B、D 三点的应力状态，并画出 D 点的应力莫尔圆。

（8）什么是滑移线？用滑移线法求解宽度为 26 的窄长平面冲头压入半无限体的单位流动压力 p（材料为理想刚塑性体，屈服剪应力为 K，见图 7-39）。

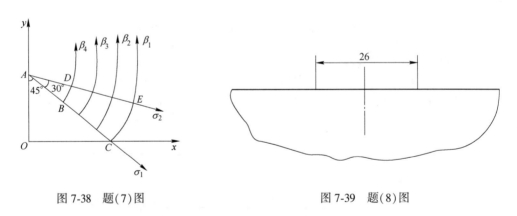

图 7-38　题（7）图   图 7-39　题（8）图

2 级作业题

（1）试述汉盖第一定理及其推论。

（2）写出盖林格尔速度方程，并说明其用途。

（3）证明光滑直线受匀布法向载荷的边界附近的滑移线场是正交直线滑移线场。

（4）图 7-40 为一中心扇形场，圆弧是 α 线，径向直线是 β 线。若 AB 线上 $\sigma_{\mathrm{m}} = -k$，试求 AC 线上 σ_{m}。

（5）试用滑移线法求光滑平冲头压入两边为斜面的半无限高坯料时的极限载荷 P，如图 7-41 所示。（设冲头宽度为 $2b$，长为 l，且 $l \gg 2b$）

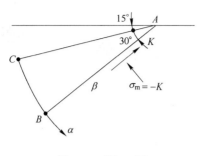

图 7-40 题(4)图

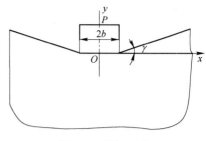

图 7-41 题(5)图

3 级作业题

(1) 什么是速度间断,为什么说只有切向速度间断?

(2) 具有尖角 2γ 的楔体,图 7-42 在外力 P 作用下插入协调角度的 V 型缺口。试按 1) 楔体与 V 型缺口完全光滑和 2) 楔体与 V 型缺口完全粗糙做出滑移场,求出极限载荷。

(3) 在理想刚塑性平面应变条件下,若塑性区内任一点的位移速度矢量 V 均与该点处的最大主应力 σ_1 的方向一致,试证明沿任意一条滑移线具有下列关系:

$$\sigma_2 = -2Klnv = \xi\ (常数)$$

式中　　σ_2——滑移线上某点处的中间主应力;

　　　　v——该点处位移速度矢量 V 沿滑移线的分量值;

　　　　ln——自然对数符号;

　　　　K——最大切应力。

(4) 两种复合材料厚壁筒的横截面视图如图 7-43 所示,内、外层皆为理想塑性体,屈服应力分别为 σ_{s_1} 和 σ_{s_2}。试用滑移线方法求其胀形时的单位变形力 p_e,并画出内、外层及中间界面处相应点的应力莫尔圆。

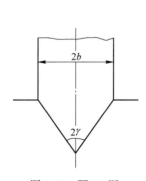

图 7-42 题(2)图

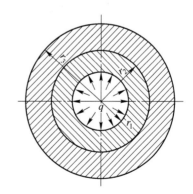

图 7-43 题(4)图

8 功及上限法求解

确定金属塑性加工变形力学的理论解是极为困难的，即使比较简单的平面应变问题和轴对称问题也不易办到。因此需要寻找各种近似求解方法。近似解法依据其原理分为两类：一类是根据力平衡条件求近似解，如第 6 章工程法；另一类是根据能量原理求近似解，如本章功平衡法和上限法等。功平衡法是利用塑性变形过程的功平衡原理来求解变形力的近似解；极值原理是根据虚功原理和最大塑性功耗原理，确定物体总位能接近最低状态下，即物体处于稳定平衡状态下变形力的近似解。

8.1 功平衡法

功平衡法是利用塑性变形过程中的功平衡原理来计算变形力的一种近似方法，又称变形功法。它是指：塑性变形过程中，外力沿其位移方向上所作的外部功（W_P）等于物体塑性变形所消耗的应变功（W_d）和接触摩擦功（W_f）之和，即：

$$W_\mathrm{P} = W_\mathrm{d} + W_\mathrm{f}$$

对于变形过程的某一瞬时，上式可写成功增量形式：

$$\mathrm{d}W_\mathrm{P} = \mathrm{d}W_\mathrm{d} + \mathrm{d}W_\mathrm{f}$$

（1）外力所作功的增量 $\mathrm{d}W_\mathrm{P}$。设外力 P 沿其作用方向产生的位移增量为 $\mathrm{d}u_\mathrm{P}$，则：

$$\mathrm{d}W_\mathrm{P} = P\mathrm{d}u_\mathrm{P}$$

（2）塑性变形功增量 $\mathrm{d}W_\mathrm{d}$。$\mathrm{d}W_\mathrm{d}$ 为变形物体内力所作功增量。当变形物体中某一单元体体积为 $\mathrm{d}V$，所处主应力状态为 σ_1、σ_2、σ_3，相应的主应变增量分别为 $\mathrm{d}\varepsilon_1$、$\mathrm{d}\varepsilon_2$、$\mathrm{d}\varepsilon_3$ 时，则该单元体的塑性变形功增量为：

$$\mathrm{d}W_\mathrm{d} = \sigma_{ij}\mathrm{d}\varepsilon_{ij}\mathrm{d}V = (\sigma_1\mathrm{d}\varepsilon_1 + \sigma_2\mathrm{d}\varepsilon_2 + \sigma_3\mathrm{d}\varepsilon_3)\mathrm{d}V$$

根据应力应变增量理论方程：

$$\frac{\mathrm{d}\varepsilon_1}{\sigma_1 - \sigma_\mathrm{m}} + \frac{\mathrm{d}\varepsilon_2}{\sigma_2 - \sigma_\mathrm{m}} + \frac{\mathrm{d}\varepsilon_3}{\sigma_3 - \sigma_\mathrm{m}} = \frac{3\mathrm{d}\bar{\varepsilon}}{2\bar{\sigma}}$$

可求得 $\mathrm{d}\varepsilon_1$、$\mathrm{d}\varepsilon_2$、$\mathrm{d}\varepsilon_3$，考虑到塑性变形时 $\bar{\sigma} = \sigma_\mathrm{T}$ 代入上式，经整理后得，整个塑性变形体内所消耗的塑性变形功增量为：

$$W_\mathrm{d} = \int \mathrm{d}W_\mathrm{d} = \sigma_\mathrm{T}\int_V \mathrm{d}\bar{\varepsilon}\mathrm{d}V \tag{8-1}$$

式中　σ_T——变形抗力；

　　　$\mathrm{d}\bar{\varepsilon}$——等效应变增量。

（3）接触摩擦所消耗功的增量 $\mathrm{d}W_\mathrm{f}$。若接触面 S 上摩擦切应力 τ_f 及其方向的位移增量为 $\mathrm{d}u_\mathrm{f}$，则：

$$\mathrm{d}W_\mathrm{f} = \int_F \tau_\mathrm{f}\mathrm{d}u_\mathrm{f}\mathrm{d}S$$

式中，$\tau_{f} = m\sigma_{T}$，$m = 0 \sim 1$ 为摩擦因子。

于是由功平衡方程得总的变形力 P 为：

$$P = \frac{\sigma_{T} \int_{V} d\bar{\varepsilon} dV + \int_{F} \tau_{f} du_{f} dS}{du_{P}} \tag{8-2}$$

由此可见，求解的关键在于能否利用给定的变形条件，求出 $d\varepsilon_{ij}$ 和 du_{f}。由于塑性变形总是不均匀的，计算 $d\varepsilon_{ij}$ 是比较困难的，通常可按均匀变形假设确定 $d\varepsilon_{ij}$，故变形功法又称为均匀变形功法。

【例1】 平锤压缩圆柱体。圆柱体工件的尺寸如图 8-1 所示，设作用的外力为 F，圆柱体有一微量变形 Δh，接触面上的摩擦切应力 $\tau_{f} = m\sigma_{T}$，$m = 0 \sim 1$（m 为摩擦因子）。求作用在圆柱体上的外力 F 和单位流动压力 p。

解： 在力 F 的作用下，圆柱体产生一个微小的压缩量 Δh 时，径向将产生微小位移 $\Delta\rho$。根据均匀变形假设，由轴对称圆柱坐标系的几何方程，可得各方向上的位移增量分别为：

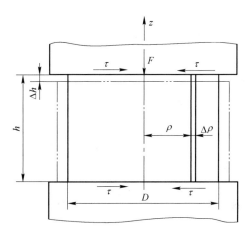

图 8-1 平锤压缩圆柱体

$$\begin{cases} \Delta\varepsilon_{z} = -\dfrac{\Delta h}{h} \\[2mm] \Delta\varepsilon_{\rho} = \dfrac{\partial\Delta\rho}{\partial\rho} \\[2mm] \Delta\varepsilon_{\theta} = \dfrac{\Delta\rho}{\rho} \end{cases} \tag{8-3}$$

由体积不变条件：

$$\Delta\varepsilon_{\rho} + \Delta\varepsilon_{\theta} + \Delta\varepsilon_{z} = \frac{\partial\Delta\rho}{\partial\rho} + \frac{\Delta\rho}{\rho} + \left(-\frac{\Delta h}{h}\right) = 0$$

于是：

$$\frac{\partial(\rho\Delta\rho)}{\partial\rho} = \rho\frac{\Delta h}{h}$$

积分后得：

$$\Delta\rho = \frac{1}{2}\frac{\Delta h}{h}\rho + f(z)$$

当 $\rho = 0$ 时，即圆柱体中心轴上，$\Delta\rho = 0$，因此 $f(z) = 0$，于是径向位移：

$$\Delta\rho = \frac{1}{2}\frac{\Delta h}{h}\rho$$

代入式(8-3)，得径向和周向应变增量为：

$$\Delta\varepsilon_{\rho} = \frac{1}{2}\frac{\Delta h}{h}; \quad \Delta\varepsilon_{\theta} = \frac{1}{2}\frac{\Delta h}{h}; \quad \Delta\varepsilon_{z} = -\frac{\Delta h}{h}$$

则等效应变增量为：

$$\Delta \bar{\varepsilon} = \frac{\sqrt{2}}{3} \sqrt{(\varepsilon_z - \varepsilon_\rho)^2 + (\varepsilon_\rho - \varepsilon_\theta)^2 + (\varepsilon_\theta - \varepsilon_z)^2} = \frac{\Delta h}{h} = \Delta \varepsilon_z$$

下面按式(8-1)，计算各项功的消耗，并求变形力，即：

$$W_d = \sigma_T \int_V \Delta \bar{\varepsilon} dV = \sigma_T \int_V \frac{\Delta h}{h} dV = \frac{\pi}{4} D^2 \sigma_s \Delta h$$

考虑到 $dS = 2\pi\rho d\rho$ 及 $\tau = \mu\sigma_s$，得圆柱体上下接触面上消耗的摩擦功为：

$$W_f = 2\sigma_s \int_F \mu u d S = \mu \sigma_s \frac{\Delta h}{h} \cdot 2\pi \int_0^{\frac{D}{2}} \rho^2 d\rho = \frac{2\pi}{3} \frac{\Delta h}{h} \mu \sigma_s r^3$$

外力所做功为：

$$W_P = F dh$$

将以上各式代入功平衡方程式(8-2)中，可求得圆柱体压缩时的外力 F 和单位变形力 p 分别为：

$$F = \frac{\pi}{4} D^2 \sigma_s \left(1 + \frac{\mu}{3} \frac{D}{h} \right)$$

$$p = \frac{F}{A} = \sigma_s \left(1 + \frac{\mu}{3} \frac{D}{h} \right)$$

这一结果与工程法所得结果相同。

8.2 极值原理及上限法

极值原理包括上限定理和下限定理，都是根据虚功原理和最大散逸功原理得出的，但各自分析问题的出发点不同，上限定理是按运动学许可速度场（主要满足速度边界条件和体积不变条件）来确定变形载荷的近似解，这一变形载荷总是大于（理想情况下才等于）真实载荷，即高估近似值，故称上限；下限定理则按静力学许可应力场（主要满足力的边界条件和静力平衡条件）来确定变形载荷的近似解，它总是小于（理想情况下才等于）真实载荷，即低估近似解，故称下限，如图 8-2 所示。

上限法和下限法的理论基础是刚性理想塑性材料的极值原理，即上限定理和下限定理，它从理论上来说，仍属于变分原理的范畴。

上限定理确定的载荷高于真实载荷，有利于

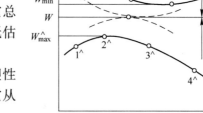

图 8-2 上限解、下限解与精确解的比较

选择设备和设计模具。而且设定一个比较接近实际金属流动行为的运动学许可速度场比较易于办到，因为变形区内质点的流动景象直观、形象，也便于通过网格法等直接观察，或用视塑性法等进行测量计算。因此，上限定理在金属塑性加工上得到广泛应用，特别是它与电子计算机结合后，其应用的范围、能解决的问题就更广泛了。上限法具有一系列优点，这主要表现在以下几方面：

（1）上限法不仅适用于平面应变问题，也适用于轴对称和三维问题，如非轴对称型材的挤压、拉拔、轧制与锻压等。

（2）上限法虽是一种高估的近似解，但可使之尽可能接近真实解。由于上限法是由设计速度场入手，速度场直观而容易想象，而且可借助于试验，使之尽可能接近真实的速度场。借助网格试验，得到金属的流线，再由设计的流函数去求机动许可速度场。

（3）上限法便于与计算机结合，以计算机为工具的上限元技术，可自动将工件分为矩形，三角形截面的单元，每一单元均对应一定的相邻关系和一定的力学特征。只要将标准模式块的组合关系输入后，计算机便可优化处理。通过虚单元法，可扩大上限元法的使用，用以模拟工件与工具间的接触面上单位压力分布及进行模具的设计。

（4）上限法已成功地用于分析裂纹的产生，计算最佳工艺参数，并开始处理加工硬化材料、疏松材料，以及考虑高速成形时惯性的影响。

下限法所确定的解稍低于真实解，但由于应力场不直观，虚拟或设定静力许可应力场不易，使用上不如上限法广泛。因此，本章仅讨论上限法。

上限法讨论的材料是刚性理想塑性材料，因此机动许可速度场应满足速度边界条件、速度应变速率关系、外力做正功，同时体积不可压缩条件。

8.2.1 虚功原理

变形体的虚功原理是：对稳定平稳状态的变形体给予符合几何约束条件的微小虚位移，则外力在此虚位移上所做的虚功，必然等于变形体内的应力在虚应变上所做的虚应变功。

设一个处于平衡受力状态的塑性变形体，其体积为 V，总面积 S 分为 S_T 和 S_U 两部分，如图 8-3 所示，已知 S_T 上表面力 T_i，S_U 上位移增量 du_i，变形体的应力场为 σ_{ij}，应变增量场为 $d\varepsilon_{ij}$（或应变速率场为 $\dot{\varepsilon}_{ij}$），于是，根据虚功原理有：

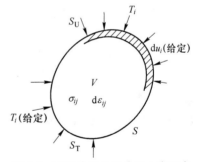

图 8-3　变形体边界划分及上表面力 T_i 和位移增量 du_i

$$\int_S T_i du_i dS = \int_V \sigma_{ij} d\varepsilon_{ij} dV$$

当变形体内存在若干个速度间断面，则所消耗功还包括各个面所消耗功的总和，即：

$$\int_S T_i du_i dS = \int_V \sigma_{ij} d\varepsilon_{ij} dV + \Sigma \int_{S_D} \tau_t du_i dS_D + \Sigma A_k \tag{8-4}$$

用功率形式表达为：

$$\int_S T_i v_i dS = \int_V \sigma_{ij} \dot{\varepsilon}_{ij} dV + \Sigma \int_{S_D} \tau_t \Delta v_i dS_D + \Sigma N_k \tag{8-5}$$

式(8-4)中，左边为外力所做虚功或虚功率，右边第一项为虚应变功耗或虚应变功率消耗，第二项为接触摩擦与刚性界面上剪切功耗或功率消耗等（Δv_i 为所在界面上的相对滑动速度），第三项为裂纹形成的功耗或功率消耗。虚功原理对于弹性变形、弹塑性变形或塑性变形力学问题都是适用的。

8.2.2　最大散逸功原理

最大散逸功原理又称第二塑性变分原理，其表述为：对刚塑性体一定的应变增量场而言，在所有屈服准则的应力场中，与该应变增量场符合的应力应变关系的应力场所做塑性功最大，即：

$$\int_V (\sigma'_{ij} - \sigma_{ij}^{*\,\prime})\,\mathrm{d}\varepsilon_{ij}\mathrm{d}V \geq 0 \tag{8-6}$$

式中　σ'_{ij}，$\mathrm{d}\varepsilon_{ij}$——符合应力应变关系的应力偏量和应变增量；

　　　　$\sigma_{ij}^{*\,\prime}$——满足同一屈服准则的任意应力偏量。

证明： 设变形体内一点的应力状态向量为 $\boldsymbol{\sigma}_{ij}^{*\,\prime}$，运动学许可的某一应变增量向量为 $\mathrm{d}\boldsymbol{\varepsilon}_{ij}^{p}$，与之符合塑性变形增量理论关系的应力状态为 $\boldsymbol{\sigma}'_{ij}$，用向量 $\boldsymbol{OQ}$ 表示，如图 8-4 所示。向量 $\boldsymbol{OQ}^*$ 表示应力状态为 $\boldsymbol{\sigma}_{ij}^{*\,\prime}$ 在 π 平面的投影，二者都处在屈服轨迹线上，向量 $\boldsymbol{OR}$ 表示应变增量 $\mathrm{d}\boldsymbol{\varepsilon}_{ij}^{p}$ 在 π 平面的投影。则两种状态下的塑性功耗之差值的向量形式为：

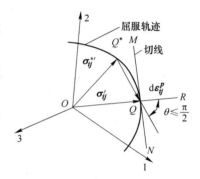

图 8-4　最大塑性功耗原理示意图

$$\begin{aligned}
\mathrm{d}A_Q - \mathrm{d}A_Q^* &= \boldsymbol{OQ} \cdot \boldsymbol{QR} - \boldsymbol{OQ}^* \cdot \boldsymbol{QR}\\
&= (\boldsymbol{OQ} - \boldsymbol{OQ}^*) \cdot \boldsymbol{QR}\\
&= \boldsymbol{QQ}^* \cdot \boldsymbol{QR}\\
&= \boldsymbol{\sigma}'_{ij} \cdot \mathrm{d}\boldsymbol{\varepsilon}_{ij}^{p} - \boldsymbol{\sigma}_{ij}^{*\,\prime} \cdot \mathrm{d}\boldsymbol{\varepsilon}_{ij}^{p}\\
&= (\boldsymbol{\sigma}'_{ij} - \boldsymbol{\sigma}_{ij}^{*\,\prime}) \cdot \mathrm{d}\boldsymbol{\varepsilon}_{ij}^{p}
\end{aligned}$$

由于屈服轨迹相对于中心点 O 是外凸的，即屈服轨迹线位于过 Q 点的切线 MN 左侧，所以 $\boldsymbol{QQ}^*$ 与 $\boldsymbol{QR}$ 间的夹角 θ 必小于 $\dfrac{\pi}{2}$。因此，以上向量的点积必大于零，即有以下关系：

$$\mathrm{d}A_Q - \mathrm{d}A_Q^* = (\sigma'_{ij} - \sigma_{ij}^{*\,\prime})\mathrm{d}\varepsilon_{ij}^{p} \geq 0$$

常用功率形式表达成：

$$\mathrm{d}N_Q - \mathrm{d}N_Q^* = (\sigma'_{ij} - \sigma_{ij}^{*\,\prime})\dot{\varepsilon}_{ij}^{p} \geq 0$$

这就是最大塑性功耗原理的表达式，它表明符合增量理论关系的应力状态与塑性应变增量（应变速度）所耗塑性应变功（或功率消耗）为最大。

8.2.3　上限定理

上限法是由设定速度场及速度间断面着手，求解极限载荷做功及极限载荷。设有一个运动许可速度场 $\mathrm{d}u_i^*$，且变形体内存在速度间断面 S_D，其上的位移增量间断值为 $[u_i^*]$，若变形物体的体积为 V，表面积为 $S = S_T + S_U$，如图 8-5 所示，在 S_U 上速度 $\dot{u}_i$ 已知，S_T 上表面力 T_i 已知，将虚功原理用于运动许可速度场 $\mathrm{d}u_i^*$ 和真实应力场 σ_{ij} 上，由式 (8-4) 得：

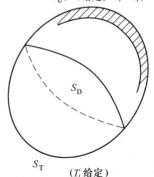

$S_U(\mathrm{d}u_i$ 给定，$\mathrm{d}u_i = \mathrm{d}u_i^*)$

S_D

S_T

（T_i 给定）

图 8-5　上限定理边界条件及速度间断面示意

$$\int_{S_U} T_i^* \, \mathrm{d}u_i^* \, \mathrm{d}S_U + \int_{S_T} T_i \mathrm{d}u_i^* \, \mathrm{d}S_T = \int_V \sigma_{ij}' \mathrm{d}\dot{\varepsilon}_{ij}^* \, \mathrm{d}V + \Sigma \int_{S_D} \tau [u_i^*] \mathrm{d}S_D \tag{8-7}$$

式中，τ 表示真实应力场 σ_{ij} 在 S_D 上的切应力分量，它总是小于或等于屈服准则所确定的切应力极限 k，即 $\tau \leqslant k$。

又由最大散逸功原理式(8-6)可知：

$$\int_V \sigma_{ij}' \mathrm{d}\varepsilon_{ij}^* \, \mathrm{d}V \leqslant \int_V \sigma_{ij}^* \,' \mathrm{d}\varepsilon_{ij}^* \, \mathrm{d}V$$

将这些关系式代入式(8-7)，考虑在 S_U 上，$T_i^* = T_i$，故：

$$\int_{S_U} T_i \mathrm{d}u_i^* \, \mathrm{d}S_U \leqslant \int_V \sigma_{ij}^* \,' \mathrm{d}\varepsilon_{ij}^* \, \mathrm{d}V + \Sigma \int_{S_D} k[u_i^*] \mathrm{d}S_D - \int_{S_T} T_i \mathrm{d}u_i^* \, \mathrm{d}S_T \tag{8-8}$$

式(8-8)中，右边第一项为虚拟的运动许可速度场 $\mathrm{d}u_i^*$ 所作的功增量，第二项为虚拟的速度间断面 S_D 上所消耗的剪切功增量，第三项为 S_T 上真实表面力 T_i 在 $\mathrm{d}u_i^*$ 上所做功增量。三项之和是所求虚拟变形功增量。即 S_U 上虚拟表面力 T_i^* 所做功增量：$\int_{S_U} T_i^* \, \mathrm{d}u_i^* \, \mathrm{d}S_U$。

式(8-7)的左边项为 S_U 上真实表面力 T_i 所做功增量。因此，式(8-8)可改为：

$$\int_{S_U} T_i \mathrm{d}u_i^* \, \mathrm{d}S_U \leqslant \int_{S_U} T_i^* \, \mathrm{d}u_i^* \, \mathrm{d}S_U \tag{8-9}$$

式(8-8)和式(8-9)为上限定理表达式。

因此，上限定理可叙述为在所有与机动许可速度场相对应的载荷中，真实极限载荷为最小。即机动许可速度场所对应（非真实极限）载荷是（真实）极限载荷的上限。

若用 $\dot{u}_i$、$\dot{u}_i^*$、$\dot{\varepsilon}_{ij}^*$ 和 $[\dot{V}_i]$ 分别代替 $\mathrm{d}u_i$、$\mathrm{d}u_i^*$、$\mathrm{d}\varepsilon_{ij}^*$ 和 $[u_i^*]$，根据虚功原理和最大散逸功原理可以导出在一般情况下塑性加工中常用的上限定理的功率表达形式为：

$$\int_{S_U} T_i \dot{u}_i^* \, \mathrm{d}S_U \leqslant \int_V \sigma_{ij}^* \dot{\varepsilon}_{ij}^* \, \mathrm{d}V + \Sigma \int_{S_D} k[V_i^*] \mathrm{d}S_D - \int_{S_T} T_i \dot{u}_i^* \, \mathrm{d}S_T \tag{8-10}$$

用上限法计算塑性加工过程的极限载荷的关键在于，拟设塑性变形区内的虚拟运动学许可速度场，这种速度场应满足以下三个条件：（1）速度边界条件；（2）体积不变条件；（3）保持变形区内物质的连续性。而与此速度场对应的应力场则不一定要求满足力平衡条件和力的边界条件。

一般来说，为了获得更接近真实载荷的上限解，通常需设计多种运动学许可的速度场，分别求得各自的上限载荷，从中选择最小者，即为最佳上限解。

到目前为止，上限法中虚拟的运动学许可速度场模式大体有三种：

（1）Johnson 模式，通常称为简化滑移线场的刚性三角形上限模式，主要适用于平面应变问题。

（2）Avitzur 模式，通常称为连续速度场的上限模式，它既可适用平面应变问题、轴对称问题，也可用于某些三维问题，用途比较广泛。

（3）上限单元技术（UBET），目前比较实用的是圆柱坐标系的圆环单元技术。它可用于解轴对称问题，以及某些非对称轴的三维问题。

8.3 Johnson 上限模式及应用

8.3.1 Johnson 上限模式

Johnson 上限模式也称刚性滑块法或简化滑移线法，是求解平面应变问题极限载荷上限的一种简化方法。基本思路是把平面塑性变形过程看成刚性块在变形平面内滑动到间断线处发生剪切后按另一速度做刚性滑动。如在（1）区（见图 8-6）的某单位厚度的刚性平行四边形 $ABCD$，以速度 $\dot{u}_1$ 向 $X\text{-}X$ 线滑动（$X\text{-}X /\!/ AD$），穿过 $X\text{-}X$ 线进入（2）区。在通过 $X\text{-}X$ 线时，由于切应力的作用，四边形发生歪斜变为 $A'B'C'D'$，并朝着与原方向成 α 角的方向继续运动，速度为 $\dot{u}_2$。在这里 $X\text{-}X$ 线的作用使刚性平行四边形产生速度突变，引起速度间断值，从而强迫平行四边形 $ABCD$ 变为 $A'B'C'D'$。显然，材料按这种模式变形，块内不发生塑性变形，于是块内的应变速率 $\dot{\varepsilon}_{ij} = 0$（间断线上除外）。因此，$\iiint_V \sigma_{ij}^* \varepsilon_{ij}^* \mathrm{d}V = 0$，已知外力作用在表面 S_T 有 $\iint_{S_\mathrm{T}} T_i \dot{u}_i^* \mathrm{d}S_\mathrm{T} = 0$，则上限定理公式（8-10）简化为：

$$\iint_{S_\mathrm{U}} T_i \dot{u}_i \mathrm{d}S \leqslant \Sigma \iint_{S_\mathrm{D}} k[V_i^*] \mathrm{d}S_\mathrm{D} \tag{8-11}$$

式中，$\mathrm{d}S_\mathrm{D}$ 是速度间断线，若其为直线，$[V_\mathrm{t}^*]$ 在线上处处相等且方向相同，式（8-11）可简化为：

$$\iint_{S_\mathrm{U}} T_i \dot{u}_i \mathrm{d}S \leqslant \Sigma \iint k[V_i^*] \mathrm{d}S = \Sigma \tau_\mathrm{f}^* [V_\mathrm{t}^*] \cdot S_\mathrm{D} \tag{8-12}$$

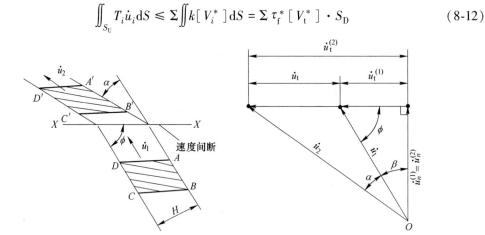

图 8-6 速度间断面上的速度间断

（a）物理平面；（b）速度图

由于 τ 总是小于或等于按屈服强度所确定的切应力极限 k，即 $\tau \leqslant k$，则式（8-12）改为：

$$\dot{W} = \iint_{S_\mathrm{V}} T_i \dot{u}_i \mathrm{d}S \leqslant \dot{W}^* = \Sigma \tau_\mathrm{f}^* [V_\mathrm{t}^*] \cdot S_\mathrm{D} \leqslant \Sigma k[V_\mathrm{t}^*] \cdot S_\mathrm{D}$$

即 $\qquad\qquad\qquad\qquad \dot{W} \leqslant \Sigma k[V_\mathrm{t}^*] \cdot S_\mathrm{D} \tag{8-13}$

式中 $\dot{W}$——外力对变形体所产生的功率；

$[V_t^*]$ ——速度间断线上的速度间断值。

Johnson 上限模式中刚性滑块的形状与数目参照同一问题的滑移线而定，最常用的是三角形块。Johnson 上限模式求解的基本步骤为：

（1）根据变形具体情况，参照该问题的滑移线场，确定变形区的几何位置与形状，再根据金属流动的大体趋势，将变形区划分为若干个刚性三角形块；

（2）根据变形区划分刚性三角形块的情况，以及速度边界条件，绘制速端图；

（3）根据所作几何图形，计算各刚性三角形边长及速端图，计算各刚性块之间的速度间断量，然后按式（8-12）计算其剪切功率消耗；

（4）求问题的最佳上限解，一般划分刚性三角形块时，几何形状上包含若干个待定几何参数，所以需对待定参数求其极值，确定待定参数的具体数值以及最佳的上限解。

这里应指出一点的是，刚性三角形块划分时，要注意任一刚性三角形的任意两边不能同时邻接同一速度边界条件，否则绘不出该三角形的速端图。

8.3.2　速度间断面及其速度特性

四边形的速度图如图 8-6(b)所示。速度 $\dot{u}_1$ 分解为垂直于 $X\text{-}X$ 方向的法向分量 $\dot{u}_n^{(1)}$ 和平行于 $X\text{-}X$ 的切向分量 $\dot{u}_t^{(1)}$。同理，速度 $\dot{u}_2$ 也可以分解为垂直于 $X\text{-}X$ 方向的法向分量 $\dot{u}_n^{(2)}$ 和平行于 $X\text{-}X$ 的切向分量 $\dot{u}_t^{(2)}$。由于塑性变形必须遵守体积保持不变，则面积 $ABCD$ 应等于 $A'B'C'D'$。根据秒流量（秒体积）相等关系，因此有：

$$\frac{\mathrm{d}\dot{u}_1}{\mathrm{d}t} = \frac{\mathrm{d}\dot{u}_2}{\mathrm{d}t}$$

$$\frac{\mathrm{d}L_1}{\mathrm{d}t} \cdot S_1 = \frac{\mathrm{d}L_2}{\mathrm{d}t} \cdot S_2$$

$$\dot{u}_n^{(1)} \cdot (AD \cdot 1) = \dot{u}_n^{(2)} \cdot (A'D' \cdot 1)$$

式中　L——秒体积单位时间内移动的距离；

　　　S——秒体积单位时间内穿过 $X\text{-}X$ 线移动的面积。

由于 $AD = A'D'$，则：

$$\dot{u}_n^{(1)} = \dot{u}_n^{(2)}$$

可见，穿过 $X\text{-}X$ 时其法向速度分量相等，而只有速度切向分量不相等，即：

$$\dot{u}_t^{(1)} \neq \dot{u}_t^{(2)}$$

说明只有切向速度发生不连续变化（或者称速度发生间断变化），也就是说速度间断面两侧的金属发生了相对滑动。所以，整个速度间断量等于切向速度间断量，即速度向量关系式为：

$$\Delta\dot{u}_{(t)} = \dot{u}_t^{(1)} - \dot{u}_t^{(2)} \tag{8-14}$$

速度间断面上，$\tau_t \leqslant k$。

8.3.3　速端图及速度间断量的计算

速端图是以刚性区内一不动点 O 为所有速度矢量的起始点（也称为基点或极点），所作变形区内各质点速度矢量端点的轨迹图形，它是研究平面应变问题时，确定刚性界面和接触摩擦界面上相对滑动速度（即速度间断量）的一个重要工具。

现以矩形断面板条平面应变压缩问题为例，板条宽为 $2B$，高为 $2h$，如图 8-7（a）所示。板条以速度间断面 S_p 将变形区分割为 A、B、C 和 D 四个区域，每一个区域都想象成和刚体一样以一个均匀速度运动。A 区域随上锤头的速度（$-v_0$）向下运动，C 区域以速度（v_0）向上运动，B 和 D 区域由于运动的约束，根据体积不变条件，只能分别以速度 $-v_L = v_R = \dfrac{B}{h} v_0$ 向左、右作水平运动。

由图 8-7（b）可知，沿与间断面 S_p 成法线方向的速度分量为：

$$v_n^{(a)} = v_0 \cos\theta; \quad v_n^{(b)} = v_0 \frac{B}{h} \sin\theta$$

由于

$$\frac{v_n^{(b)}}{v_n^{(a)}} = \frac{B}{h} \tan\theta$$

且

$$\tan\theta = \frac{h}{B}$$

故有：

$$v_n^{(b)} = v_n^{(a)}$$

即坯料保持不可压缩性与连续性，各三角形沿平行于每一个 S_p 面互相滑动，平行于 S_p 面的速度分量分别为：

$$v_t^{(a)} = -v_0 \sin\theta \quad \text{和} \quad v_t^{(b)} = v_0 \frac{b}{h} \cos\theta$$

式中

$$\sin\theta = \left[1 + \left(\frac{B}{h} \right)^2 \right]^{-\frac{1}{2}}$$

$$\cos\theta = \frac{B}{h} \left[1 + \left(\frac{B}{h} \right)^2 \right]^{-\frac{1}{2}}$$

速度间断面上的速度不连续量的绝对值为：

$$|\Delta v_{(ab)}^{(t)}| = |v_t^{(b)} - v_t^{(a)}| = \left| v_0 \frac{b}{h} \cos\theta - v_0 \sin\theta \right|$$

$$= \left| \left(\frac{b}{h} \cos\theta + \sin\theta \right) v_0 \right| = \frac{v_0}{\sqrt{1 + \left(\dfrac{b}{h} \right)^2}}$$

同理，其他各速度间断面上的速度间断量为：

$$|\Delta v_{bc}^{(t)}| = v_t^{(c)} - v_t^{(b)} = \frac{v_0}{\sqrt{1 + \left(\dfrac{b}{h} \right)^2}}$$

$$|\Delta v_{cd}^{(t)}| = v_t^{(d)} - v_t^{(c)} = \frac{v_0}{\sqrt{1 + \left(\dfrac{b}{h} \right)^2}}$$

$$\left| \Delta v_{\mathrm{da}}^{(\mathrm{t})} \right| = v_{\mathrm{t}}^{(\mathrm{a})} - v_{\mathrm{t}}^{(\mathrm{d})} = \frac{v_0}{\sqrt{1 + \left(\dfrac{b}{h} \right)^2}}$$

据此，根据速度间断量与速度间断面平行的关系以及速度边界条件，可绘出其速端图，如图 8-7(c) 所示。

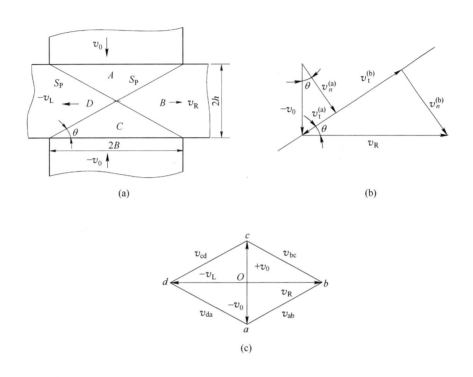

图 8-7 矩形断面板条平面应变压缩

(a) 矩形断面板条平面应变压缩示意图；(b) 速度分析；(c) 速端图

8.3.4 速端图的简单记号

用一种简单方法来标定流动模式和速端图。每一个刚性块用一个字母代表，两相邻块的速度间断线用相邻块的两个字母代表。间断线上的速度间断值，在速端图上用对应的小写字母代表，小写字母的次序即是图中速度方向。

例如，在图 8-8 中，O 代表静止区，A 代表 v_0 速度区，B 代表 v_1 速度区，C 代表 v_2 速度区，oc、ac、cb 分别代表三区交界的 NQ、NP、QP 速度间断线。在速端图上 oa 代表 $v_{\mathrm{OA}} = v_0$，ac 代表 $[v_{\mathrm{t}}]_{\mathrm{AC}} = v_{\mathrm{AC}}$（为简单计，略去方括号，后同），$oc$ 代表 $v_{\mathrm{OC}} = v_2$，余类推。

8.3.5 Johnson 上限模式求解应用

8.3.5.1 平冲头压入半无限体

已知此问题的滑移线解为 $P/2k = 2.57$，现用上限法求其解。

解法 I：当冲头向下压入时，冲头下面的金属向下向外流动，物理平面上的上限流动模式（变形情况）可用三个刚性等腰三角形 A、B、C 相对滑动来代表 [见图8-9(a)]，它们以下为刚性区 O，三角形 A 以上为 v_0 速度区 D。$\overline{15}$、$\overline{25}$、$\overline{24}$、$\overline{54}$、$\overline{34}$ 都是速度间断线。由于刚性区 O 的速度为零，速度间断线上法向速度连续，故三角形 A 平行于 $\overline{15}$ 滑动，到达 $\overline{25}$ 处发生剪切（速度突变或间断）。三角形 B 平行于 $\overline{54}$ 滑动，到 $\overline{24}$ 处发生剪切，三角形 C 平行于 $\overline{34}$ 滑动。若冲头下压速度为 v_0，则可由此分析作速端图：取极点 o，从 o 点作 $od = v_0$，再从 o 点作线段平行 $\overline{15}$，从 d 点作线段平行 $\overline{12}$，此两线段交于 a，则 $oa = v_{OA}$，$da = v_{DA}$

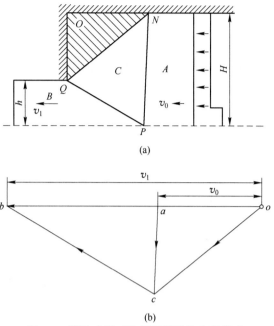

图 8-8　模壁光滑正挤压的刚性块变形模式
（a）刚性块；（b）速端图

（v_{DA} 为三角形 A 和冲头表面的相对滑动速度），从 a 点作线段平行 $\overline{25}$，从 o 点作线段平行 $\overline{54}$，此两线段交于 b，则 $ab = v_{AB}$，$ob = v_{OB}$，从 b 点作线段平行 $\overline{24}$，从 o 点作线段平行 $\overline{34}$，此两线段交于 c，则 $bc = v_{BC}$，$oc = v_{OC}$，如图 8-9(b) 所示。

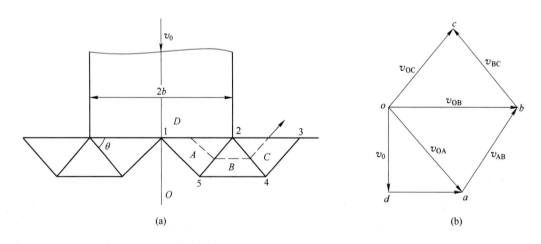

图 8-9　光滑冲头压缩半无限体流动模型（上限解法 I）
（a）物理平面图；（b）速端图

若冲头的宽度为 $2b$，平均极限压力为 P，根据式(8-13)，可得：

$$\dot{W} = Pv_0b = \Sigma kS_D[v] = (\overline{15} \cdot v_{OA} + \overline{25} \cdot v_{AB} + \overline{24} \cdot v_{BC} + \overline{34} \cdot v_{OC} + \overline{54} \cdot v_{OB})k$$

或

$$\frac{P}{2k} = \frac{\Sigma k S_{\mathrm{D}}[v]}{2kD_0 b} = \frac{\overline{15} \cdot v_{\mathrm{OA}} + \overline{25} \cdot v_{\mathrm{AB}} + \overline{24} \cdot v_{\mathrm{BC}} + \overline{34} \cdot v_{\mathrm{OC}} + \overline{54} \cdot v_{\mathrm{OB}}}{2v_0 b}$$

由图 8-9(a)得：

$$\overline{25} = \overline{24} = \overline{34} = \frac{b}{2\cos\theta}$$

$$\overline{12} = \overline{54} = b$$

$$v_{\mathrm{AB}} = v_{\mathrm{OA}} = v_{\mathrm{AC}} = v_{\mathrm{OC}} = \frac{v_0}{\sin\theta}, \quad v_{\mathrm{OB}} = \frac{2v_0}{\tan\theta}$$

代入上式整理得：

$$\frac{P}{2k} = \frac{2}{\tan\theta} + \tan\theta$$

令 $\dfrac{\mathrm{d}P}{\mathrm{d}\tan\theta} = 0$，则 $\theta = (\arctan 2)^{\frac{1}{2}} = 52°42'$，此时，$\dfrac{P}{2k} = 2.83$ 为最小值。但它仍然大于滑移线解 $\dfrac{P}{2k} = 2.57$。求得最接近真实载荷的上限解，还可采用其他变形模式。

解法 Ⅱ：参照相应的滑移线场，设物理平面上的变形情况可用四个刚性三角形 A、B、C、D 代表，如图 8-10(a)所示，其对应的速端图如图 8-10(b)所示，由图 8-10(a)得物理平面上各速度间断面上的几何尺寸为：

$$\overline{16} = \overline{26} = \overline{25} = \overline{24} = \overline{34} = \frac{b}{\sqrt{2}}, \quad \overline{65} = \overline{54} = 2b\sin 22.5°$$

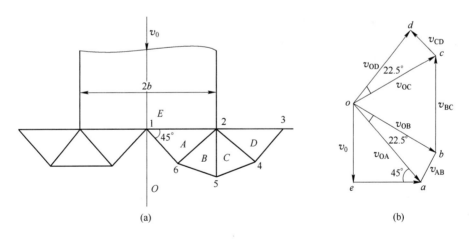

图 8-10　光滑冲头压缩半无限体流动模型（上限解法 Ⅱ）

(a) 物理平面图；(b) 速端图

由图 8-10(b)速端图求得速度间断面上的速度间断值为：

$$v_{\mathrm{OA}} = v_{\mathrm{OD}} = \sqrt{2}; \quad v_{\mathrm{OB}} = v_{\mathrm{OC}} = \frac{\sqrt{2}}{\cos 22.5°}; \quad v_{\mathrm{AB}} = v_{\mathrm{CD}} = \sqrt{2}\tan 22.5°; \quad v_{\mathrm{BC}} = 2\sqrt{2}\tan 22.5°$$

根据式(8-13) 得：

$$\dot{W} = Pv_0b = \Sigma kS[v]$$

$$= (\overline{16} \cdot v_{OA} + \overline{26} \cdot v_{AB} + \overline{65} \cdot v_{OB} + \overline{25} \cdot v_{BC} + \overline{54} \cdot v_{OC} + \overline{24} \cdot v_{CD} + \overline{34} \cdot v_{OD})k$$

$$= kb(2 + 8\tan22.5°)$$

$$\frac{P}{2k} = 1 + 4\tan22.5° = 2.65$$

解法 II 比解法 I 的最佳上限解更接近于真实载荷。如果把圆弧 $\overset{\frown}{65}$ 和 $\overset{\frown}{54}$ 再对半划分，则得六个刚性三角形块组成的变形模式，其轮廓更接近于滑移线场，按此求得的 $\frac{P}{2k} = 2.585$，与滑移线解仅相差 0.6%。

8.3.5.2 挤压（拉拔）问题

当压缩比适度（中等）时，可以把物理平面上的上限流动模式看成仅由三角形块组成（见图 8-11），2 点位于轴线上，位置是任意选定的。在 A 区，坯料以速度 v_0 沿轴线作刚性位移，到 $\overline{23}$ 处发生速度间断，在三角形 B 内，坯料平行于 $\overline{13}$ 滑动，到 $\overline{12}$ 又发生速度间断，最后以速度 v_1 沿轴线方向滑出 $\overline{12}$。作速端图：由极点 o 作 $oa = v_0$，作 $ob // \overline{13}$，由 a 点作 $ab // \overline{23}$，交 ob 于 b，则 $ab = v_{AB}$，由 b 点作 $bc // \overline{12}$，交 oa 的延长线于 c，则 $bc = v_{BC}$，$oc = v_1 = v_0H/h$，因而：

$$\frac{P}{2k} = \frac{\overline{23} \cdot v_{AB} + \overline{12} \cdot v_{BC}}{2Hv_0}$$

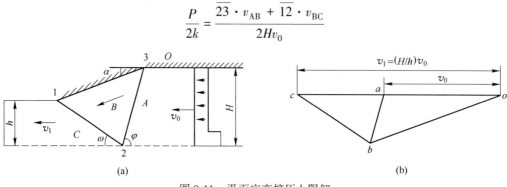

图 8-11　平面应变挤压上限解

（a）物理平面图；（b）速端图

若模壁是理想粗糙的，则在该处尚有摩擦引起的能量耗散，因而：

$$\frac{P}{2k} = \frac{\overline{23} \cdot v_{AB} + \overline{12} \cdot v_{BC} + \overline{13} \cdot v_{OB}}{2Hv_0} \tag{8-15}$$

2 点的位置亦即 φ 角大小影响 $\frac{P}{2k}$ 大小。图 8-12 是不同 φ 角情况下所得到的 $\frac{P}{2k}$ 值。若把式(8-15)看成 φ 的函数，使 $\frac{P}{2k}$ 唯一地取决于 φ，然后求 $\frac{P}{2k}$ 的极小值，即可得最佳的 φ 值，也可以不用极值办法求最佳的 φ 值及 $\frac{P}{2k}$ 值，而直接采用 Johnson 和 Green 所推荐的公式，即：

$$\frac{\sin(\varphi - \alpha)}{\sin\varphi} = \left(\frac{h}{H}\right)^{\frac{1}{2}}$$

所确定的 φ 角对应的 $\dfrac{P}{2k}$ 值是最佳值。

8.3.5.3 平辊轧制

宽板平辊轧制是一个常见的平面应变问题，若接触弧用弦代替，便类似于楔形件在斜锤间的平面应变压缩。假定接触面全粘着和以弦代弧，并采用单个三角形分区建立速度场（指水平轴上部），此时速度不连续线和速端图如图 8-13 所示。由于对称，只研究水平对称轴上部情况。$\overline{23}$ 以右和 $\overline{13}$ 以左分别为前后外端，并各自以水

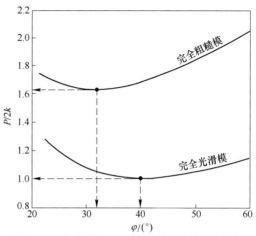

图 8-12　根据图 8-11 所示上限流动模型平均单位挤压力随 φ 角的变化曲线

平速度 v_1 和 v_0 移动。因为接触面全粘着，则三角形 B 沿 $\overline{12}$ 以轧辊周速 v 运动，$\overline{13}$ 和 $\overline{23}$ 为速度不连续线，其上的速度不连续量为 v_{AB} 和 v_{BC}。

$\overline{13}$ 和 $\overline{23}$ 速度不连续值由正弦定理得：

$$\frac{v}{\sin(180° - \alpha_0)} = \frac{v_{AB}}{\sin\theta}$$

$$\frac{v}{\sin\alpha_1} = \frac{v_{BC}}{\sin\theta}$$

或

$$v_{AB} = \frac{v\sin\theta}{\sin\alpha_0}; \quad v_{BC} = \frac{v\sin\theta}{\sin\alpha_1}$$

$\overline{13}$ 和 $\overline{23}$ 线段长分别为：

$$\overline{13} = \frac{H}{2\sin\alpha_0}; \quad \overline{23} = \frac{h}{2\sin\alpha_1}$$

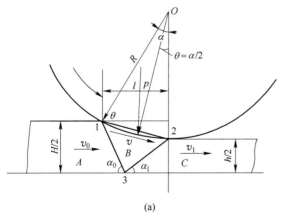

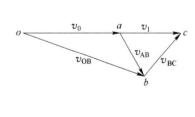

(a)

(b)

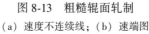

图 8-13　粗糙辊面轧制

(a) 速度不连续线；(b) 速端图

因为表面全粘着，所以沿接触面的切向速度为零，于是接触面上的摩擦功率也为零。根据式(8-13)得：

$$\dot{W} = \Sigma k S[v] = k(\overline{13} \cdot v_{AB} + \overline{23} \cdot v_{BC}) \tag{8-16}$$

将$\overline{13}$和$\overline{23}$，以及v_{AB}和v_{BC}代入式(8-16)得：

$$\dot{W} = kv\sin\theta \cdot \left(\frac{H}{2\sin^2\alpha_0} + \frac{h}{2\sin^2\alpha_1}\right)$$

$$\dot{W} = kv\sin\theta \cdot \left[\frac{H}{2}\left(1 + \frac{1}{\tan^2\alpha}\right) + \frac{h}{2}\left(1 + \frac{1}{\tan^2\alpha_1}\right)\right] \tag{8-17}$$

由图8-13知：

$$l = \frac{H}{2\tan\alpha_0} + \frac{h}{2\tan\alpha_1} \tag{8-18a}$$

或

$$\tan\alpha_0 = \frac{H}{2l - \dfrac{h}{\tan\alpha_1}} \tag{8-18b}$$

因此将式(8-18a)和式(8-18b)代入式(8-17)得：

$$\dot{W} = kv\sin\theta \cdot \left[\frac{H}{2} + \frac{1}{2H}\left(2l - \frac{h}{\tan\alpha_1}\right)^2 + \frac{h}{2}\left(1 + \frac{1}{\tan^2\alpha_1}\right)\right] \tag{8-19}$$

由$\dfrac{\mathrm{d}\dot{W}}{\mathrm{d}\alpha_1} = 0$得：当$\dot{W} = \dot{W}_{\min}$时，

$$\tan\alpha_1 = \frac{H+h}{2l} = \frac{\bar{h}}{l} \tag{8-20}$$

将式(8-20)代入式(8-18a)可以证明$\tan\alpha_1 = \tan\alpha_0 = \dfrac{\bar{h}}{l}$，代入式(8-17)得：

$$\dot{W}_{\min = kv\sin\theta} \cdot \left(\bar{h} + \frac{l^2}{\bar{h}}\right) \tag{8-21}$$

由于$\dot{W} = M\omega$，由图8-13知：$M = PR\sin\theta = plR\sin\theta$，$\omega = v/R$。其中，$P$为平均单位轧制压力；$l$为接触弧长的水平投影；$\theta$为轧制压力角，一般可取$\theta = \dfrac{\alpha}{2}$；$\omega$为轧辊角速度。

$$\dot{W} = plv\sin\theta$$

按$\dot{W} = \dot{W}_{\min}$，由式(8-21)得：

$$\frac{p}{2k} = 0.5\frac{\bar{h}}{l} + 0.5\frac{l}{h} \tag{8-22}$$

式(8-22)的计算结果与热轧厚板、初轧板坯、热轧薄板坯、热轧宽扁钢的实测结果吻合较好。

8.3.5.4 板条平面应变挤压

首先讨论不考虑死区的光滑模面板条挤压。参照其滑移线场，将变形区简化为由一对刚性三角形块构成（其中θ角为待定几何参数），其速度间断线和速端图如图8-14所示。图中虚线为金属质点的流动情况。

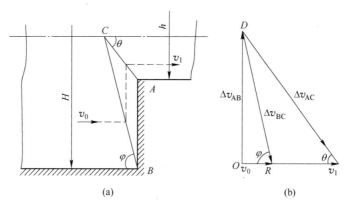

图 8-14　不考虑死区的光滑模面板条挤压（$H/h = \lambda$）

（a）速度间断线（上限模式）；（b）速端图

设挤压轴以速度 v_0 向右运动，挤压垫上平均单位压力为 p。由于光滑模面上，$\tau_k = 0$，因此，其能量关系式为：

$$pv_0 \frac{H}{2} = k(BC \cdot v_{BC} + AC \cdot v_{AC}) \tag{8-23}$$

由变形区的几何关系，$\dfrac{H}{h} = \lambda$（挤压比）和体积不变条件 $v_1 = \lambda v_0$，得：

$$BC = \frac{H}{2\sin\varphi}$$

$$AC = \frac{h}{2\sin\theta} = \frac{H}{2\lambda\sin\theta}$$

$$v_{BC} = \frac{v_0}{\cos\varphi}$$

$$v_{AC} = \frac{v_1}{\cos\theta} = \frac{\lambda v_0}{\cos\theta}$$

将上述四式代入式(8-23)并化简后得：

$$p = k\left(\frac{1}{\sin\varphi\cos\varphi} + \frac{1}{\sin\theta\cos\theta}\right)$$

由图知 $H = \lambda h$，故有 $\tan\varphi = \lambda\tan\theta$，代入上式，得：

$$p = k\frac{(1 + \lambda)(1 + \lambda\tan^2\theta)}{\lambda\tan\theta}$$

对待定参数 $\tan\theta$ 进行优化，即由 $\mathrm{d}p/\mathrm{d}\tan\theta$ 得 $\tan\theta = 1/\sqrt{\lambda}$ 时的上限解为最佳值。

$$p = k\frac{2(1 + \lambda)}{\sqrt{\lambda}} \quad \text{或} \quad n_\sigma = \frac{p}{2k} = (1 + \lambda)\sqrt{\lambda}$$

当 $\lambda = 3$ 时，$n_\sigma = 2.31$，而这一问题的滑移线理论解为 1.71。

这一上限解比滑移线理论解高出约 35%，究其原因是变形区只取了一对刚性三角形，与实际变形区范围相差较大。如果划分为两对、或三对、或四对三角形的话，使之尽可能接近实际变形区的大小，如图 8-15 所示，各自对应的上限结果见表 8-1，可见精度有很大提高。

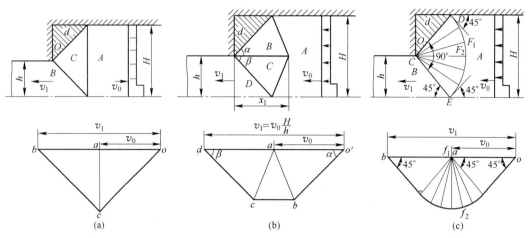

图 8-15 挤压变形区划分及速端图

(a) 一对三角形；(b) 两对三角形；(c) 多对三角形

表 8-1 不同刚性三角形速度模式的计算结果

速度模式	滑移线法	上限模式		
		(a)	(b)	(c)
$P/2k$	1.28	1.5	1.32	1.28

以上结果表明，随着变形区内三角形块布满程度与实际变形区的接近，其上限解结果的精度也提高。

其次，当模面粗糙并考虑死区时，板条平面应变挤压的上限模式与速端图如图 8-16 所示，图(a)中死区角度为 α；图(b)中挤压比很大时，死区界面为曲线，简化成两个死区角度的情况。

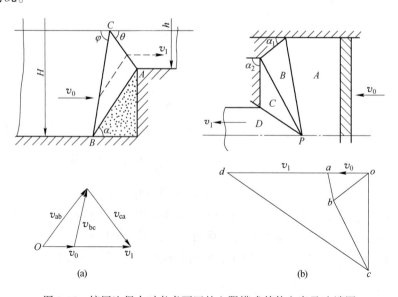

图 8-16 挤压比很大时考虑死区的上限模式其他方案及速端图

8.4 Avitzur 连续速度场上限模式及应用

B. Avitzur 上限模式为连续速度场模式，基本思路是把整个变形区内金属质点的流动用一个连续速度场 $v_i = f_i(x, y, z)$ 来描述。同时考虑塑性区与刚性区界面上速度的间断性及摩擦功率的影响。因此 Avitzur 上限模式的基本能量方程与式(8-5)是一致的，简化为：

$$N = N_d + N_t + N_f + N_q \tag{8-24}$$

式中　N_d——塑性变形功率消耗，$N_d = \int_V \sigma_{ij} \dot{\varepsilon}_{ij} dV$；

　　　N_t——速度间断面上剪切功率消耗，$N_t = \Sigma \int_{S_D} \tau_t \Delta v_i dS_D$；

　　　N_f——接触面上摩擦功率消耗，$N_f = \Sigma \int_{S_V} \tau_f \Delta v_t dS_V$；

　　　N_q——附加外力消耗功率（取"+"号）或向系统输入的附加功率（取"-"号），$N_q = \int_{S_p} q_i v_i dS_p$。

注意，以上各式右边中的速度场 v_i、$\dot{\varepsilon}_{ij}$ 以及 σ_{ij} 等都是运动学许可的。

Avitzur 上限模式适用于平面应变问题。

8.4.1 平锤压缩板坯

由于接触表面摩擦的阻碍作用，使表面层的水平流动速度 v_x 小于中心层的，因而导致出现侧面鼓形，如图 8-17 所示。若 z 轴向（垂直纸面）的应变极小，仍是一个适合于用直角坐标描述的平面应变问题。由于变形的对称性，坐标原点取在中心点 O 上，可以研究右上部分。

为了建立考虑侧面鼓形时的运动学许可速度场，首先分析不考虑侧鼓时的运动学许可速度场。

由边界条件设 $y = 0$，$v_y = 0$ 和 $y = \pm h$，

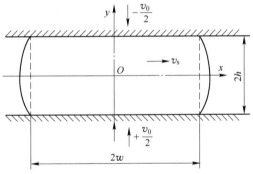

图 8-17　带侧鼓时的板坯平锤压缩

$v_y = \mp \dfrac{v_0}{2}$，设 v_y 与坐标呈线性关系，即：

$$v_y = -\frac{v_0}{2} \frac{y}{h} （第一象限内）$$

按体积不变条件，平面应变问题有 $\varepsilon_x = -\varepsilon_y$，于是 $\varepsilon_x = \dfrac{\partial v_x}{\partial x} = -\varepsilon_y = -\dfrac{\partial v_y}{\partial y} = \dfrac{v_0}{2h}$，积分得：

$$v_x = \int \varepsilon_x dx = \frac{v_0}{2h} x + C$$

由边界条件 $x = 0$，$v_z = 0$ 得 $C = 0$，于是得：

$$v_x = \frac{v_0}{2} \frac{x}{h}$$

可见不考虑侧鼓时，v_x 与 y 无关，即 v_x 从中心到表层是均匀的。当考虑侧鼓时，沿 x、y 轴分布不均匀，即 $v_x = f(x,y)$。现根据 v_x 层至中心逐渐增大的特点，假设 v_x 沿坐标 y 轴是按指数规律变化，可令：

$$v_x = A \frac{v_0}{2} \frac{x}{h} e^{-by/h} (A、b \text{ 为待定参数})$$

以此作为设计考虑侧鼓时的平锤压缩板坯的运动学许可速度场的出发点，来研究整个运动学许可速度场的情况。

根据平面应变的几何方程和体积不变条件得：

$$
\begin{cases}
\varepsilon_x = \dfrac{\partial v_x}{\partial x} = \dfrac{Av_0}{2h} e^{\frac{-by}{h}} \\[3mm]
\varepsilon_y = \dfrac{\partial v_y}{\partial y} = -\dfrac{Av_0}{2h} e^{\frac{-by}{h}} \\[3mm]
\varepsilon_z = 0
\end{cases}
\tag{8-25}
$$

由式(8-25)第二式得：

$$v_y = \int \varepsilon_y \mathrm{d}y = -\frac{Av_0}{2h} \int e^{\frac{-by}{h}} \mathrm{d}y = \frac{Av_0}{2b} e^{\frac{-by}{h}} + f(x)$$

由边界条件 $y = 0$，$v_y = 0$，求得 $f(x) = -\dfrac{Av_0}{2b}$，因此：

$$v_y = \frac{A}{2b} v_0 (e^{\frac{-by}{h}} - 1)$$

在 $y = h$ 的表面上，$v_y = -\dfrac{v_0}{2}$，所以：

$$v_y = \frac{Av_0}{2b} (e^{\frac{-by}{h}} - 1) = -\frac{v_0}{2}$$

求得待定参数 A 为：

$$A = \frac{b}{1 - e^{-b}}$$

于是

$$
\begin{cases}
v_x = \dfrac{bv_0 x}{2h(1 - e^{-b})} e^{\frac{-by}{h}} \\[3mm]
v_y = \dfrac{v_0}{2(1 - e^{-b})} (e^{\frac{-by}{h}} - 1) \\[3mm]
v_z = 0
\end{cases}
\tag{8-26}
$$

这样，该式便只剩下一个待定参数 b 了。

将式(8-26)代入式(8-25)得：

$$
\begin{cases}
\varepsilon_x = \dfrac{\partial v_x}{\partial x} = \dfrac{bv_0}{2h(1 - e^{-b})} e^{\frac{-by}{h}} \\[3mm]
\varepsilon_y = \dfrac{\partial v_y}{\partial y} = \dfrac{-bv_0}{2h(1 - e^{-b})} e^{\frac{-by}{h}} \\[3mm]
\varepsilon_{xy} = \dfrac{1}{2} \left(\dfrac{\partial v_x}{\partial y} + \dfrac{\partial v_y}{\partial x} \right) = \dfrac{-b^2 v_0 x}{4h^2(1 - e^{-b})} e^{\frac{-by}{h}} \\[3mm]
\varepsilon_z = \varepsilon_{yz} = \varepsilon_{xz} = 0
\end{cases}
\tag{8-27}
$$

将式(8-27)代入塑性变形功率消耗表达式 $N_d = \int_V \sigma_{ij} \dot{\varepsilon}_{ij} dV$，经整理后得：

$$N_d = 2k \int_V \sqrt{\varepsilon_x^2 + \varepsilon_{xy}^2} dV$$

$$= \frac{v_0 bk}{h(e^{-b} - 1)} \int_0^h \int_0^w \sqrt{1 + \left(\frac{bx}{2h}\right)^2} e^{\frac{-by}{h}} dx dy$$

$$= 2kv_0 \left\{ w \sqrt{1 + \frac{1}{4}\left(\frac{bw}{h}\right)^2} + \frac{2h}{b}\ln\left[\frac{wb}{2h} + \sqrt{1 + \frac{1}{4}\left(\frac{bw}{h}\right)^2}\right] \right\} \quad (8\text{-}28)$$

Avitzur 设接触表面上摩擦应力 $\tau_f = mk$，m 为摩擦因子，$m = 0 \sim 1.0$。接触表面上的速度不连续量 $\Delta v_t = v_x \Big|_{y=h} = \frac{v_0 bx}{2h(1-e^{-b})}e^{-b}$，代入接触面上摩擦功率消耗表达式 $N_f = \Sigma \int_{S_V} \tau_f \Delta v_t dS_V$，整理后得：

$$N_f = \int_0^w mk \frac{v_0 b}{2h(1-e^{-b})} e^{-b} x dx = \frac{v_0 bmkw^2}{4h(1-e^{-b})} e^{-b} \quad (8\text{-}29)$$

于是

$$n_\sigma = \frac{p}{2k} = \frac{1}{2k} \frac{N_d + N_f}{wv_0}$$

$$= \frac{1}{2}\sqrt{1 + \frac{1}{4}\left(\frac{bw}{h}\right)^2} + \frac{h}{wb}\ln\left[\frac{wb}{2h} + \sqrt{1 + \frac{1}{4}\left(\frac{bw}{h}\right)^2}\right] + \frac{bmw}{4h(e^b - 1)} \quad (8\text{-}30)$$

对上式求极值可确定待定参数 b，即 $\frac{\partial n_\sigma}{\partial b} = 0$，经一系列数学推导求出：

$$b = \frac{3}{1 + \frac{2}{m}\frac{w}{h}} \quad (8\text{-}31)$$

将式(8-31)代入式(8-30)，得该模式下的最佳上限解为：

$$n_\sigma = 1 + \frac{m}{4}\frac{w}{h} - \frac{3}{2}\frac{\left(\frac{m}{4}\right)^2}{1 + 2\frac{m}{4}\frac{h}{w}} \quad (8\text{-}32)$$

若不计侧面鼓形，上式右边第三项为零。

8.4.2 宽板平辊轧制

若接触弧用弦代替，便类似于木楔形件在斜锤间的平面应变压缩。由图 8-18 可知，接触弦线的倾角 $\varphi_0 = \frac{\alpha}{2}$，$\alpha$ 为轧制时的接触角。从几何关系上可知：

$$\cos\alpha = 1 - \frac{\Delta h}{D}$$

式中　D——轧辊直径；

Δh——绝对压下量，$\Delta h = H - h$；

H，h——轧制前、后轧件的高度。

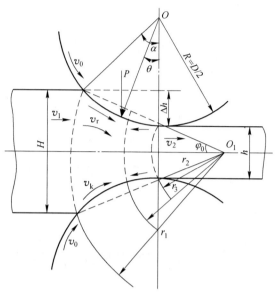

图 8-18 宽板平辊轧制的极坐标平面应变分析

为了便于极坐标进行分析，设变形区的入口界面、出口界面以及中性界面的方程分别为：

$$\begin{cases} r_1 = \dfrac{H}{2\sin\varphi_0} & （入口界面） \\[2mm] r_2 = \dfrac{h}{2\sin\varphi_0} & （出口界面） \\[2mm] r_3 = \dfrac{h_f}{2\sin\varphi_0} & （中性界面） \end{cases} \qquad (8\text{-}33)$$

并设变形区内的金属仅有沿径向的流动，即设运动学许可流速场为：

$$v_r = f(r,\ \varphi)；\quad v_\theta = v_z = 0$$

根据几何方程式和体积不变条件方程，得一偏微分方程：

$$\frac{\partial v_r}{\partial r} + \frac{v_r}{r} = 0$$

解该偏微分方程式得：

$$v_r = \frac{C(\varphi)}{r}$$

设轧件进入辊缝的水平速度为 v_1。根据边界条件 $r = r_1$，$v_{r_1} = v_1\cos\varphi$，得积分常数 $C(\varphi) = r_1 v_1 \cos\varphi$。

因此，变形区的速度为：

$$v_r = \frac{v_1 r_1 \cos\varphi}{r} \qquad (8\text{-}34)$$

式(8-34)反映了满足刚端速度的要求。但是并不是原始速度,轧制时的原始速度是轧辊辊面上的线速度 v_0。v_0 与 v_1 之间的关系可以根据滑动摩擦轧制状态下中性点处,即 $r=r_3$,$\varphi=\varphi_0$ 的点上 $v_r=v_0$ 的条件来确定。于是有:

$$v_1 = \frac{v_0 r_3}{r_1 \cos\varphi_0}$$

将它代入式(8-34)得:

$$v_r = \frac{v_0 r_3 \cos\varphi}{r \cos\varphi_0} \tag{8-35}$$

由式(8-34)得应变速度场为:

$$\begin{cases} \dot{\varepsilon}_r = \dfrac{\partial v_r}{\partial r} = -\dfrac{r_3 v_0 \cos\varphi}{r^2 \cos\varphi_0} \\[3mm] \dot{\varepsilon}_\varphi = \dfrac{v_r}{r} = -\dfrac{r_3 v_0 \cos\varphi}{r^2 \cos\varphi_0} = -\dot{\varepsilon}_r \\[3mm] \dot{\varepsilon}_{r\varphi} = \dfrac{1}{2r}\dfrac{\partial v_r}{\partial \varphi} = -\dfrac{r_3 v_0 \sin\varphi}{2r^2 \cos\varphi_0} \\[3mm] \dot{\varepsilon}_z = \dot{\varepsilon}_{zr} = \dot{\varepsilon}_{z\varphi} = 0 \end{cases} \tag{8-36}$$

将式(8-36)代入塑性变形功率消耗表达式 $N_d = \iiint_V \sigma_{ij}\varepsilon_{ij}\mathrm{d}V$,并考虑到式(8-32)的关系得:

$$\begin{aligned} N_d &= \frac{4kr_3 v_0}{\cos\varphi_0}\int_0^{\varphi_0}\int_{r_2}^{r_1}\frac{1}{r}\sqrt{1-\frac{3}{4}\sin^2\varphi}\,\mathrm{d}\varphi\mathrm{d}r \\[2mm] &= \frac{2kr_3 v_0}{\cos\varphi_0}f(\varphi_0)\ln\frac{H}{h} \end{aligned} \tag{8-37}$$

式中,$f(\varphi_0)=\dfrac{g(\varphi_0)}{\sin\varphi_0}$,$f(\varphi_0)$ 的值见表 8-2。$g(\varphi_0)=\int_0^{\varphi_0}\sqrt{1-\dfrac{3}{4}\sin^2\varphi}\,\mathrm{d}\varphi=E\left(\dfrac{\sqrt{3}}{2},\varphi_0\right)$ 为椭圆积分值。

表 8-2 各 φ_0 时的 $f(\varphi_0)$ 值

φ_0	10°	15°	20°	25°	30°	35°	40°	45°	50°
$f(\varphi_0)$	1.0014	1.0031	1.0051	1.0083	1.0122	1.0298	1.0605	1.1139	1.1222

轧制时的接触角 α 一般不大于 25°,由表 8-2 可见,当 $\varphi_0=\dfrac{\alpha}{2}<12.5°$ 时,完全可取 $f(\varphi_0)=1$。

为了计算摩擦功率消耗,设接触摩擦应力 $\tau_k=mk(m=0\sim1)$。对于轧制过程来说,接触面上的速度不连续量分别为:

$$\begin{cases} \Delta v_{f_1} = v_0 - v_r, & r>r_3 \quad (\text{后滑区}) \\[2mm] \Delta v_{f_2} = v_r - v_0, & r<r_3 \quad (\text{前滑区}) \end{cases}$$

式中，Δv_{f_1} 代表后滑区速度不连续量，Δv_{f_2} 代表前滑区速度不连续量。

于是，代入接触面上摩擦功率消耗表达式 $N_f = \Sigma \int_{S_v} \tau_f \Delta v_t \mathrm{d}S_V$ 得：

$$N_f = 2\left[\int_{r_\varphi}^{r_1} mkv_0\left(1 - \frac{r_\varphi}{r}\right)\mathrm{d}r + \int_{r_2}^{r_\varphi} mkv_0\left(\frac{r_\varphi}{r} - 1\right)\mathrm{d}r \right]$$

$$= \frac{mkv_0}{\sin\varphi_0}\left[(H + h - 2h_V) + h_V\ln\left(\frac{h_V^2}{Hh}\right) \right] \tag{8-38}$$

在入口处刚、塑性区界面上 $\tau_t = k$，速度不连续量为 $\Delta v_{t_1} = v_1\sin\varphi = \dfrac{r_3 v_0 \sin\varphi}{r_1\cos\varphi_0}$，由速度间

断面上剪切功率消耗表达式 $N_t = \Sigma \iint_{S_t} \tau_t \Delta v_t \mathrm{d}S$，得入口界面上的剪切功率消耗为：

$$N_{t_1} = 2kv_0\int_0^{\varphi_0} \frac{r_3\sin\varphi}{r_1\cos\varphi_0}\mathrm{d}\varphi = 2kv_0\frac{h_3(1 - \cos\varphi_0)}{H\cos\varphi_0}$$

同理，出口处刚、塑性区界面上：

$$N_{t_2} = 2kv_0\int_0^{\varphi_0} \frac{r_3\sin\varphi}{r_1\cos\varphi_0}\mathrm{d}\varphi = 2kv_0\frac{h_3(1 - \cos\varphi_0)}{h\cos\varphi_0}$$

于是，刚、塑性区界面上总的剪切功率消耗为：

$$N_t = N_{t_1} + N_{t_2} = 2kv_0\frac{h_3(1 - \cos\varphi_0)}{H\cos\varphi_0}\left(\frac{1}{H} + \frac{1}{h}\right) \tag{8-39}$$

由图 8-18 知，轧制压力 P 所供的外部功率可近似地认为是：

$$N_p = 2M\omega = 2PR\omega\sin\theta = 2\bar{p}lR\frac{v_0}{R}\sin\theta = 2\bar{p}lv_0\sin\theta \tag{8-40}$$

式中 ω——轧辊的角速度；

         R——轧辊半径，$R = \dfrac{D}{2}$；

         θ——轧制压力角，一般可取 $\theta = \dfrac{\alpha}{2}$；

         l——接触弧长的水平投影，$l = \sqrt{R\Delta h}$；

         $\bar{p}$——平均单位轧制压力。

根据上限定理 $N_p \leqslant N_d + N_f + N_t$，得平均单位轧制压力的上限解为：

$$\bar{p} = \frac{k}{l\sin\theta\cos\varphi_0}\left\{ h_3\left[\ln\frac{H}{h} + (1 - \cos\varphi_0)\left(\frac{1}{H} + \frac{1}{h}\right)\right] + \frac{m}{2}\cot\varphi_0\left[(H + h - 2h_3) + h_3\ln\left(\frac{h_3^2}{Hh}\right) \right] \right\}$$

设 $\theta = \dfrac{\alpha}{2}$，并由图 8-18 知 $\varphi_0 = \dfrac{\alpha}{2}$，代入上式，得：

$$\bar{p} = \frac{2k}{l\sin\alpha}\left\{ h_3\left[\ln\frac{H}{h} + (1 - \cos\varphi_0)\left(\frac{1}{H} + \frac{1}{h}\right)\right] + \frac{m}{2}\cot\frac{\alpha}{2}\left[(H + h - 2h_3) + h_3\ln\left(\frac{h_3^2}{Hh}\right) \right] \right\}$$

或

$$n_\sigma = \frac{\bar{p}}{2k} = \frac{1}{l\sin\alpha}\left\{ h_3\left[\ln\frac{H}{h} + (1-\cos\varphi_0)\left(\frac{1}{H}+\frac{1}{h}\right) \right] + \frac{m}{2}\cot\frac{\alpha}{2}\left[(H+h-2h_3)+h_3\ln\left(\frac{h_3^2}{Hh}\right) \right] \right\} \quad (8\text{-}41)$$

式(8-41)对 h_3 取极值，即取 $\dfrac{\mathrm{d}n_\sigma}{\mathrm{d}h_3}=0$，便可确定本问题有最佳上限解时的中性面位置：

$$\frac{\mathrm{d}n_\sigma}{\mathrm{d}h_3} = \frac{1}{l\sin\alpha}\left\{ \left[\ln\frac{H}{h} + (1-\cos\varphi_0)\left(\frac{1}{H}+\frac{1}{h}\right) \right] + \frac{m}{2}\cot\frac{\alpha}{2}\left[-2 + \left(\ln\left(\frac{h_3^2}{Hh}\right)+2\right) \right] \right\} = 0$$

得：

$$\ln\left(\frac{h_3^2}{Hh}\right) = -\frac{2}{m}\tan\frac{\alpha}{2}\left[\ln\frac{H}{h} + (1-\cos\varphi_0)\left(\frac{1}{H}+\frac{1}{h}\right) \right] \quad (8\text{-}42)$$

将式(8-42)代入式(8-41)中，经整理后得：

$$n_\sigma = \frac{m}{4l\sin^2\dfrac{\alpha}{2}}(H+h-2h_3) \quad (8\text{-}43)$$

若近似地取 $\cos\dfrac{\alpha}{2}\approx 1$，$\sin\dfrac{\alpha}{2}=\dfrac{\alpha}{2}$，则式(8-42)和式(8-43)可分别简化成：

$$\ln\left(\frac{h_3^2}{Hh}\right) = -\frac{\alpha}{m}\ln\frac{H}{h}$$

$$n_\sigma = \frac{m}{l\alpha}(H+h-2h_3)$$

思考题及习题

1 级作业题

(1) 什么是上限法，用上限法求解变形力有何特点？

(2) 试写出上限定理的数学表达式，并说明该表达式中各项的意义。

(3) 什么是速度间断线（或速度不连续），它具有哪些速度特性？

(4) 什么是速端图，如何绘制速端图？

(5) 上限法求解变形力有哪几种基本方法，它们的基本要点是什么？

(6) 模壁光滑正挤压的刚性块变形模式如图 8-19 所示。试分别计算其上限载荷 P，并与滑移线作比较，说明何种模式的上限解为最优。

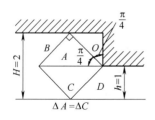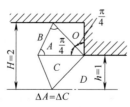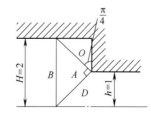

图 8-19　题(6)图

2 级作业题

（1）用上限法求解变形力会有很多答案，如何确定最佳答案？

（2）试绘出如图 8-20 所示板条拉拔时的速端图，并标明沿各速度不连续线的速度不连续量的位置，并计算出刚性 $\triangle BCD$ 的速度表达式。

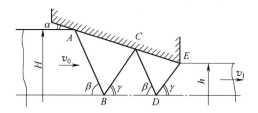

图 8-20   题（2）图

（3）在如图 8-21 所示的正挤压过程中，假设模子面是光滑的，刚性块为图中的 A、B、C，其界面为速度间断面。试用上限法求单位变形力 p_e。

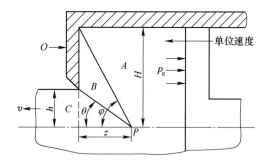

图 8-21   题（3）图

（4）挤压给定的分区如图 8-22 所示，试给出相应的速度图，并用上限法求解作用在冲头上的平均压力的近似值（设材料真实应力为 σ_s，不考虑加工硬化）。

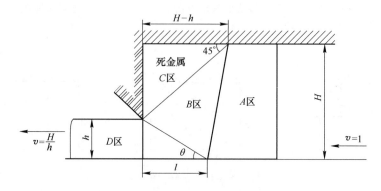

图 8-22   题（4）图

3 级作业题

（1）平锤头平面应变局部压缩薄板坯的示意图如图 8-23 所示，设接触摩擦应力 $\tau_k = mk$。试用 Avtizur 上限模式求其不计侧鼓时的平均单位挤压力的表达式（或 n_σ）。

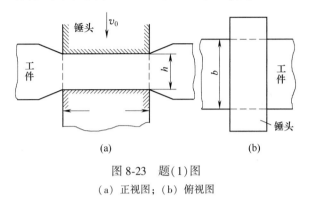

图 8-23　题（1）图

（a）正视图；（b）俯视图

（2）图 8-24 所示为平面复合挤压半边变形区按刚性块的划分形式。设模壁光滑，凸模运动速度 $u = 1$，模具尺寸如图 8-24 所示。

1）画出相应的速度图；

2）用上限法推出凸模端面平均单位压力 $\dfrac{\bar{p}}{2k}$ 的表达式。

（3）楔形模平面正挤如图 8-25 所示。已知挤压比 $\dfrac{H}{h} = 1 + 2\sin\alpha$，楔形处的单位摩擦力为 $0.1p$（p 为凸模单位挤压力），模壁其余处光滑。试按图中给定的上限模式求出凸模单位挤压力 p 的上限表达式及 $\alpha = 30°$ 时的上限值。

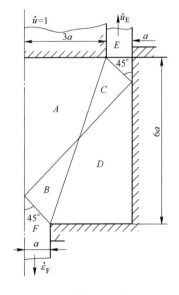

图 8-24　题（2）图

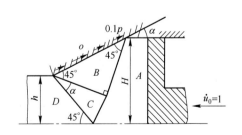

图 8-25　题（3）图

9 金属的塑性

扫一扫查看
本章数字资源

9.1 金属塑性的基本概念及测定方法

9.1.1 金属塑性的基本概念

所谓金属塑性，是指金属在外力作用下发生永久变形而不破坏其完整性的能力。金属塑性的大小，可用金属在断裂前产生的最大变形程度来表示。它反映塑性加工时金属塑性变形的限度，所以也叫"塑性极限"，一般通称"塑性指标"。

金属塑性不是固定不变的，同种材料在不同变形条件下会有不同的塑性，如三向等拉伸时材料的塑性变形程度低于三向压缩。

塑性和柔软性的区别为：柔软性反映金属的软硬程度，它用变形抗力大小来衡量。不要认为变形抗力小的金属塑性就好，或是与此相反。例如，室温下奥氏体不锈钢的塑性很好，可经受很大的变形而不破坏，但其变形抗力却很大；过热和过烧的金属与合金的塑性很小，甚至完全失去塑性变形能力，而其变形抗力也很小，也有些金属塑性很高，变形抗力又小，如室温下的铅等。

金属与合金塑性的研究，是塑性加工理论与实践的重要课题之一，研究的目的在于选择合适的变形方法，确定最好的变形温度、速度条件以及许用的最大变形量，以便使低塑性难变形的金属与合金顺利实现成形过程。

9.1.2 金属塑性的测定方法

由于变形力学条件对金属的塑性有很大影响，所以目前还没有某种实验方法能测出可表示所有塑性加工方式下金属的塑性指标。每种实验方法测定的塑性指标，仅能表明金属在该变形过程中所具有的塑性。但是各种塑性指标仍有相对的比较意义，因为通过这些试验可以得到相对的和比较的塑性指标。这些数据可以定性地说明在一定变形条件下，哪种金属塑性高，哪种金属塑性低，或者对同一金属，哪种变形条件下塑性高，哪种变形条件下塑性低等。这对正确选择变形的温度、速度范围和变形量，都有直接参考价值。测定金属塑性的方法，最常用的有力学性能试验方法和模拟试验法（即模仿某加工变形过程的一般条件，在小试样上进行试验的方法）两大类。

9.1.2.1 力学性能试验法

A 拉伸试验

拉伸试验是在材料试验机上进行的。拉伸速度通常在$(3 \sim 10) \times 10^{-3} \mathrm{m/s}$以下，对应的变形速度为$10^{-3} \sim 10^{-2} \mathrm{s}^{-1}$，相当于一般液压机的变形速度。有的试验在高速试验机上进行，拉伸速度约为$3.8 \sim 4.5 \mathrm{m/s}$，相当于蒸汽锤、线材轧机、宽带钢连轧机变形速度的下限。如果要求得到更高或变化范围更大的变形速度，则需设计制造专门的高速形变机。

在拉伸试验中可以确定两个塑性指标，即伸长率（δ）和断面收缩率（ψ）。这两个指标越高，说明材料的塑性越好。

$$\begin{cases} \delta = \dfrac{L_h - L_0}{L_0} \times 100\% \\[3mm] \psi = \dfrac{F_0 - F_h}{F_h} \times 100\% \end{cases} \tag{9-1}$$

式中　L_0——拉伸试样原始标距长度；

　　　L_h——拉伸试样破断后标距间的长度；

　　　F_0——拉伸试样原始断面积；

　　　F_h——拉伸试样破断处的断面积。

伸长率（δ）和断面收缩率（ψ）这两个指标只能表示在单向拉伸条件下的塑性变形能力。

伸长率表示金属在拉伸轴方向上断裂前的最大变形。一般塑性较高的金属，当拉伸变形到一定阶段便开始出现颈缩，使变形集中在试样的局部地区，直到拉断。在颈缩出现以前试样受单向拉应力，而在细颈出现后，在细颈处受三向拉应力。由此可见，试样断裂前的伸长率，包括了均匀变形和集中的局部变形两部分，反映了在单向拉应力和三向拉应力作用下两个阶段的塑性总和。伸长率大小与试样的原始计算长度有关，试样越长，集中变形数值的作用越小，伸长率就越小。因此，δ 作为塑性指标时，必须把计算长度固定下来才能相互比较。对圆柱形试样，规定有 $L_0 = 10d$ 和 $L_0 = 5d$ 两种标准试样（d 是试样的原始直径）。

断面收缩率也仅反映在单向拉应力和三向拉应力作用下的塑性指标，但与试样的原始计算长度无关，因此在塑性材料中用 ψ 作塑性指标，可以得出比较稳定的数值，有其优越性。

B　扭转试验

扭转试验是在专用的扭转试验机上进行。试验时将圆柱形试样一端固定，另一端扭转，用破断前的扭转转数（n）表示塑性的大小。它可在不同温度和速度条件下进行试验。对一定尺寸的试样来说，n 越大，其塑性越好。在这种测定方法中，试样受纯剪力，切应力在试样断面中心为零，而在表面有最大值。纯剪时一个主应力为拉应力，另一个主应力为压应力。因此，这种变形过程所确定的塑性指标，可反映材料受数值相等的拉应力和压应力同时作用时的塑性高低。

C　冲击弯曲试验

冲击韧性 a_K 不完全是一种塑性指标，它是弯曲变形抗力和试样弯曲挠度的综合指标。

冲击韧性的测定方法是将材料制成带有缺口的标准试样，把试样放在摆锤式冲击试验机的支座上，使锤摆从一定高度落下将试样冲断。由试验机可测出试样所吸收的能量 A_K（J），将 A_K 除以试样缺口处横截面积 F，所得为材料的冲击韧性。

$$a_K = \frac{A_K}{F} \quad (\text{J/mm}^2)$$

a_K 越大，材料抵抗冲击能力越强。a_K 与试样的尺寸、缺口的形状有关。故试验时必须制成标准试样，才能比较。同样的 a_K 值，其材料塑性可能很不相同。有时由于弯曲变形抗力很大，虽然破断前的弯曲变形程度较小，a_K 值也可能很大，反之，虽然破断前弯曲变形程度较大，但变形抗力很小，a_K 值也可能较小。由于试样有切口（切口处受拉应力作用），并受冲击作用，因此所得的 a_K 值可比较敏感地反映材料的脆性倾向。如果试样中有组织结构的变化、夹杂物的不利分布、晶粒过分粗大和晶间物质熔化等，a_K 会有所反映。例如，在合金结构钢中，二次碳化物由均匀分布状态变为沿晶界成网状形式分布，对于此种变化在拉伸试验中塑性指标 δ 和 ψ 并不改变，而在冲击弯曲试验中，却使 a_K 值降低了 0.5~1 倍。某些合金钢中脱氧不良会使塑性降低，但 δ 和 ψ 值反映不明显，但 a_K 值却降低 1~2 倍。

a_K 值的急剧变化是由塑性急剧变化引起的，一般可配合参考在该试验条件下的强度极限（σ_b）的变化情况。当 σ_b 变化不大或有所降低，而 a_K 值显著增大，说明这是由塑性急剧增高而引起的，a_K 值较高的温度范围内 σ_b 值很高，则不能证明在此温度范围内塑性最好。因此，按 a_K 值来决定最好的热加工温度范围，要加以具体分析，否则会得出不正确的结论。

9.1.2.2 模拟试验法

A 顶锻试验

顶锻试验也称镦粗试验，是将圆柱形试样在压力机或落锤上镦粗，当试样侧面出现第一条用肉眼看到的裂纹时的变形量作为塑性指标，即：

$$\varepsilon = \frac{H - h}{H} \times 100\% \tag{9-2}$$

式中　H——试样的原始高度，mm；

　　　h——试样变形后的高度，mm。

一般，高度 H_0 为直径 D_0 的 1.5 倍。

$\varepsilon \geqslant 60\% \sim 80\%$，高塑性；$\varepsilon = 40\% \sim 60\%$，中塑性；$\varepsilon = 20\% \sim 40\%$，低塑性；$\varepsilon \leqslant 20\%$，塑性差，该材料难以锻压成形。

镦粗试验时，由于试样表面受接触摩擦的影响而出现鼓形，试样中部受三向压应力状态，当鼓形较大时，侧面受环向拉应力作用。此种试验方法可反映应力状态与此相近的锻压变形过程（自由锻、冷镦等）的塑性大小。在压力机上镦粗，一般变形速度为 $10^{-2} \sim 10 \mathrm{s}^{-1}$，相当于液压机和初轧机上的变形速度。而落锤试验，相当于锻锤上的变形速度。因此，在确定压力机和锻锤上锻压变形过程的加工温度范围时，最好分别在压力机和落锤上进行顶锻试验。

实验资料显示同一金属在一定的温度和速度条件下进行镦粗时，可能得出不同的塑性指标。原因是接触表面上外摩擦的条件和试样的原始尺寸不同。因此，顶锻试验应定出相应的规程，同时说明试验完成的具体条件，使所得结果能进行比较。

镦粗试验的缺点是在高温下，塑性较高的金属即使是在很大的变形程度下，试样侧表面上也不出现裂纹，因而得不到塑性极限。

B 楔形轧制试验

有两种不同的做法，一种是在平辊上将楔形试样轧成扁平带状，轧后测量首先发生裂纹处的压缩率，此压缩率就表示塑性的大小。此种方法不需要制备特殊的轧辊，但确定极限变形量比较困难，因为试样轧后高度是均匀的，而伸长后，原来一定高度的位置发生了变化，除非在原试样的侧面上刻竖痕，否则轧后便不易确定原始高度的位置，因而也就不好确定极限变形量。另一种方法是在偏心辊上将矩形轧件轧成楔形件，同样用最初出现目视裂纹的变形压缩率来确定其塑性的大小。偏心辊将平轧件轧成楔形轧件的优点是在于准确地确定极限相对压缩率，同时免除楔形轧件加工方面的麻烦。偏心轧辊有单辊刻槽的偏心轧辊和双辊刻槽的两种方式，如图 9-1 和图 9-2 所示。采用单辊刻槽，上下辊面之间必然产生轧制速度差，这种线速度差可能导致轧件表面损坏，同时也使变形力学条件发生一定变化，这对测定结果会产生一定的影响。双辊刻槽可以克服这些缺点。偏心辊试验条件可以很好地模拟轧制的情况，一次实验可以得到相当大的压缩率范围，往往只需进行一次试验就可以确定极限压缩率。

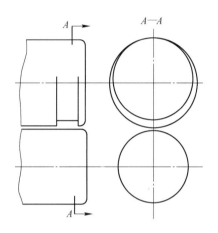

图 9-1 单辊刻槽的偏心轧辊

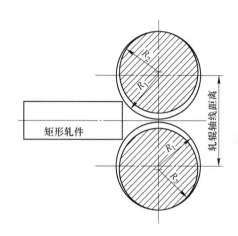

图 9-2 双辊刻槽的偏心轧辊

C 杯突试验

杯突试验是一种胀形试验（见图 9-3），常用于模拟板料成形性能，试验时，将试样置于凹模与压边圈之间夹紧，球状冲头向上运动使试样胀成凸包，直到凸包产生裂纹为止，测出此时的凸包高度 *IE* 记为杯突试验值。由于试验过程中试样外轮廓不收缩，板料的胀出部分承受两向拉应力，其应力状态和变形特点与冲压工序中的胀形、局部成形等相同，因此，该 *IE* 值即可作为这类成形工序的成形性能指标。

板料成形性能的模拟试验除胀形试验外，还有扩孔试验、拉深试验、弯曲试验和拉深-胀形复合试验等。通过这些试验，可以获得评价各相关成形工序板料成形性能的指标。

9.1.3 塑性图

塑性图是以不同温度时得到的各种塑性指标（δ、ψ、n、a_K 等）为纵坐标，以温度为横坐标，绘成的函数曲线。完整的塑性图应包括材料拉伸时的强度极限 σ_b。塑性图有很大的实用意义，由热拉伸、热扭转等力学性能试验法测绘的塑性图，可确定变形温度范围，而顶锻和楔形轧制塑性图，不仅可以确定变形温度范围，还可分别确定锻造和轧制时许用最大变形量。图 9-4 为 W18Cr4V 高速钢的塑性图，显然，该钢种在 900~1200℃具有最好的塑性，因此可将加工前钢锭加热的极限温度确定为 1230℃，超过此温度，钢坯可能产生轴向断裂和裂纹。变形终了温度不应低于 900℃，因为较低的温度下钢的强度极限显著增大。

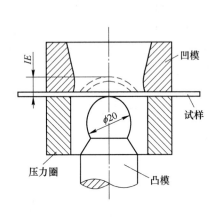

图 9-3　杯突试验

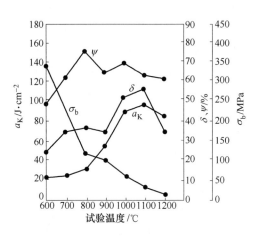

图 9-4　W18Cr4V 高速钢的塑性图

为了确定变形温度范围，仅有塑性图是不够的，因为许多钢与合金的加工，不仅要保证顺利实现成形过程，还必须满足钢材的某些组织和性能方面的要求。因此，在确定变形温度时，除了塑性图之外，还需要配合引用合金状态图和再结晶图以及必要的显微组织检查。

9.2　影响塑性的主要因素及提高塑性的途径

金属的塑性不是固定不变的，它受到许多内在因素和外部条件的影响。影响金属塑性的因素大致分为金属的化学成分、组织结构、变形速度、变形温度、变形力学条件等，前二者属内在因素，后三者则属于外部条件的影响。

9.2.1　影响塑性的内部因素

9.2.1.1　化学成分

化学成分对金属塑性的影响很大。碳钢中，铁和碳是基本元素。在合金钢中，除了铁和碳，还有合金元素，如 Si、Mn、Cr、Ni、W、Mo、V、Ti 等。此外，由于矿石，冶炼等方面的原因，在各类钢中还有一些杂质，如 P、S、N、H、O 等。有时为了改善金属的使用性能还人为地加入一些微量元素，这些杂质和加入的合金元素，对金属的塑性均有影响。下面以碳钢为例，讨论化学成分的影响。这些影响在其他各类钢中也大体相似。

A　碳及杂质

（1）碳：碳对钢性能的影响最大。碳能固溶到铁里，形成铁素体和奥氏体，它们都具有良好的塑性和低的强度。含碳量增大超过铁的溶解能力，多余的碳和铁形成化合物 Fe_3C，称渗碳体。它有很高的硬度，而塑性几乎为零，对基体的塑性变形起阻碍作用，使碳钢的塑性降低，强度提高。随含碳量的增大，渗碳体数量增加，材料的塑性也越差。一般用于冷成形的碳钢应采用低含碳量，而热成形时，虽然碳能全部溶于奥氏体中，但碳含量越高，碳钢熔化温度越低，锻造温度越窄，奥氏体晶粒长大的倾向越大，再结晶速度越慢，对热成形不利。

（2）磷：磷是钢中有害杂质。磷能溶于铁素体中，使钢的强度、硬度显著提高，塑性、韧性显著降低。当含磷量大于 0.3% 时，钢完全变脆，冲击韧性接近于零，称冷脆性。由于磷具有极大的偏析能力，会使钢中局部地区达到较高的含磷量而变脆。因此对于冷成形用钢应严格控制磷含量。但在热变形时，含磷量（质量分数）不大于 1% ~ 1.5% 时，对钢的塑性影响不大，因为磷完全溶于铁中。

（3）硫：硫是钢中有害杂质，几乎不溶于铁中，在钢中硫以 FeS 及 Ni 的硫化物（NiS，Ni_3S_2）的夹杂形式存在。FeS 的熔点为 1190℃，Fe-FeS 及 FeS-FeO 共晶的熔点分别为 985℃ 和 910℃；NiS 和 Ni-Ni_3S_2 共晶的熔点分别为 797℃ 和 645℃。当温度达到共晶体和硫化物的熔点时，它们就熔化。当钢在 800 ~ 1200℃ 热加工时，由于晶界处的硫化铁共晶体熔化，导致锻件开裂，即产生所谓的红脆现象。这是因为 Fe、Ni 的硫化物及其共晶体是以膜状包围在晶粒外边的缘故。但钢中加 Mn 可减轻或消除 S 的有害作用，因为钢液中 Mn 可与 FeS 发生如下反应：FeS+Mn→MnS+Fe。MnS 在 1620℃ 时熔化，而且在热加工温度范围内有较好的塑性，可以和基体一起变形，MnS 代替引起红脆的硫化铁，可使钢的塑性提高。

（4）氮：氮在奥氏体中溶解度较大，在铁素体中溶解度很小，且随温度下降而减小。将含氮量高的钢由高温较快冷却时，铁素体中的氮由于来不及析出而过饱和溶解。以后，在室温或稍高温度下，氮将以 Fe_4N 形式析出，使钢的强度、硬度提高，塑性、韧性大为降低，这种现象称为时效脆性。若在 300℃ 左右加工会出现"蓝脆"现象。

（5）氢：钢中溶氢较多时，会引起氢脆现象，使钢的塑性大大降低。当含氢量较高的钢锭经锻轧后较快冷却，从固溶体析出的氢原子来不及向表面扩散，而集中在钢内缺陷处（如晶界等）形成氢分子，产生相当大的压力，在压力、应力等作用下，会出现细小裂纹，即白点。

（6）氧：氧在铁素体中溶解度很小，主要以 Fe_3O_4、FeO、MnO、SiO_2、Al_2O_3 等氧化物存在于钢中形成夹杂物。这些夹杂物会降低钢的疲劳强度和塑性。FeO 还会和 FeS 形成低熔点的共晶组织，分布于晶界处，造成钢的热脆性。

B　合金元素

合金元素加入多数是为了提高合金的某种性能（如提高强度、提高热稳定性、提高在某种介质中的耐蚀性等）。合金元素对金属材料塑性的影响，取决于加入元素的特性、数量、元素之间的相互作用。

（1）合金元素不同程度地溶入铁中形成固溶体（γ-Fe 或 α-Fe），使铁原子的晶格点阵发生不同程度的畸变，从而使钢的变形抗力提高，塑性不同程度的降低。图 9-5 表示一些合金元素对铁素体伸长率的影响。显然，当 Si、Mn 含量（质量分数）超过 1% 时，铁素体的伸长率显著下降，因此，Si、Mn 含量（质量分数）大的钢难以

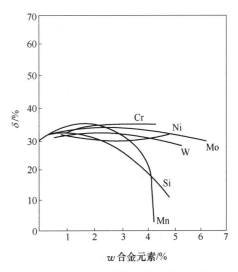

图 9-5　合金元素对铁素体伸长率的影响

冷成形，深拉延用钢一般 Si、Mn 分别控制在 0.04% 和 0.5% 以下。Cr、Ni、W、Mo 等合金元素在图中规定的含量范围内对塑性的影响不大。

（2）Mn、Cr、Mo、W、Nb、V、Ti 等合金元素会与钢中的碳结合形成碳化物，如果形成的是硬而脆的碳化物，如碳化铬、碳化钼、碳化钨、碳化钒、碳化钛等，会使钢的强度提高，塑性下降。但如果在钢中形成高度分散的极小颗粒的碳化物，如 Nb、Ti、V 等元素的碳化物，则起弥散强化作用，使钢的强度显著提高，但对塑性的影响不大；但如果在晶界含有大量共晶碳化物，会使塑性很低，如高速钢。另外，含有大量 W、M、V、Ti、Cr 和 C 的高合金钢，热成形温度范围内，全部碳化物并非都能溶入奥氏体中（共晶碳化物完全不溶解），加上大量合金元素溶入奥氏体所引起的固溶强化作用，故其高温抗力要比同碳量的碳钢高出许多，塑性明显降低，热成形加工因此较困难。

（3）合金元素会改变钢中相的组成，造成组织的多相性，使钢的塑性降低。如铁素体不锈钢和奥氏体不锈钢均为单相组织，高温下具有良好的塑性。但当成分调配不当，会在铁素体钢中出现 γ 相，或在奥氏体钢中出现 α 相，或者造成两相比例不适。而这两相的高温性能和它们的再结晶速度差别很大，由此引起锻造过程变形不均，从而降低塑性。

（4）合金元素与钢中的氧、硫形成氧化物或硫化物夹杂时，会造成钢的热脆性，给塑性成形带来困难，如钼钢和镍基合金中，硫含量较高，钼或镍会与硫化合，形成含硫化钼或硫化镍的低熔点共晶产物，分布于晶界处，造成热脆性；但锰、钛等合金元素能与硫化合，形成熔点远高于 FeS 的硫化物，使钢的热脆性降低，有利于热成形加工。

（5）合金元素会影响钢的铸造组织和使钢材加热时出现晶粒长大倾向，影响钢的塑性。如 Si、Ni、Cr 等合金元素会促使铸钢中柱状晶的成长，降低钢的塑性，给锻轧开坯带来困难；而 V 能细化铸造组织，提高钢的塑性。Ti、V、W 等元素在钢材加热时有强烈的阻止晶粒长大倾向作用，使钢的高温塑性提高；而 Mn、Si 等则会促使奥氏体晶粒在加热过程中的粗大化，增大钢的过热敏感性，因而降低钢的塑性。

（6）合金元素一般都使钢的再结晶温度提高、再结晶速度降低，从而使钢的硬化倾向增加，塑性降低。

（7）若钢中含有低熔点元素（如 Pb、Sn、As、Bi、Sb 等）时，这些元素几乎都不溶于基体金属，而以纯金属相存在于晶界，造成钢的热脆性。

9.2.1.2　组织结构

（1）晶格。基体金属是面心立方晶格（Al、Cu、γ-Fe、Ni），塑性最好；体心立方晶格（α-Fe、Cr、W、V、Mo），塑性其次；密排六方晶格（Mg、Zn、Cd、α-Ti），塑性较差。因为密排六方晶格只有三个滑移系，而面心立方晶格和体心立方晶格各有十二个滑移系，又面心立方晶格每一滑移面上的滑移方向数比体心立方晶格每一滑移面上的滑移方向数多一个，故其塑性最好。

（2）晶粒度。金属和合金晶粒越细，材料的塑性越好，晶粒细化有利于提高金属的塑性，这是因为晶粒越细，在同一体积内晶粒数目越多，塑性变形时位向有利于滑移的晶粒也较多，软变形能较均匀地分散到各个晶粒。另外，从每个晶粒的应变分布来看，细晶粒时晶界的影响能遍及整个晶粒，故晶粒中部的应变和靠近晶界处的应变的差异就较小。总之，细晶粒金属的变形不均匀性和由于变形不均匀性所引起的应力集中均较小，故开裂的机会也少，断裂前可承受的塑性变形量增加。

（3）相组成。单相材料一般比多相材料的塑性要高。合金为单相组织时，单相固溶体比多相组织塑性好。例如，护环钢（50Mn18Cr4）在高温冷却时，700℃左右会析出碳化物，成为多相组织，使塑性降低，常要进行固溶处理。即锻后加热到1050～1100℃并保温，使硬质相回溶到奥氏体中，然后用水和空气交替冷却，使其迅速通过碳化物析出的温度区间，最后得到伸长率δ>50%的单相固溶体的护环钢。而45钢虽然合金元素含量少得多，但因是两相组织，伸长率δ=16%，塑性比护环钢低。当合金为多相组织时，就塑性来说，如果合金各相的塑性接近时，则影响不大，如果各相的性能差别很大，则使得合金变形不均匀，塑性降低。这时第二相的性质、形状、大小、数量和分布状况起着重要作用。如果第二相为低熔点化合物且分布于晶界时，例如FeS和FeO的共晶体，则是发生热脆的根源。如果第二相是硬而脆的化合物，则塑性变形主要在塑性好的基体相内进行，第二相对变形起阻碍作用。这时如果第二相呈网状分布，分布在塑性相的晶界上，则塑性相被脆性相分割包围，其变形能力难以发挥，变形时易在晶界处产生应力集中，很快导致产生裂纹，使合金的塑性大大降低。脆性相数量越多，网状分布的连续性越严重，合金的塑性就越差，如果硬而脆的第二相呈片层状，分布于基体相晶粒内部，则合金塑性有一定程度的降低，对合金塑性变形的危害性较小。如果硬而脆的第二相呈细颗粒状弥散质点，均匀分布于基体相晶粒内，则对合金的塑性影响最小，因为如此分布的脆性相，几乎不影响基体的连续性，它可以随基体的变形而"流动"，不会导致明显的应力集中。

（4）铸造组织。铸造组织具有粗大的柱状晶粒和偏析、夹杂、气体疏松等缺陷，故金属塑性降低。为保证塑性加工的顺利进行和获得优质的锻件，应采用先进的冶炼浇注方法来提高铸锭的质量，这在大型自由锻件生产中尤为重要。另外，钢锭变形前的高温扩散（均匀化）退火，也是有效的措施。锻造时，应创造良好的变形力学条件，打碎粗大的柱状晶，并使变形尽可能均匀，以获得细晶组织和使金属的塑性提高。

9.2.2 影响金属塑性的外部因素

变形过程的工艺条件（变形温度、速度、变形程度和应力状态）以及其他外部条件（尺寸、介质与气氛），对金属的塑性也有很大影响。

9.2.2.1 变形温度

变形温度对金属和合金的塑性有重要影响。就大多数金属和合金来说，随着温度升高，塑性增加。实际上，塑性并不是随着温度的升高而直线上升的，因为相态和晶粒边界随温度的波动而产生的变化也对塑性有显著的影响。但在升温过程中，某些温度区间，某些合金的塑性会降低。由于金属和合金的种类繁多，很难用一种统一的模式来概括各种合金在不同温度下的塑性和真实应力的变化情况。对于碳钢而言，温度由绝对零度上升到熔点时，变形温度对塑性的影响的一般规律可能有四个脆性区、三个塑性较好的区域，如图9-6所示。

（1）四个脆性区。超低温脆性区域Ⅰ：金属塑性极低，到-200℃时塑性几乎完全丧失。这一方面是原子热运动能力极低所致；另一方面也与晶粒边界的某些组织组成物随温度降低而脆化有关。

脆性区域Ⅱ：位于200～400℃的范围内，此区域为蓝脆区，是产生动态形变时效的结果。

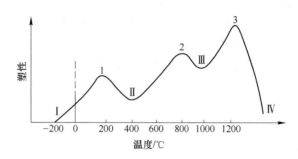

图 9-6 碳钢的塑性随温度变化图

脆性区域Ⅲ：位于 800~950℃，此区域的出现与相变有关。由于在相变区有铁素体和奥氏体共存，产生了变形的不均匀性，出现附加拉应力，使塑性降低。也有人认为，此区域的出现是由于硫的影响，故称此区为红脆（热脆）区。

脆性区域Ⅳ：接近于金属的熔化温度，此时晶粒迅速长大，晶间强度逐渐削弱，当再加热时可能发生金属的过热和过烧现象。

（2）塑性增高的区域。区域 1：位于 100~200℃的范围，在此区域内，塑性增加是由于在冷变形时原子动能增加的缘故（热振动）。

区域 2：位于 700~800℃的范围，由 440℃到 700~800℃，有再结晶和扩散过程发生，这两个过程对塑性都有好的影响。

区域 3：位于 950~1250℃的范围，在此区域中没有相变，钢的组织是均匀一致的奥氏体。

应该指出，碳钢不一定就肯定出现四个脆性区，如果不存在动态形变时效条件，则不会出现蓝脆区，脆性区出现与组织结构随温度变化有关。另外，不同金属与合金的组织结构随温度变化规律不同。对于具体的金属与合金，可能只有一个或两个脆性区。总之，出现几个脆性区及塑性较好的区域，要视温度的变化，金属及合金内部结构和组织的改变而定。由于金属与合金种类繁多，温度对各种金属与合金塑性的影响规律并不是一致的，若从材质和温度出发，概括起来可能有八种类型，如图 9-7 所示。

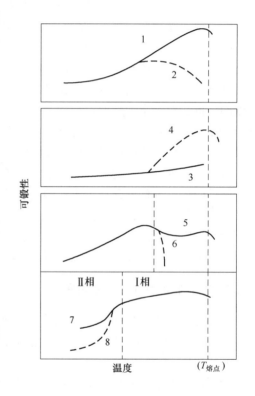

图 9-7 各种合金系的典型热加工性能曲线

1—纯金属和单相合金：铝合金、钽合金、铌合金；2—晶粒成长快的纯金属和单相合金：铍、镁合金、钨合金、β 单相钛合金；3—含有形成非固溶性化合物元素的合金、含有硒的不锈钢；4—含有形成固溶性化合物元素的合金，含有氧化物的钼合金，含有固溶性碳化物或氮化物的不锈钢；5—加热时形成韧性第二相的合金：高铬不锈钢；6—加热时形成低熔点第二相的合金：含硫铁、含有锌的镁合金；7—冷却时形成韧性第二相的合金：低碳钢、低合金钢、α-β 及 α 钛合金；8—冷却时形成脆性第二相的合金：镍-钴-铁超合金

（根据 H. J. Henning, F. W. Boulger）

由图9-7可知，随温度升高，金属的塑性提高，但由于晶粒粗大、金属内化合物、析出物或第二相存在和变化等原因而出现塑性不随温度升高而增加的情况。

塑性加工应避开脆性区，如钢的热加工不能在蓝脆区温度范围内，热加工不能进入高温脆性区。

9.2.2.2 变形速度

变形速度是指单位时间内的应变，又称应变速率，以 $\dot{\varepsilon}$ 表示：

$$\dot{\varepsilon} = \frac{\mathrm{d}\varepsilon}{\mathrm{d}t} \quad (\mathrm{s}^{-1}) \tag{9-3}$$

平均变形速度可用下式计算：

$$\overline{\dot{\varepsilon}} = \frac{\varepsilon}{t} \quad (\mathrm{s}^{-1}) \tag{9-4}$$

式中　ε——应变；

t——变形时间。

变形速度与设备工作速度不同。设备的工作速度不等于变形速度，但在很大程度上决定变形速度的大小。

A　热效应与温度效应

塑性变形时物体所吸收的能量，将转化为弹性变形位能和塑性变形热能。这种塑性变形过程中变形能转化为热能的现象，称热效应。塑性变形热能 A_{m} 与变形体所吸收的总能量 A 之比 η，称为排热率。

塑性变形热能 A_{m} 除一部分散失于周围介质中，其余使变形体温度升高。这种由于塑性变形过程中产生的热量而使变形体温度升高的现象，称温度效应。温度效应首先决定于变形速度，变形速度越高，单位时间的变形量大，所产生的热量便多，热量的散失相对来说便少，因而温度效应也越大。例如，锻造时，锻锤重击快击，毛坯温度不仅不会降低，反而会发亮升高。其次，变形体与工具接触面，周围介质的温差越小，热量散失就越少，温度效应也就越大。此外，温度效应与变形温度有关。温度越高，因材料真实应力降低，单位体积的变形能减小，温度效应自然也减小。相反在冷塑性变形时，因材料真实应力高，单位体积变形功高，温度效应也就高。

B　变形速度对塑性的影响

变形速度对塑性的影响比较复杂。当变形速度不大时，随变形速度的提高塑性是降低的；而当变形速度较大时，塑性随变形速度的提高反而变好。这种影响还没有找到确切的定量关系。一般可用如图9-8所示的曲线概括。Ⅰ区塑性随变形速度的升高而降低，可能是由于加工硬化及位错受阻力而形成显微裂口所致，在此阶段，虽然热效应可能促进软化过程，但变形过程中加工硬化发生的速度大于软化发生的速度。Ⅱ区塑性随速度的升高而增大，可能是

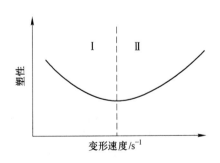

图9-8　变形速度对塑性的影响

由于热效应使变形金属的温度升高，硬化得到消除和变形的扩散过程参与作用；也可能是

位错借攀移而重新启动的缘故。此阶段，软化过程比加工硬化发生的速度快。该曲线只是定性说明塑性与速度之间的关系，没有任何数量上的意义，并且只适用于没有脆性转变的钢与合金。

变形速度对塑性的影响，实质上是变形热效应在起作用。供给金属产生塑性变形的能量，将消耗于弹性变形和塑性变形。耗于弹性变形的能量造成物体的应力状态，而耗于塑性变形的那部分能量绝大部分转化为热。当部分热量来不及向外放散而积蓄于变形物体内部时，促使金属的温度升高。对于具有脆性转变的金属，如果应变速率增加，由于温度效应作用加强而使金属由塑性区进入脆性区，则金属的塑性降低；反之，如果温度效应的作用恰好使金属由脆性区进入塑性区，则对提高金属塑性有利。例如，碳钢在 $200\sim400℃$ 内为蓝脆区，若在此温度范围内提高应变速率，则由于温度效应而脱离蓝脆区，时效硬化来不及充分完成，塑性就不会下降。

变形过程中的温度效应，不仅决定于因塑性变形功而排出的热量，而且也取决于接触表面摩擦功作用所排出的热量。在某些情况下（在变形时不仅变形速度高而且接触摩擦系数也很大），变形过程的温度效应可能达到很高的数值。由此可见，控制适当的温度，不但要考虑导致热效应的变形速度这一因素，还应充分估计到，金属压力加工工具与金属的接触表面间的摩擦在变形过程中所引起的温度升高。

对于热加工，利用高速度变形来提高塑性并没有什么意义，因为热变形时变形抗力小于冷加工时的变形抗力，产生的热效应小。但采用高速变形方式可以提高生产率，并可保证在恒温条件下变形。

一般压力加工的变形速度为 $0.8\sim300s^{-1}$，而爆炸成形的变形速度却比目前的压力加工速度高约 1000 倍之多。在这样的变形速度下，难加工的金属钛和耐热合金可以很好地成形。这说明爆炸成形可使金属与合金的塑性大大提高，从而也节省了能量。

9.2.2.3　变形程度

变形程度对塑性的影响，是同加工硬化及加工过程中伴随着塑性变形的发展而产生的裂纹倾向联系在一起的。

在热变形过程中，变形程度与变形温度、速度条件是相互联系着的，当加工硬化与裂纹胚芽的修复速度大于发生速度时，可以说变形程度对塑性影响不大。

一般冷变形都是随着变形程度的增加而降低塑性。从塑性加工的角度来看，冷变形时两次退火之间的变形程度究竟多大最为合适，尚无明确结论。但认为这种变形程度是与金属的性质密切相关的。对硬化强度大的金属与合金，应给予较小的变形程度即进行下一次中间退火，以恢复其塑性；对于硬化强度小的金属与合金，则在两次中间退火之间可给予较大的变形程度。

在热加工变形中，对于难变形的合金，可以采用多次小变形量的加工方法。实验证明，这种分散变形的方法可以提高塑性 $2.5\sim3$ 倍。这是由于在分散变形中每次所给予的变形量都比较小，远低于塑性指标。所以，在变形金属内所产生的应力也较小，不足以引起金属的断裂。同时，在各次变形的间隙时间内由于软化的发生，也使塑性在一定程度上得以恢复。此外，也如同其他热加工变形一样，对其组织也有一定的改善。所有这些都为进一步加工创造了有利的条件，结果使断裂前可能发生的总变形程度大大提高。若难变形合金一次大变形所产生的变形热甚至可以使其局部温度升高到过烧温度，从而引起局部裂纹。

　　对于容易产生过热和过烧的钢与合金来讲，在高温时采用分散小变形对提高塑性更有利。这是因为采用一次大变形不仅所产生的应力较大，而且主要的是在变形中由于热效应使变形金属的局部温度升高到过热或过烧的温度。相反，多次小变形产生的应力小，在变形中呈现的热效应也小。所以，在同样的试验温度下，多次小变形时，金属的实际温度就不易达到过热或过烧的温度。

9.2.2.4　应力状态

　　应力状态种类对金属塑性有很大的影响，在应力状态中，压应力个数越多，数值越大，则金属塑性越好，因此三向压应力状态图最好，两向压一向拉次之，两向拉一向压更次，三向拉应力状态图为最差。图 9-9 所示为各主应力图按对塑性发挥的有利程度排列的，即 1 号主应力图塑性最高，2 号其次，余顺次类推。

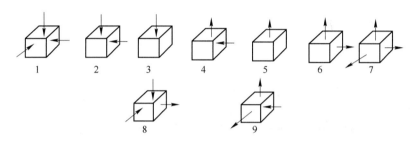

图 9-9　主应力图

　　在塑性加工实际中，应力状态相同，但应力值不同对金属塑性的发挥也可能不同。例如，金属的挤压，圆柱体在两平板间压缩和板材的轧制等，其基本的应力状态图皆为三向压应力状态图，但对塑性的影响程度却不完全一样。这是因为其静水压力的不同。静水压力值越大，金属的塑性发挥得越好。

　　静水压力能提高金属塑性，这是因为：

　　（1）塑性加工若没有再结晶和溶解沉积等修复机构时，晶间变形会使晶间显微破坏得到积累，进而迅速地引起多晶体的破坏，而三向压缩能遏止晶粒边界相对移动，使晶间变形困难。

　　（2）三向压缩使金属变得更为致密，其各种显微破坏得到修复，甚至其宏观破坏（组织缺陷）也得到修复，而三向拉伸则加速各种破坏的发展。

　　（3）三向压缩能完全或局部地消除变形物体内数量很小的某些夹杂物甚至液相对塑性的不良影响。而三向拉应力会使这些地方形成应力集中，加速金属破坏出现。

　　（4）三向压缩能完全抵偿或大大降低由于不均匀变形所引起的附加拉伸应力，减轻拉应力的不良影响。

　　在塑性加工中，人们通过改变应力状态来提高金属的塑性，以保证生产的顺利进行，并促进工艺的发展。例如，在加工低塑性材料时，曾有人用包套的办法（见图 9-10）增加径向压力（包套用塑性较高的材料制成）。用此法可使淬火后变得很脆的材料能够产生塑性变形。

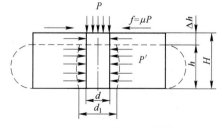

图 9-10　在包套内压缩

9.2.2.5　变形状态

采用主变形图来说明变形状态对塑性的影响，主变形图中压缩分量越多，对充分发挥金属的塑性越有利。因此，两向压缩一向延伸的主变形图最好，一向压缩一向延伸次之，两向延伸一向压缩的主变形图最差。

由于实际的变形物体内不可避免的存在着各种缺陷，如气孔、夹杂、缩孔、空洞等，如图9-11所示，这些缺陷在两向延伸一向压缩的变形状态下，可能向两个方向扩大而加速金属破坏。但在两向压缩一向延伸的变形条件下，则成为线缺陷，使其危害减小。

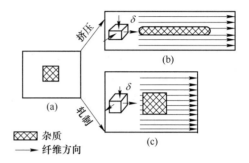

图 9-11　主变形图对金属中缺陷形状的影响
（a）未变形的情况；（b）经两向压缩一向延伸变形后的情况；（c）经一向压缩两向延伸变形后的情况

变形状态还会影响变形物体内杂质的分布情况。例如，在拉拔和挤压的变形过程中，因主变形图为两压一拉，当变形程度增加，夹杂物会形成条状或线状分布，脆性夹杂物被破碎成串链状分布，造成横向塑性指标和冲击韧性下降。在镦粗时，其主变形图为两向延伸一向压缩，通常杂质沿厚度方向成层排列，从而使厚度方向的性能变坏。

因此具有三向压缩的主应力图和一向延伸两向压缩的主变形图组合的变形加工方法，如挤压、旋锻、孔型轧制等，是最有利于金属塑性变形的加工方法。

9.2.2.6　尺寸因素

尺寸因素对加工件塑性的影响一般随着加工件体积的增大而塑性有所降低。这是因为实际金属的单位体积中有大量的组织缺陷，体积越大，不均匀变形越强烈，在组织缺陷处容易引起应力集中，造成裂纹源，因而引起塑性的降低。就铸件来说，小铸件容易得到相对致密细小和均匀的组织，大铸件则反之。

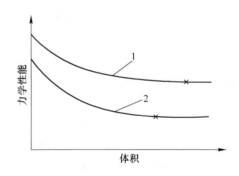

图 9-12　变形物体体积对力学性能的影响
1—塑性；2—变形抗力

图9-12为尺寸因素对金属塑性的影响。一般是随着物体体积的增大，塑性下降，但当体积增大到一定程度后，塑性不再减小。

9.2.2.7　周围介质

周围介质对变形体塑性的影响表现为如下几方面：

（1）周围介质和气氛能使变形物体表面层溶解并与金属基体形成脆性相，因而使变形物体呈现脆性状态。例如，钛在铸造和在还原性气氛中加热以及酸洗时，均能吸氢而生成 TiH_2，使其变脆。因此，钛在加热和退火时要防止在含氢的气氛中进行。

周围介质的溶解作用，通常在有应力作用下加速，并且作用的应力值越大，溶解作用进行得越显著。因此，对于易与外部介质发生作用而产生不良影响的金属与合金，加热、退火时要选用一定的保护气氛，而且加工过程要在保护气氛中进行。

（2）周围介质的作用能引起变形物体表面层的腐蚀以及化学成分的改变，使塑性降低。

黄铜的脱锌腐蚀与应力腐蚀都和周围介质有关。黄铜在加热、退火以及在温水、热水、海水中使用时，锌优先受腐蚀溶解，使工件表面残留一层海绵状（多孔）的纯铜而损坏。这种脱锌现象，在 α 相和 β 相中都能发生，当两相共存时，β 相将优先脱锌，变成多孔性纯铜，这种局部腐蚀，也是黄铜腐蚀穿孔的根源。加入少量合金元素（砷、锡、铝、铁、锰、镍）能降低脱锌的速度。

（3）有些介质（如润滑剂）吸附在变形金属的表面上，可使金属塑性变形能力增加。

金属塑性变形时，滑移的结果可使表面呈现许多显微台阶，润滑剂活性物质的极性，沿着台阶的边界或者沿着由于表面扩大而形成的显微缝隙向深部渗透，使滑移束细化，正好像把表面层锄松了一样。因此可以使滑移过程来得更顺利，不仅可以提高金属的塑性，而且可以使变形抗力显著降低。

9.2.3 提高金属塑性的主要途径

为提高金属的塑性，必须设法促进对塑性有利的因素，同时要减小或避免不利的因素。归纳起来，提高塑性的主要途径有以下几个方面：

（1）控制化学成分、改善组织结构，提高材料的成分和组织的均匀性。

（2）采用合适的变形温度、速度制度。

（3）选用三向压应力较强的变形过程，减小变形的不均匀性，尽量造成均匀的变形状态。

（4）避免加热和加工时周围介质的不良影响等，在分析解决具体问题时应当综合考虑所有因素，要根据具体情况来采取相应的有效措施。

9.3 金属的超塑性

超塑性是指材料在一定的内部（组织）条件（如晶粒形状、尺寸、相变等）和外部（环境）条件下（如温度、应变速率等），呈现出异常低的流变抗力、异常高的流变性能（如材料的伸长率超过 100%）的现象。凡具有超过 100% 伸长率的材料，称为超塑性材料。

超塑性现象最早的报道是在 1920 年，Rosenhain 等发现 Zn-4Cu-7Al 合金在低速弯曲时，可以弯曲近 180°。1934 年，英国的 C. P. Pearson 发现 Pb-Sn 共晶合金在室温低速拉伸时，可以得到 2000% 的伸长率。但是由于第二次世界大战，这方面的研究没有进行下去。1945 年苏联的 A. A. Bochvar 等发现 Zn-Al 共析合金具有异常高的伸长率并提出"超塑性"这一名词。1964 年，美国的 W. A. Backofen 对 Zn-Al 合金进行了系统的研究，并提出了应变速率敏感性指数 m 值这个新概念，为超塑性研究奠定了基础。20 世纪 60 年代后期及 70 年代，世界上形成了超塑性研究的高潮。

从 20 世纪 60 年代起，各国学者在超塑性材料、力学、机理、成形等方面进行了大量的研究，并初步形成了比较完整的理论体系。研究者发现极难变形的钛合金和高温合金，普通的锻造和轧制等工艺很难成形，而利用超塑性加工却获得了成功。超塑性加工有很大的实用价值，很小的压力，相当于正常压力加工时的几分之一到几十分之一就能获得形状非常复杂的制作，从而节省了能源和设备。超塑性加工制造零件可以一次成形，省掉机械加工、铆焊等工序，达到节约原材料和降低成本的目的。近几十年来金属超塑性已在工业生产领域中获得了较为广泛的应用。一些超塑性的 Zn 合金、Al 合金、Ti 合金、Cu 合金以及黑色金属等正以它们优异的变形性能和材质均匀等特点，在航空航天以及汽车的零部件生产、工艺品制造、仪器仪表壳罩件和一些复杂形状构件的生产中起到了不可替代的作用。同时超塑性金属的品种和数量也有了大幅度的增加，除了早期的共晶、共析型金属外，还有沉淀硬化型和高级合金；除了低熔点的 Pb 基、Sn 基和著名的 Zn-Al 共析合金外，还有 Mg 基、Al 基、Cu 基、Ni 基和 Ti 基等有色金属以及 Fe 基合金（Fe-Cr-Ni，Fe-Cr 等）、碳钢、低合金钢以及铸铁等黑色金属，总数已达数百种。除此之外，相变超塑性、"先进材料"（如金属基复合材料、金属间化合物、陶瓷等）的超塑性也得到了很大的发展。

近年来超塑性的发展方向主要有：

（1）先进材料超塑性的研究，主要是指金属基复合材料、金属间化合物、陶瓷等材料超塑性的开发，因为这些材料具有若干优异的性能，在高技术领域具有广泛的应用前景。然而这些材料一般加工性能较差，开发这些材料的超塑性对于其应用具有重要意义。

（2）高速超塑性的研究。提高超塑变形的速率，目的在于提高超塑成形的生产率。

（3）研究非理想超塑材料（如供货态工业合金）的超塑性变形规律，探讨降低对超塑变形材料的苛刻要求，而提高成形件的质量，目的在于扩大超塑性技术的应用范围，使其发挥更大的效益。

9.3.1　超塑性的种类

超塑性最初是在经微细晶粒化处理的 Zn-22Al 合金的等温拉伸试验中发现的。曾有人认为，超塑性现象只是一种特殊现象。在以后的研究中进一步发现，其他合金包括粗晶粒的、黑色金属等，在一定条件下通过同素异形转变、周期性相变、再结晶过程等，都可以得到大的延伸。随着更多的金属及合金实现了超塑性，从滑移、孪生、晶界移动、相变、析出等方面进行研究以后，发现超塑性金属有着本身的一些特殊规律，这些规律带有普遍的性质，而并不局限于少数金属中。因此，按照实现超塑性的条件（组织、温度、应力状态等）一般分为以下三种：

（1）恒温超塑性或第一类超塑性。根据材料的组织形态特点也称之为微细晶粒超塑性。一般超塑性多属这类超塑性。其特点是材料具有微细的等轴晶粒组织，其晶粒一般多为 $0.5 \sim 5 \mu m$。在一定的温度区间（约为热力学熔化温度一半）和一定的变形速度条件下（应变速率 $\dot{\varepsilon}$ 为 $10^{-4} \sim 10^{-1}/s$）呈现超塑性。一般来说，晶粒越细越有利于塑性的发展，但对有些材料来说（如 Ti 合金）晶粒尺寸达几十微米时仍有很好的超塑性能。由于超塑性变形是在一定的温度区间进行的，因此即使初始组织具有微细晶粒尺寸，如果热稳定性差，在变形过程中晶粒迅速长大的话，仍不能获得良好的超塑性。

（2）相变超塑性或第二类超塑性。这种超塑性不一定要求材料具有超细晶粒组织，但要求具有相变或同素异构转变。在载荷作用下使金属和合金在相变温度附近反复加热和冷却，经过多次循环后，可获得很大的伸长率，所以也称为动态超塑性。

D. Oelschlägel 等用 AISI1018、1045、1095 等钢种试验表明，伸长率可达到 500% 以上，这样变形的特点是，初期时每一次循环的变形量（$\frac{\Delta\dot{\varepsilon}}{N}$）比较小，而在一定次数之后，例如几十次之后，每一次循环可以得到逐步加大的变形，到断裂时，可以累积为大延伸。

有相变的金属材料，不但在扩散相变过程中具有很大的塑性，并且淬火过程中奥氏体向马氏体转变，即无扩散的脆性转变过程（$\gamma\rightarrow\alpha$）中，也具有相当程度的塑性。同样，在淬火后有大量残余奥氏体的组织状态下，回火过程，残余奥氏体向马氏体单向转变过程，也可以获得异常高的塑性。另外，如果在马氏体开始转变点（M_s）以上的一定温度区间加工变形，可以促使奥氏体向马氏体逐渐转变，在转变过程中也可以获得异常高的延伸，塑性大小与转变量的多少、变形温度及变形速度有关。这种过程称为"形变诱发塑性"。即所谓"TRIP"现象。Fe-Ni、Fe-Mn-C 等合金都具有这种特性。

（3）其他超塑性（或第三类超塑性）。在消除应力退火过程中，在应力作用下可以得到超塑性。Al-5Si 及 Al-4Cu 合金在溶解度曲线上下施以循环加热可以得到超塑性。根据 Johnson 试验，在具有异向性热膨胀的材料，如 Zr 等加热时可有超塑性，称为异向超塑性。球墨铸铁及灰铸铁经特殊处理也可以得到超塑性。

也有人把上述的第二及第三类超塑性总称为动态超塑性或环境超塑性。

9.3.2 细晶超塑性的特征

9.3.2.1 变形力学特征

超塑性变形与普通金属的塑性变形在变形力学特征方面有本质的不同。由于没有加工硬化（或加工硬化很小）现象，其应力-应变曲线如图 9-13 所示。当应力 σ_0 超过最大值后，随着变形量的增加而下降，而变形量则可达到很大。如果按真应力—真应变曲线关系，如图 9-14 所示。当变形增加时，真实应力几乎不变。在整个变形过程中，表现为低负荷无细颈的大延伸现象。

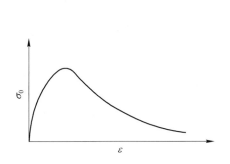

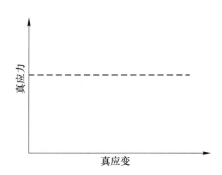

图 9-13　超塑性材料的条件应力-应变曲线　　图 9-14　超塑性材料的真应力-真应变曲线

另外，发现超塑性变形有和非线形黏性流动同样的行为，对变形速度极其敏感。因此，其应力 σ 与变形速度 $\dot{\varepsilon}$ 之间的关系可用下式表达：

$$\sigma = K\dot{\varepsilon}^m \tag{9-5}$$

式中　σ——真应力；

K——决定于试验条件的常数；

$\dot{\varepsilon}$——应变速率；

m——变形速度敏感性指数。

变换式(9-5)可得：

$$m = \frac{\mathrm{d}\lg\sigma}{\mathrm{d}\lg\dot{\varepsilon}} \tag{9-6}$$

即当应力—变形速度表示为对数曲线时，变形速度敏感性指数 m 为该曲线的斜率。

变形速度敏感性指数 m 是表达超塑性特征的一个极其重要的指标。m 值反映材料抗颈缩的能力，m 值大有大伸长率的可能性。当 $m=1$ 时，式(9-5)即为牛顿黏性流动公式，K 就是黏性系数。对于普通金属，$m=0.02\sim0.2$，而对于超塑性材料，$m=0.3\sim1.0$。m 越大，伸长率也越大。

设试样横断面积 A 上有拉伸负荷 P，则 $\sigma = \dfrac{P}{A}$，式(9-5)即为：

$$\sigma = K\dot{\varepsilon}^m = \frac{P}{A} \tag{9-7}$$

由于

$$\varepsilon = -\frac{\mathrm{d}A}{A}, \quad \dot{\varepsilon} = -\frac{1}{A}\frac{\mathrm{d}A}{\mathrm{d}t} \tag{9-8}$$

解式(9-7)和式(9-8)，得：

$$\frac{\mathrm{d}A}{\mathrm{d}t} = -\left(\frac{P}{K}\right)^{\frac{1}{m}} A^{\frac{1}{m}-1} \tag{9-9}$$

或

$$-\frac{\mathrm{d}A}{\mathrm{d}t} \propto A^{\frac{1}{m}-1}$$

上式表明试样各横断面积的减小速度与 $A^{\frac{1}{m}-1}$ 成正比。即横截面收缩速度与 m 值有关。由式(9-9)看出，$m=1$ 时，$\dfrac{\mathrm{d}A}{\mathrm{d}t}$ 与 A 无关，也就是 $\dfrac{\mathrm{d}A}{\mathrm{d}t}$ 不再随试样各处的横断面积 A 不同而变化，这是纯黏性流动，达到很大的伸长率也不会显现出细颈的倾向。而当 $m<1$ 时，则在试样的某一横断面尺寸较小的部位，断面的收缩急剧，在断面尺寸较大的部位，断面的收缩就变得比较平缓。m 值越小，这种效应就超大，反之 m 值越大则这种效应越小。m 值增大时，对局部收缩的抗力增大，变形趋向均匀，因此就有出现大延伸的可能性。

m 值的大小与变形速度、变形温度及晶粒大小等因素有关。只有当变形速度与变形温度的综合作用是有利于获得较大的 m 值时，合金才能处于超塑性状态。

9.3.2.2　金属组织特征

到目前为止所发现细晶超塑性的材料，大部分是共析和共晶合金，要求有极细的等轴晶粒、双相及稳定的组织。之所以要求双相，是因为第二相晶粒能阻碍母相晶粒的长大，而母相也能阻碍第二相的长大；所谓稳定，是要求在变形过程中晶粒长大的速度要慢，以便有充分的热变形持续时间。由于超塑性变形并不全是滑移、孪生等普通塑性变形机制，而是一种晶界作用，这就要求有数量多而又短的晶粒边界，并且界面要平坦，易于变形流动，以减少组织内的切应力。在这些因素中，晶粒尺寸是主要的因素，一般认为大于

$10\mu m$ 的晶粒组织是难以实现超塑性的。

超塑性变形时,尽管达到异常大的伸长率,但与普通塑性变形不同。首先是对应异常大的伸长率,晶粒没有被拉长,仍保持等轴状态,而晶粒的直径在变形部分长大了。显微观察发现,晶粒不是原样简单粗大化,而是伴随晶粒回转的同时发生同相晶粒的接近、合并和再分割过程的反复进行。其次是发生显著的晶界滑移、移动及晶粒回转,但并不产生脆性的晶界断裂。再次是几乎观察不到位错组织。最后是结晶学织构不发达,若原始取向无序,超塑性变形后仍为无序,而原来故意使之具有的变形织构,超塑性变形后织构破坏,基本上变为无序化。

9.3.3 细晶超塑性变形的机制

经过超塑性变形后的金属,其显微组织具有下列特征:

(1) 变形后晶粒仍为等轴晶粒,变形前拉长的晶粒,变形后也变成等轴晶粒,变形前存在的带状组织,变形后能逐步减弱,甚至消失。

(2) 事先经抛光的试样,超塑性变形后,不出现滑移线。

(3) 超塑性变形后的试样制成薄膜,用透射电子显微镜观察时,看不到亚结构,也看不到位错组织。

(4) 随着变形程度的增加,晶粒逐步长大,一般当伸长率达 500% 时,晶粒长大 50%~100%。

(5) 在特别制备的试样中,能见到明显的晶界滑动和晶粒旋转的痕迹。

另外,超塑性变形十分复杂,在变形中往往有几个过程同时发生,其中包括晶界的滑动、晶粒的转动、位错运动、扩散过程等,在特殊情况下还有再结晶现象。因此金属超塑性的上述特性,用一般的塑性变形机制不能解释。

目前提出了很多的假说和理论,但有很多争议。阿希贝和弗拉尔提出的晶界滑动和扩散蠕变联合机制,如图 9-15 所示,一组晶粒在拉应力作用下,由于晶界滑移和原子扩散(包括晶内扩散和晶界扩散),一方面使晶粒由起始状态演变成图中所示的中间状态,从而使晶界面积和系统的自由能增加;另一方面,随着中间状态向最终状态的转变,晶界面积逐渐减小。这样,外部给的能量消耗在晶界面积的变化过程中,结果使横向晶粒相互靠近、接触;纵向晶粒彼此分离、拉开,而所有晶粒仍保持等轴状原样,只是发生了"转动"换位。该理论较好地说明了金属在超塑性变形后仍保持为等轴晶粒的道理,即在晶界滑移的同时,伴随扩散蠕变,对晶界滑移起调节作用的不是晶内位错的运动,而是原子的扩散迁移。

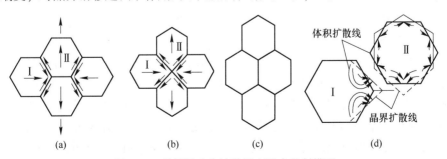

图 9-15 晶界滑动和扩散蠕变联合机制模型

(a) 起始状态;(b) 中间状态;(c) 最终状态;(d) 原子的扩散

但对于超塑性机制中的一些问题，例如晶粒长大、空穴形成、断裂等的研究，还处于初步阶段。

9.3.4　影响超塑性的主要因素

影响超塑性的因素很多，主要是变形速度、变形温度、组织结构及晶粒度等。

（1）变形速度的影响很大，超塑性只在 $10^{-4} \sim 10^{-1}/s$ 才出现。

（2）变形温度对超塑性的影响非常明显，当低于或超过某一温度范围时，就不出现超塑性现象。一般合金的超塑性温度在 $0.5T_{熔}$ 左右。在超塑性温度范围内适当提高温度，大大有利于超塑性变形，如图 9-16 所示。

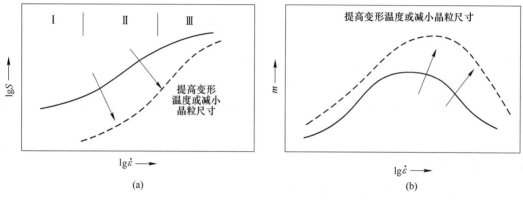

图 9-16　变形温度和晶粒尺寸对 lgS-lg$\dot{\varepsilon}$ 和 m-lg$\dot{\varepsilon}$ 曲线的影响

（a）lgS-lg$\dot{\varepsilon}$ 曲线；（b）m-lg$\dot{\varepsilon}$ 曲线

（3）晶粒尺寸也影响超塑性。减小超塑性材料晶粒尺寸，则意味着材料体积内有大量晶界，有利于超塑性变形。减小晶粒尺寸，或适当提高变形温度，都能导致所有应变速率下的流动应力均降低，尤其当应变速率低时更为显著，其次超塑性的应变速率范围向更高的方向移动。另外，应变速率敏感性指数 m 最大值增大，并向更高的应变速率方向移动。所有这些，对于使金属材料超塑性变形都是有利的。

（4）晶粒形状的影响。当晶粒是等轴晶粒且晶界面平坦时，利于晶界滑动，有利于超塑性变形；若晶粒形状复杂或呈片状组织等，则不利于获得超塑性。

9.3.5　超塑性的应用

由于金属在超塑状态具有异常高的塑性，极小的流动应力，因此超塑性成形在加工方面得到应用，形成了一些成熟的工艺。主要有气胀成形和体积成形两类。

（1）超塑性气胀成形是用气体的压力使板坯料（也有管坯料或其他形状坯料）成形为壳型件，如仪差壳、抛物面天线、球形容器、美术浮雕等。气胀成形又包括了 Female 和 Male 两种方式，分别如图 9-17 和图 9-18 所示。Female 成形法的特点是简单易行，但是其零件的先贴模和最后贴模部分具有较大的壁厚差。Male 成形方式可以得到均匀壁厚的壳型件，尤其对于形状复杂的零件更具有优越性。美国 Superform 公司在超塑性气胀成形及其应用方面达到了较高水平，常年批量生产超塑性气胀成形的壳型零件，其整个生产过

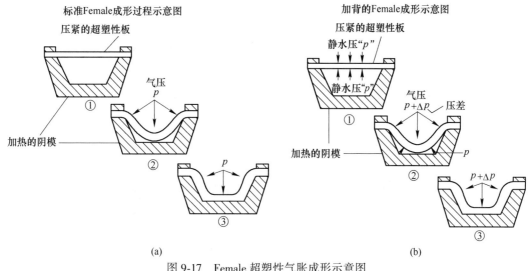

图 9-17 Female 超塑性气胀成形示意图

（a）无背压；（b）有背压

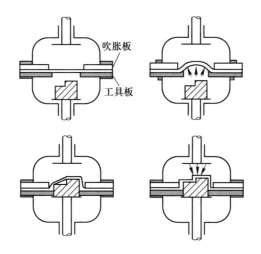

图 9-18 Male 超塑性气胀成形示意图

程都实现了计算机控制，成形的零件在航空、航天、火车、汽车、建筑等行业都得到了应用。

（2）超塑性气胀成形与扩散连接的复合工艺（SPF/DB）在航空工业上的应用取得重要进展，特别是钛合金飞机结构件的 SPF/DB 成形提高了飞机的结构强度，减轻了飞机重量，对航空工业的发展起到重要作用。其特点是在一个加热周期中同时完成成形和扩散连接两个工序。图 9-19 是钛合金的 SPF/DB 结构件的几种类型。成形的主要材料有钛合金和铝合金等。

（3）超塑性体积成形包括不同的方式（如模锻、挤压等），主要是利用了材料在超塑性条件下流变抗力低、流动性好等特点。一般情况下，超塑性体积成形中模具与成形件处于相同的温度，因此它也属于等温成形的范畴，只是超塑性成形中对于材料、应变速率及温度有更严格的要求。俄罗斯超塑性研究所首创的回转等温超塑性成形工艺和设备在成形

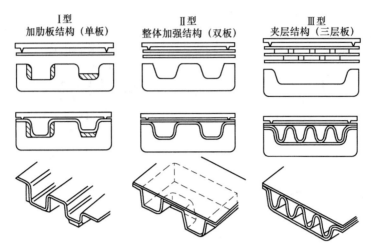

图 9-19　钛合金 SPF/DB 结构件的三种类型

某些轴对称零件时具有其他工艺不可比拟的优越性。这种方法利用自由运动的辊压轮对坯料施加载荷使其变形，使整体变形变为局部变形，降低了载荷，扩大了超塑性工艺的应用范围。他们采用这样的方法成形出了钛合金、镍基高温合金的大型盘件以及汽车轮毂等用其他工艺难以成形的零件。图 9-20 是模具型腔超塑性成形示意图。

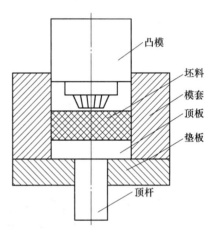

图 9-20　型腔模超塑性成形示意图

超塑性成形虽然具有上面所述的一些优点，但是超塑性成形一般生产率较低，又需要较高的温度，这是该工艺没有得到较大推广的重要原因。提高超塑性变形速度是近几年国际上超塑性学者探讨的重要方向，其目标是实现超塑性技术在汽车工业等重要工业领域中得到应用。目前，实现高速率超塑性的途径只有一个，这就是细化晶粒。研究报道表明：当晶粒细化至纳米数量级时，超塑性变形速度可以提高 3~4 个数量级。

思考题及习题

1 级作业题

(1) 什么是塑性，什么是塑性指标，为什么说塑性指标只具有相对意义，有哪些常用测定方法？
(2) 影响金属塑性的内因和外因有哪些？
(3) 改善金属材料的工艺塑性有哪些途径，怎样才能获得金属材料的超塑性？
(4) 与常规的塑性变形相比，超塑性变形具体哪些主要特征？
(5) 什么是细晶超塑性，什么是相变超塑性？

2 级作业题

（1）超塑性变形力学方程中，$\sigma = K\dot{\varepsilon}^m$ 的物理意义是什么？

（2）什么是晶界滑动和扩散蠕动变联合机理？试用该机理解释一些超塑性变形现象。

（3）举例说明杂质元素和合金元素对钢的塑性的影响。

3 级作业题

（1）细晶超塑性状态的金属材料为什么会获得极大的伸长率？

（2）若在 $0.5 \sim 0.8 T_m$（T_m 为绝对熔化温度），金属的平均晶粒直径小于 $5\mu m$ 条件下，在下列三种应变速度情况下应各属于何种塑性变形？

1）$\varepsilon < 10^{-4} s^{-1}$；2）$10^{-4} s^{-1} < \varepsilon < 10^{-1} s^{-1}$；3）$\varepsilon > 10^{-1} s^{-1}$。

（3）金属材料的流动应力与变形抗力是否相同，为什么？

10 金属塑性变形的物理本质

金属和合金材料由多晶体构成，多晶体是由许多结晶方向不同的晶粒组成。每个晶粒可看成是一个单晶体，晶粒之间存在厚度相当小的晶界。金属塑性变形是每个晶粒和晶间变形。每个晶粒的变形相当于单晶体变形，在外力作用下，通过位错的移动，晶体发生滑移和孪生，从而实现金属的塑性变形。而多晶体变形时，除晶内变形外，晶界也发生变形，这类变形不仅同位错运动有关，而且扩散过程起着很重要的作用。

10.1 单晶体的塑性变形

10.1.1 滑移

10.1.1.1 滑移与临界分切应力定律

滑移是指晶体在外力的作用下，其中一部分沿着一定晶面和在这个晶面上的一定晶向，对其另一部分产生的相对移动。此晶面称为滑移面，此晶向称为滑移方向，如图10-1所示。滑移面和滑移方向总是沿着原子密度最大的晶面和晶向发生的。这是因为原子密度最大的晶面的原子间距小，原子间的结合力强，同时其晶面间的距离较大，即晶面与晶面间的结合力较弱。滑移面与滑移方向数值的乘积称为滑移系。

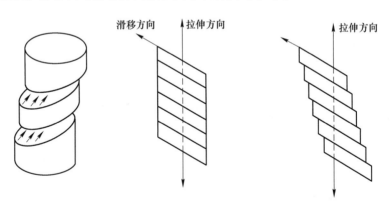

图 10-1 滑移的示意图

表10-1中，体心立方晶格金属（α-铁、钼等）的滑移面为(110)，滑移方向为⟨111⟩，面心立方晶格金属（铜、铝、镍等）的滑移面为(111)，滑移方向为⟨110⟩，密排六方晶格金属（锌、镉、镁等）的滑移面为六方底面，滑移方向为底面的对角线方向，即滑移面是(1000)晶面，滑移方向是⟨1120⟩方向。滑移面与滑移方向的组合称为滑移系。体心立方晶格、面心立方晶格和密排六方晶格金属的滑移系分别为 $6\times2=12$、$4\times3=12$ 和 $1\times3=3$。实验证明，滑移也可能在原子密度次大的晶面上进行，如面心立方晶格的铅在高温时，除(111)滑移面外，(101)也可能成为滑移面。滑移面对温度具有敏感性，温度升

高时原子热振动的振幅加大，可能促使原子密度最大与次大的晶面差别减小，所以在较高的温度下可以出现新的滑移系统。因此，体心立方晶格金属除晶面（110）是滑移面外，（112）、（123）晶面上也常常产生滑移。

表 10-1　金属的主要滑移面、滑移方向和滑移系

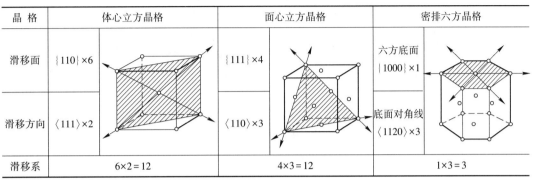

晶　格	体心立方晶格	面心立方晶格	密排六方晶格
滑移面	$\{110\} \times 6$	$\{111\} \times 4$	六方底面 $\{1000\} \times 1$
滑移方向	$\langle 111 \rangle \times 2$	$\langle 110 \rangle \times 3$	底面对角线 $\langle 1120 \rangle \times 3$
滑移系	$6 \times 2 = 12$	$4 \times 3 = 12$	$1 \times 3 = 3$

滑移是金属的一部分相对于另一部分的剪切运动，这种相对剪切运动的距离是剪切方向上原子间距的整数倍，剪切运动后不破坏晶体内原有原子排列规则性，因而滑移后晶体各部分的位向仍然一致。由于滑移是金属的一部分相对于另一部分沿滑移面和滑移方向的剪切变形，因此需要一定的驱动力来克服滑移运动的阻力，这个驱动力是外力在滑移面、滑移方向作用的分切应力。当此分切应力的数值达到一定大小时，晶体在这个滑移系统上进行滑移，能够引起滑移的这个分切应力称为临界切应力，以 τ_k 表示。

一点的应力状态一般情况下是由九个应力分量来表示的。如果选用 1、2 和 3 轴的直角坐标系，为了分析方便，设 1、2 和 3 轴分别与立方晶系的 $[100]$、$[010]$ 和 $[001]$ 晶向重合，如图 10-2 所示。在其上作一个斜平面代表滑移面，令其面积为一个单位面积，S_n 是滑移面法线，S 是任一滑移方向。S_{n1}、S_{n2}、S_{n3} 是作用在滑移面上与 1、2、3 轴平行的应力分量，但不平行于滑移面。滑移面法线 S_n 与坐标轴的夹角分别为 φ_1、φ_2、φ_3，滑移方向 S 与坐标轴，即与 S_{n1}、S_{n2}、S_{n3} 的夹角分别为 λ_1、λ_2、λ_3，则：

$$\begin{cases} S_{n1} = \sigma_{11} \cos\varphi_1 + \sigma_{12} \cos\varphi_2 + \sigma_{13} \cos\varphi_3 \\ S_{n2} = \sigma_{12} \cos\varphi_1 + \sigma_{22} \cos\varphi_2 + \sigma_{23} \cos\varphi_3 \\ S_{n3} = \sigma_{13} \cos\varphi_1 + \sigma_{32} \cos\varphi_2 + \sigma_{33} \cos\varphi_3 \end{cases} \tag{10-1}$$

把这作用在滑移面上（但不平行于滑移面）的三个分应力投影到任意的滑移方向上，就得到滑移方向上的分切应力。

$$\begin{aligned} \tau &= S_{n1}\cos\lambda_1 + S_{n2}\cos\lambda_2 + S_{n3}\cos\lambda_3 \\ &= \sigma_{11} \cos\varphi_1\cos\lambda_1 + \sigma_{12} \cos\varphi_2\cos\lambda_1 + \sigma_{13} \cos\varphi_3\cos\lambda_1 + \\ &\quad \sigma_{12} \cos\varphi_1\cos\lambda_2 + \sigma_{22}\cos\varphi_2\cos\lambda_2 + \sigma_{23} \cos\varphi_3\cos\lambda_2 + \\ &\quad \sigma_{13} \cos\varphi_1\cos\lambda_3 + \sigma_{32}\cos\varphi_2\cos\lambda_3 + \sigma_{33}\cos\varphi_3\cos\lambda_3 \end{aligned} \tag{10-2}$$

可缩写为：

$$\tau = \sigma_{ij} \cos\varphi_i\cos\lambda_j \tag{10-3}$$

当外力增加，滑移方向的分切应力达到临界切应力 τ_k 时，晶体产生滑移。这时式

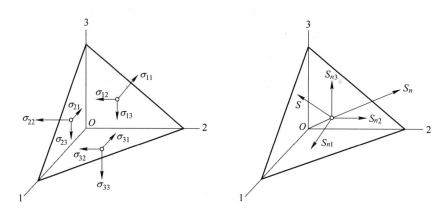

图 10-2   滑移方向上的分切应力

（10-3）又可写为：

$$\tau_k = \sigma_{ij}\cos\varphi_i\cos\lambda_j \tag{10-4}$$

即： $$\tau_k = \sigma\cos\varphi\cos\lambda \tag{10-5}$$

式（10-5）也称为广义施密特定律。在单向拉伸变形时，如果拉应力是平行于轴 1 的，这时 σ_{11} 也就是处于开始屈服时应力状态。这时应力 σ 达到拉伸的屈服应力 σ_s，即：

$$\tau_k = \sigma_s\cos\varphi\cos\lambda \tag{10-6}$$

实验发现，单晶体的屈服应力 σ_s 是随外力相对于晶体的取向不同而变化的，φ 和 λ 角反映了外力和单晶体的取向关系，因此把 $\cos\varphi\cos\lambda$ 称为取向因子，或称为施密特（Schmid）因子，通常用字母 μ 表示。图 10-3 所示为金属镁晶体取向对屈服应力的影响，图中圆点表示实验数据，曲线是根据式（10-6）计算得到的理论曲线。理论值与实验值相符说明临界切应力 τ_k 与滑移面和外力间的夹角无关。因此，临界切应力 τ_k 是标志晶体特性的一个物理量。

当拉伸轴与滑移面和滑移方向都成45°角时，如图 10-4 所示，即当 $\varphi = \lambda = 45°$，即 $\mu = \cos\varphi\cos\lambda = 0.5$，这时取向因子达到最大值 μ_{max}，所以拉伸力在该滑移面上沿此滑移方向上的分力最大，也就是沿此滑移方向上的分切应力最大，这时晶体滑移所需外力最小。所以 $\mu = 0.5$ 以及接近于 0.5 的方位叫有利方位或称为软取向。

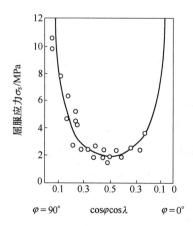

图 10-3   镁晶体屈服应力与晶体取向的关系

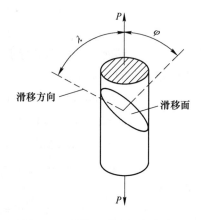

图 10-4   晶体滑移时的应力分析

当 $\varphi = 90°$、$\lambda = 0°$ 时，$\mu = \cos\varphi\cos\lambda = 0$，即 $\tau = 0$，这时无论外力多大，滑移的驱动力恒等于零，因此这个系统就不能开动。

当 $\varphi = 0°$、$\lambda = 90°$ 时，$\mu = \cos\varphi\cos\lambda = 0$，即 $\tau = 0$，同样这种取向的滑移系统也不能开动，因此把 $\mu = 0$ 以及接近于 0 的方位叫不利方位或称为硬取向。处于这些取向的晶体外应力数值很大，在该滑移系统上的切分应力仍为零，或数值仍然很小，所以难以滑移。当外力足够大时可能发生断裂。

10.1.1.2 晶体滑移的实质

滑移过程是在其局部区域首先产生滑移，并逐步扩大，直至最后整个滑移面上都完成了滑移，而不是沿着滑移面上所有原子同时产生刚性的相对滑移。此局部区域之所以首先产生滑移，是因为在该处存在着位错，并引起很大的应力集中，虽在整个滑移面上作用的应力较低，但在此局部地区应力已大到足够引起物体的滑移。在滑移过程中，当一个位错沿滑移面移动过后，使晶体产生一个原子间距大小的位错。使晶体产生一个滑移带的位移量需上千个位错产生移动。同时，当位错移至晶体表面产生一个原子间距的位移后，位错便消失，如图 10-5 所示。但在塑性变形过程中，为保证塑性变形的不断进行，必须要有大量的新的位错出现。这些新的位错的产生，就是在位错理论中所说的位错的增殖。因此可认为，晶体的滑移过程实质是位错的移动和增殖的过程。

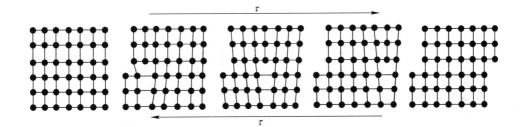

图 10-5 滑移机理示意图

10.1.1.3 晶体在滑移时的转动

伴随着滑移的重要现象之一是晶体的转动。晶体的转动与受力的方式有密切关系。如图 10-6 所示，在拉伸时，由于试样夹头的作用，使试样沿拉力的方向伸长，而不能自由地沿滑移面和滑移方向移动，从而使滑移面和滑移方向在拉伸过程中向着与拉力平行的方向转动。具体来说，就是试样在夹头夹紧的地方不能产生塑性变形，在中间部分产生均匀变形，而在夹头与中间部分之间的结晶面发生弯曲。在试样不受夹头约束的部分，由于外力固定在一轴线上，除滑移外，还有两种转动：

（1）滑移向拉力方向转动。由于滑移面的转动，使 α 角由拉伸前减小到拉伸后的 α_1，如图 10-6 所示。

（2）滑移方向以滑移面的法线为轴，向最大分切应力的方向转动，如图 10-7 所示。

对单晶体进行压缩时，结晶面的转动情况与此相似，仅是其转动的方向与拉伸时相反，即滑移面转向是与作用力轴线相垂直的方向。

10.1.1.4 复杂滑移

晶体在滑移过程中可出现平移滑移和复杂滑移。平移滑移沿着一定的结晶面和结晶方向进行，它仅可能在最初始的塑性变形阶段发生，随着变形程度的增加，平移滑移转为复杂滑移。复杂滑移的特点是，在滑移带内产生显微晶块的转动，它引起滑移带点阵的不对称转向、滑移带的弯曲、滑移带内完整性的破坏以及可能出现滑移等现象。

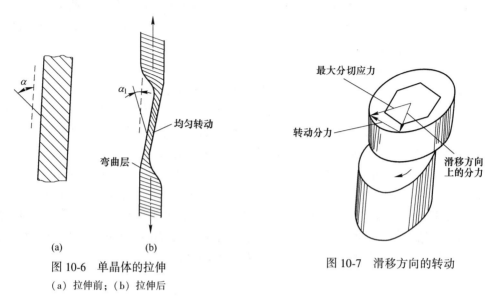

图 10-6　单晶体的拉伸
（a）拉伸前；（b）拉伸后

图 10-7　滑移方向的转动

双滑移可在立方点阵的金属中观测到，如单晶铝的滑移面和滑移方向可分别为{111}面和[101]方向，共 12 个可能产生滑移的滑移系。滑移总是首先在相对作用力方向最为有利的系统上开始，因为在此系统上，切应力最先达到临界位。由于在变形过程中滑移阻力的不断增加或方位的变化，使滑移进行到某种程度后，可能在另一滑移系统上，切应力也达到了临界切应力，并产生了滑移，这时新的滑移面将切割旧的滑移面，滑移面的这种切割将引起金属变形抗力的剧烈升高。

所谓双滑移就是指从某一变形程度开始，同时有两个滑移系统进行工作。但这并不意味着它们的作用是同步的。假如是同步的话，则变形物体应该很快地被破坏，但事实上并不是这样。因此可以设想，两个滑移系统是先后进行的，如图 10-8 所示。双滑移总是导致滑移带完整性的破坏。

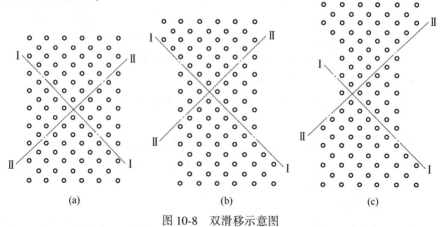

图 10-8　双滑移示意图
（a）滑移前；（b）沿Ⅰ—Ⅰ面滑移；（c）沿Ⅱ—Ⅱ面滑移

与双滑移相似，晶体在滑移过程中，如果滑移同时在多个滑移系统上进行，则称此滑移为多滑移。双滑移是指在滑移面和滑移方向各不相同的两个滑移系统上进行的滑移。若滑移是沿两个不同的滑移面和共有的滑移方向上进行时，则称为交滑移。如纯铁就会产生交滑移，因为$(1\bar{1}0)$、$(12\bar{3})$和$(11\bar{2})$滑移面共有一个滑移方向[111]。

10.1.2 孪生

10.1.2.1 孪生的原子运动

金属的塑性变形除以滑移方式进行外，孪生也是其重要方式之一。孪生是晶体在切应力的作用下，其一部分沿某一定晶面和晶向，按一定的关系发生相对的位向移动，其结果使晶体的一部分与原晶体的位向处于相互对称的位置，其晶面和晶向分别为孪生晶面和晶向。其变形区称为孪晶，未变形区称为基体。孪生时原子一般平行于孪生面和孪生方向运动，包含孪生方向并垂直于孪生面的这个平面称为孪生的切变面，如图10-9所示。

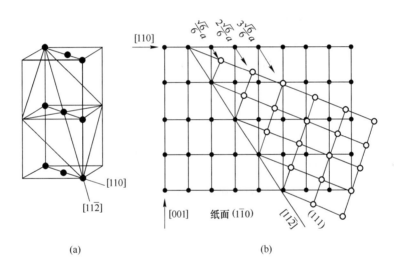

图10-9 面心立方晶体的孪生过程

（a）切变前原子位置；（b）切变后原子位置

在孪生变形时，所有平行于孪生面的原子平面都朝着一个方向移动。每一晶面移动距离的大小与它们距孪生面的距离成正比。每一晶面与相邻晶面的相对移动值等于点阵常数的若干分之一。图10-9所示为面心立方晶体孪生变形时晶体阵点的移动情况。面心立方的孪生面(111)上面的那一部分晶体沿着孪生方向$[11\bar{2}]$产生相对切变。孪生部分晶体中每层晶面(111)与其相邻的(111)面的相对切变量都是$\frac{\sqrt{6}}{6}a$（a为点阵常数）。离开与原晶体成镜面对称的孪晶界面第一层(111)面的切变量为$\frac{\sqrt{6}}{6}a$，第二层为$2\frac{\sqrt{6}}{6}a$，第三层为$3\frac{\sqrt{6}}{6}a$，以此类推。这就是面心立方晶体孪生中原子排列的变化情况。从孪生后孪晶中原子排列情况可以看出，晶体切变后结构没有变化和基体的晶体结构完全一样。但是，取向发生了变化，经过抛光能把滑移痕迹去掉。而孪生因为有取向变化，纵然抛光也不能把金相样品的孪生现象消去。同时，由这个孪生过程可以看到孪生这种晶体的相对切变是沿孪生面逐层连续依次进行的，而不像滑移那样集中在一些滑移面上进行。

10.1.2.2　孪生特征

孪生具有以下特征：

（1）孪生不改变晶体结构。孪生前后有的基体和孪晶都是相同晶体结构。

（2）孪生只是取向发生变化。孪生时基体和孪晶的位向不同，但两者位向关系是确定的。

（3）孪生时的切边量 γ 是一个确定值。孪生时，平行于孪生面的同一层原子位移均相同，位移量正比于该层到孪生面的距离。FCC 晶体的相邻间的位移均为 $\frac{1}{6}[112]$，BCC 晶体的相邻间的位移均为 $\frac{1}{6}[111]$。

（4）孪生时堆垛次序变化，即：

1）原始堆垛次序，为 ABC ABC ABC ABC ABC；

2）一阶孪生次序，为 ABC AB C B′C ABC ABC；

3）二阶孪生次序，为 ABC AB C BA′BC ABC；

4）三阶孪生次序，为 ABC AB C BAC′ABC ABC。

孪生和滑移一样，也使晶体产生切变形，但孪生变形时，切应力与切变形在孪生区域内是均匀分布的。孪生的切变形也与滑移类似，但是相邻原子平面相继发生固定原子移动，导致形成镜面对应特定取向关系。孪生虽在也是沿着一定的结晶面和一定的结晶方向进行的，但不一定与滑移面和滑移方向相同。实验测出，体心立方金属的孪生面为 $\{112\}$，孪生方向为 $[111]$，密排六方的孪生面为 $(10\bar{1}2)$，孪生方向为 $[\bar{1}011]$，面心立方金属的孪生面为 (111)，孪生方向为 $[112]$。孪生系统由孪生平面和这个平面上的孪生方向组成。体心立方晶体的孪生系统为 $\{112\}\langle111\rangle$，面心立方晶体的孪生系统为 $\{111\}$、$\langle11\bar{2}\rangle$，密排六方晶体的孪生系统为 $\{10\bar{1}2\}\langle\bar{1}011\rangle$。

孪生是否出现，和晶体的对称性有密切的关系。面心立方的金属，由于对称性高，容易滑移，孪生现象不常见，只在少数情况下（如低温变形）才能见到。体心立方金属在高速变形（加冲击）或在低温拉伸时，常出现孪生。密排六方金属，其对称性较低，滑移系统少，当晶体取向不利于滑移时，孪生便成为塑性变形的主要方式。

孪生还与变形条件有关，变形速度增加促使晶体的孪生化，在冲击力的作用下更易出现孪生，温度越低，孪生产生的可能性越大。

孪生的生长速度很快，和冲击波传播速度相当，孪生时可听到声音。图 10-10 所示为工业纯钛晶体的孪生。

10.1.2.3　孪生要素

设有一个球状单晶体（或设想晶体内的某一球状区域），如图 10-11 所示。孪生前晶体是半径为 1 的球体，其方程为：

$$x^2 + y^2 + z^2 = 1 \qquad\qquad (10\text{-}7)$$

当它以某一直径平面 K_1 为孪生面发生孪生，设孪生方向为 η_1，由于孪生是一种均匀变形，平行于孪生面的各层都沿孪生方向位移，且位移量正比于该层到孪生面的距离。设 K_2'' 为基体的不变形区，在发生切变量为 γ 的孪生后，原子移动最终位置以孪生面为镜面，变为 K_2 位置，取向为 η_2。为方便在上半球使用切变面分析，将 K_2'' 区顺势延展到上半球，即得到 K_2' 区。考虑到 K_2' 区与 K_2'' 区的角度相同，因此将 K_2' 区的角度看成原来的不变形区角度，如图 10-11（b）为切边面上的切变量 γ 和 K_1、K_2 面位置。如果孪生变形前的某点 A 向量为 (x, y, z)，孪生后位置 A' 将变成 (x', y', z')，即：

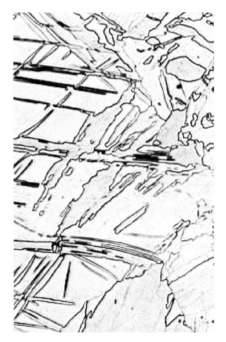

$$x' = x + \gamma y, \ y' = y, \ z' = z \quad (10\text{-}8)$$

将式（10-8）代入式（10-7），得：

$$(x' + \gamma y)^2 + (y')^2 + (z')^2 = 1 \quad (10\text{-}9)$$

整理后得：

$$(x')^2 + (1 + \gamma^2)(y')^2 + (z')^2 - 2\gamma x' y' = 1 \quad (10\text{-}10)$$

图 10-10　工业纯钛晶体的孪生

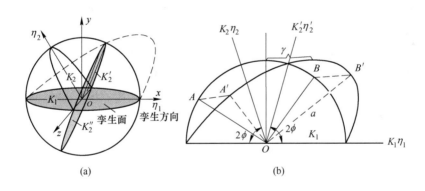

(a)　　　　　　　　　　(b)

图 10-11　孪生引起的球状单晶形状变化

（a）孪生球状单晶变形前后形状；（b）切变 γ 和 K_1、K_2 面交角 2ϕ

式（10-10）为一般的椭球方程，这说明球状单晶体孪生后变成了椭球。

从图 10-11 可以看出，在孪生过程中有两个不畸变面，即该面上任何晶向在孪生后都不改变长度，因而该面的面积和形状都不变。第一个不畸变面就是孪生面 K_1，第二个不畸变面是 K_2，后者在孪生后恰好变成椭球和球的交面（仍然是单位半径的圆）。此外还有两个特殊不畸变方向，一个就是孪生方向 η_1，另一个是 K_2 面与切变面（即包含 η_1 并垂直于 K_1 的平面）的交线 η_2，如图 10-12 所示。人们把 K_1、η_1、K_2、η_2 称为孪生四要素。对一定的晶体结构，孪生四要素都是确定的。

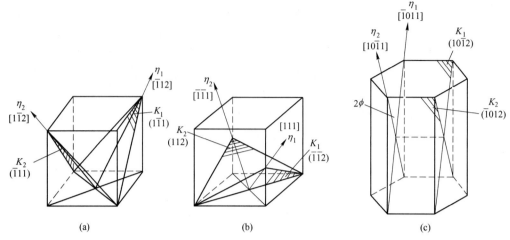

图 10-12   常见金属晶体孪生四要素

(a) FCC 晶体；(b) BCC 晶体；(c) HCP 晶体

已知 K_1、K_2 面，根据图 10-11 (b) 可以算出其夹角 2ϕ，从而得到切变量 γ：

$$\cot 2\phi = \gamma/2$$

即：

$$\gamma = 2\cot 2\phi \tag{10-11}$$

10.1.2.4   孪生长度变化规律

图 10-11 (b) 显示，凡位于 K_1 和 K_2 面相交成锐角区域的晶向（如 OA，孪生后必须短（$OA' < OA = 1$）；凡位于 K_1 和 K_2 面相交成钝角区域的晶向（如 OB），孪生后必伸长（$OB' > OB = 1$）。这即是孪生时长度变化规律。

【例1】   当密排六方晶体发生孪生时，[0001] 方向是伸长还是缩短？

解：首先判断密排六方晶体的 K_1 和 K_2 面靠近 [0001] 区域的夹角 2ϕ 是处于锐角还是钝角。图 10-13 所示为密排六方晶体的一对 K_1、K_2 面，从图 10-13 (b) 可知，2ϕ 与轴比 c/a 存在以下关系：

$$\tan\phi = \frac{\sqrt{3}\,a/2}{c/2} = \frac{\sqrt{3}}{c/a} \tag{10-12}$$

当 $c/a = \sqrt{3}$ 时，$\phi = 45°$，$2\phi = 90°$；

当 $c/a > \sqrt{3}$ 时，$\phi < 45°$，$2\phi < 90°$；

当 $c/a < \sqrt{3}$ 时，$\phi > 45°$，$2\phi > 90°$。

显然 [0001] 在孪生后是伸长还是缩短与晶体的轴比 c/a 密切相关。对于 Zn 金属，其 $c/a = 1.86 > 1.73$，所以 [0001] 区域在锐角区域，因此孪生后 [0001] 方向缩短。但对 Ti（$c/a = 1.59 < 1.73$）来说，即 [0001] 区域在钝角区，故判断 Ti 孪生后 [0001] 会伸长。由此又可进一步推知，Zn 单晶沿 [0001] 方向拉伸时不可能发生孪生，因为拉伸要求晶体沿 [0001] 方向伸长，因而不可能通过孪生来达到这个变形要求。同理，平行 Zn 单晶的基面压缩时也不可能发生孪生。反向加载（即沿 [0001] 方向压缩或沿平行于基面的方向拉伸）则可以孪生。Ti 单晶的情况与 Zn 单晶恰好相反。

通过对晶体变形行为的分析，还可推断晶体的塑性。例如，锌金属在 [0001] 方向拉伸时必定极脆，因为滑移和孪生都不可能。沿 [0001] 压缩则可能有一定的塑性，因为晶体可以孪生，而孪生使晶体的位向发生变化，因而又能进一步滑移。

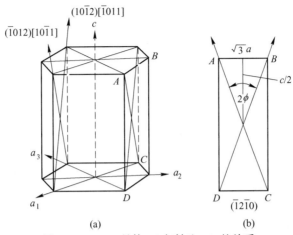

图 10-13 HCP 晶体 2ϕ 与轴比 c/a 的关系

（a）HCP 晶胞；（b）切变面

要判断密排六方结构晶粒的任意 [uvtw] 方向在孪生后是伸长还是缩短，只需分析该方向在三对可能的（K_1、K_2）面是锐角区还是钝角区。如图 10-14 为 HCP 晶体的（0001）标准投影。该图是 Zn（$c/a = 1.86$）的（0001）标准投影，图中画出了三对（K_1、K_2）面：第一对是（$10\bar{1}2$）和（$\bar{1}012$）面，其面痕分别为 I 和 II；第二对是（$01\bar{1}2$）和（$0\bar{1}12$）面，其面痕分别为大圆 III 和 IV；第三对是（$\bar{1}102$）和（$1\bar{1}02$）面，其面痕分别为大圆 V 和 VI。可以看出，整个球面由 24 个等价的取向三

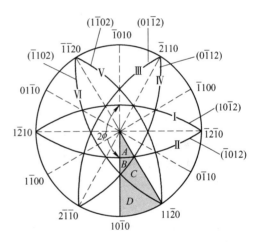

图 10-14 锌的（0001）标准投影和三对（K_1、K_2）面

角形组成。其顶点分别是 [0001]—<$10\bar{1}0$>—<$2\bar{1}\bar{1}0$>。每个取向三角形都被上述三对 K_1、K_2 面（大圆）划分成 A、B、C、D 四个区域，如图 10-14 所示。由前述长度变化规律判断，当晶体分别沿各对（K_1、K_2）面孪生时，位于各区域内的晶向是伸长还是缩短。判断结果列于表 10-2 中。

表 10-2 锌沿（I，II）、（III，IV）或（V，VI）面孪生时的位于各区晶向长度变化

区（K_1, K_2）	A	B	C	D
（I，II）	–	+	+	+
（III，IV）	–	–	+	+
（V，VI）	–	–	–	+

注："+"表示伸长，"–"表示缩短。

孪生时，FCC 晶体的最大伸长量为 41.1%，BCC 晶体的最大伸长量为 29.3%，HCP 晶体的最大伸长量为 6.7%。

10.1.3　扭折带和形变带

晶内再取向形成不均匀塑性变形区域的形式很多，除了形变孪晶以外，通常在金属中常见的有扭折带和形变带两种。

10.1.3.1　扭折带

扭折带是一种典型不均匀变形区域，在滑移系统很少的密排六方金属中最容易出现。图 10-15 是密排六方金属晶体的基面平行于压力轴时，受压缩变形而产生的一个双重扭折带，图中平行线表示滑移基面。这种扭折带是滑移在某些部分受阻，位错在那里堆积而成的。扭折带较明显的特征是：扭折带中晶体绕在滑移面上并垂直滑移方向轴转动；晶体转动后形成楔形区，楔形区的边界轮廓比较明显，而且大体同基体中的滑移面垂直。扭折带的形成造成晶面弯曲，当晶体上存在弯曲力矩作用时，如果弯曲是绕滑移面内垂直于滑移方向的轴产生，那么弯曲变形引进的位错基本是平行于弯曲轴的异号刃位错对。弯曲应力使同种位错聚集成如图10-15所示的一种稳态分布，金属在压缩或拉伸过程中，或者由于试样不对称或者工具形状和位置不准确，或者安装不理想产生弯曲变形。即使条件非常理想，由于晶体滑移后必然要转动，也会产生弯曲变形，因而产生了形成扭折带条件。密排六方金属压缩变形时，扭折带特征比较典型。压缩试验中试样一般比较粗短，所以试样两端引起的弯曲方向相反的扭折带彼此很接近，这样就形成了如图 10-16 所示的扭折带。

10.1.3.2　形变带

在 α-Fe 单晶压缩时，或在 α-黄铜、W、Ag、β-黄铜、铝等晶体中，变形时可在表面上看到一种带状痕迹，这些带的边界是弯曲的、不规则的，外貌很不相同。X 射线研究得知，在带中的点阵相对于原来点阵发生了转动，转动的程度取决于变形程度。带中取向的转动是逐渐的，这就是形变带。

六方金属很少发生形变带。形变带宽度和间距是随金属的纯度、晶体取向、变形温度等变化的。单晶体形变带宽，多晶体的形变带窄得多。在宽的形变带中还可看到另一滑移系的滑移线。

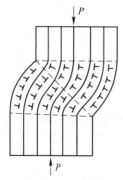

图 10-15　密排六方金属中的双重扭折带

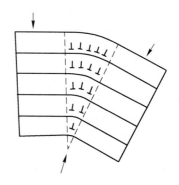

图 10-16　晶体弯曲形成的扭折带

形变带和扭折带一样，是在特殊条件下位错运动和分布的特殊表现。形变带和扭折带的主要不同之处在于形变带外形不规则、带内取向转变是逐渐的、位错是经基体部分向形变带运动的。而扭折带形成与此正相反。如前所述，位错在扭折带内产生，同种符号的位内集中成稳态分布，而另一种异号位错则向带外散发。

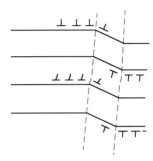

图 10-17　异号双位错相互锁住的形变带图

　　形变带的形成也可按同号刃位错有排成垂直的刃位错墙，但它们不稳定，在切应力作用下可能移动，在滑移过程中如果遇到一个异号的、强度相等的、受到反向切应力推动的位错墙时，它们就形成了如图 10-17 所示的异号双位错相互锁住的一个狭窄的形变带区域。

10.2　多晶体塑性变形

　　多晶体是由许多微小的单个晶粒无规则组合而成。各晶粒形状和大小不同、化学成分和力学性能的分布也不均匀。各相邻晶粒的取向不同，多晶体中存在大量的晶界，晶界的结构和性质与晶粒本身不同，晶界还聚集其他物质或杂质，相邻晶粒在塑性变形时彼此间也相互影响。因此多晶体的性质不同于单晶体。

10.2.1　多晶体的塑性变形机制

　　多晶体的塑性变形主要在晶内和晶间进行。晶内变形同单晶体变形机制，如滑移、孪生等；晶间变形机制主要为晶粒的转动和移动、溶解—沉积机制和黏滞性晶间流动。

10.2.1.1　晶粒的转动和移动

　　多晶体受力变形时，由于各晶粒所处位向不同，其变形情况及难易程度亦不相同。变形首先发生在有利滑移的晶粒内，这样相邻晶粒间会引起力的相互作用，沿晶界处可能产生切应力，当此切应力足以克服晶粒彼此间相对滑移的阻力时，便发生相对滑动。另外，在相邻晶粒间必然引起力的相互作用，而可能产生一对力偶，造成晶粒间的相互转动。处于不利滑移的晶粒逐渐向有利方向转动，由少量晶粒的变形扩大到大量晶粒的变形，从而实现宏观变形，如图 10-18 所示。

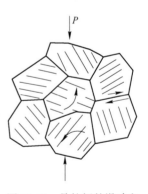

图 10-18　晶粒间的滑动和转动示意图

　　外力的作用使晶粒产生转动和移动，常常会造成晶粒间联系的破坏。由此晶体出现显微破裂（显微空隙）。而这种显微破裂或者靠其他变形机构和压紧方式自行修复，或者在显微破裂附近产生应力集中而转变为宏观破坏。这是因为一方面原子从内层向显微破裂的表面迁移会使显微破裂的体积减小，另一方面显微破裂也可以变形和移动，使破裂的原子层相互接近。

10.2.1.2　溶解—沉积机制

　　溶解—沉积机制是不同相的晶粒间以相互化学作用为基础的塑性变形机制。这种机制的实质是一相晶体的原子迅速而飞跃式的转移到另一相的晶体中去。为完成原子由一相转移至另一相，除应保证两相具有较大的相互溶解性外，还必须遵守下述两个条件：

（1）因为原子的转移最大可能是从相的表面层进行，所以随着温度的改变，或原有相晶体表面大小及曲率的变化，必然引起最大溶解度的变化；

（2）在变形时，必须存在有利于产生高速度溶解和沉积的扩散过程，应具备足够高的温度条件。

溶解—沉积机制的重要特点是塑性变形在两相间的界面上进行，由于金属的沉淀很容易在显微空洞和显微裂缝中进行，则原子的相间转移可使这些显微空洞和裂缝消除，从而可使金属塑性显著增大。

10.2.1.3　黏滞性晶间流动

黏滞性晶间流动又称为非晶扩散机构。黏滞性液体和简单的非晶体的流动是靠这种机构来实现的。也可以在一定温度、速度条件下在多晶体晶界附近观察到。

当物体温度升高时，原子热振动加剧，晶格中原子处于不稳定状态。此时，若晶体受到外力作用，即使应力小于屈服强度，原子也会沿应力场梯度方向，由一个平衡位置转移到另一个平衡位置，即产生"定向扩散"。这种定向转移的结果，导致了物体的塑性变形。定向扩散是原子受应力作用后，沿有利方向进行强烈的交换位置，而发生塑性变形。其特点是这种方向性交换位置没有任何规律性，因温度升高而在应力作用下产生的塑性变形的机构，又称为热塑性机构。

变形温度邻近晶体熔点时，非晶机构是金属塑性变形的主要机构之一，在变形速度很低时，蠕变的开始阶段，晶界上的黏滞性流动起很大作用。

10.2.2　多晶体塑性变形的特点

10.2.2.1　加强变形与应力的不均匀分布

多晶体内相邻晶粒的力学性能并不完全相同，有的晶粒的屈服强度高，而有的晶粒的屈服强度低。在外力的作用下产生塑性变形时，屈服强度低的晶粒比屈服强度高的晶粒会产生更大的延伸变形。由于两晶粒是彼此结合的完整体，在变形中屈服强度高、延伸变形小的晶粒将会对延伸大的低屈服强度的晶粒施以压力，来减少其延伸，相反，对延伸大的低屈服强度的晶粒将给高屈服强度小延伸的晶粒施以拉力，来增加其延伸。这样在晶粒之间产生附加拉应力和压应力，由此造成变形与应力不均匀分布。

多晶体各晶粒的取向不同，也会使应力与变形的不均匀分布增强。多晶体内通常存在着软取向和硬取向的晶粒，软取向晶粒的变形优先于硬取向晶粒，这样硬取向晶粒将阻碍软取向晶粒的塑性变形，因此硬取向晶粒和软取向晶粒间便产生了应力的不均匀分布。此外，多晶体在塑性变形中所受的应力状态不同和晶粒大小的差异，也会引起应力与变形的不均匀分布。例如，多晶体受不均匀拉伸时，由于各个晶粒所处的位置不同，一些晶粒的应力状态为拉应力或压应力，而另一些晶粒应力状态为拉弯组合，这样便加剧了多晶体应力与变形的分布不均。另外，多晶体内各晶粒大小不同时，其变形抗力也有所不同，这样也会加剧应力与变形的不均匀分布，晶粒大小的差异越大，应力与变形分布的不均匀程度就越大。

10.2.2.2　提高变形抗力

晶界是周期性排列点阵的取向发生突变的区域，由于晶界原子排列的正常结构被破坏，因而具有晶界能，晶界上能量高于晶内，使得晶界表现出很多不同于晶粒内部的性质。因此，晶界会对材料的力学行为产生较大影响。

A 障碍强化作用

晶界存在着阻碍滑移和塑性变形进行的作用。选取大晶粒材料作拉伸试样，试样中各晶界彼此平行且都垂直于拉伸轴，经过拉伸变形后，试样变成竹节状，如图 10-19 所示。晶界附近存在一个楔形区域，这个区域内未发生滑移，证明晶界对滑移确实存在阻碍作用。滑移从一个晶粒延续到下一个晶粒是困难的，这是因为当多晶体受到外力作用时，由于滑移首先产生在取向最有利的晶粒，即取向最有利的滑移系上的位错源首先开动，生成位错环。这些位错环滑动到晶界附近，由于晶界上原子排列的正常结构被破坏，同时晶界另一侧的晶体的取向不同，对接近晶界的位错产生斥力，领先的位错环在晶界前受阻，后续的位错环在外力作用下滑动到领先位错环附近，也不能前进，便产生了塞积。塞积的位错群对位错源有反向作用力，位错源在大塞积群的反向作用力的抑制下将可能停止动作。如果要继续开动，就要增加外力。当塞积群的位错数足够多时，在塞积群领先位错前端就有很大的应力集中。当应力集中达到一定数值后，可促使相邻晶粒的位错源开动，于是滑移便从一个晶粒传播到另一个晶粒，使塑性变形继续下去。综上所述，位错运动由一个晶粒内传播到另一个晶粒内，也就是滑移过程由一个晶粒传播到另一个晶粒的过程。由于晶界两侧取向的不同，和晶界的畸变使滑移受阻，要实现这一传播过程，就必须外加更大的力，即变形抗力升高，这就是晶界的障碍强化作用。

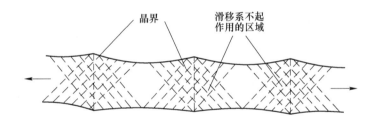

图 10-19 晶界对滑移的阻碍作用

B 多系滑移的强化作用

实际的多晶体材料中，每一个晶粒都被其相邻的晶粒所包围。如果一个晶粒产生滑移变形而不破坏晶界的连续性，则相邻的晶粒必须有相应的协调变形才行。因此，多系滑移位错运动遇到的障碍要比单系滑移多，阻力增加。欲保持晶界连续，要求相邻晶粒协调变形，这和自由的单晶体变形不同。由于协调变形的要求，对于四周被其他晶粒包围的晶粒来说，即使外加应力在它的易滑移系统上的分切应力已达到临界值，也不一定发生滑移，而且易滑移系统即便滑移也不能无限制地滑移下去。协调变形要求难滑移系也必须滑移，要使滑移系统开动起来，就需要更大的外加应力。这就是多晶体由于协调变形引起的多系滑移产生的强化作用。

在不同的晶体结构中，多系滑移强化和障碍强化所起作用的大小不同。体心和面心立方晶格金属中，滑移系统很多，多系滑移的强化效果比障碍强化大得多。实验证明，在同样纯度条件下，多晶体的强化程度大约高于单晶体的四倍，如图 10-20 所示。由此证明了滑移系统多的多晶体中，多系滑移起主要强化作用。这是因为滑移系统多，相邻晶粒内总有某个滑移系统处在有利或比较有利的取向上，位错容易通过晶界，障碍作用不大，所以多系滑移产生的强化作用就是主要的。若单晶体滑移系统少，变形程度很大都保持单系滑移，因而加工硬化微弱，强化作用不大。而多晶体滑移系统很少时，滑移不易传播过晶界而急剧强化，甚至很快发生断裂，塑性也极大地降低。

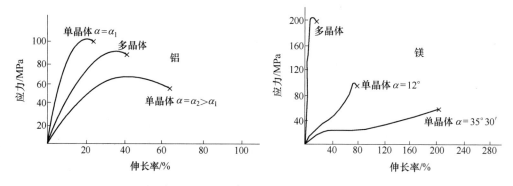

图 10-20　铝、镁单晶体和多晶体拉伸试验曲线

α—滑移面对拉伸轴线的倾斜角；×—断裂点

C　晶粒大小对变形抗力的影响

晶界造成阻碍滑移和阻碍塑性变形的作用，晶界变形抗力比晶粒的变形抗力大，所以晶粒也细小，晶界对变形阻碍作用越大，多晶体变形抗力越大。材料的屈服强度随晶粒大小而变化，晶粒越小，屈服强度越大。实验研究表明，晶粒平均直径 D 与屈服强度 σ_s 关系为：

$$\sigma_s = \sigma_1 + KD^{-\frac{1}{2}}$$

式中，σ_1 和 K 为实验常数。前者表征晶内变形抗力，约为单晶体临界切应力的 $2\sim3$ 倍；后者表征晶界对变形的影响。

D　第二相对变形抗力的影响

如果在多晶体金属中存在有脆而硬的第二相时（如 Fe_3C 相），它们将分布在具有较高塑性的软基体上，并阻碍基体金属的塑性变形，从而会使多晶体金属的变形抗力增加。

10.2.3　多晶体的屈服与形变时效

10.2.3.1　屈服极限

拉伸试验时，加在试样上的外力达到一定值后，试样开始出现塑性变形，这时作用在试样截面上的最低应力称为金属的屈服极限。对于单晶体，其屈服极限是出现第一条滑移线时作用在晶体横截面上的应力。单晶体的屈服应力同滑移面、滑移方向与外作用力间的夹角有关。多晶体内各晶粒间的取向不同，引起应力与变形的不均匀分布，因此定义金属多晶体的屈服极限很困难。一般人为规定：当多晶体出现一定残留塑性变形值时的抗力作为多晶体的屈服极限。这样的屈服极限也称为条件屈服极限。因为屈服极限首先决定于金属的临界切应力，所以影响临界切应力的因素会不同程度影响金属的屈服极限。

10.2.3.2　屈服效应和吕德斯带

低碳钢等一些金属材料拉伸试验时，其拉伸曲线上有明显的上、下屈服点 A 和 B（见

图10-21），在下屈服点后有一应力平台区域 BC，在此区域内变形继续进行时，应力保持不变或微量的起伏，称为屈服平台效应，或称为屈服效应。根据 Cottrell（柯垂尔）理论，金属的屈服效应是由于溶质原子或杂质与位错发生交互作用的结果。溶质原子聚集在刃型位错的周围处，形成所谓"柯氏气团"，而把位错锁住。必须将应力增大到某一定值后，才能使位错摆脱气团，开始滑移运动。此时，在拉伸曲线上将出现明显的上屈服点。当位错一旦摆脱了气团的束缚，即使不增加应力，位错也能继续运动，因而在曲线上存在下屈服点。

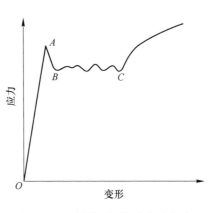

图 10-21　低碳钢屈服效应示意图

低碳钢室温变形出现明显的屈服效应是因为间隙原子碳和氮容易扩散到位错周围而形成柯氏气团的缘故。

　　屈服效应在试样外观的反映是当金属变形量正好在屈服延伸范围时，金属表面会出现粗糙不平、变形不均的痕迹，称为吕德斯带。它是一种外观缺陷，如果使用屈服效应显著的低碳钢加工复杂拉延件，由于各处变形不均，在变形量正好处于屈服延伸区，就会出现吕德斯带而使零件外观不良。吕德斯带出现与变形分布很不均匀有关，塑性变形时首先集中在局部区域内，然后扩展到整个样品。在未达到上屈服点之前，个别晶粒已经发生了滑移。位错往往是在某些应力集中的地方（如夹杂物或晶界）发源，但这些晶粒中的滑移带阻塞在晶界上，不能立即传播到邻近的晶粒中去。当所加应力达到上屈服点时，已屈服的晶粒就能触发邻近晶粒也发生滑移。这样使一些已经屈服的晶粒构成了一个塑性区，即吕德斯带。吕德斯带可以穿过不同的晶粒，在试样表面上产生印痕。吕德斯带的生成和传播，如图 10-22 所示。当所加应力达到上屈服点时，已经生成的吕德斯带［见图10-22(a)］很快成长起来［见图10-22(b)］，并横切试样的整个断面，以后吕德斯带便向宽度方向发展［见图10-22(c)］。

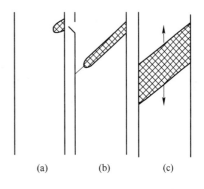

图 10-22　吕德斯带的生成和传播

在吕德斯带的生成和传播中，上屈服点相当于吕德斯带成核的应力，而下屈服点的平台区域则对应于使吕德斯带传播的应力。

10.2.3.3　形变时效与包辛格效应

　　将有明显屈服效应的金属卸载后立即或停留很短时间后再进行变形，则由于在试样中已经存在大量的可动位错，试样加载到 c 点，使开始塑性变形，没有明显的屈服点出现，如图10-23(a)所示。反之，若卸载后在室温中停留一段较长的时间（如几个月）再进行变形，则曲线就会出现明显的屈服点，如图 10-23(b)所示。金属变形后，于室温经长时间停留（或加热到一定温度，短时间保温），金属的屈服点应力提高（强度和硬度也随之提高），并在拉伸试验中出现屈服台阶的现象称为形变时效或应变时效。形变时效现象完全可用柯氏气团来解释。这是由于在时效时间内，杂质或间隙原子通过扩散偏聚到位错附近，形成柯氏气团，而把位错锁住，使可动位错减少的缘故。

包辛格效应就是指原先经过变形，然后在反向加载时弹性极限或屈服强度降低的现象，如图 10-24 所示。特别是弹性极限在反向加载时几乎下降到零，这说明在反向加载有利于塑性变形。

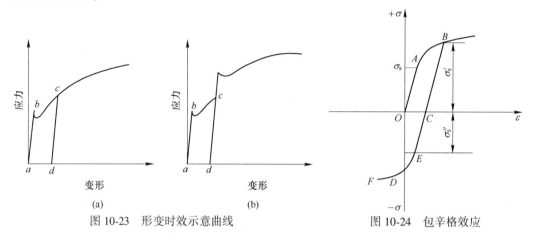

图 10-23　形变时效示意曲线　　　　　　图 10-24　包辛格效应

10.3　金属在塑性变形中的硬化

金属在形变过程中，为了继续形变必须增加应力。这种金属因形变而使强度升高、塑性降低的性质称为加工硬化。加工硬化可以使金属得到截面均匀一致的冷变形，这是因为哪里有变形，哪里就有硬化，从而使变形分布到其他暂时没有变形的部位上去。这样反复交替的结果，就使产品截面的变形趋于均匀。加工硬化可以改善金属材料性能，特别是对那些用一般热处理手段无法使其强化的无相变的金属材料，形变硬化是更加重要的强化手段。但加工硬化会使冷加工过程中由于变形抗力的升高和塑性的下降，往往使继续加工产生困难，需在工艺过程中增加退火工序，如冷轧、冷拔等。

加工硬化程度可以用金属在塑性变形过程中，变形抗力与变形程度之间的关系曲线，即加工硬化曲线来反映。变形抗力一般皆用真应力来表示。因此，加工硬化曲线也称为真应力曲线。曲线的斜率表示加工硬化程度，也称为加工硬化率。斜率越大，加工硬化程度越大。

10.3.1　单晶体的加工硬化

用拉伸方法所得出的面心立方晶体典型硬化曲线，如图 10-25 所示。此曲线可分为三个阶段。

Ⅰ——易滑移阶段。此阶段的加工硬化率 $\dfrac{\mathrm{d}\tau}{\mathrm{d}\gamma} = \theta_{\mathrm{I}}$ 很小，应力与应变成线性关系。在此阶段中塑性变形是以滑移方式沿一组结晶面上进行。在晶体内生成的大部分位错走出试样表面，在晶体表面上形成薄而均匀分布的滑移线。而有一部分位错在晶体中的障碍附近被塞住，晶体的硬化是由被塞住的位错引起的。

易滑移阶段的大小和加工硬化率与晶体的方位有关。易滑移段大多都发现在轴线接近位于[110]方向的晶体内。当晶体的轴线接近位于[100]和[111]方向未发现有易滑移段。

温度对易滑移段有一定影响，通常是随着温度的降低，易滑移段增加。当温度足够高时，硬化曲线第Ⅰ、Ⅱ阶段完全消失，仅存在第Ⅲ阶段，如图10-26所示，当第二滑移系统参加滑移时，第Ⅰ阶段结束。

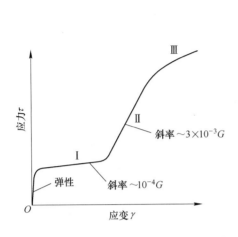

图10-25 面心立方晶格的硬化曲线

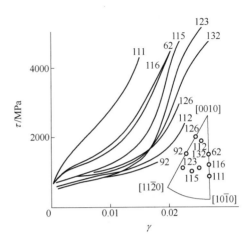

图10-26 不同温度相同取向的 Cu
单晶体的应力-应变曲线

晶体的纯度对易滑移段也是有影响的。如果杂质形成弥散第二相，即使含量较低，也会使第Ⅰ阶段消失。

当第二滑移系统参加滑移时，第Ⅰ阶段即告结束。

Ⅱ——直线硬化阶段。此阶段的加工硬化率$\dfrac{\mathrm{d}\tau}{\mathrm{d}\gamma}=\theta_{Ⅱ}$要比易滑移阶段大得多，但接近为常数。直线硬化是从晶体产生多滑移开始的。多滑移势必引起位错的强烈交叉作用，使在晶体中产生许多新的障碍或缺陷。这样，要使晶体继续产生变形，就必须加大外力。变形越大，产生阻碍位错运动的缺陷或障碍就越多，晶体的硬化越强。在Ⅱ阶段内位错密度的增长要比在Ⅰ阶段内快得多，晶体表面上滑移线的长度随变形增加而变短。

Ⅲ——抛物线型硬化阶段。在此阶段内加工硬化率$\dfrac{\mathrm{d}\tau}{\mathrm{d}\gamma}=\theta_{Ⅲ}$，随着应变增加而减小，起始应力$\tau_3$和加工硬化率$\theta_{Ⅲ}$随温度升高而减小。晶体表面出现滑移带和带端碎化现象。这是因为螺型位错出现交滑移，绕过了固定位错和其他障碍物，使一部分位错恢复了活动的能力，因而加工硬化率降低，起到一定的软化作用，也称为动态回复。除此之外，温度升高，也会引起软化，使加工硬化率降低。因此，在此阶段内的变形抗力与温度很有关系。

体心立方金属滑移可沿着{110}，{112}，{123}以及密排方向⟨111⟩进行。体心立方单晶体的流动应力强烈依赖于温度，特别是在较低温度下时。体心立方金属的应力-应变曲线和面心立方金属类似，也出现三个形变硬化阶段，同样要受到取向、温度和纯度的影响。但温度和纯度对应力-应变曲线的影响更加强烈，图10-27是不同温度下铌单晶体的应力-应变曲线。

六方金属单晶体处于一定取向和一定温度范围内进行拉伸变形时，它的应力-应变曲线也会出现像面心立方金属单晶体典型的应力-应变曲线那样的三个硬化阶段。因只能沿一组滑移面（平行于基面）作滑移，加工硬化曲线的斜率很小，一般可出现很长的第一阶段。在第Ⅰ阶段中六方单晶体的加工硬化率要比立方晶体小。高纯度的体心立方金属单晶体（如铌、钽、铁）在室温下也出现带有三个阶段的加工硬化曲线，如图 10-28 所示。

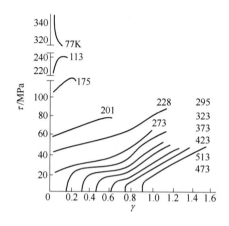

图 10-27　铌单晶体在不同温度下的
应力-应变曲线
（曲线边数字表示绝对温度值）

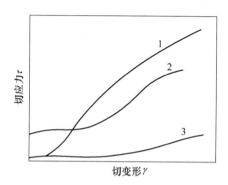

图 10-28　典型的金属单晶体加工硬化曲线
1—面心立方（Cu）；2—体心立方（Nb）；
3—密排六方（Mg）

10.3.2　多晶体金属的硬化

多晶体金属在微小变形时各晶粒就会出现相互干扰，引起多滑移。因此，多晶体加工硬化曲线中没有易滑移阶段，而只有类似于单晶体的直线硬化阶段和抛物线硬化阶段。

图 10-29 所示为面心立方点阵，经过很好退火的塑性多晶体的加工硬化曲线，曲线上的 a、c、k 点分别表示试样在拉伸过程中达到屈服极限，开始出现细颈和产生断裂时的应力。Ⅰ、Ⅱ、Ⅲ和Ⅳ分别为与 a、c、k、d 点对应的四个区域。

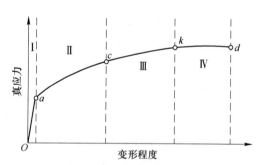

图 10-29　加工硬化曲线
a—屈服应力；c—出现细颈时的应力；
k—断裂时真应力；
d—试样拉伸至完全断裂分离点

Ⅰ 区域——开始小变形区域（O ~ a 区）。此区域所对应的变形程度是从零到屈服极限。此阶段的性质是在很小的应力作用下，多晶体的个别晶粒内开始出现塑性变形，其不可逆变形值不大于 0.2% ~ 0.5%。小变形区域特点是应力随应变增加快速增加。此区域的应力曲线主要是代表弹性变形抗力，而不是塑性变形抗力。

Ⅱ 区域——强烈硬化塑性变形区（a ~ c 区）。其所对应的变形程度是从屈服极限到出现集中变形。在此区域内的加工硬化曲线实际上是塑性变形抗力。此区域特点，一开始最强烈的塑性变形就集中在具有最大切应力的晶面上，引起应力与变形的分布不均，促进了附加应力的发展，使加工硬化率提高。

Ⅲ区域——织构形成区（c~k区）。所对应的变形程度是从出现集中变形到断裂。实验显示在刚出现细颈的变形程度下织构就开始有了成长。在此区域的发展过程中，晶体的排列逐渐趋于更规则的状态，变形体各部分的变形也逐渐趋于一致，由于这种关系，不仅使应力均衡化，而且也使附加应力下降。由于应力状态的均匀化，使硬化率大大低于前一阶段。

Ⅳ区域——高变形程度区（k~d区），即由断裂时的变形程度到极限变形程度（100%）区。此区域只有对塑性很高的材料，而且在试样内出现的实际拉应力小于该多晶体断裂应力的条件下才能开始出现。在此区域的发展过程中，晶体的排列更趋于规则，硬化强度比Ⅲ区小得多。

10.3.3　影响加工硬化的因素

10.3.3.1　金属本身组织的影响

由于面心立方比体心立方滑移系统少，难以产生交滑移，加工硬化率增大。一般而言，滑移系统多的多晶体金属，由于各晶粒变形协调性好，容易产生交滑移，因而加工硬化率小。含有杂质和硬的第二相金属因滑移受阻、变形协调性差加工硬化率就大。

10.3.3.2　温度的影响

一般随着温度的升高，硬化率减小，同时对应一定变形程度所需的应力也减小，如图10-30所示。温度升高而使硬化降低的原因有以下几点：

（1）回复和再结晶的作用。随着温度的升高，在变形物体内产生回复和再结晶，使材料软化。特别是再结晶，其软化效果更大。因软化过程需要一定的时间来完成，所以软化的时间越长，软化效果也越大。

（2）新塑性机制的参加。随着强度的升高，新的塑性变形机制可能开始工作。通常，当相对温度 $\left(\dfrac{T}{T_m}\right)$ 低于 0.3 时，基本的变形机制为滑移、孪生，晶块间机制和晶间脆性机制。而当相对温度大于 0.3 时，非晶机制开始有了明显的作用，随后参加作用的有晶间再结晶机制，溶解—沉积

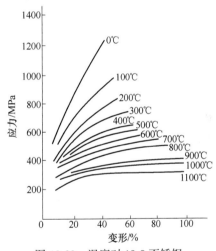

图 10-30　温度对 18-8 不锈钢
应力-应变曲线的影响

机制和在晶粒边界上的黏性流动机制。与此同时，像晶间脆性、孪生等机制几乎解除或完全解除作用。由于上述机制变化的结果，使硬化强度下降，并且非晶、再结晶和溶解—沉积等机制的作用越大，硬化强度下降的也越大。

（3）滑移机制性质的改变。滑移机制是塑性变形的一种基本机制，当温度升高时，这种机制，甚至还有晶块间机制都会大大的改变性质。也就是随着温度的升高，滑移的扩散性质开始明显的显露出来。

10.3.3.3　变形速度和变形程度的影响

对于每一种金属材料，在所定的温度下都有它自己的特征变形速度。当变形速度低于

特征速度，它对变形过程不产生影响。当变形速度高于特征速度，它将引起变形抗力升高等一系列现象。但变形抗力的升高强度，是随变形速度的增加而递减的。变形抗力升高是因为没有足够的时间来完全实现塑性变形和软化过程的缘故。而变形速度很大时，塑性变形所发出的热量来不及散失到周围介质中去，就提高了变形物体的温度，结果导致变形抗力增加速度变慢。

变形速度对加工硬化影响程度与相对温度有密切关系。图 10-31 显示在完全软化温度区间（由 0.7 到 1 相对温度），速度效应最大。这是因为温度越高，塑性机制的扩散性质越明显，非晶机制所起的作用就越大。而非晶机制又需要时间来实现，若时间很短，这种机制就不能进行。这时，它将被其他机制所代替，使变形抗力的相对提高值增大。另外，还存在着一个上限的变形速度，超过此变形速度时，由于热效应的作用，变形抗力不再升高。

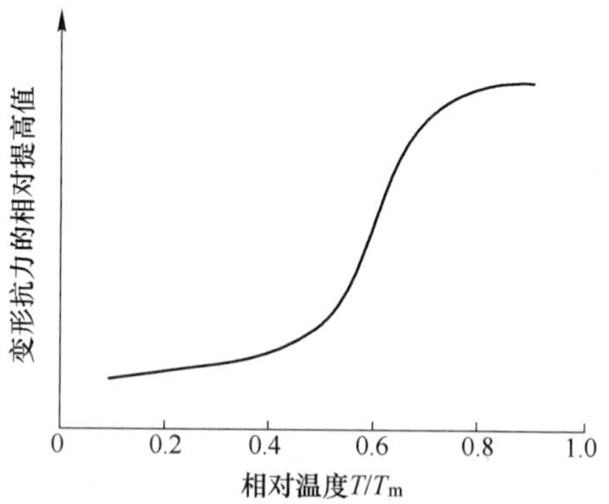

图 10-31　温度对速度效应的影响

在完全硬化的温度区间（由 0 到 0.3 相对温度），与其他温度区间相比较，其速度效应最小。因在此区间有很大的热效应，并且温度越低，其值越大。由于热效应的结果，使变形抗力在很大的速度范围内保持不变，甚至可随变形速度的升高而下降。

在由完全硬化过渡到完全软化的不完全硬化和不完全软化的温度区间内，速度效应是逐渐增大的。在不完全硬化温度区间，非晶机制实际上不存在，产生速度效应的基本原因是没有足够的时间来实现回复。在不完全软化温度区间，热效应高于在完全软化温度区间，但却比不完全硬化区间小得多。变形程度增加，加工硬化率增大。

10.3.3.4　晶粒尺寸的影响

室温加工时，晶粒尺寸对加工硬化有影响，一般多晶体的屈服应力高于单晶体的屈服应力，多晶体中细晶粒组织的屈服应力高于粗晶粒组织的屈服应力。小塑性变形范围内（小于 10%），细晶粒组织的加工硬化能力比粗晶粒的略低（曲线斜率稍小），但大变形量后，晶粒尺寸大小对加工硬化率没有影响，各条曲线逐渐趋于平行；晶粒越细小，断裂前的变形量越大，即塑性越高。如果温度较高，变形速度较低，扩散机制和晶间滑动机制起作用时，晶粒尺寸对屈服应力影响会出现相反情况，即增大晶粒反而提高蠕变抗力。

10.4　金属塑性变形的不均匀性与残余应力

10.4.1　金属塑性变形的不均匀性

物体同时在高度方向和宽度方向上（从而也在长度方向上）变形均匀时，称为均匀变形，否则就是不均匀变形。

实现均匀变形必须满足下述条件：

（1）受变形的物体是等向性的；

（2）在物体内任意质点处的物理状态完全均匀，特别是物体内任意质点处的温度相同，变形抗力相等；

（3）接触面上任意质点的绝对及相对压下量相同；

（4）整个变形物体同时处于工具的直接作用下，即变形是在没有外端（外区）的情况下进行的；

（5）接触面上完全没有外摩擦，或者没有由外摩擦所引起的阻力。

从这些条件可以发现，充分实现均匀变形，严格说来是不可能的。在采取特殊措施进行实验时，能近似地接近于均匀变形，近似的程度取决于实验技术。因此，实际的金属塑性加工时，变形不均匀分布是客观存在的。

10.4.2 基本应力与附加应力

金属塑性变形时由外力作用所引起的应力称为基本应力，表示这种应力分布的图形叫做基本应力图，对于塑性变形的物体，除基本应力和基本应力图外，还有工作应力和工作应力图。工作应力是处于应力状态的物体在变形时用各种方法实测出来的应力，其分布图为工作应力图。当物体的变形绝对均匀时，基本应力图与工作应力图相同。而当变形是不均匀分布时，工作应力等于基本应力与附加应力的代数和。

由于物体内各处的不均匀变形受到物体整体性的限制，而引起其间相互平衡的应力叫做附加应力（或称为副应力）。应当注意，基本应力是在外力作用下与瞬时加载（或卸载）所发生的弹性变形相对应，故当外力去除后这部分弹性变形恢复，基本应力便立刻消失。而附加应力，是在不均匀变形受物体整体性阻碍而发生的，在物体内自相平衡的内力（与此内力相对应便在物体内呈平衡存在弹性变形或畸变），并不与外力发生直接关系。所以当外力去除，变形终止后，仍继续保留在变形物体内部。在塑性变形完毕后仍保留于物体内的自相平衡的应力称为残余应力。

当变形体内存在不均匀变形时，沿三个轴向都作用有附加应力。因为在变形不同的区域里不仅对纵向延伸有不同的趋向，对高向压缩和横向展宽也同样有不同的趋向，在金属整体性的阻碍下，在这两个方向上也会出现自相平衡的附加应力。在趋向产生较大变形的金属层中产生附加压应力，而在趋向产生较小变形的金属层中，就产生附加拉应力。

按宏观级、显微级和原子级的变形不均匀性可把附加应力分为：第一种附加应力，在变形物体的大部分体积之间由不均匀变形所引起的彼此平衡的附加应力。第二种附加应力，在变形物体内两个或几个相邻晶粒之间由不均匀变形所引起的彼此平衡的附加应力。第三种附加应力，在滑移面附近或在滑移带中，由各部分彼此之间平衡起来的晶格畸变所引起的附加应力，也就是说在一个晶粒内由于变形不均所引起的附加应力。

引起变形及应力不均匀分布的原因主要有：接触面上的外摩擦，变形区的几何因素，工具和工件的外廓形状，变形物体的外端，变形物体内温度的不均匀分布以及变形金属的性质等。这些因素的单独作用或者几个因素的共同影响，可使变形的不均匀表现得很明显。

10.4.3 残余应力

在塑性变形中，外力所做功除大部分转化为热之外，由于金属内部的形变不均匀及点阵畸变，尚有一小部分以畸变能的形式储存在形变金属内部。这部分能量叫做储存能，其大小随金属的形变量、形变方式、形变温度及形变金属的性质而有所不同，可达形变功的百分之几到百分之十几。储存能的具体表现方式为：宏观残余应力、微观残余应力及点阵畸变。残余应力是一种内应力，它在金属中处于自相平衡状态。按照残余应力平衡范围的不同，通常可将其分为三种：

（1）第一类内应力又称宏观残余应力。其平衡范围为金属的整个体积，它是由金属板料（或零件）各个部分（如表面和心部）由于形变不均匀引起的。这类残余应力所对应的畸变能不大，仅占总储存能的 0.1% 左右。

（2）第二类内应力又称微观残余应力。其平衡范围为几个晶粒或几个晶块，它是由这些晶粒或晶块的形变不一致或不均匀引起的。

（3）第三类内应力又称点阵畸变。其作用范围是几十至几万纳米，它是由于金属在塑性变形中生成的大量晶体缺陷（空位、位错、间隙原子等）引起的。形变金属中储存能的绝大部分（80%~90%）消耗于形成点阵畸变。这部分能量使形变金属结构处于热力学不稳定状态。

形变金属中的残余应力是有害的，它导致材料和工件的变形、开裂和产生应力腐蚀。但有时也是有利的。例如，沿工件表层的残余压应力可使承受交变载荷的零件（如弹簧、齿轮等）的疲劳寿命大大增高。在生产上广为采用的表面液压及喷丸处理便是根据这一原理进行的。

形变金属中残余应力的大小、方向与金属的形变方式、形变量、形变温度、形变速度及金属的原始情况等因素有关，在实用中应通过实验来确定。对于已经产生的残余应力，可以通过适当形式的热处理加以消除。

思考题及习题

1 级作业题

（1）什么是交滑移和复杂滑移？
（2）什么是孪生变形？试比较孪生变形与滑移变形的异同。
（3）晶体滑移的实质是什么，为何滑移总是沿原子密度最大的方向发生？
（4）单晶体加工硬化曲线与多晶体加工硬化曲线有何区别，加工硬化影响因素有哪些？
（5）简述温度因素对塑性和变形抗力的影响。

2 级作业题

（1）既然滑移是位错移出晶体，为什么金属发生塑性变形后，晶体中的位错密度反而增加？
（2）金属材料发生屈服时，为什么会产生吕德斯带？
（3）什么是包辛格效应？
（4）什么情况下会产生形变时效，为什么？

3 级作业题

（1）试用位错理论简要解释单晶体滑移变化过程。
（2）在室温条件下，比较 Al 和 Mg，Al 和 Pb 的塑性哪个更好些，并简要说明其原因。
（3）位错的攀移和交滑移有什么不同，位错交截中在什么情况下产生阻碍性割阶？

11 金属塑性变形对组织性能的影响

扫一扫查看
本章数字资源

金属具有优良的延展性。塑性加工除了能够改变金属的外形形状和尺寸外，还能改变其内部的晶粒尺寸和取向，从而改变金属的加工性能和使用性能。此前，塑性加工与热处理结合，还能进一步改善其组织结构和性能。因此，了解塑性变形对金属组织及性能的影响因素，从而正确选择塑性加工工艺并控制其组织性能。

11.1 冷变形中组织性能变化

冷变形是指金属与合金在低于回复的温度的塑性加工。钢在常温下进行的冷轧、冷拔、冷冲等塑性加工过程皆为钢的冷变形过程。一般金属所处温度在其熔点温度的 0.25 倍以下，基本在室温下完成。

11.1.1 冷变形中组织变化

11.1.1.1 晶粒形状变化

金属冷变形中，随外形改变，内部晶粒形状也随之发生相应变化。晶粒变化趋势是沿最大主变形的方向被拉长、拉细或压扁，晶粒呈现为一片纤维状条纹，如图 11-1 所示，晶粒被拉长的同时，金属中的夹杂物和第二相也在延伸方向拉长或拉伸呈链状排列，如图 11-2 所示，这种组织称为纤维组织。变形程度越大，纤维组织越明显。纤维组织的存在使变形后的金属横向与纵向不同，一般垂直于纤维方向的横向力学性能降低。

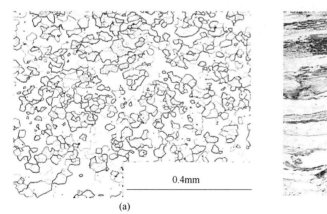
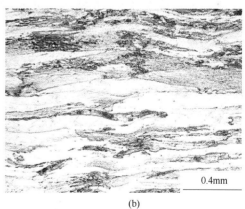

0.4mm

0.4mm

(a)　　　　　　　　　　　　　　　　(b)

图 11-1　冷轧前后金属晶粒形状变化

（a）变形前退火组织；（b）变形后冷轧变形组织

但随着 20 世纪 70 年代末发展起来的剧烈塑性变形方法（Severe Plastic Deformation，简称 SPD）比如等径角变形（ECAP）、高压扭转（HPD）、多向锻造（MDF）和复合轧制（ARB）等方法，可以在室温环境下，通过向材料中引入大的应变量而细化组织得到亚微米到纳米级大小的结构金属和合金。

11.1.1.2 晶粒内出现亚结构

多晶体塑性变形时，因各晶粒取向不同，各晶粒变形相互阻碍又相互促进，一般刚开始塑性变形就开始多系滑移，形成分布杂乱的位错缠结，在这些缠结区域的内部位错密度很低，晶格的畸变很小。每个小区域称为晶胞，相邻晶胞的边界称为胞壁，位错密度很大，胞壁排列平行于低指数晶面排列。胞壁相邻晶块的位向不同，但相差很小，一般小于2°位差。变形量越大，晶胞的尺寸越小。这些晶胞称为亚晶，这种组织称为亚结构，如图11-3所示。

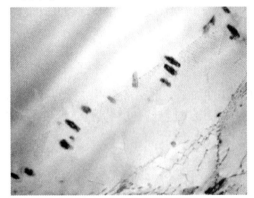

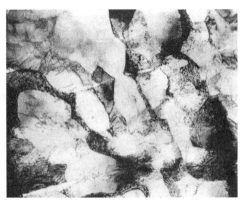

图 11-2   夹杂物呈链状排列   图 11-3   塑性变形亚结构

金属经冷加工后，其位错浓度 P 与应变 ε 的关系为：

$$P = 10^{-4}\varepsilon \tag{11-1}$$

据估计，退火状态的位错密度约为 $10^{10} \sim 10^{11}\,\mathrm{m}^{-2}$，经大量变形后，位错密度（$P$）达 $10^{16}\,\mathrm{m}^{-2}$。冷形变过程中，位错密度和分布的变化如图11-4所示。形变开始之前，位错是一根一根成单体存在，并排列成网络，如图11-4(a)所示。随着形变的增加，变形量达到0.1（10%），位错"浓缩"成许多缠结，形成胞状亚结构（胞状组织），如图11-4(b)所示。其胞壁由位错缠结组成，胞内的位错高度很低。形变再增加，胞壁的位错缠结变厚、密度增加，胞壁之间的距离变小，即胞状结构的平均尺寸减小，如图11-4(c)和(d)所示。

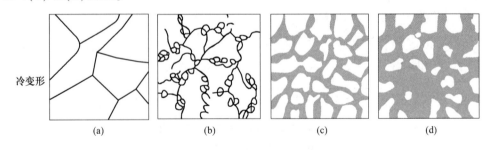

图 11-4   冷形变过程中位错密度和分布变化

（a）无变形单个位错；（b）变形到0.1，胞状结构；

（c）变形到0.5，晶胞；（d）变形到2.0，胞壁变厚

这种位错分布是储存能的主要形式。冷变形过程中，位错密度增加的过程即加工硬化过程。

11.1.1.3 晶粒位向改变

如图 11-5 所示，金属的多晶体是由许多不规则排列的晶粒所组成。但在加工变形过程中，当达到一定的变形程度以后，由于在各晶粒内晶格取向发生了转动，使特定的晶面和晶向趋于排成一定方向。从而使原来位向紊乱的晶粒出现有序化，并有严格的位向关系。金属在冷变形条件下所形成的有序排列的这种组织结构叫做变形织构。变形方向一致时，变形程度越大，位向表现得越明显。

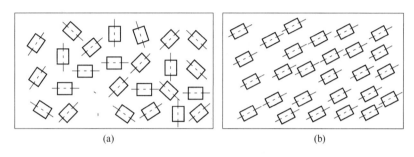

(a)   (b)

图 11-5 多晶体晶粒的排列

（a）晶粒的紊乱排列；（b）晶粒的整齐排列

通常，变形织构可分为：

（1）丝织构（见图 11-6）。在拉拔、挤压和旋锻加工中形成的织构，称为丝织构。各晶粒有一共同晶向相互平行，并与拉伸轴线一致，以此晶向来表示丝织构。变形金属中各晶粒经拉拔后，某一特定晶向平行于拉拔方向，形成丝织构。

（2）板织构（见图 11-7）。也称轧制织构，某一特定晶面平行于板面，某一特定晶向平行于轧制方向，因此，板织构用其晶面和晶向共同表示。

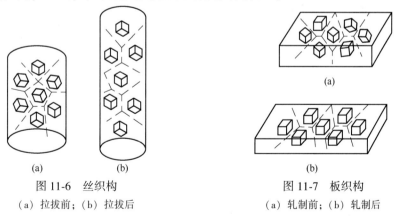

(a)

(a)   (b)   (b)

图 11-6 丝织构   图 11-7 板织构

（a）拉拔前；（b）拉拔后   （a）轧制前；（b）轧制后

11.1.2 性能的变化

11.1.2.1 力学性能的改变

变形中产生晶格畸变、晶粒的拉长和细化，出现亚结构以及产生不均匀变形等，使金属的变形抗力指标（比例极限、弹性极限、屈服极限、强度极限、硬度等），随变形程度的增加而升高。又由于变形中产生晶内和晶间的破坏以及不均匀变形等，会使如伸长率、断面收缩率等金属塑性指标随变形程度的增加而降低。

11.1.2.2　物理及物理-化学性质的改变

（1）在冷变形过程中，由于晶内和晶间物质的破碎，在变形金属内产生大量的微小裂纹和空隙，使变形金属的密度降低。例如，退火状态钢的密度为 7.865g/cm³，而经冷变形后则降低至 7.78g/cm³。

（2）金属的导电性一般是随变形程度的改变而变化，特别是当变形程度不大时尤为显著。例如，赤铜的拉伸程度为 4% 时，其单位电阻增加 1.5%，而当拉伸变形程度达 40% 时，单位电阻增加 2%，继续增大变形程度至 85% 时，此数值变化甚小。

（3）冷变形使导热性降低，如铜的晶体在冷变形后，其导热性降低达 78%。

（4）冷变形可改变金属的磁性。磁饱和基本上不变，矫顽力和磁滞可因冷变形而增加 2~3 倍，而金属的最大导磁率则降低了。对于某些抗磁性金属，如铜、银、铅及黄铜等，冷变形可提高其对磁化的敏感性，这时铜及黄铜甚至可由抗磁状态转变为顺磁状态。对顺磁金属，则冷变形将降低其磁化的敏感性。而对于像金、锌、钨、钼、锌白钢这样一些金属的磁性，实际上不受冷变形的影响。

（5）冷变形会使金属的溶解性增加和耐蚀性降低。例如，黄铜经冷变形后，在空气中被阿摩尼亚气体的侵蚀加速。关于耐蚀性降低的原因，有的认为是由于残余应力的影响，残余应力越大，则金属的溶解性越大，耐蚀性越低。有的认为，溶解性变大，耐蚀性变小，是由于原子处于畸变状态，原子势能增加的缘故。

（6）金属与合金经冷变形后所出现的纤维组织及织构，皆会使变形后的金属与合金产生各向异性，即材料的不同方向上具有不同的性能。

对于纤维组织，如前所述，由于晶粒及晶间物质（杂质及夹杂）沿着变形的方向被拉长，如图 11-8 所示，使轧件于横向（垂直于纤维方向）的力学性能低于其纵向（平行于纤维方向）。当金属与合金产生织构时也会出现各向异性。由于钢冷轧后出现了织构和退火后出现了再结晶立方织构，使钢板产生各向异性。还可看出，由于织构成分的不同，弹性模量也有差异。

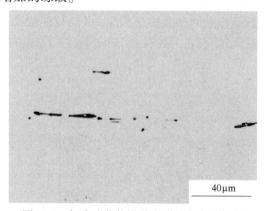

40μm

图 11-8　钢中硫化物沿着变形的方向被拉长

11.2　冷变形金属在加热时的组织性能变化

11.2.1　回复与再结晶概念

冷塑性变形后的金属加热时，通常是依次发生回复、再结晶和晶粒长大三个阶段的变化。这三个阶段不是决然分开的，常有部分重叠。

回复是指经冷塑性变形的金属在加热时，在光学显微组织发生改变前（即在再结晶晶粒形成前）所产生的某些亚结构和性能的变化过程。

　　将经过大量冷变形的金属加热到大约 $0.5T_{熔}$（$T_{熔}$ 为金属熔点）的温度，经过一定时间后，会有晶体缺陷密度大为降低的新等轴晶粒在冷形变的基体内形核并长大，直到冷变形晶粒完全耗尽为止，这个过程就叫做再结晶。再结晶过程完成后，这些新晶粒将以较慢的速度合并而长大，这就是晶粒长大过程。

　　冷变形金属在回复时，显微组织不发生变化，但晶体缺陷密度和它们的分布有所改变。

　　回复阶段发生的变化不涉及大角度晶界的迁移，因而回复仅是变形材料的结构完整化过程。这个过程是通过点缺陷消除、位错的对消和重新排列来实现的。对于冷变形材料，后一个过程是主要的，位错重新排列形成小角度晶界并使小角度晶界迁移。这些结构变化在形变基体各处或多或少地同时发生，可以认为回复过程是均匀的。图 11-9 是形变金属回复时不同阶段结构变化的示意图。图 11-9（a）和（b）是变形形成的位错缠结和胞状结构；图 11-9（c）是胞内的位错重排列和对消；图 11-9（d）是胞壁的锋锐化形成亚晶；图 11-9（e）是亚晶的长大。在退火时，这些结构变化的各个阶段是否发生取决于材料的纯度、应变量、变形温度和退火温度等。其中有些过程在变形时也会发生，这就是所谓动态回复。另外，各阶段之间没有明确界线，它们之间会相互重叠。

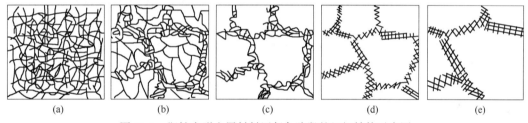

(a)　　　　　(b)　　　　　(c)　　　　　(d)　　　　　(e)

图 11-9　塑性变形金属材料回复各阶段的组织结构示意图

11.2.2　回复

11.2.2.1　回复过程中内应力的消除

　　回复阶段，由于温度升高，金属的屈服强度下降，在内应力的作用下将发生局部塑性变形，从而使第一类内应力得以消除。加热温度越高，屈服强度下降越多，第一类内应力消除越充分。回复阶段第一类内应力大部分被消除，但此时硬度基本不变，说明造成加工硬化的第三类内应力变化很少。第二类内应力在回复阶段的消除程度介于第一类和第三类内应力之间。

　　冷变形金属中第一类内应力有时会使零件自发地开裂，第一次世界大战中许多黄铜弹壳发生了这种现象。这是由于深冲压时弹壳成形形成了较大的第一类内应力，在战场上腐蚀性气体的作用下发生了应力腐蚀开裂。将弹壳在 250～300℃进行回复处理（去应力退火），这个问题得到了解决。

11.2.2.2　回复阶段组织与结构的变化

　　冷加工后，在不同的温度范围内加热时，金属将出现不同的组织和性能的变化。

　　（1）在低温（$0.1～0.3T_{熔}$）下回复。由于温度低，不能产生位错的攀移、交滑移和脱钉。此时主要的变化是点缺陷（空位）密度的减少，从而引起电阻率下降和密度上升。

（2）在中温（$0.3 \sim 0.5T_{熔}$）和高温（$> 0.5T_{熔}$）的回复。由于退火温度高，热激活引起位错的滑移、攀移、交滑移和脱钉。此时发生的主要是细微结构的变化，主要有：

1）多边形化。如图 11-10 所示，所谓多边形化就是位错由变形后的无规则分布，改变为在垂直滑移面上成位错墙，从而成为小角度晶界，小角度晶界之间即是亚晶。后一种位错组态的能量比前者低。多边形化后释放出来的能量代表这部分应变能的降低。

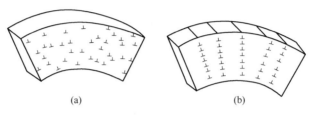

图 11-10　多边形化前后位错分布

（a）多边形化前；（b）多边形化后

多边形化的机制是弯曲晶体中的同号刃型位错通过滑移和攀移整齐排列起来，成为小角度倾斜晶界。

位错攀移是一种原子扩散过程，低温下很难发生，因此多边形化过程只能在较高温度下进行。实验证明，层错能高的金属易于发生多边形化，而层错能低的金属不易发生多边形化。

2）亚晶粒形成与长大。多晶体金属冷形变后，晶粒内可形成许多胞，胞内位错密度较低而胞壁存在大量互相缠结的位错。回复阶段通过位错的运动，胞壁上的位错密度有所减小，排列渐趋整齐，使胞壁逐渐成为亚晶界。这些亚晶界随后将进行迁移而使亚晶粒合并长大。

如图 11-11 所示，亚晶形成是同一滑移面上异号位错的对消、位错的重新排列等原因而引起胞壁中位错密度下降、胞壁变薄、胞内位错密度减小，从而形成亚晶。

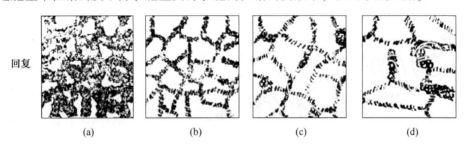

回复

（a）　　　　（b）　　　　（c）　　　　（d）

图 11-11　亚晶形成

（a）变形后；（b）短时间退火后；

（c）长时间退火后；（d）再延长退火时间

11.2.2.3　回复的动力学

尽管回复过程中晶体缺陷密度变化不大，但总会有所减少，其中尤其以冷变形过程中产生的过量空位的消失更为显著。晶体缺陷密度减小的速率 $\dfrac{dC_d}{dt}$ 是缺陷密度（C_d）和缺陷迁移速率的函数，而缺陷的迁移又是热激活过程，因此，这个问题可按化学动力学处理，即：

$$\frac{\mathrm{d}C_{\mathrm{d}}}{\mathrm{d}t} = -KC_{\mathrm{d}}\exp\left(\frac{-Q}{kT}\right) \tag{11-2}$$

式中　K——常数；

　　　Q——缺陷迁移激活能；

　　　k——玻耳兹曼常数；

　　　T——温度。

当温度给定时，$\exp\left(\dfrac{-Q}{kT}\right)$ 为一恒量。令 $K\exp\left(\dfrac{-Q}{kT}\right) = B$，代入式(11-2)，积分整理得：

$$C_{\mathrm{d}} = \exp(-Bt + C) \tag{11-3}$$

式中　C——积分常数。

式(11-2)和式(11-3)表明，随时间的延长，C_{d} 逐渐减小，并且温度越高，下降速率越高。

11.2.3　再结晶

静态回复进行到一定程度后，随退火时间的延长或温度的升高，将进一步且更急剧地降低强度，这就是静态再结晶的征兆。再结晶是通过形核与长大产生位错密度为 $10^{10}\,\mathrm{m}^{-2}$ 的新晶粒来取代高位错密度 $10^{16}\,\mathrm{m}^{-2}$ 的过程（也称为静态再结晶），如图 11-12 所示，再结晶是通过新晶粒的成核和生长来代替变形微观结构。

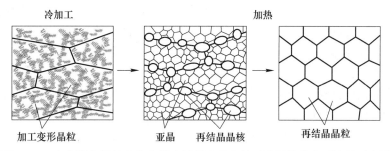

图 11-12　应变硬化材料在发生退火过程中发生的不连续的静态再结晶示意图

冷塑性变形后的金属加热时，其组织和性能最显著的变化是在再结晶阶段发生的。再结晶是消除加工硬化的重要软化手段。再结晶还是控制晶粒大小、形态、均匀程度，获得或避免晶粒的择优取向的重要手段。通过各种影响因素对再结晶过程进行控制，将对金属材料的强韧性、热强性、冲压性和电磁性等发生重大的影响。

11.2.3.1　再结晶的动力学

再结晶是形核和核长大过程，再结晶动力学的特征与凝固动力学相似。实验结果表明，再结晶形核率随时间的延长而减小，呈指数关系衰减，采用阿弗拉密方程表示，即：

$$x_{\mathrm{R}} = 1 - \exp(-Bt^{K}) \tag{11-4}$$

式中　x_{R}——再结晶体积分数；

　　　B——系数；

　　　K——一常数，其值为 $1\sim2$，视材料与再结晶条件而异。

所谓再结晶温度是 1h 内完成再结晶 95%（体积分数）的温度，用 $t_{0.95}$ 表示。即式 (11-4) 中的 x_R 取 0.95，以此作为再结晶完成的标志。加热温度越高，完成再结晶所需保温时间越短；保温时间越长，完成再结晶所需的加热温度越低。由此可知，金属的再结晶温度不是一个固定的温度。习惯上取保温 1h 完成再结晶的温度为金属的再结晶温度。在实际生产中，再结晶退火的温度要比再结晶温度高些。

再结晶温度受许多因素的影响，其中主要有以下几方面：

（1）变形程度的影响。变形程度越大，再结晶温度越低。随着变形程度的逐渐增大，金属的再结晶温度（$t_{0.95}$）趋近于某一恒定值，即所谓金属的再结晶温度限（T_z）。对纯金属来讲，在相当大的的变形程度下，再结晶温度与金属的熔点之间存在着如下关系：

$$T_z \approx (0.35 \sim 0.4) T_m \tag{11-5}$$

式中　T_z——以绝对温度表示的再结晶温度限；

　　　T_m——以绝对温度表示的金属的熔点温度。

（2）保温时间的影响。在一定的变形温度下，保温时间越长，或加热的时间越长，再结晶温度越低。

（3）金属中杂质的影响。在固溶体中加入少量的（万分之几或十万分之几）第二种元素，能强烈地使纯金属的再结晶开始温度升高。

11.2.3.2　再结晶核心的形成

A　晶界弓出形核

如图 11-13(a) 所示，某一晶界两侧的两个晶粒中位错密度有较大差异，一个位错密度高，一个位错密度低。一定温度下，位错密度高的一侧晶界突然向位错密度低一侧弓出。形成一个扇形，这个扇形区域内位错密度很低，储存能基本释放，因此就是一个再结晶核心。这样的再结晶形核实际上是现有大角度晶界局部生长。

B　亚晶合并形核

出现在层错能较低的金属中，如图 11-13(b) 所示。由于层错能低，在较大变形量情况下不能产生明显的回复。因此胞内的位错密度很高，而且其胞间的取向差比较大，所以胞壁能快速迁移。在迁移过程中胞壁吸收位错，其位错密度增加，从而使取向差加大，形成大角度晶界。因此，这样的亚晶生长就形成再结晶核心。

C　亚晶蚕食形核

如图 11-13(c) 所示，当金属的层错能比较高，而形变量又较大时出现这种情况。由于层错能高，形变后回复程度比较高，因此形成亚晶。在 A、B、C 三个亚晶中，A-B 之间的取向差较 B-C、A-C 为小，因此 A 与 B 先行合并，然后再与 C 合并，合并后的亚晶界与四周亚晶取向差较大，很可能是大角度晶界，因而容易迁移，成为再结晶核心。

当变形量较小时，再结晶核心往往是通过原始晶界的弓出面形成。变形量较大时，再结晶核心通过亚晶合并而形成。变形量很大时，再结晶核心是通过独立的亚晶的长大而蚕食变形基体而形成。

11.2.3.3　再结晶核心的长大

再结晶的核心形成后，使这里的能量降低。与其周围点阵相比，这里的能量最低，并与平衡状态相当。它的周围仍处于畸变状态，因此，周围点阵上的原子脱离畸变位置扩散过来，并按照核心的取向排列。这样，便使核心长大，直到它们彼此接触。

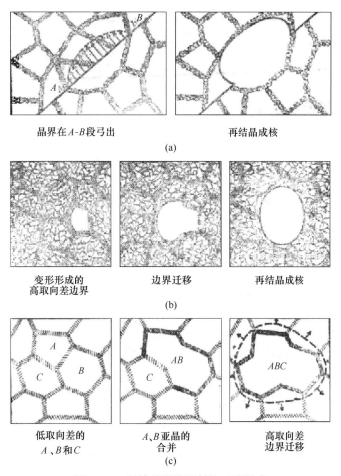

图 11-13　再结晶形核机制的三种形式

（a）晶界弓出形核；（b）亚晶合并形核；（c）亚晶蚕食形核

11.2.3.4　影响再结晶过程的主要因素和再结晶后的晶粒尺寸的主要因素

设再结晶晶粒为球状，且为均匀形核，则再结晶后结晶大小用晶粒中心的平均间距 d 表示时，有：

$$d = C\left(\frac{G}{N}\right)^{\frac{1}{4}} \tag{11-6}$$

式中　C——常数；

　　　N——形核率；

　　　G——长大速度，$G = B\dfrac{E_s}{\lambda}$。

　　　B——晶界迁移率；

　　　E_s——储存能；

　　　λ——晶界厚度；

式(11-6)表明，形核率越大、长大速率越小，再结晶后晶粒越细小。

影响再结晶过程和晶粒尺寸的主要因素有：

（1）退火温度。加热温度越高，再结晶速度越快，开始再结晶、完成再结晶的时间也越短。提高退火温度可使再结晶速度显著加快，但退火温度对再结晶刚完成后的晶粒尺寸却影响不大。提高退火温度，不仅使再结晶晶粒度大，而且还会影响到临界变形程度的具体数值。

（2）形变量。金属的冷变形程度越大，其储存的能量也越高，再结晶的驱动力也越大，变形程度对再结晶晶粒大小的影响如图 11-14 所示。当变形量很小时，晶粒尺寸与原始晶粒相同。这是因为形变量过小，储存能不足以驱动再结晶。形变达到某一定量时（一般金属均在 2%～10% 范围内），再结晶晶粒特别粗大，然后，再结晶晶粒尺寸便随形变量的增大而减小。晶粒尺寸的峰值所对应的形变量叫做临界变形量。在生产实

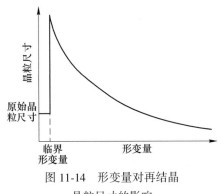

图 11-14　形变量对再结晶
晶粒尺寸的影响

际中，要求再结晶获得细晶粒的金属材料冷变形时应避开这个形变量。为了细化晶粒，条件允许时，应尽量采用大变形量，避免在临界变形程度加工。

临界形变量的存在可能是由于此时的储存能已能驱动再结晶，但由于形变量小，形成的晶核数目很少，因而得到极大的晶粒。

形变量超过临界值后，驱动形核与长大的储存能随形变量的增大而不断增长，形核率和速率都随之不断增长，形核率增长较快，使再结晶晶粒细化。

形变量对再结晶温度也有影响。形变量不太大时（约在 30% 以下），再结晶温度随形变量的增大而下降。超过这个范围后，形变量对再结晶温度的影响逐渐减小。

（3）原始晶粒大小。在其他条件相同时，金属的晶粒越细小，则变形抗力越大，冷变形后的储能就越高，再结晶温度就越低。此外，晶粒越细小，同体积的金属中，晶界的总面积越大，经相同程度的塑性变形后，由于位错在晶界附近塞积而导致晶格强烈弯曲的区域也就越多，从而提供更多的形核场所，因此再结晶的形核率更大，再结晶速率更快，形成晶粒也就越小。

（4）微量溶质原子。微量溶质原子的存在对金属的再结晶有巨大的影响。微量溶质元素会阻碍再结晶，提高再结晶温度。不同的溶质元素其提高再结晶温度的程度也不相同。这是因为溶质原子与位错及晶界间存在着交互作用，使溶质原子倾向于偏聚在位错及晶界处，对位错的滑移与攀移和晶界的迁移起阻碍作用，不利再结晶的形核和核长大，就阻碍了再结晶。

（5）弥散相粒子。弥散相粒子既可能促进基体金属的再结晶，也可能阻碍其再结晶，弥散相质点对再结晶的影响主要取决于基体上弥散相粒子的大小及其分布。金属发生冷塑性变形时，基体中的弥散相粒子直径较大、间距较大时，位错在粒子附近塞积，增大了加工硬化速率，增加了冷变形储存的能量，使再结晶的驱动力增大。此外，位错在粒子附近的塞积，在基体中产生了许多有利于再结晶形核的局部晶格畸变区，因而促进了再结晶。如果弥散的硬粒子直径和间距都较小时，虽然冷变形后的位错密度更大，但是这种弥散细小的第二相粒子阻碍了加热时位错重新排列构成亚晶界，并随后发展成为大角度晶界的过程（即再结晶的形核过程），也阻碍了大角度晶界的迁移过程（即核的生长过程），从而

使再结晶受到阻碍。

金属中存在杂质时，对再结晶的晶粒度也有影响。通常杂质阻碍晶粒长大，分布在晶界上的杂质成连续膜时，造成的障碍作用更大。

11.2.4 晶粒长大

冷变形后的金属在完成再结晶后，继续加热时会发生晶粒长大。晶粒长大是通过大角度晶界的移动，使一些晶粒尺寸增大，另一些晶粒尺寸缩小以致消失的方式进行的，晶粒的长大是靠晶界的迁移完成的。晶界的迁移可定义为晶界在其法线方向上的位移，它是通过晶粒边缘上的原子逐步向毗邻晶粒的跳动而实现。实践表明晶界移动速度与晶界移动驱动力成正比。晶粒大小对金属的性能有很大影响，控制再结晶晶粒长大在生产中是很重要的。

11.2.4.1 晶界的迁移

晶界属于热力学不平衡的晶体缺陷。晶粒长大可使晶界总面积减少，因而总界面能下降、晶体的自由焓减小。晶粒长大前后的自由焓差值就是发生这种过程的驱动力。

11.2.4.2 晶粒正常长大

晶粒正常长大是指晶粒比较均匀地长大。晶粒在恒温下的正常晶粒长大的平均晶粒尺寸为：

$$D_t = Kt^n \tag{11-7}$$

式中 t——保温时间；

D_t——保温 t 时间时的平均晶粒直径；

n——指数，一般 $n<1$，它主要取决于金属中所含杂质。

系数 K 可表示为：

$$K = K_0 \exp\left(\frac{-Q_0}{RT}\right) \tag{11-8}$$

式中 K_0——常数；

Q_0——晶界迁移激活能；

R——气体常数；

T——绝对温度。

实际上，恒温下的正常晶粒长大，经过不长的时间后即停止。这是因为晶界上存在着阻碍晶粒长大的因素。在这种情况下，晶粒尺寸便成为退火温度的函数。温度越高，晶粒越粗大。

金属中微量可溶性原子常偏聚在晶界上，这种现象叫做内吸附。发生内吸附的驱动力是偏聚原子使晶界能减小。当晶界迁移时，为使金属的自由焓不致因偏聚原子脱离晶界而上升，晶界有带着它们一齐前进的倾向。但这些原子受它们的扩散速度的限制，使晶界迁移速度减慢。

当合金中存在第二相颗粒时，这些颗粒对晶界的迁移也有阻碍作用。第二相颗粒体积分数越大，颗粒越细小，对晶界迁移所施加的阻力便越大。当晶界迁移的驱动力等于第二相颗粒施加的阻力时，晶界将停止迁移，此时晶粒直径达到极限值。生产中广泛应用这一原理限制金属晶粒的长大。钢中加入少量铝、钛、钒、铌，使其在钢中形成氮化物、碳化物或碳氮化物的细小颗粒，便可以有效地防止钢在高温加热时的晶粒长大。

金属薄板的板厚影响晶粒的长大。晶粒的平均直径达到板厚的 2~3 倍时，晶粒长大便会停止。这一方面是由于晶界由球面变成圆柱面，使晶界迁移驱动力减小；另一方面是由于高温下表面能与晶界能的相互作用，通过表面扩散在与板面相交的晶界处形成的热蚀沟，对处于板内的晶界具有钉扎作用。

11.2.4.3　异常晶粒长大（二次再结晶）

将再结晶完成后的金属继续加热至某一温度以上，会有少数晶粒突然长大，其直径可达若干厘米。其周围的小晶粒则被它们逐步吞并，最后使整个金属中的晶粒都变得十分粗大，这种现象称为异常晶粒长大或二次再结晶。如图 11-15 所示，这是二次再结晶初期（小晶粒尚未被全部并吞）得到的结果。

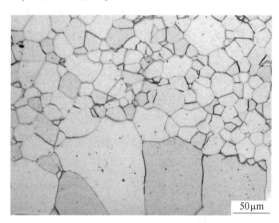

图 11-15　异常晶粒长大现象

发生二次再结晶时，大晶粒一旦形成，就迅速长大。目前，一般认为初次再结晶后，大多数晶粒具有明显的织构，晶粒间位向差很小，晶界不易迁移，但难免有些晶粒具有与它们大不相同的位向，其中更有少数具有特殊位向，其晶界很容易迁移，因而能够长大。

二次再结晶常在金属中存在分散细小的第二相颗粒，或薄板上存在热蚀沟等阻碍正常晶粒长大的因素时发生，即只有在正常晶粒长大十分缓慢时，才能发生二次再结晶。

11.3　金属在热变形过程中的回复及再结晶

金属在热加工过程中或热变形终止后也会发生回复和再结晶。一般热加工过程中回复和再结晶分成五种形态，即动态回复、动态再结晶、静态回复、静态再结晶和亚动态再结晶。热变形过程中由形变造成的加工硬化与由动态回复、动态再结晶造成的软化同时发生。

金属在塑性变形过程，一般都伴随有加工硬化现象，有加工硬化的金属在高温下就发生回复或再结晶。就热加工过程而言，变形温度高于再结晶温度，因此在变形体内，加工硬化与回复或再结晶软化过程总是同时存在的。就回复或再结晶发生的状态来看，可分为五种形态，即静态回复、静态再结晶、动态回复、动态再结晶和亚动态再结晶。

热加工后的静态回复或静态再结晶是塑性变形终止后利用热加工后的余热进行。动态回复和动态再结晶是在塑性变形过程中发生的，而不是在变形停止之后。亚动态再结晶是指在热变形的过程，中断热变形，此时动态再结晶还未完成，遗留下来的组织将继续发生无孕期的再结晶。动静态概念示意如图 11-16 所示。就回复和再结晶本质来说，动态回复和动态再结晶与静态没有什么不同，热加工过程中的动态回复和动态再结晶都能使热变形金属软化。

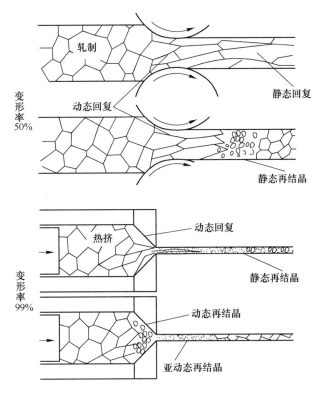

图 11-16　回复和再结晶动静态概念示意图

11.3.1　动态回复和动态再结晶

11.3.1.1　动态回复

A　发生动态回复时的应力-应变曲线

发生动态回复时的真应力-真应变曲线如图 11-17 所示。动态回复型流变应力曲线可分为三个阶段。

（1）第一阶段（微应变区阶段）：位错密度迅速增加，金属内部畸变能增加。

（2）第二阶段（正应变硬化阶段）：位错缠结，形成胞状结构阶段，位错进一步重排，通过滑移，异号位错对消，通过位错攀移，发生多边形化过程，加工硬化率较第一阶段明显降低。

（3）第三阶段有两种情况：当变形温度较低时（小于 $0.5t_m$，t_m 为熔点温度），通过螺位错的交滑移产生动态回复，此时流变应力曲线表现为线性上升的趋势 ［见图 11-17 (a)］；当变形温度较高时（大于 $0.5t_m$），刃位错的攀移能力大大增加，成为这一阶段的主要软化机制，此时，加工硬化与动态回复基本达到平衡，流变应力曲线的线性上升部分基本消失，应力趋向恒定值，也称稳态形变阶段，如图 11-17(b)所示。

B　动态回复时组织变化

（1）位错密度及分布。第一阶段：位错密度由 $10^{10} \sim 10^{11}\,\mathrm{mm^{-2}}$ 增至 $10^{11} \sim 10^{12}\,\mathrm{mm^{-2}}$；在第二阶段，位错密度由 $10^{11} \sim 10^{12}\,\mathrm{mm^{-2}}$ 增至 $10^{14} \sim 10^{15}\,\mathrm{mm^{-2}}$，这一阶段，出现位错缠结，

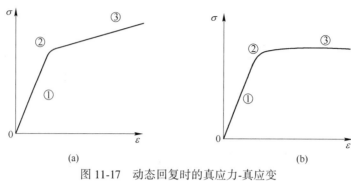

图 11-17　动态回复时的真应力-真应变

（a）变形温度<$0.5t_m$；（b）变形温度>$0.5t_m$

开始形成亚结构；第三阶段，由于动态回复的缘故，产生位错的速度（它是应变速度及温度的函数而与形变量无关）与位错相消的速度（它是位错密度及回复机制发生难易程度的函数）相等，因此位错密度保持不变。

（2）亚晶的变化。位错密度的增大导致了回复过程的发生，位错消失的速率随应变的增大而不断增大，最后终于达到位错增殖与消失达到平衡，不再发生加工硬化的稳态流变阶段。在这个阶段，亚晶的一些主要特征如胞壁之间的位错密度、胞壁的位错密度、位错密度之间的平均距离、胞状亚结构之间的取向差，始终保持不变。亚晶的完整程度、尺寸以及相邻亚晶粒的位向差取决于金属种类、应变速率和形变温度。此外，虽然晶粒的形状随工件外形的改变而改变，亚晶粒却始终保持为等轴状，如图 11-18 所示，即使形变量很大也是如此。这被解释为动态回复过程中亚晶界的迁移和再多边形化的结果。所谓再多边形化是指亚晶界不断散开，散开后又以平均距离重新形成新亚晶界的过程。

对于给定金属材料，动态回复亚晶粒的大小受形变温度和形变速率的影响。形变温度越高或形变速率越低，亚晶粒越粗大。

（3）晶粒的变化。随变形量增加晶粒不断被拉长。图 11-19 为动态回复的应力-应变曲线各阶段位错、亚晶、晶粒变化示意图。

图 11-18　430 铁素体不锈钢在 950℃
轧制时亚晶粒（12000×）

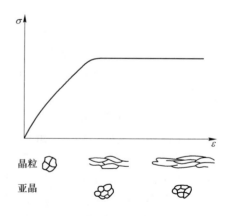

图 11-19　动态回复的应力-应变曲线
各阶段的晶粒形状和亚晶的变化

热加工动态回复避免了冷加工效应积累，因而形变金属达不到冷加工的位错密度，因此动态回复不能看成冷加工静态回复。动态回复产生亚晶不能靠冷加工静态回复得到。图11-20为冷加工静态回复与热加工动态回复中亚结构变化。

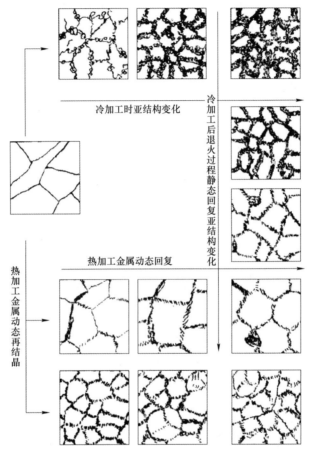

图 11-20　各种不同工艺中位错亚结构变化的比较

C　亚结构与稳态流变应力

亚结构与稳态流变应力之间的关系为：

$$\sigma_s = Kd_s^{-1} \tag{11-9}$$

式中　σ_s——流变应力；

　　　K——常数；

　　　d_s——亚晶尺寸。

随着亚晶尺寸的减小，稳态流变应力增加。

D　影响动态回复的因素

(1) 金属的点阵类型。动态回复是通过位错攀移、交滑移和位错结点的脱离而进行的。因此，层错能高的金属（如 Al、α-Fe）比层错能低的金属（γ-Fe，奥氏体不锈钢、Cu、Ni 等），更易产生动态回复。在透射电镜下，亚晶的轮廓清晰，胞壁规整。

体心立方金属的层错能一般比面心立方金属高，容易进行交滑移、攀移和结点的脱，因此容易发生动态回复。相反，Cu 等面心立方金属的层错能低，位错容易扩展，不易产生交滑移，故动态回复不易发展，而易出现动态再结晶。

（2）应变速率和温度。回复与再结晶的驱动力是储存能，而热激活则是激发回复与再结晶的条件。温度控制着热激活，因而影响到位错相消的速度，而应变速率是位错密度增加速率的函数。因此，应变速度的变化直接影响到动态回复过程的位错密度，从而也影响着热加工亚晶尺寸，从宏观上表现在对流变应力的影响。

形变温度越高，应变速率越低，则在高温形变时形成的亚晶越大，其晶内的位错密度也低，故流变应力也低，反之亦然。

应变速率和温度影响到开始稳态形变的应变量，这一应变量在 0.1（高温、低应变速率）到 0.5（较低温、高应变速率）之间变化。

稳态流变应力（σ）、应变速率（$\dot{\varepsilon}$）和温度（T）之间的关系如下：

$$\dot{\varepsilon} = A\sigma_s \exp\left(\frac{-Q}{RT}\right) \tag{11-10}$$

式中　A——常数；

　　　R——气体常数；

　　　Q——与温度和流变应力有关的激活能。

若假定 Q 与温度和应力无关，令

$$Z = \dot{\varepsilon}\exp\left(\frac{Q}{RT}\right) \tag{11-11}$$

则　　　　　　　　　　　　$Z = A\sigma_s \tag{11-12}$

Z 称为 Zeller-Hollomon 因子，亚晶尺寸与 Z 关系为：

$$d_s^{-1} = a + b\lg Z \tag{11-13}$$

式中　d_s——亚晶平均直径；

　　　a，b——经验常数。

（3）溶质元素的影响。溶质元素对动态回复的影响有：

影响金属层错能、影响自扩散系数、影响晶界迁移、影响晶体结构稳定性。

（4）第二相的影响。第二相对动态回复的影响与第二相尺寸、分布、性质有关。

1）当第二相粒子细而硬（不能被位错所切割），同时又不能溶入母相时，它们作为障碍物帮助建立和稳定结构，从而减小亚晶尺寸引起流变应力增加。当第二相粒子间距离很小时，由于阻止亚晶界的迁移，不易形成再结晶核心，所以它们可把动态再结晶推到更高的应变，因此可用于控制轧制。如奥氏体中 Nb 能在中温下完全抑制再结晶。

2）如果第二相可以部分固溶，则由于结构加速扩散而使其在形变期间大大加速粗化，结果引起流变应力下降。

3）第二相在形变过程中发生动态沉淀，亚结构使沉淀变得更均匀。反过来这些粒子又使亚结构稳定化，从而提高流变应力。这种效果已用于 Ni 基高温合金的形变热处理中。

（5）原始亚结构的影响。热加工过程中，如轧制和锻造，都是对原形变过程所遗留下来的亚结构材料进行再次加工。这时原始亚结构对热加工过程的动态回复影响分为两种情况：

1）原始亚结构比稳态亚结构软（粗）。如果继承的原始亚结构比稳定亚结构软，则其初始流变应力比连续变形低，为了达到稳态亚结构尺寸，其应变量应比连续变形时大。

2) 原始亚结构比稳态亚结构硬（细）。由于位错相消较容易，所需增加的应变量比由软结构调整到硬结构小。

11.3.1.2　动态再结晶

大部分金属零件在加工过程中都经历过热变形。变形过程中位错、界面等缺陷增加，使材料热力学不稳定。当金属在高温下变形时，热激活过程倾向于去除这些缺陷，从而降低系统的自由能。由塑性变形引起的储存能量驱动大角度晶界的形成和迁移而在形变材料中形成新的晶粒结构称为再结晶。热变形过程中经常发生再结晶，合金的最终组织和力学性能在很大程度上取决于再结晶和相关的退火现象。当材料变形温度在 $0.5T_m$（T_m 为熔化温度，单位 K）以上时，在变形过程发生的再结晶称为动态再结晶。但这只是动态再结晶发生的必要条件，因为影响动态再结晶的重要因素很多，除热机械加工条件外，还有堆垛层错能、初始晶粒尺寸、材料的溶质原子和第二相颗粒等因素。

A　动态再结晶种类

根据再结晶发生的机制，可分为不连续动态再结晶、连续动态再结晶和几何动态再结晶三种。

不连续动态再结晶是形核和新晶粒长大都在变形过程中完成。传统动态再结晶包括明显形核和晶粒长大两个过程，因此传统动态再结晶被认为不连续动态再结晶。而连续动态再结晶由于位错不断累积在小角度晶界，使晶界取向差连续增加，最终形成大角度晶界，因此只有形核这单个过程，没有晶粒长大的过程。几何动态再结晶是晶粒在变形期间被拉长，原始大角度晶界因为迁移形成锯齿，当变形晶粒被进一步拉长而使其厚度变薄，当晶粒厚度小于 1~2 亚晶粒尺寸距离时，锯齿状大角度晶界会直面相遇并接触，因此拉长的变形晶粒被夹断而形成细小等轴晶粒的再结晶过程。

a　不连续动态再结晶（Discontinuous Dynamic Recrystallization，DDRX）

不连续动态再结晶通常只发生在中低层错能的金属材料，并且在高温变形，即温度 $T>0.5T_m$（T_m 为材料的绝对熔点温度）时。即在变形过程中出现新的无应变晶粒形核，这些晶粒在充满位错的区域生长。不连续动态再结晶结构形貌如图 11-21(a) 所示，沿着边界形成的新颗粒的项链如图 11-21(b) 所示。所产生的动态晶粒尺寸对变形条件敏感。

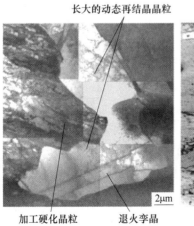
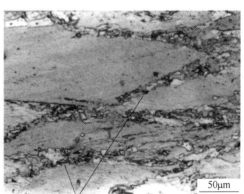

图 11-21　纯铜的不连续动态再结晶

（a）在 623K 变形时生长的晶粒；（b）573K 压缩过程中出现的项链式的显微结构

不连续动态再结晶的一般特性包括：

（1）要出现不连续动态再结晶，金属材料的变形程度必须达到一个临界应变量（ε_c），该临界值有时会略低于峰值应变量（ε_p），临界应变量和峰值应变量都会随着 Zener-Hollomon 参数减小而稳定地减小。

（2）材料的变形温度、应变速率和初始晶粒尺寸不同，使材料的应力应变曲线出现单峰或多峰的形状。稳态应力与 Zener-Hollomon 参数相关，但与初始晶粒尺寸无关，如图 11-22（a）和（b）所示。

（3）不连续动态再结晶的形核通常始于已存在的晶界，当初始晶粒尺寸与再结晶晶粒尺寸相差较大时，会形成等轴晶的项链状结构，如图 11-22（c）所示。

（4）再结晶动力学随着初始晶粒尺寸的减小、应变速率的减小以及变形温度的升高而加快，如图 11-22（d）所示。

（5）不连续动态再结晶过程中，晶粒尺寸逐渐向饱和值（D_S）发展，且这个饱和值（D_S）在再结晶过程中不会发生变化。晶粒细化或粗化的发生取决于初始晶粒尺寸和变形条件。稳态晶粒尺寸与 Zener-Hollomon 参数（或应力）之间通常存在幂指数关系，尽管在高 Z 值时也存在偏差，如图 11-22（e）和（f）所示。

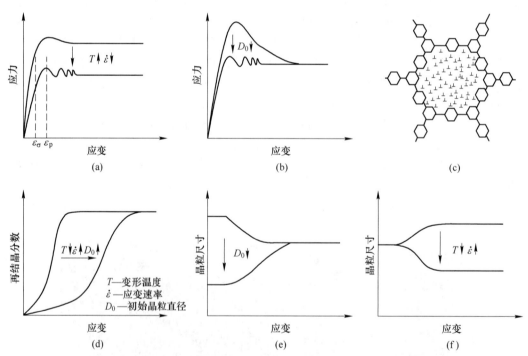

图 11-22   不连续动态再结晶随变形条件（T）和初始晶粒尺寸（D_0）变化的典型实验特征示意图

（a），（b）应力-应变响应，显示从单个峰到多个峰的转变；（c）不连续动态再结晶期间的项链结构；

（d）变形条件和初始晶粒尺寸对再结晶动力学的影响；（e）平均晶粒尺寸随初始晶粒尺寸 D_0 的变化；

（f）平均晶粒尺寸随变形条件的变化

注意：图 11-22（e）和（f）达到稳态大小为 D_S。

b   连续动态再结晶（Continuous Dynamic Recrystallization，CDRX）

DDRX 只发生在中低层错能的材料、并且在高温变形，即温度 $T > 0.5T_m$（T_m 为材料的绝对熔点温度）时。而 CDRX 可以发生在低温（$T<0.5T_m$）剧烈塑性变形情况下的任何金属材料，与材料层错能高低无关。但高温变形时，高层错能材料常常出现 CDRX。但 K. Huang 等人认为这三类动态再结晶没有严格的区分界线。但不连续动态再结晶具有晶粒粗大、沿变形基体不均匀分布的特点，而连续动态再结晶则晶粒细小均匀分布。研究发现 AZ31 会同时出现 CDRX 和 DDRX。这说明动态再结晶不同类别会同时出现和相互转变，特别是改变热加工工艺参数或原始晶粒尺寸后，DDRX 会转变为 CDRX。

研究发现材料变形过程的亚晶粒的不断旋转可能会形成带有大角度晶界的新晶粒，因此认为连续动态再结晶是通过位错的积累首先形成小角度晶界，小角度晶界随着应变的增大逐渐转变为高角度晶界，最终形成完整新晶粒的过程。由于这种情况下，整个材料的微观结构发展较为均匀，再结晶晶粒没有明显的形核和生长，因此这种动态再结晶被称为连续动态再结晶。连续动态再结晶不会出现在单纯退火中，而是在应变条件下连续产生，因此也被称为变形诱导的连续再结晶或者应变诱导的连续再结晶。例如，在铝和铝合金以及铁素体钢的研究中，小应变和中等应变（$\varepsilon \leqslant 1$）变形后的原始晶粒内形成亚晶粒；而在大应变（$\varepsilon \geqslant 40$）条件下，变形过程中形成的亚晶界已经完全转变为高角度晶界。大量研究表明，连续动态再结晶的组织特征主要体现在晶界取向分布和晶内取向积累。

热变形过程中的连续动态再结晶主要特征包括：

（1）应力-应变曲线形状特征。应力随应变增大而增大，在大应变下达到稳态应力，稳态应力随变形温度的降低和应变速率的增大而增大，且与初始晶粒尺寸无关，如图 11-23(a) 所示。Al 和 Mg 合金的应力-应变曲线上出现单峰，而不锈钢和铜的应力-应变曲线上则没有明显的峰。

（2）平均应变诱发（亚）晶界取向差。平均取向差随应变增加，低应变速率加速了这一过程，而较高温度则既可以增加、也可以减少稳态值，其取决于变形温度和合金元素数量。但也存在某些稳定取向，因为其取向差虽然增加，但还没有达到转化为大角度晶界的值，如图 11-23(b) 所示。

（3）小角度晶界向大角度晶界的转变。由小角度晶界在很高温度下的取向差均匀增加，晶粒边界附近的出现渐进晶格旋转（LRGB）或在较大应变下形成微剪切带（MSBs），如图 11-23(c) 所示为转变示意图。研究显示，变形早期阶段，热变形过程中晶粒细化会受到晶粒取向的强烈影响。

（4）晶粒尺寸。大应变下的晶粒平均尺寸随变形增加而减小，并达到一个"稳定值" [见图 11-23(d)]，但大应变下也会存在一些稳定的原始晶粒。大应变的变形下，减小初始晶粒尺寸可显著加快晶粒细化动力学，而应变路径对连续动态再结晶动力学影响不大。

（5）晶体织构：大应变下会形成强烈织构。

c　几何动态再结晶（Geometric Dynamic Recrystallization，GDRX）

几何动态再结晶在外形与连续动态再结晶很相似，有时被归类为连续动态再结晶过程的一类。几何动态再结晶常常发生在铝及其合金在高温大应变情况下，其示意图如图 11-24 所示。图中动态回复（DRV）在热变形过程中产生锯齿，其齿长与亚晶粒尺寸相似，如图 11-24(a) 所示。当材料大变形时，会发生明显的晶粒拉长和细化，从而导致晶界面

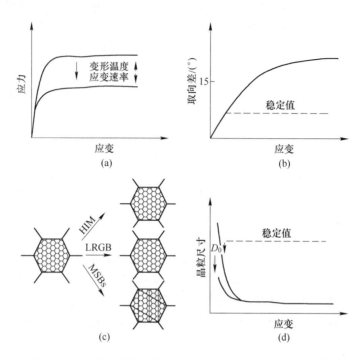

图 11-23　连续动态再结晶（CDRX）的典型实验特征示意图

（a）应力-应变曲线；（b）高温（>0.5T_m）下平均应变诱导（亚）晶界取向差的演化；

（c）CDRX 的形成机制，其中细线代表小角度晶界，粗线代表大角度晶界或微剪切带；（d）晶粒尺寸与应变关系

积急剧增大，如图 11-24（b）所示。

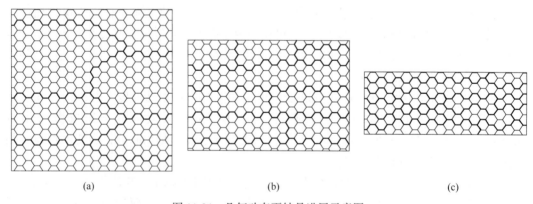

图 11-24　几何动态再结晶进展示意图

（a）小变形时，晶界变平，基体中亚结构清晰；（b）随着变形的继续，锯齿状的大角度晶界（图中粗线）

变得更加靠近，尽管亚晶粒尺寸基本保持不变；（c）最终大角度晶界直面相遇，主要为大角度晶界的微观结构

几何动态再结晶的主要特征包括：

（1）发生条件。主要发生在高温低应变速率下变形的高层错能的金属材料，在较低变形温度下，动态回复起主导作用，因为大角度晶界迁移性太低，无法迁移形成锯齿状，而晶粒长大则发生在很高的变形温度下。

（2）应力-应变曲线。应力最初增加到一个较高的峰值应力，然后缓慢下降，可能因为织构软化，在大应变下达到一个稳定状态，如图 11-25（a）所示。

（3）亚晶粒尺寸。亚晶粒在临界变形后形成，首先在原始大角度晶界附近，并且亚晶粒保持近似等轴和恒定的尺寸如图 11-25（b）所示。稳态亚晶粒尺寸随 Zener-Hollomon 参数的增加而减小。

（4）亚晶取向差。与连续动态再结晶不同，从透射电镜图中测量得到的位错反应形成的晶界取向差为 2°，如图 11-25（c）所示，形变带通常在初始的大晶粒中形成。在计算亚晶粒中（低）平均位错时，不考虑原始晶胞上的晶面。因此，如果考虑所有晶界，在几何动态再结晶过程中，总存在双峰分布的取向差现象。

（5）晶体织构。与不连续动态再结晶不同，几何动态再结晶形成的再结晶织构基本上维持原样，例如热轧过程中的强轧制织构，这是因为大角度晶界几乎没有移动。尽管如此，织构软化仍被认为是第一峰之后应力降低的原因，如图 11-25（a）所示。

（6）溶质和细颗粒的影响。当溶质拖曳和/或颗粒钉扎时，亚晶粒形成的临界应变值和大角度晶界分数增加［见图 11-25（d）］，但稳态亚晶粒尺寸减小，这也意味着需要大变形才能实现几何动态再结晶。

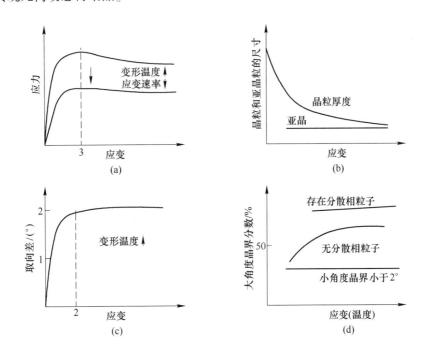

图 11-25　几何动态再结晶过程中晶粒厚度（大角度晶界间距递减方向）和亚晶粒尺寸的演化
（a）流动应力，第一个平台在 1~3 附近，第二个平台在大应变下；（b）晶粒厚度和亚晶粒尺寸演化；
（c）用透射电镜测量的小角度晶界取向差演变，不考虑形变带和大角度晶界；
（d）大角度晶界的演变，可对比小于 2° 的小角度晶界

B　动态再结晶的应力-应变曲线种类

和静态下的情况相似，动态再结晶温度也比动态回复温度高。发生动态再结晶时真应力—真应变曲线的特征如图 11-26 所示。

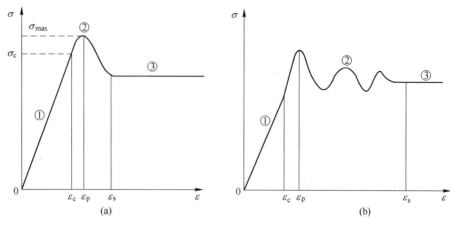

图 11-26　动态再结晶的应力-应变曲线

（a）连续型；（b）周期型

　　动态再结晶的流变应力曲线也分为两种类型，其分别为连续型〔见图 11-26(a)〕和周期型〔见图 11-26(b)〕。图中 ε_c 是在应变速率高的条件下开始发生动态再结晶的临界应变量，当变形量达到临界值 ε_c 后，流变应力达到一临界值 σ_c。此时再结晶开始，加工硬化仍占上风，故曲线继续上升，但斜率渐减。当流变应力达到极大值 σ_{max} 后，再结晶加快，流变应力降到 σ_{max} 与屈服极限之间，并保持恒值，形成稳态流变。此时形变硬化和再结晶软化达到动态平衡，如图 11-26(a)所示。流变应力达到极大值 σ_{max} 对应的应变 ε_p 称为峰值应变。

　　当应变速率低时，由于位错增殖速度小，在发生动态再结晶软化后，继续进行再结晶的驱动力减小，再结晶软化作用减弱，以致不能与新的加工硬化平衡，从而重新发生硬化，曲线重新上升。等到位错再度积累到一定程度，再结晶又占上风时，曲线又下降。这种反复变化的过程将不断进行下去，变化周期大致不变，但振幅逐渐衰减，如图 11-26（b）中的波形曲线所示。

　　图 11-27 为动态再结晶开始与完成时应力应变曲线流变应力的变化。动态再结晶开始，流变应力逐渐下降，动态再结晶结束，新的加工硬化开始出现，流变应力重新上升。

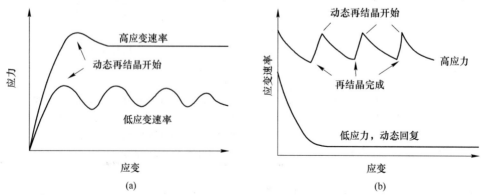

图 11-27　动态再结晶过程在应力-应变曲线上的反映

（a）应变速率一定；（b）应力一定

C　动态再结晶时组织结构的变化

根据动态再结晶应力-应变曲线形态，这条曲线可分为三个阶段，如图11-28所示，即加工硬化阶段 I（$0<\varepsilon<\varepsilon_c$），动态再结晶的初始阶段 II（$\varepsilon_c \leqslant \varepsilon <\varepsilon_n$）和稳态流变阶段 III（$\varepsilon \geqslant \varepsilon_n$）。其中 ε_p 为对应峰值应力 σ_{max} 的应变，ε_c 为开始动态再结晶的临界应变，$\varepsilon_c =(0.6\sim 0.8)\varepsilon_p$ 的应变，ε_n 为动态再结晶开始到动态再结晶完成 95% 的应变。稳态流变应力 σ_n 小于峰值应力 σ_p，高于屈服应力 σ_s。

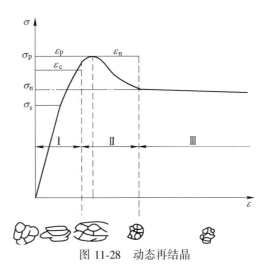

图 11-28　动态再结晶

a　晶粒形状变化

第 I 阶段 [约为 $(0.6\sim 0.8)\varepsilon_p$]：该阶段是加工硬化阶段，未出现动态再结晶，虽然已出现动态回复，但还是加工硬化阶段，形变中晶粒被拉长，在此阶段形变会诱发晶界迁移，使原始晶粒呈细的锯齿状。

第 II 阶段（约为 $0.7\varepsilon_p\sim\varepsilon_n$）：该阶段是部分动态再结晶阶段，应变达到最大应力对应的应变量的 70% 左右时开始发生动态再结晶。动态再结晶晶粒在原始晶界或退火晶界优先形成。动态再结晶量随应变量增大而增加，由于动态再结晶急剧进行而产生软化，故应力在最大值后趋于下降。

第 III 阶段（$\varepsilon>\varepsilon_n$）：该阶段是完全动态再结晶阶段。由于动态再结晶晶粒全部取代原始晶粒，此后转为稳态形变状态。此区域是形变的同时，再结晶重复进行的阶段。其等轴晶随应变量增加仍然保持不变。

b　位错亚结构变化

加工硬化阶段：在容易发生动态再结晶的金属中，由于其层错能较低，回复程度较差，故其胞状亚结构的尺寸较小，胞壁较厚，胞壁中有较多的位错缠结，胞内的位错密度较高。因此，电子显微镜下，其亚晶界模糊不清，但晶界变细并呈凹凸状。

动态再结晶阶段：

（1）当应变速度比较低时。再结晶通过晶界的弓出形核然后长大。当通过晶界迁移长大时，由再结晶中心到前进着的晶界边缘，其应变能梯度较小，前进着的晶界后面的位错密度也较小。因此，晶界迁移的驱动力比较大，迁移速度也较快，而且连续形变对再结晶驱动力和晶界迁移速度的影响不大。与静态再结晶比较，在应变速度较小时，动态再结晶晶粒尺寸小不了多少，晶内的位错密度也较小。随着热加工的继续，再结晶一旦完成，晶内位错密度增加到临界值后又开始新一轮再结晶。

（2）高应变速度时。由于应变速度高，胞状亚结构尺寸小，位错密度高，因此可能的再结晶形核机制是胞状亚结构的生长形核。再结晶核心形成后，由于形变速度高，由再结晶晶粒中心到移动着的亚晶界（或大角度晶界）的应变能梯度高，再结晶晶粒内位错密度高，故与静态再结晶比较，再结晶的驱动力下降，其晶界移动速度也减缓。在再结晶完成之前，再结晶晶粒内的位错密度又达临界值，于是在已再结晶晶粒内又开始新一轮的形核长大。

当应变速率大时，任意时刻晶粒均存在一个形变不均匀地区，其应变量在零到稍大于临界值 ε_c 之间变化，其流变应力大于静态再结晶。

总之，位错密度的变化是在应变硬化阶段，随着应变的增加，位错密度大大增加，在 ε_p 处达最大值。动态再结晶的出现，因晶界的迁移引起位错的大量消失，在稳态形变阶段，位错密度达到一个平衡值。

c   动态再结晶组织特点

在稳态形变阶段的金相组织特点是：

（1）晶粒保持为等轴状。

（2）晶粒大小很不均匀。

（3）晶粒呈现不规则的凹凸状。

（4）即使是易于形成退火孪晶的金属，动态再结晶后退火孪晶也很少见。

D   动态再结晶机制

a   不连续动态再结晶机制

晶界凸起/滑动发生：在塑性变形过程中，由于晶粒之间的不相容，会引起边界产生波浪状形貌，以此阻止晶界进一步滑动或剪切，这使位错堆积在晶界，形成高密度梯度位错区域。随后亚晶粒在原始晶界附近形成，如图11-29（a）所示。连续变形导致局部应变集中，晶界发生局部滑动或剪切，导致附加的非均匀应变，如图11-29（b）所示。在低温

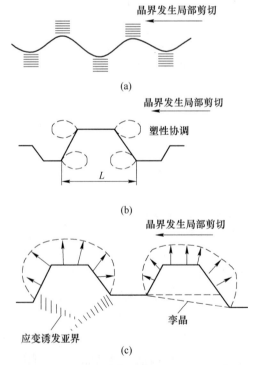

图 11-29   不连续动态再结晶晶粒形核示意图

（a）边界波纹伴随着亚边界演变；（b）部分晶界滑动/剪切，导致不均匀局部应变的发展；

（c）锯齿状晶界的部分凸起，伴随着位错亚晶或孪晶的演化，导致新的不连续动态再结晶晶粒的形成

或高应变率变形下，可形成应变诱导亚晶界。相反，在高温或低应变速率变形下，孪晶是有利的。如图 11-29(c) 所示，在附加的非均匀应变的辅助下，部分锯齿状晶界的突起将形成不连续动态再结晶核。

b　连续动态再结晶机制

（1）均匀取向差增加的动态再结晶。在较高变形温度下，通常会形成均匀微观组织，与冷变形不同，没有明显的变形带或微剪切带。在热变形条件下，位错不断增加加入到小角度晶界（LAGBs），使其取向差增加，当增加到一个临界值 θ_c($\theta_c \approx 15°$)，则形成了大角度晶界（HAGBs）。这类现象常见 Al 和 Al 合金、304 型奥氏体不锈钢（1073~1273K）和双相不锈钢的研究报道中。

也有研究显示，当边界被小颗粒钉扎固定时，LAGBs 向 HAGBs 转变增强，从而产生了促进超塑性的细晶结构。该方法包括两个步骤，即先进行冷变形和/或温变形以增加位错密度，然后进行热变形，在热变形过程中亚晶迅速形成。（亚）边界在一定量变形后被小颗粒钉扎固定，位错不断被捕获并困在这些边界内，最终导致其转变为 HAGBs。

（2）近晶界处的渐进式晶格旋转诱发的动态再结晶。某些材料可以通过变形过程中与原有晶界相邻的亚晶粒的连续旋转来实现动态再结晶。比如镁合金中晶界处发生的晶格渐进旋转可能导致新晶粒的形成，因为镁合金为密排六方结构，独立滑移体系少，所以导致镁合金变形不均匀，局部剪切首先发生在晶界附近，如图 11-30(a) 所示。当局部剪切进行时，导致边界附近晶格旋转，动态回复也会发生，如图 11-30(b) 所示。在边界区域会形成所谓亚晶粒，如图 11-30(c) 所示。最终少量的亚边界迁移导致边界的合并，并通过大角度晶界（HAGBs）形成新的颗粒。

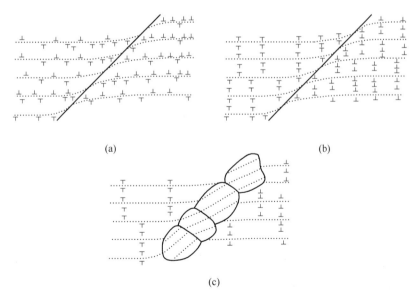

(a)　　　　　　　　　　(b)

(c)

图 11-30　渐进晶格旋转

(a) 发生在晶界附近的局部剪切；(b) 边界附近晶格旋转；(c) 晶界区形成的亚晶粒

变形过程中的晶界旋转并不是镁合金独有的现象，大量微合金元素添加下的 Al 合金中也存在此现象，如铝镁合金和铝锌合金。晶界滑动优先发生在有利取向的边界处，如图

11-31(a)所示。即 HAGBs 在材料内部能量差的驱动下，跨越这些有利取向的边界进行迁移，导致锯齿状结构的形成，如图 11-31(b)所示。由于如图 11-31(a)所示的晶界滑动能消除已有小锯齿，因此大应变下，非滑动边界会首先形成大锯齿或凸起，如图 11-31(c)所示。一旦凸起形成，晶界滑动仍可在凸起部分激活，而边界其余部分不得不通过塑性变形来适应应变，从而导致局部晶格旋转和边界形状不对称，最终导致亚晶形成，一旦亚晶粒方向偏差足够大，新的晶粒就会形成。

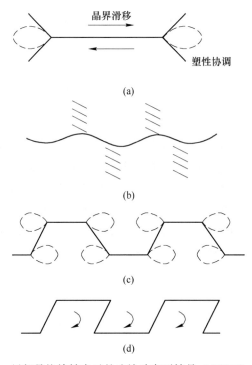

图 11-31   局部晶格旋转表示的连续动态再结晶（CDRX）的示意图

(a) 晶界滑动，导致三角区域的应力集中；(b) 局部迁移形成的边界隆起；

(c) 部分滑动，部分位错运动，导致晶界局部凸起；(d) 晶界凸起的剪切作用，导致不对称凸起和局部晶格旋转

　　(3) 微剪切带引发动态再结晶。由于微剪切带形成，引发了连续动态再结晶，这种常常发生在大塑性变形（SPD）过程中。因为应变量较少时出现的位错会排列成胞状的亚结构，这被认为是新晶粒的形核期。由于晶粒内部的多个微剪切带形成了微剪切带的空间网络，如图 11-32(a)所示，并导致其平均取向差的快速增加。随后变形增加使微剪切带的位错密度迅速增加，并使大角度晶界和小角度晶界的密度迅速增加，如图 11-32(b)所示。但这些现象未能均匀地在材料内部发生，仅集中出现在微剪切带内部，并且更多出现在微剪切带之间的交点处。随着变形进行，超细晶数量增加，即等轴超微结构逐渐扩展到整个材料中。

　　E   控制动态再结晶影响因素

　　a   金属层错能

　　金属层错能会明显影响动态再结晶发生的种类。由于层错能决定了堆垛层错的宽度，堆垛层错宽度影响位错解离成部分位错的程度。金属层错能低，全位错易分解为部分位

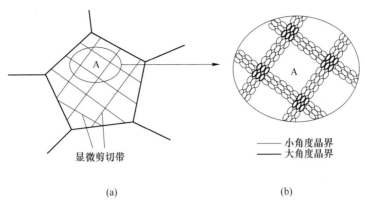

图 11-32 新晶粒形成的示意图

（a）小应变下的显微级剪切带的形成；（b）具有足够大应变的交叉处和沿剪切带的新晶粒

错，其扩展位错的宽度也大，从而阻碍了位错的攀移和交滑移，因此动态回复难以进行。而不连续动态再结晶和连续动态再结晶的发生都取决于动态回复的速率与晶界的迁移速度（迁移率）之间的关系。因此不连续动态再结晶通常在低至中等堆垛层错能的金属和合金的热加工期间发生，这些表现出相对低速率的动态回复。而连续动态再结晶和几何动态再结晶通常发生在高的层错能金属材料，但层错能并不是在热变形过程中发生何种类型的动态再结晶过程的唯一因素。表 11-1 中为代表性金属材料在热变形期间的不连续动态再结晶和动态回复之间的关系。

表 11-1 大应变塑性变形条件下的动态再结晶发生的种类

加工温度条件（T/T_m）	金属层错能	
	低~中	高
热加工（$T>0.5T_m$）	不连续动态再结晶	连续动态再结晶
温/冷加工（$T<0.5T_m$）	连续动态再结晶	连续动态再结晶

b 初始晶粒尺寸

初始晶粒尺寸对材料屈服强度的影响效应的最著名公式是 Hall-Petch 关系式，即：

$$\sigma_y = \sigma_0 + \frac{k_y}{\sqrt{d}} \tag{11-14}$$

式中，σ_0 为材料常数；k_y 为强化系数；d 为平均晶粒尺寸。晶界阻碍位错运动，因此通过晶粒尺寸变化可能改变位错运动的难易程度，进而影响屈服强度。这适用于上述所有三种类型的动态再结晶进程。然而，观察到最高屈服强度往往是在晶粒尺寸为近似 10nm 时获得；屈服强度或保持不变，或随晶粒尺寸的进一步减小而降低。除影响材料机械性能外，初始晶粒尺寸影响三种动态再结晶工艺的微观结构演变，但方式不同。

在不连续动态再结晶过程中，晶界是形核的首选位点，因此较大的初始晶粒尺寸提供较少的形核位点，再结晶动力学较低。同时，形变和剪切带等非均质性位置也是形核的场所，在晶粒尺寸较大的材料中更容易形成。除再结晶动力学外，初始晶粒尺寸也在很大程度上决定了不连续动态再结晶过程中应力-应变曲线的形状，即单峰或多峰。研究发现如果再结晶与初始晶粒尺寸之比大于 2（晶粒粗化），则得到具有多峰的振荡应力-应变曲线。再结晶与初始晶粒尺寸之比较低，小于 2（晶粒细化）导致曲线平滑且为单峰。应该说明的是，稳态再结晶晶粒尺寸与初始晶粒尺寸无关，相反，它明显与 T 和 E 密切相关，而 T 和 E 决定了稳态流动应力。这意味着，不同初始晶粒尺寸的试样在相同的变形条件下，无论是通过晶粒粗化还是通过晶粒细化，都可以获得相同的再结晶晶粒尺寸。初始晶粒尺寸在确定热变形过程中发生哪种类型的动态再结晶过程中也起着作用。例如，将初始晶粒尺寸从 $35\mu m$ 减小到 $8\mu m$ 会导致 304 奥氏体不锈钢的不连续动态再结晶向连续动态再结晶转变。

初始晶粒尺寸对连续动态再结晶的影响研究表明，当连续动态再结晶达到一定程度时，再结晶晶粒尺寸与初始晶粒尺寸无关。

已知当多晶金属变形时，由于晶粒在变形过程中根据宏观形状的变化而改变其形状，因此晶粒边界面积随着应变的增加而增加。例如，轧制试样的晶粒沿轧制方向（RD）变长，法向（ND）上的晶粒厚度（H）与应变和初始晶粒尺寸（D_0）之间的关系如下式所示：

$$H = D_0 \exp(-\varepsilon) \tag{11-15}$$

值得注意的是，式（11-15）中 $-\varepsilon$ 是指沿 ND 的真应变，而不是等效 Von Mises 应变。变形过程中形成的晶胞或亚晶粒尺寸在大应变下变化很小，虽然它取决于温度和应变速率，但晶粒厚度（H）减小得快得多，最后达到 $1\sim2$ 亚晶粒尺寸的大小。如果变形是在高温下进行的，则几何动态再结晶将发生。可见，较小的初始晶粒尺寸（D_0）将使几何动态再结晶的边界空间（H）更快地减小到临界值。

c　第二相粒子

第二相粒子在再结晶过程中起着很大的作用。第二相粒子可以钉扎晶界，阻碍位错运动，因此第二相对动态再结晶影响很大。较细析出相阻碍位错运动，使再结晶速度延缓，晶粒长大受 Zener 拖曳效应。Zener 压力与 $\gamma_{GB} V_f \sqrt{r}$ 成正比。γ_{GB} 为晶界能，V_f 为析出相颗粒体积比，r 为析出相颗粒平均尺寸。粗大析出相颗粒能够加速动态再结晶，由粒子激发形核（Particle Stimulated Nucleation，PSN）引导晶粒形核。

颗粒/基体界面特征也影响再结晶行为。Miura 等人研究了两种分别含有共格析出和非共格沉淀相的 Cu 合金在 $4.1\times10^{-4}\sim3.2\times10^{-2}s^{-1}$ 真应变速率下的再结晶行为。由于位错与共格沉淀相之间的相互作用较强，含非共格沉淀相的 Cu 合金比含共格沉淀相的 Cu 合金更容易发生动态再结晶。然而，在较大应变下，共格析出相向非共格析出相的转变可以通过再结晶的扩展来实现。

d　热机械加工条件

大多数实验室对动态再结晶的研究都集中在恒定热机械加工条件下，如整个动态再结晶过程中变形温度和应变速率保持不变。将应变速率和变形温度代入单参数 Zener-Hollomon 参数（Z）可以很方便地研究动态再结晶，即：

$$Z = \dot{\varepsilon} \exp\left(\frac{Q}{RT}\right) \tag{11-16}$$

式中，R 为气体常数；T 为变形温度；Q 为"形变"活化能，通常高于所研究材料的自扩散。

流动应力可以通过 Sellars 和 Tegart 本构方程与 Z 相关，即 $Z = A(\sinh\alpha\sigma)n$，$A$、$\alpha$ 和 n 是材料常数。对于不连续动态再结晶区，当 T 高，材料常数 α 低（低 Z）时，流变应力曲线呈现多峰；当 T 低，材料常数 α 高（高 Z）时，流变应力曲线呈现单峰。

动态再结晶的稳态再结晶晶粒尺寸（D_S）对材料的强度、延性等力学性能有重要影响，但它与变形工艺参数密切相关。一般情况下，再结晶动力学随变形温度的升高和应变速率的降低而增大。再结晶晶粒尺寸随应变的增加而增大，在再结晶量的 10% 左右接近稳态值；稳态晶粒尺寸随变形温度的升高和应变速率的降低而增大。在连续动态再结晶过程中，小角度晶界位错分布的演化是影响变形过程中微观组织变化的重要因素。实验发现变形温度能以不同方式影响小角度晶界的取向偏差。

变形温度和应变速率可能决定某些材料的动态再结晶机制。在 ZK60 镁合金、AZ31B 合金、工业纯镁、Inconel690、316（N）不锈钢等不同材料中都观察到了这种现象。ZK60 镁合金的低温（小于 473K）的动态再结晶与孪生有关，中温（473～523K）范围内出现连续动态再结晶，而在 573K 以上则主要是不连续动态再结晶。实际上，由于动态再结晶机制随 Z 参数的改变而改变，再结晶晶粒尺寸对 Z 的依赖关系也随之改变。

工业实际应用中，其加工过程中变形温度和应变速度是不断变化的。例如在热轧过程中，应变速率不是完全恒定的，当接近最大应变时，应变速率迅速降低。研究发现工业纯 Al 试样在高温变形过程中进行大应变率降低时，会发生应变诱导晶界迁移的不连续动态再结晶。

（1）变形量。变形量对镁合金动态再结晶影响除了再结晶尺寸外，最主要是改变形核机制。研究发现，当应变 $\varepsilon > 3$ 时，使镁合金即使常温也能出现 DRX，见表 11-2。增大变形程度可使镁合金晶内位错密度增加、晶格畸变加剧，从而使新晶粒形核数目增多而细化晶粒，但仅限于一定变形范围。变形初期的晶粒尺寸随应变增加而急剧下降，但当真应变达到一定值后，晶粒尺寸的变化很小，如图 11-22(e) 所示。Kaibyshev 和 Sitdikov 指出，纯镁在 573K 变形时，在较低应变下同时发生孪生动态再结晶和连续动态再结晶，在较高应变下则只发生连续动态再结晶。

表 11-2 应变、温度和堆垛层错能对动态再结晶的影响

动态再结晶发生条件	DDRX	CDRX
应变 ε	$\varepsilon < 1$	大应变，$\varepsilon > 3$
温度比值 T/T_m	>0.5	0～1
堆垛层错能 SFE	低～中	低～高

（2）变形速率。动态再结晶是一个速率控制的过程，变形速率对动态再结晶的影响主要体现在两方面，即新晶粒的形核动力和新晶粒尺寸。通常变形温度不变时，变形速率增加不利于动态再结晶的发生，完全再结晶区域会逐渐减少。Yin 等人认为随着应变速率的升高，在 AZ31 合金中的动态再结晶形核受到抑制。这是由于应变速率过高时，位错急剧堆积，应力集中得不到释放，从而抑制了动态再结晶的形核。

对不连续动态再结晶（DDRX）和连续动态再结晶过程（CDRX）进行总结，可以发现两者区别在于：前者主要通过大变形激发再结晶形核，该过程与静态再结晶形核过程相似，再结晶分数主要受再结晶核心长大过程决定；后者则通过变形在晶粒内部形成大量位错墙或者显微滑移带等亚结构界面，通过这些界面对原始晶粒的分割形成大量的亚晶，再经过界面上几何必需位错的重排促使亚晶的旋转，最终形成大角度晶界并达到晶粒细化的目的。由于不涉及晶粒的长大过程，因此动态再结晶过程中再结晶分数主要由亚结构界面的扩展程度所决定。除应变温度及应变速率等外界加工条件外，决定材料是否发生连续动态再结晶过程的最本质因素为层错能的大小。对于具有较低层错能的材料，通常在大变形条件下以不连续动态再结晶过程为主；而对于高层错能的材料（如铁素体钢），其位错的再排列以及湮灭过程更容易发生，这会促使亚晶的形成，即更趋向于发生连续动态再结晶过程。表 11-3 列出了变形边界条件及其对应的形变显微结构和退火亚结构，表 11-4 列出了传统动态再结晶过程和连续动态再结晶过程之间的特征差异。

表 11-3　变形边界条件及其对应的形变显微结构和退火亚结构

变形类型	边界条件	形变显微结构	退火过程中组织演变
冷轧/温轧	$\varepsilon<1\sim2$，$T<0.5T_m$	应变强化的原始晶界	静态再结晶
热轧	$\varepsilon<1\sim2$，$T>0.5T_m$	传统动态再结晶晶粒	静态再结晶及晶粒长大
大塑性变形	$\sim3<\varepsilon<\infty$，$T<0.5T_m$	连续动态再结晶晶粒	静态再结晶及晶粒长大

表 11-4　不连续动态再结晶和连续动态再结晶特征比较

结晶过程	DDRX	CDRX
应变量	$\varepsilon_c<\varepsilon<1$	$\varepsilon>2$
温度 T/T_m	>0.5	$0\sim1$
层错能 SFE	较低或中等	由低到高均可
流变应力行为	在单峰或者多峰后出现稳态流变应力状态	逐步应变强化后呈现亚稳态流变应力状态
温度 T/T_m 或应变速率的影响	涉及扩散后的热激活且再结晶过程可逆	混合热激活且再结晶过程不可逆
形核位置及临界形核应力 σ_c	主要以晶界形核为主；临界形核应力与温度、应变速率以及原始晶粒尺寸相关	主要依赖显微滑移带等亚结构形核；临界形核应力不依赖于温度和应变速率
位错及亚结构特征	各晶粒间亚结构分布及晶粒长大速率不均匀	超细晶拥有大角度晶界且位错亚结构分布均匀
退火行为	亚动态及静态再结晶	静态再结晶

11.3.2　热加工中断后的静态回复和再结晶

根据热加工条件，即应变速率、应变量和变形温度，在热加工道次之间停留或热加工冷却时可能出现中断后三种软化过程：静态回复、静态再结晶和亚动态再结晶，如图 11-33 所示。

静态回复和静态再结晶是金属在热变形后或热变形间隙之间，在一定的温度和一定的持续时间所产生的软化过程。金属于冷变形后加热时所产生的回复和再结晶也属于静态回复和静态再结晶。

（1）静态回复。静态回复是依靠变形金属所具有的热量，使其原子运动的动能增加而恢复到稳定位置上。回复的结果是部分地恢复由变形所改变的力学、物理及物理-化学性质，如电阻大部分得到恢复，强度和硬度等力学性能部分地恢复（降低 20%～30%）等。X 射线衍射分析结果显示：静态回复可消除第一种和大部分的第二种残余应力；对第三种残余应力也有减弱。由于静态回复的温度不高，原子不能产生很大的位移，所以金属的显微组织（晶粒的外形）尚不能改变，也不能恢复晶粒内部和晶间上所产生的破坏。

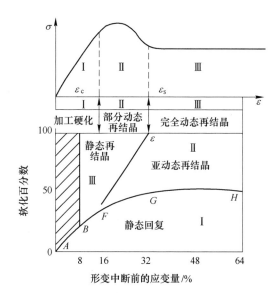

图 11-33 热加工中断后的三种软化机制

热变形后或热变形间隙发生的静态回复与冷变形后加热时所产生的回复和再结晶机制基本相同，是由于晶体中点缺陷和位错发生运动而使其数量和分布发生变化的结果。金属由于变形而使其位错密度增大，在加热过程中，部分位错排列成为整齐的小角度晶界，形成完整的亚结构，即亚晶粒。

（2）静态再结晶。金属经塑性变形后，在较高的温度下出现新的晶核，这些新晶核逐渐长大代替了原来的晶体，此过程称为静态再结晶。再结晶完全消除了加工硬化所引起的一切后果，使拉长的晶粒变成等轴形，消除了由晶粒拉长所形成的纤维组织及与其有关的方向性，消除在回复后尚遗留在物体内的第二种和第三种残余应力，使势能降低，消除了某些晶内和晶间破坏，加强了变形的扩散机制的进行，使金属化学成分的分布更为均匀，恢复了金属的力学性能（变形抗力降低、塑性升高）和物理、物理化学性质。

（3）亚动态再结晶。在形变中形核，在形变结束后再长大的再结晶这种过程称为亚动态再结晶。亚动态再结晶也同样会引起金属的软化，因这类再结晶是在热变形中已形成晶核和没有孕育期，所以在变形停止后进行的非常迅速，比传统的静态再结晶要快一个数量级。

11.4 热变形过程中金属组织性能的变化

11.4.1 热加工变形中金属组织性能的变化

热加工变形可认为是加工硬化和再结晶两个过程的相互重叠。在此过程中金属组织性能有以下变化：

（1）铸态金属组织中的缩孔、疏松、空隙、气泡等缺陷得到压密或焊合。金属在变形中由于加工硬化所造成的不致密现象，也随着再结晶的进行而恢复。

（2）在热加工变形中可使晶粒细化和夹杂物破碎。铸态金属中，柱状晶和粗大的等轴晶粒经锻造或轧制等热加工变形后，再加上再结晶的同时作用，可变成较细小的等轴晶粒。在实际生产中往往发现，热轧后的金属组织并非完全由细小的等轴晶粒所组成，存在拉长的大晶粒，在其周围有程度不同的小晶粒。这可能是由于变形金属在高温下停留时间较短，使再结晶进行的不完全，变形程度分布不均，夹杂物分布不均等因素的影响所造成。

热变形除可使晶粒细化外，还会使夹杂物和第二相破碎，这一作用对改善金属的组织和性能也颇为有益。如在滚珠钢、高速钢等钢种中，均要求碳化物细小而又均匀的分布。为达到这一目的，在热加工变形中提高压缩比对粉碎碳化物是有利的。压缩比越大，碳化物越细小，分布的越均匀。

（3）形成纤维组织也是热加工变形的一个重要特征。铸态金属在热加工变形中所形成的纤维组织与金属在冷加工变形中由于晶粒被拉长所形成的纤维组织不同。前者是由于铸态组织中晶界上的非溶物质的拉长所造成。在铸态金属中存在粗大的一次结晶的晶粒，在其边界上分布有非金属夹杂物的薄层，在变形过程中这些极大的晶粒遭到破碎并在金属流动最大的方向上拉长。与此同时，含有非金属夹杂的晶间薄层在此方向上也被拉长。当变形程度足够大时，这些夹杂可被拉成细条状。在变形过程中，由于完全再结晶的结果，被拉长的晶粒可变成许多细小的等轴晶粒，而位于晶界和晶内的非溶物质却不因再结晶而改变，仍处于拉长状态，形成纤维状的组织。由于纤维组织的出现，使变形金属在纵向和横向具有不同的力学性能。

此外，随着变形程度的增加，沿纵向（纤维方向）截取试样的塑性指标增加，但增加的程度逐渐减弱。在锻压比 $\dfrac{F_0}{F_1} \leqslant 4$ 以前，变形程度增大时，塑性指标迅速增加，在 $4 < \dfrac{F_0}{F_1} \leqslant 10$ 区间，变形程度增大时，塑性指标增加比较缓慢，在 $\dfrac{F_0}{F_1} > 10$ 之后，再继续增大变形程度时，塑性指标维持不变。沿横向截取试样的塑性指标是，随变形程度的增大而降低。当 $\dfrac{F_0}{F_1} \leqslant 6$ 时，迅速下降，继续增大变形程度时，塑性指标下降缓慢，强度指标在纵向和横向相差不大。继续增大变形程度时，实际上对其值也不产生影响。

（4）金属在热变形过程中产生带状组织。这种带状组织可表现为晶粒带状和夹杂物带状两种。如图 11-34 所示，钒氮钛微合金化钢在热变形中有时会出现珠光体呈带状排列。这是因为热加工时夹杂物排列成纤维状，缓慢冷却后，铁素体首先在夹杂物的周围析出而排列成行，珠光体也随之成行析出，形成带状组织。热加工后被破碎了的碳化物颗粒沿钢材的延伸方向排列而形成碳化物带状组织，钢材

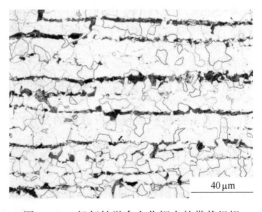

40μm

图 11-34　钒氮钛微合金化钢中的带状组织

中出现的带状组织也会影响钢材的力学性能。

11.4.2　热加工过程的实验分析

实际的锻轧工艺中，变形温度、应变速率、变形量等许多变量对热加工过程都有重要的影响。除此之外，在工业实际中，大多数热加工往往不是一次完成，而是多次变形才最后成形。因此，变形过程中的冷却速度、每次变形之间的间歇时间、间歇时的温度、热效应以及金属变形后的最终冷却速度，都对热加工过程的流动应力、金属塑性、金属内在的组织结构有重要影响。热加工过程中的流动应力、塑性和显微组织取决于变形时的加工硬化、动态回复后动态再结晶以及多次变形之间停歇时间内的静态回复、静态再结晶、亚动态再结晶所形成的显微组织。因此，实际生产中，合理控制上述变量，对降低变形抗力、均衡变形负荷、提高塑性有利成形、改进和保证产品的组织性能、减少缺陷以及节约能源获得良好的经济效益都有重要实际意义。

除挤压和多次拉拔外，在大多数热加工工艺中，金属成形过程都是在连续降低变形温度和进行多阶段变形条件下进行。分析恒温、恒应变速率下变形时的流动应力-应变曲线，确定流动应力 σ_s、温度 T、应变速率 $\dot{\varepsilon}$ 三者之间的关系，分析不同恒温和恒应变速率下进行的一次连续变形直到断裂或到预先规定的应变量，以及试验测定动态回复或动态再结晶的特征量，如屈服应力、屈服应变、峰值应力、峰值应变及加工硬化到稳态区的应变和稳态应力，有利于为合理制定热加工工艺制度提供有用的资料。

目前，主要采取拉伸、压缩和扭转的模拟试验来研究热加工过程。热加工的模拟试验是目前最好的分析热加工过程的试验方法，即通过一定温度范围（$0.5 \sim 0.9T_m$）内和静态应变速率（$10^{-4} \sim 10^{-1} s^{-1}$）下，测定恒温或恒应变速率下变形时的流动应力-应变曲线。

11.4.2.1　等温、等应变速率条件下的多阶段热加工过程的试验分析

实际生产中，等温锻造和钢的多道次轧制近似于等温、等应变速率条件下的多阶段热形变过程。模拟等温、等应变速率下的多阶段变形的目的是为确定温度、应变速率、每道次应变量和停歇时间对卸载期间软化机制、软化百分数及对流动应力的影响。道次软化百分数表达式为：

$$F_{s.n} = \frac{\sigma_{u.n} - \sigma_{y(n+1)}}{\sigma_{u.n} - \sigma_{y.n}} \qquad (11-17)$$

式中　$F_{s.n}$——第 n 道次之后第 n 次间隙中的软化百分数；

　　　$\sigma_{u.n}$——第 n 道次刚卸载之前的应力；

　　　$\sigma_{y(n+1)}$——第 $n+1$ 道次重新加载开始的应力；

　　　$\sigma_{y.n}$——第 n 道次屈服的应力。

试验方法有热扭转试验和热压缩的模拟试验。

具体方法是，用多次变形时的每次变形的应力与相应积累的对数应变所描述的曲线，即该曲线随着第一次应变时的流动曲线到它的最大值，然后与以后每一次曲线最大点相连接（通常是卸载点），得到一条包迹曲线，将包迹曲线与温度、速度条件下的连续变形曲线相比较，如图 11-35（a）所示。

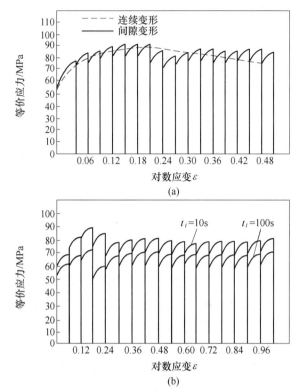

图 11-35   0.05%C 钢等温、等应变速率条件下的多阶段变形的流动曲线

(a)（变形温度 900℃，间隙时间 10s，应变量 0.03，应变速率 $10^{-2}s^{-1}$）；

(b)（变形温度 900℃，间隙时间 100s，应变量 0.06，应变速率 $10^{-2}s^{-1}$）

根据包迹曲线主要有以下变化：

（1）完全再结晶情况。动态再结晶金属如果道次应变仅稍小于峰值，其包迹曲线的平稳段可在连续稳态流动应力之上。

1）每次应变后停歇时发生完全再结晶，并恢复到原来变形前时晶粒大小。这种情况下，软化百分数是 100%，所以各道次的流动曲线相同，得到一组锯齿状的流动曲线。若每道次应变小于峰值应变，对于发生动态再结晶的金属，包迹曲线逐步升高到平稳阶段而没有峰值。

2）若停歇时发生再结晶后的晶粒小于原始晶粒，则第一次应变后的软化百分数小于100%，而且随后道次的流动曲线高于相同条件下连续变形的流动曲线。在几次变形循环之后，再结晶晶粒大小变成恒定，流变曲线又变得相同。这是因为这阶段软化百分数相对前一次仍是 100%，尽管它低于第一次变形后软化的百分数。

3）若第一次停歇后的再结晶晶粒大于原始组织的晶粒，则软化程度会超过 100%，此时包迹曲线会低于连续时的流动曲线，在包迹曲线中有一个低峰。

（2）动态回复情况。动态回复的金属的包迹曲线的平稳段的应力水平小于或等于连续稳态应力水平或等于连续稳态应变时的应力（当道次应变等于或大于稳态时）。

道次应变很小和停歇时间较短时，每次变形之前的软化机制主要限于静态回复，软化百分数不超过 30%，尽管重新加载时的屈服应力小于卸载时的应力，但加工硬化将回复到假设没有卸载而连续变形时那个流动应力值。因此，连接各道次最大应力值的开始包迹曲线与连续应变时的流动曲线基本相同。当继续间断变形，应变能累积并达到一定水平时，发生动态回复和静态再结晶或一定量亚动态再结晶，包迹曲线降低并逐步达稳态阶段。

如图 11-35（b）所示为普通低碳钢在扭转试验机上测得的多道次等应变和等间歇时间的流动曲线。由图可知，应变为 0.06 的道次软化比 0.03 大得多，并且应变较大道次，停歇 100s 比 10s 软化大。这是因为积累的应变明显小于峰值应变时，只有静态回复。累积应变超过峰值应变时，则发生回复和部分亚动态再结晶。较高的道次应变能迅速积累而发生动态再结晶，因而增加间歇时的软化百分数，同时增加间歇时间，亚动态再结晶延续时间较长，因而软化百分数较大。对较低道次应变，由于动态再结晶发生的滞后，且间歇时间主要软化机制是静态回复，即使增加间歇时间，也看不到软化增加的效果，这就是出现极限软化不大于 30%~40% 的原因。必须指出，上述情况只是在低应变速率和低应变的情况下。

总之，在一定恒温、恒应变速率和相等应变道次、相等间歇时间条件下，多次热变形的流动曲线形状和包迹曲线形状，是由软化百分数来控制的。这个软化百分数，主要取决于道次应变、间歇时间和间歇时温度、应变速率。增加应变速率、间歇时间和应变量，会增加软化百分数。简言之，静态或亚动态再结晶量越大，软化百分数越大。

11.4.2.2 降低温度的多阶段热加工过程的试验分析

几乎所有的热加工过程，都是伴随连续降低温度的过程，即使由于变形产生大量的热能，但由于热辐射和坯料与工模具接触，降温是主要的，因而金属在变形时不断冷却。另外，连续热轧，从一道次到下一道次应变速率会增加，但对每一道次变形来说，一开始应变速率增加，然后快速下降。

一般认为，动态回复的金属降低温度，增加应变速率的过程是较高温度（或较低 $\dot{\varepsilon}$）条件下的亚结构带到较低温度（或较高 $\dot{\varepsilon}$）下的变形中，这时降温（或提高 $\dot{\varepsilon}$）的影响是主要的。较高温度下的亚结构有较大晶胞尺寸以及在亚晶粒边界中位错有较长的链长，所以位错容易移动。因此，它比同样晶粒大小的再结晶金属变形时可能有较低的平均流动应力，但必须是各道次应变小于发生再结晶时的应变。

当变形进展到稳定区，若温度突然降低或应变速率升高，则流动应力升高。当应变逐渐到达新的稳定应变时，流动应力则逐渐增加到在较低温度或较高应变速率下的新的平衡状态。

若温度逐渐降低或应变速率逐渐升高，则流动应力增加没有稳定区，因为亚结构连续变得致密。在一定温度或应变速率下的流动应力也较再结晶材料全部变形到同样应变大小时的流动应力要低些。

假若在间歇时间内静态回复较多，会形成比正常（稳态）加工条件下更软的亚结构。进行每次相等应变循环变形时，如果每次应变小于由原始结构变成稳态结构所要求的应变，则那个道次的最高流动应力，可能大大小于最初再结晶金属变形在同样条件下变形的流动应力。例如，对超纯铝采用控制多次变形，应变速率一定（$\dot{\varepsilon} = 2.3s^{-1}$），每次真实应变为 $\varepsilon_i = 0.8$，间歇时间 $t_i = 30s$，温度从 600℃ 降低到 400℃。

　　动态再结晶的金属与动态回复的金属相同，这是因为流动应力取决于亚结构，尽管动态再结晶的亚结构是不均匀的。从高温遗传下来的较不致密的亚结构要求金属经受较高的应变，以达到再结晶形核的初始条件。当温度降低时，临界应变增加，当冷却速度增大或应变速率增加时，峰值应变增加。因此，在较高的冷却速度下，动态再结晶可能被控制。即使发生动态再结晶，也可能不出现峰值及随后的流变软化。这是由于在较高温度下遗传的亚结构，一旦动态再结晶开始，在道次应变之间的停歇时间内发生一些亚动态再结晶，这就减少高温亚结构遗传的倾向，之后，由于新一次应变使新的再结晶晶粒很快发生变形，并且变得比加工硬化的晶粒更硬。

　　假若温度、应变速率和允许产生静态再结晶的间歇时间联合发生变化，那么仅仅是在未再结晶区显示了遗传的亚结构的影响。若再结晶完成，除了晶粒大小的影响外，一个道次的变形对下一个道次变形没有什么影响。这时再结晶量及晶粒大小可通过金相来决定，可从等温再结晶数据来估计。

　　连续冷却多阶段变形试验，显示出相继道次的流动曲线。当温度下降或应变速率增高时，该流动曲线变得越来越高。假如金属能够发生动态再结晶，仅仅在某些非常有限的条件下，可观察到包迹曲线的峰值。随着温度降低到相对较低温度下，应变越来越多地超过等温时的峰值应变，金属中贮存的能量逐步达到或超过再结晶形核所需要的能量。一旦动态再结晶开始，它便在以后的多个道次中延续，而且在这些道次之间的间歇时间内，有静态回复和某些亚动态再结晶。这两种静态软化又降低了以后动态再结晶速度，特别是形核速度，但又不能立刻完成消除动态再结晶。这以后的继续冷却，使动态再结晶变得越来越少，而与变形温度降低相适应的亚结构越来越细，位错密度增高，使流动曲线又开始上升。

　　由于连续冷却，道次之间回复的特点类似于等温试验所表现的那样，但表现出与降温有关的特点。虽然间歇时间必然有某种程度的软化，由静态回复造成应力下降，被温度的降低和应力的上升所掩盖，另外，由于间歇时间短（10s），所以回复的程度也小，当然在慢冷时回复软化是较明显的。

　　含 Nb 钢的多阶段试验表明，没有观察到包迹曲线的应力峰值和软化。在高应变（$\varepsilon_i = 0.12$）和低温时，流动应力增加到碳钢的两倍。在高温变形及碳钢出现峰值以前，由于 Nb 在高温变形时影响较小，这使两种钢的流动应力几乎一样。并且在较高应变速率（$\dot{\varepsilon} = 0.1 s^{-1}$）试验中，Nb 钢也没有出现峰值，流动应力继续上升。当温度降低时，道次之间的软化受到回复程度的限制，即使有应变能的积累，也没有发生动态再结晶。部分原因是受低温下临界应变增高的限制及从高温遗传下来的位错密度总是低于变形时刻温度和应变所要求的发生再结晶形核能的水平，使从新加载时流动应力增加；另外由于 Nb 的存在限制了回复和再结晶。

　　在连续冷却的多次热加工过程中，动态再结晶只局限于高温或低应变速度条件下的较窄范围出现。在温度下降以前，增加形核所需的应变能积累并超过所能达到的临界水平，动态再结晶发生才有可能。

11.5　温加工变形中组织性能的变化

　　温加工是指在回复温度以上，再结晶开始温度以下进行的加工。温加工时金属的变形抗力比冷加工时低，能量消耗比冷加工时少，金属的塑性一般要比冷加工时大。一般温加工制品表面光洁度和尺寸精度比热加工时高，因此温加工的变形工具的使用寿命要比热加工长。温加工具有冷加工和热加工的某些特点，采用温加工一方面改善金属材料的加工性能；另一方面改善产品的使用性能。

11.5.1 金属材料加工性能的改善

在冷加工中容易产生加工硬化的金属材料，如奥氏体不锈钢、高速切削钢、铬钢、钼钢等，采用温加工形式更为适宜。硅钢片冷轧时经常出现裂边和断带现象，采用温轧后取得了较好的效果。这是因为随着变形温度的升高，金属总体趋势是变形抗力降低、塑性升高，变形物体的加工性能得到改善。

采用温加工时，应注意避开钢的蓝脆温度。钢在蓝脆温度范围内，强度指标有极大值，塑性指标为极小值。如果在这个温度范围内进行加工时，钢的抗力大、塑性低，不利于加工的进行。蓝脆温度的高低与变形速度有关，随着变形速度增加，蓝脆温度范围向高温侧转移。在一般的变形速度下蓝脆温度范围通常为 250~400℃，高速变形时一般为 400~600℃。合金元素对蓝脆温度也有影响，充分脱硫和脱氮的纯铁不存在蓝脆温度范围。

蓝脆现象产生的原因被认为与形变时效有关。当材料由室温升到一定温度以后，由于原子扩散能力的加大，在变形中曾摆脱了"气团"的位错，又会随时被扩散来的杂质原子所锚住，即形成了"气团"，结果试样在此温度范围内进行变形时，会随时产生形变时效，使变形抗力升高、塑性下降，即出现蓝脆。当变形速度增加时，杂质原子来不及向位错扩散而形成"气团"，但这一过程可在更高的温度下完成，这就使蓝脆温度范围向高温方向移动。当温度进一步升高时，杂质原子的活动能力又进一步加强，使位错又得到摆脱，此时的回复过程进行得也比较充分，这就使变形抗力有所下降、塑性又有所升高。

11.5.2 产品使用性能的改善

为提高材料的加工性能，应避开蓝脆温度。但在实际中，有时为提高加工产品的性能，特别在蓝脆温度范围内进行加工。因为在此温度范围内进行加工时，会有大量在加工中所产生的位错被钉扎。温加工对产品性能的影响是多方面的。经温轧后所出现的亚结构无论在形状上还是在分布上都是不均匀的，其中大多数亚晶粒为长形，有个别晶粒内部位错密度较高。与同种钢的热轧情况比较，温轧后形成的织构较强。

11.6 剧烈塑性变形中金属组织性能的变化

11.6.1 剧烈塑性变形技术

剧烈塑性变形工艺是在金属的成形过程中将超大塑性应变应用于一定体积的金属中以获得超细晶材料的过程。它与传统细晶强化的区别是把大塑性变形量施加于材料本身，根据具体实验的加工路径和加工条件，当材料晶粒小到一定程度之后（特别是晶粒达到亚微米及纳米尺度之后），起强化作用的往往并不单纯是细晶强化一种强化机制，而是多种强化机制共同参与作用，因此，大塑性变形有更高效的强化作用。

11.6.2 大塑性变形技术

11.6.2.1 等通道转角挤压

等通道转角挤压的原理示意图如图 11-36(a)所示。ϕ 为内径角的角度，γ 为外径角的角度，其原理是将试样在一定挤压力下通过两个轴线相交且截面尺寸相等并成一定角度的径角来挤压金属，给试样以 45°方向纯剪切应力，以获得大的塑性变形，如图 11-36(b)所示。

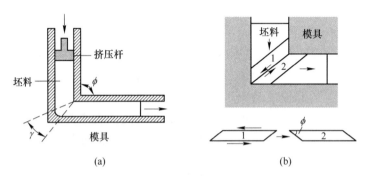

图 11-36 等通道转角挤压及剪切示意图

(a) 等通道转角挤压示意图；(b) 等通道转角挤压模具内金属的剪切面示意图

11.6.2.2 累积叠轧

累积叠轧焊（Accumulative Roll-Bonding，ARB）是由日本大阪大学 SAITO 等首次提出并逐步发展起来的一种变形方法。ARB 工艺易于在传统轧机上实现，制备的板材具有层压复合钢板的特性，因此可用于各种材料的制备中。其原理将表面处理过的原始板材双层叠合后进行轧制，压下量为 50%，轧制后试样厚度与母材相当，将轧制后的试样从中间切成两块，重新叠合并轧制，重复上面的工艺过程。整个过程须在低于再结晶温度的高温条件下进行，若温度过高易使材料出现再结晶，将抵消叠轧过程中所产生的累积应变；若在较低温条件下则将导致延展性及结合强度的下降。轧制是制备板材最具优势的塑性变形工艺，但随着压下量的增加，材料尺寸何形状变化概况。试样经 ARB 加工 m 次循环过程后原始板材所包含的次数变为 2^m。比如试样经 10 次循环 ARB 加工后，所包含的层数变为 1024，这意味着原始材料的厚度将小于 1μm。

如图 11-37 所示，纯铝经过 8 道次 ARB，获得了大约 0.5μm 超细晶的组织，抗拉强度从 84MPa 提高到 304MPa。

11.6.2.3 高压扭转变形

高压扭转可应用于各种金属材料的制备过程，并使材料晶粒尺寸均匀细化至亚微米级甚至纳米级，从而获得超细晶结构材料。高压扭转变形（High Pressure Torsion，HPT）原理如图 11-38 所示。在室温或低于 $0.4T_m$ 温度的条件下，将薄片盘状试样施以 GPa 级的高压使其发生扭转。由于变形试样的尺寸不发生改变，试样的外侧可引入较大的剪切应变，使金属材料发生剧塑性变形，从而使晶粒尺寸不断减小，直至形成超细晶甚至纳米晶粒。同时由于材料在许可的压力和试样外压力的作用下，受模具的影响，使得材料在类似于静压力的条件下发生剪切变形，因此，尽管其应变量较大，试样仍不易发生破裂。

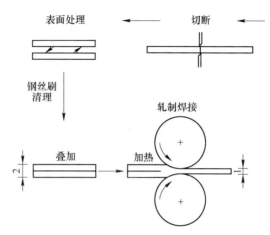

图 11-37 累积叠轧工艺原理

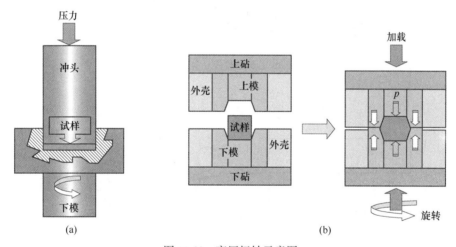

(a)   (b)

图 11-38 高压扭转示意图

(a) 盘状试样高压扭转法原理图；(b) 块状试样高压扭转法原理图

11.6.2.4 多向锻造工艺

多向锻造 MF 工艺是由 Salishchev 等提出的一种制备超细晶材料的方法，通常与动态再结晶联系在一起。多向锻造工艺的实质是一个反复多向墩粗与拔长的自由锻造过程，其原理如图 11-39 所示。该工艺的变形温度通常为 $0.1T_m \sim 0.5T_m$（T_m 为金属熔点）。

11.6.2.5 折皱—压直法

在不改变工件断面形状的情况下，工件经过多次反复折皱、压直后获得很大的塑性变形。折皱—压直法（repetitive corrugation and straightening RCS）原理如图 11-40 所示。图 11-40(a) 为不连续变形，图 11-40(b) 为折皱—压直的连续变形。纯铜棒经过 14 次折皱—压直循环变形后，获得平均晶粒尺寸为 $20 \sim 500nm$ 的超细晶材料，其微观硬度值达到 $(1395\pm9)MPa$，是未变形前硬度值 $(678\pm8)MPa$ 的两倍。

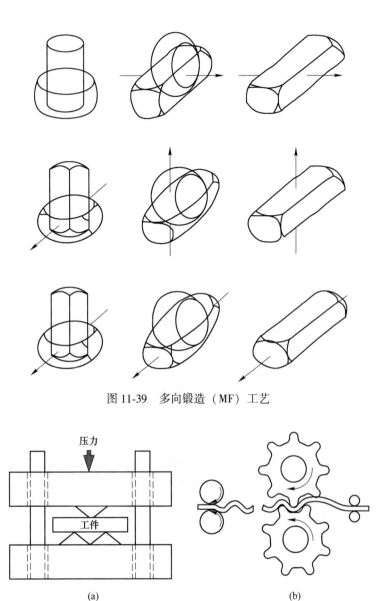

图 11-39 多向锻造（MF）工艺

图 11-40 RCS 原理示意图
（a）不连续变形；（b）连续变形

11.6.3 剧烈塑性变形材料组织演变机理

变形过程中组织的细化与位错和机械孪生有关，对具有不同变形参数特点的剧烈塑性变形方法而言，这两种变形机制相互竞争并影响着剧烈塑性变形过程中的组织结构细化。

11.6.3.1 位错细化机制

对于高层错能的立方结构金属来说，大塑性变形造成的位错以及位错间界对大晶粒的分割是晶粒细化的基本机制。多晶体塑性变形时，由于各个晶粒取向不同，在塑性变形初期是多系滑移，形成分布杂乱的位错缠结，变形量稍大，就形成一些位错界面，被这些界面包围的区域具有低的位错密度，即形成了胞状结构（Cell Block Structure）。并且随变形量的提高，位错胞数量增加，尺寸减小，胞内几乎没有位错存在，胞壁的位错却越加稠密，如图 11-41 所示。通常位错界面有两种形式：分割胞块的长且平直的平面扩展界面（见图 11-41 中 GNBs 所指的粗实线），以及分割位错胞的较短界面（见图 11-41 中 IDBs 所指的锯齿状线）。割位错胞的较短界面为随机取向，由变形过程中激活的滑移位错与位错群发生交互作用而形成，即附生界面（Incidental Dislocation Boundaries，IDBs），如图 11-42(b)所示。分割胞块的界面一般为高密度位错墙（Dense Dislocation Wall，DDWs）或微带（Microbands，MBs），这些界面为三维平面结构，在二维图形上表现为互相平行的直线。平面扩展界面协调了相邻胞块之间的晶体取向差，从而满足了晶粒内部各微区变形的几何需求，并称为几何必须界面（Geometrically Necessary Boundaries，GNBs），如图 11-42(a)所示。几何必须界面（GNBs）也是文献中常说的片层界面（Lamellar Boundaries）。一般材料经过塑性后的显微结构就是由位错胞状结构组成的，但是随着变形条件和材料参数的不同，其表现的形式不同。

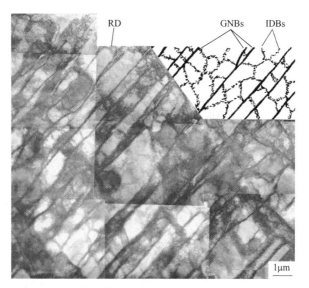

图 11-41　透射电镜下塑性变形后材料内部的位错界面

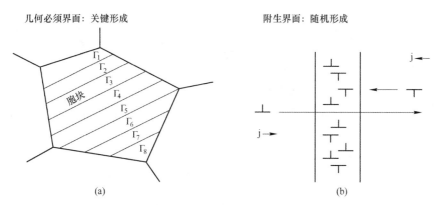

图 11-42　位错胞状结构界面的形成过程
(a) 不同滑移系（Γ）作用下胞状结构几何必须界面（GNBs）的形成过程；
(b) 附生界面（IDBs）的形成过程（从属于某一单独滑移系的位错相消排列的结果）

随着应变量的增加，为了进一步降低系统能量，位错界面（IDBs 和 GNBs）上的位错会发生重组和湮灭，进而使位错界面转变成亚晶界，并且导致胞内位错密度降低。通常，应变量增大，位错界面的间距减小，界面两侧取向差增加，其中 GNBs 的变化比 IDBs 更为明显。继续增大应变量（$\varepsilon > 1$），亚晶界进一步吸收位错，界面逐渐转变为大角度晶界。在新生的较大的亚晶或晶粒中，可能会重复这样的细化过程，直到位错的增殖和湮灭达到平衡，亚晶和晶粒尺寸不再变化，达到了稳态（Steady-State）。剧烈塑性变形中，即位错细化的主要机制为位错的增殖、湮灭以及位错组态的变化。

11.6.3.2　孪生细化

低层错能金属和 HCP 金属主要以孪生方式变形。在严重塑性变形过程中，孪晶界分割大晶粒的晶粒细化机制称为孪晶细化机制。孪生作为金属一种重要的变形方式，是塑性变形引发组织细化的另一种机制。

孪生细化晶粒的机理如图 11-43 所示，有以下四种方式：

（1）孪晶/基体片层碎化（Fragmentation of T/M Lamellae）。在大部分孪晶片层内，位错的运动和交互作用是协调塑性变形的主要机制。因此，为了降低系统能量，位错重排隔断孪晶/基体片层，形成新的界面（Interconnecting Boundaries，ICBs，IDBs 的一种）。随着应变量增加，ICBs 会持续吸收位错、取向差增大，进而转变为亚晶界甚至大角度晶界；

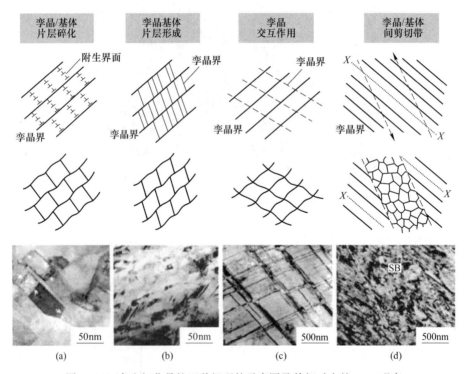

图 11-43　孪生细化晶粒四种机理的示意图及其相对应的 TEM 观察
（a）孪晶片层内部生成连接的位错界以细化组织（取自纯铜经过 SMAT 变形后的组织）；
（b）在一次孪晶内部生成的二次孪晶以细化组织（取自纯铜经过 SMGT 处理后的表面组织）；
（c）孪晶板条和孪晶板条相交形成细晶组织（取自 304 不锈钢经过 SMAT 变形后的组织）；
（d）孪晶与剪切带相互作用形成纳米晶（取自纯铜经过液氮温度下 DPD 处理后的显微组织）

与此同时，孪晶界（Twin boundaries，TBs）也会由于位错的大量塞积而失去共格关系，转变为大角度晶界。最终，（T/M）片层"碎化"为细小的晶粒。

（2）孪晶基体片层形成二次孪晶（Formation of Secondary Twins in T/M lamellae）。当应力方向满足条件时，在 T/M 片层内会形成二次孪晶。二次孪晶非常细（厚度几个纳米），可将 T/M 片层分割为纳米尺度的棱状区域，位错与这些孪晶界交互作用进而最终形成具有随机取向的纳米结构。

（3）孪晶交互作用（Twin-Twin Intersection）。当变形孪生的驱动力足够大时，不同面上的孪晶会克服孪晶界阻力而相互交割，形成具有大取向差的菱形小区域，并且这些交割形成的纳米块会通过旋转而改变取向。随着应变量增大，会导致更多孪晶之间的交割，以及位错—孪晶的交互作用，形成具有大取向差形状不规则的纳米晶。

（4）孪晶/基体的剪切带（Shearing Banding of T/M Lamellae）。当 T/M 片层进一步变形，加工硬化变得困难，应力集中区会形成剪切带。剪切带内孪晶结构被破坏，形成等轴的具有随机取向的纳米晶粒。

11.6.3.3　剧烈塑性变形加工后金属材料的力学性能

A　强度和延展性

与未变形的粗大晶粒材料相比，剧烈塑性变形工艺加工后的金属材料所获得的超细晶晶粒及高缺陷密度特点使其具有更高的强度，然而这样的组织特点也将使其延展性下降。但与常规变形工艺相比（如轧制、冲压和挤压等），金属材料经剧烈塑性变形工艺变形后其延展性能的降低程度却相对较小。此外，部分材料经剧烈塑性变形工艺获得的超细晶金属结构材料不仅增强了强度，其延展性能也得到提高。图 11-44 所示为不同普通金属材料的强度和延展性的变化趋势。从图 11-44 中左下阴影部分可见大部分普通材料均符合强度增强相应延展性能下降趋势的特点；然而从图 11-44 右上部分两点可见，经剧烈塑性变形工艺变形后所获得的具有纳米结构的钛和铜材料明显区别于其他粗晶材料，即同时展现出高强度和良好的延展性能。其中纯铜经等通道转角挤压工艺进行 16 道次并采用背压力挤压变形后其延展性能接近于粗晶铜的延展性能，而其屈服强度却是粗晶铜的几倍。

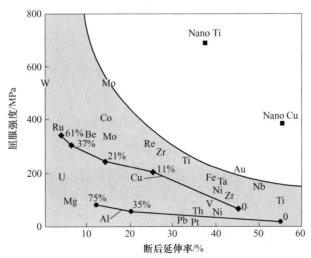

图 11-44　不同普通金属材料的屈服强度和断裂伸长率的变化趋势

B　超塑性

通常情况下，具有良好超塑性材料的晶粒尺寸小于 $10\mu m$ 并在高于 $0.5T_m$（T_m 为材料熔点）高温条件下成形。而晶粒尺寸作为超塑性材料的一个重要结构参数，对材料的超塑性变形有着重要的作用。近年来，剧塑性变形方法已广泛应用于铝、镁、铜和钛等金属材料，并取得到了良好的超塑性。并且经剧烈塑性变形工艺获得的超细晶材料不仅在适当的条件下可获得优良的超塑性，同时还可实现高应变速率超塑性或低温超塑性。

C　耐腐蚀性能

剧烈塑性变形制备的微米级和纳米级超细晶组织具有大多数能量稳定的晶界，这些组织有利于提高耐腐蚀性能。研究发现铜以及 Al-Li 经过等通道转角挤压变形后，组织不均匀性导致了局部电位不同，提高了材料的腐蚀疲劳性能，并且与多晶体粗铜局部的晶间腐蚀相比，超细晶铜的腐蚀更加均匀。

D　疲劳性能

一般而言，晶粒细化对金属材料循环加载力学行为的不同阶段存在不同的影响：一方面抑制疲劳裂纹萌生；另一方面又有利于裂纹的扩展。剧烈塑性变形技术制备的块体纳米金属材料疲劳性能由于所选材料、测试条件和剧烈塑性变形工艺参数的不同，研究结果存在明显分歧。在载荷控制循环加载条件下，等通道转角挤压制备的超细晶/纳米晶铜和5056 铝合金与粗晶材料相比，疲劳性能显著提升。而在恒定应变循环加载条件下，同样的材料与粗晶材料相比，疲劳寿命却有所降低。此外，同样是采用等通道转角挤压制备的纳米金属材料，经过等通道转角挤压处理的纯铜由于循环变形过程中存在晶粒长大，在恒定应变加载条件下表现出明显的软化行为。而不管是循环硬化曲线还是显微硬度测试结果均表明，经过等通道转角挤压处理的纯钛在恒定应变加载条件下无软化现象发生。

思考题及习题

1 级作业题

（1）冷加工变形和热加工变形的各自优缺点是什么？

（2）动态再结晶与静态再结晶的区别是什么？

（3）经过温加工后金属组织有何变化？

（4）影响动态再结晶与静态再结晶因素有哪些？

（5）动态再结晶与静态再结晶晶粒尺寸与哪些因素有关？

2 级作业题

（1）为什么铸态金属经过热加工变形后，其强度和塑性有何变化？

（2）冷加工变形所形成的纤维组织与热加工变形所形成的纤维组织有何不同，用什么方法可以消除？

（3）什么是动态回复和动态再结晶，为什么有的金属热变形时只发生动态回复而不发生动态再结晶？

（4）热变形过程中金属的加工硬化过程与回复或再结晶过程是否在变形体内共存，为什么？

3 级作业题

（1）冷变形时形成的纤维状组织与热变形后形成的流线有什么不同？

（2）试述冷变形后的金属在以后加热过程中（从室温加热到过热温度）组织和性能将发生什么样的变化。

（3）金属经热变形后，如何鉴别哪些晶粒是属于亚动态再结晶晶粒或静态再结晶？

12 金属塑性加工过程中的织构与各向异性

扫一扫查看
本章数字资源

通常情况下，金属是多晶体，金属材料中的各晶粒是无序排列，但受外界因素作用，会使多晶体金属材料中的许多晶粒取向集中分布在某一或某些取向位置附近。该现象称为择优取向，这种具有择优取向的多晶体结构称为织构。图 12-1 为各晶粒中晶体为随机取向，而图 12-2 所示各晶粒中的晶体晶面 {001} 基本与轧面近似平行，且各晶粒的<100>晶向与轧向近似平行，即为立方织构。

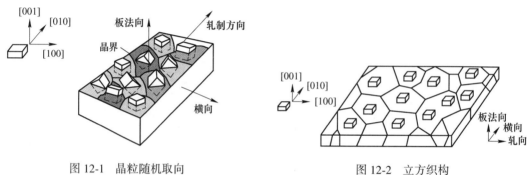

图 12-1 晶粒随机取向

图 12-2 立方织构

织构产生于多晶材料物理冶金和加工的各种过程之中（如铸造过程中），热量总是从某些特定的方向上散失，从而在结晶体内部形成温度场，促进结晶核优先在低温区生成，并沿温度梯度向高温区定向生长，进而形成特定方向结晶组织，形成铸造织构。而变形织构是金属在外力作用下产生塑性变形，晶体内的位错不断滑移或出现孪生，同时晶体取向也随之相应的转动。随着变形量的不断增加，多晶体内各晶粒的晶粒取向聚集到某一或某些取向附近，即出现择优取向组织。通常将塑性变形而形成的择优取向组织称为形变织构。而最常见的形变织构有丝织构、面织构和板织构等种类。丝织构又称纤维织构，轴向拉拔或压缩的金属或多晶体中，往往以一个或几个结晶学方向平行或近似平行于轴向，这种织构称为丝织构或纤维织构，理想的丝织构往往沿材料流变方向对称排列。面织构常常存在于某些锻压、压缩多晶材料中，晶体往往以某一晶面法线平行于压缩力轴向。而采用轧制板材时，由于板材既受拉力又受压力，因此会使多数晶粒以同一晶面与轧面平行或近似于平行，同时以同一晶向与轧向平行或近似于平行的这类织构称为板织构。图 12-3(a)

(a)

(b)

图 12-3 金属轧制前后晶粒取向

（a）轧制前晶粒取向特征；（b）轧制后晶粒取向特征

为轧制前的晶粒取向特征，经轧制后，各晶粒中的晶体晶面 {110} 基本与轧面近似平行，且各晶粒的<001>晶向与轧向近似平行的特征。

12.1 晶体取向与织构

12.1.1 晶体取向的概念

晶体由于不同晶面或晶向上原子排列的密度不同，对应的能量、键合力、力学、电学、磁学、光学、耐腐蚀等性能表现出显著差异，所以多晶体材料会因为晶体取向在某一或某些取向位置集中程度而影响材料性能。因此，分析晶体取向，并分析在某一或某些取向位置集中程度，有利于判断金属材料的加工和使用性能。但在实际样品中，并不能直接观察到不同的晶体学方向或晶面，只能看到晶粒的形貌，这就要求确定晶体的不同方向与宏观样品可观察到的特征方向间的关系。因此需要确定晶体坐标系与外界宏观试样坐标系的关系，即取向的概念。

12.1.2 晶体取向的常见表示

12.1.2.1 米勒指数

设宏观试样坐标系为直角坐标系，由 x、y 和 z 的3个互相垂直的坐标轴组成，如图12-4所示。如果以轧制板为例，将铝板的轧向（Rolling Direction，RD）、轧板侧向或横向（Transverse Direction，TD）和轧板法向（Normal Direction，ND）与宏观试样坐标系重合，即铝板的轧向（RD）与 x 轴重合，轧板横向（TD）与 y 轴重合，而轧板法向（ND）与 z 轴重合。把任一立方单晶体或多晶体放在铝板坐标系 $Oxyz$ 内，如图 12-4 和图 12-5（a）所示，为宏观试样坐标系与任意两个晶粒之间的晶体学坐标系的关系。则任意晶粒的晶体学坐标系的 3 个晶轴［即［100］－［010］－［001］］与直角坐标系 xyz 坐标轴存在两种情况，第一种情况是晶体学坐标系的 3 个晶轴与 xyz 坐标轴保持同向，如图 12-4 中晶粒 1 所示的这种排布方式，其被称为起始取向或初始取向，如图 12-5（b）所示。第二种情况是晶体学坐标系的 3 个晶轴为一般取向，如图 12-4 中晶粒 2 所示的这种排布方式，即晶粒 2 的 3 个晶轴与直角坐标系的三个坐标轴 xyz 不同向，两者存在取向差，如图 12-5（c）所示。

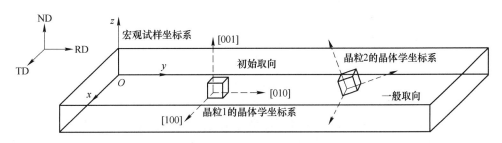

图 12-4　宏观试样坐标系与晶体学坐标系的关系

对任意取向晶粒，如图 12-5（a）所示的晶粒，其取向可以通过在参考坐标系内晶体坐标系相对于参考坐标系的转动状态求得。即把具有初始取向的晶体坐标系做某种转动，使它与一般取向晶粒的晶体坐标系重合，这样转动过的与之重合的晶体坐标系的三个轴的旋转角度即是晶粒取向。

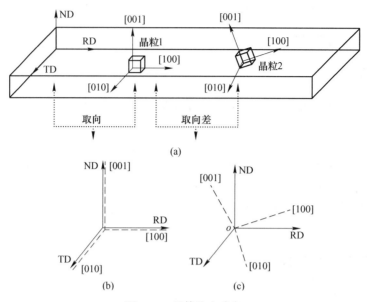

图 12-5   晶体取向确定

（a）宏观试样坐标系与晶体坐标系；（b）初始取向；（c）一般取向

综上可知，取向描述了物体从初始取向出发相对于参考坐标系的转动状态，晶体取向也表达了基本的晶体坐标轴在某个参考坐标系内排布的方式。可以用具有初始取向的晶体坐标系到达实际晶体坐标系时所转动的角度表达该实际晶体的取向。

晶体取向通常用晶体某晶面晶向在参考坐标系中的排布方式来表达。如在立方晶体轧制样品用 $Oxyz$ 直角坐标系作为参考宏观试样坐标系，某一晶粒的取向用 $(hkl)[uvw]$ 表达。这种晶粒取向特征为其 (hkl) 晶面平行于 xOy 面，$[uvw]$ 方向平行于 x 方向。用 $[rst]=[hkl]\times[uvw]$ 表示平行于 y 方向的晶向，这样就可以构成一个标准正交矩阵。若上述参考坐标系中用 g 代表任一取向，则有：

$$g = \begin{pmatrix} u & r & h \\ v & s & k \\ w & t & l \end{pmatrix} \tag{12-1}$$

式（12-1）可表达立方晶体中任一晶粒在 $Oxyz$ 参考宏观试样坐标系中的取向。

12.1.2.2   欧拉角 φ_1、Φ、φ_2

从初始取向出发经过某种转动将晶体坐标系 $Oxyz$ 转到任何取向的晶体坐标系上的这种转动转角来表示晶体取向实质上是用欧拉角来确定晶粒取向。以图 12-5(c)的晶粒 2 取向为例，轧板上的一般取向晶体的宏观试样坐标系与晶体学坐标系如图 12-6 所示。

图 12-6 为常见的从初始取向出发，按 φ_1、Φ、φ_2 的顺序所做的 3 个欧拉转动，即首先绕 z 轴（板法向 ND）旋转 φ_1 角，则横向 TD 轴和轧向 RD 轴分别转到 TD′ 和 RD′，并且 RD′ 垂直于 ND 和 $[001]$ 所确定平面，如图 12-7(b)所示。第二，绕新的 x 轴（RD′）旋转 Φ 角度，此时 ND 转到 $[001]$ 位置（ND′），同时 TD′ 转到 TD″ 位置，如图 12-7(c)所示。最后，绕新的 z 轴（ND′）旋转 φ_2 角度使 RD′ 转到 $[001]$ 位置，同时 TD″ 转到 $[010]$

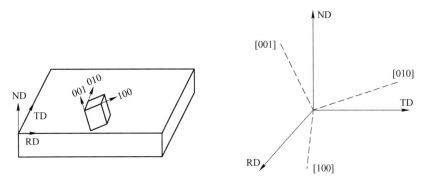

图 12-6 轧板上的一般取向晶体的宏观试样坐标系与晶体学坐标系

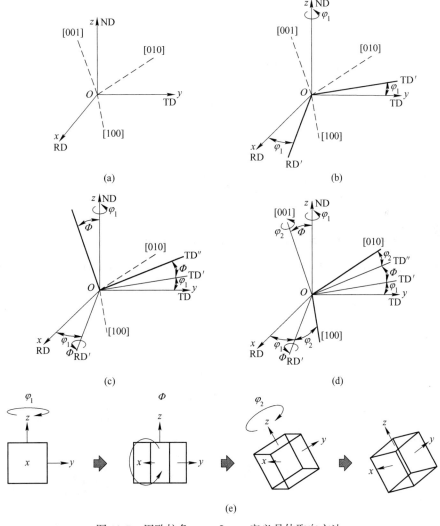

图 12-7 用欧拉角 φ_1, Φ, φ_2 定义晶体取向方法

（a）任意取向晶粒；（b）第一次旋转 z 轴 φ_1 角度；（c）第二次旋转新 x 轴 Φ 角度；

（d）第三次旋转新 z 轴 φ_2 角度；（e）对应初始位置晶体的转动过程

位置, 如图 12-7(d) 所示。经过这种转动可以实现任意的晶体取向, 因此取向 g 可表示成:

$$g = (\varphi_1, \Phi, \varphi_2) \tag{12-2}$$

若用矩阵表示经任意 $(\varphi_1, \Phi, \varphi_2)$ 转动所获得的取向, 则可推导出如下关系:

$$g = \begin{pmatrix} \cos\varphi_2 & \sin\varphi_2 & 0 \\ -\sin\varphi_2 & \cos\varphi_2 & 0 \\ 0 & 0 & 1 \end{pmatrix} \begin{pmatrix} 1 & 0 & 0 \\ 0 & \cos\Phi & \sin\Phi \\ 0 & -\sin\Phi & \cos\Phi \end{pmatrix} \begin{pmatrix} \cos\varphi_1 & \sin\varphi_1 & 0 \\ -\sin\varphi_1 & \cos\varphi_1 & 0 \\ 0 & 0 & 1 \end{pmatrix}$$

$$= \begin{pmatrix} \cos\varphi_1 \cos\varphi_2 - \sin\varphi_1 \sin\varphi_2 \cos\Phi & \sin\varphi_1 \cos\varphi_2 + \cos\varphi_1 \sin\varphi_2 \cos\Phi & \sin\varphi_2 \sin\Phi \\ -\cos\varphi_1 \sin\varphi_2 - \sin\varphi_1 \cos\varphi_2 \cos\Phi & -\sin\varphi_1 \sin\varphi_2 + \cos\varphi_1 \cos\varphi_2 \cos\Phi & \cos\varphi_2 \sin\Phi \\ \sin\varphi_1 \sin\Phi & -\cos\varphi_1 \sin\Phi & \cos\Phi \end{pmatrix}$$

$$= \begin{pmatrix} u & r & h \\ v & s & k \\ w & t & l \end{pmatrix} \tag{12-3}$$

式中, a、c 为六方晶体点阵常数。对 d_{uvw}, d_{hkl} 有:

$$d_{uvw} = \sqrt{3\left(u + \frac{v}{2}\right)^2 a^2 + \frac{9}{4}v^2 a^2 + w^2 c^2}$$

$$d_{hkl} = \sqrt{(2h + k)^2 c^2 + 3k^2 c^2 + 3l^2 a^2} \tag{12-4}$$

12.1.2.3　极图

极图是一种表示晶粒取向的极射赤面投影图, 反映某一选定晶面 $\{hkl\}$ 在包含样品坐标系方向的极射赤面投影图上的位置的图形。极图分正极图和反极图。

A　正极图

正极图也称极图, 是把多晶体中每个晶粒的某一低指数晶面 (hkl) 法线的极点 (法线与投影球交点), 进行极射赤面投影 (投影面由轧向 RD 与横向 TD 组成) 的空间取向分布来表示多晶体中全部晶粒的空间方位。如一个取向的 $\{100\}$ 极图是将该取向的晶胞的 3 个 $\{100\}$ 晶向的极射赤面投影位置表示出来, 如图 12-8 所示。其基本过程是小单胞

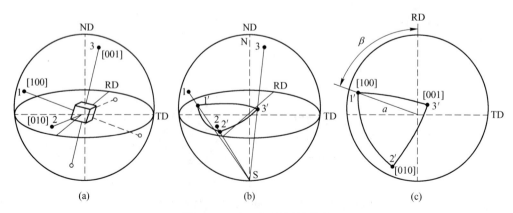

图 12-8　$\{100\}$ 极图的做法

(a) 某一晶体放在参考球心; (b) 3 个 $\{001\}$ 晶向在极射赤面投影位置; (c) $\{100\}$ 极图及极点的球坐标 α、β

处在参考球中心，其任意的方位表示其对外界参考系（RD-ND-TD）的取向，这时其（hkl）面平行于轧面（RD-TD组成），其 [uvw] 平行于RD。现在要用3个 {100} 极点表示单胞相对于样品坐标系的取向，即看它的3个 {100} 点在极图上的位置。

当用图12-8(c)中的极角 α、β 表示极轴 r 在样品坐标系下的坐标时（α 是极轴 r 与ND的夹角，β 是极轴 r 在轧面上的投影线与RD的夹角）。r 可表达为：

$$r = (\sin\alpha\cos\beta)s_1 + (\sin\alpha\sin\beta)s_2 + (\cos\alpha)s_3 \tag{12-5}$$

式中，s_1、s_2、s_3 分别为 RD、TD、ND 方向的单位矢量。

同时 r 又可在晶体坐标系下表达为：

$$r = xc_1 + yc_2 + zc_3 \tag{12-6}$$

Ox、Oy 和 Oz 分别平行于 [uvw]，[rst]，[hkl]，即建立了两种取向表达方式的换算关系。表12-1给出了立方金属轧板常见取向的欧拉角与其晶面晶向指数的换算关系，在 $Oxyz$ 参考坐标系中，Ox 为轧向，Oy 为轧板横向，Oz 为轧板法向。

表 12-1　立方金属轧板常见取向的欧拉角与其晶面晶向指数的换算

取向名称	欧拉角/(°)			$\{hkl\}\langle uvw\rangle$
	φ_1	Φ	φ_2	
立方	0	0	0	$\{001\}\langle100\rangle$
旋转立方	45	0	0	$\{001\}\langle110\rangle$
铜型	90	35	45	$\{112\}\langle111\rangle$
黄铜型	35	45	0	$\{011\}\langle211\rangle$
戈斯	0	45	0	$\{011\}\langle100\rangle$
S	59	37	63	$\{123\}\langle634\rangle$
R	57	29	63	$\{124\}\langle211\rangle$
黄铜R	79	31	33	$\{236\}\langle385\rangle$
	0	22	0	$\{025\}\langle100\rangle$
	90	55	45	$\{111\}\langle112\rangle$
	0	55	45	$\{111\}\langle110\rangle$

由式（12-1）所示的取向表达方式可知表达式中共有9个变量。但这9个变量并不都是独立的，且有下列6个归一与正交的约束条件：

$$r^2 + s^2 + t^2 = 1, \quad h^2 + k^2 + l^2 = 1, \quad u^2 + v^2 + w^2 = 1,$$

$$rh + sk + tl = 0, \quad hu + kv + lw = 0, \quad ur + vs + wt = 0 \tag{12-7}$$

由式（12-7）可知，9个变量中只有3个变量是独立的。因此取向的自由度是3。用欧拉角表达取向时，φ_1、Φ、φ_2 刚好反映出了取向的3个独立变量。

六方晶体的取向表达式与其 c/a 比值有关。设六方晶体 c 与参考坐标系 z 向平行，a 与参考坐标系 y 向平行，a 与 c 的矢量积为 x 向，则可用 φ_1、Φ、φ_2 角确定六方晶体的取向。从六方晶体对称性出发，在四轴坐标系中用 $\{hkil\} < uvtw >$ 表达六方晶体的取向比较直观方便。其中规定：$h + k = -i$，$u + v = -t$。把这样的晶面晶向指数经三轴坐标系可换算成直角坐标系的相应参数，参考式(12-5)可推导出如下关系：

$$
\begin{pmatrix}
\left(\sqrt{3}u + \dfrac{\sqrt{3}}{2}v\right)\dfrac{a}{d_{uvw}} & (2h+k)\dfrac{c}{d_{hkl}} \\[2mm]
\dfrac{3}{2}\dfrac{va}{d_{uvw}} & \sqrt{3}k\dfrac{c}{d_{hkl}} \\[2mm]
\dfrac{wc}{d_{uvw}} & \sqrt{3}l\dfrac{a}{d_{hkl}}
\end{pmatrix}
=
\begin{pmatrix}
\cos\varphi_1\cos\varphi_2 - \sin\varphi_1\sin\varphi_2\cos\Phi & \sin\varphi_2\sin\Phi \\
-\cos\varphi_1\sin\varphi_2 - \sin\varphi_1\cos\varphi_2\cos\Phi & \cos\varphi_2\sin\Phi \\
\sin\varphi_1\sin\Phi & \cos\Phi
\end{pmatrix}
$$

$$(12\text{-}8)$$

式中，c_1、c_2、c_3 分别为 $[100]$，$[010]$，$[001]$ 方向的单位矢量，(x, y, z) 经过归一化处理。

这时，极轴的极角 r 坐标 (α, β)、晶体坐标 (x, y, z) 和取向矩阵 g 的关系为：

$$
\begin{pmatrix}
\sin\alpha\cos\beta \\
\sin\alpha\sin\beta \\
\cos\alpha
\end{pmatrix}
=
\begin{pmatrix}
u & v & w \\
q & r & s \\
h & k & l
\end{pmatrix}
\cdot
\begin{pmatrix}
x \\
y \\
z
\end{pmatrix}
\tag{12-9}
$$

若把单个晶胞放在投影球的球心，将其他各个晶面 $\{hkl\}$ 法线极点投影到赤道平面上，便可以得到标准投影图。$\{100\}$ 标准投影极图如图 12-9 所示。

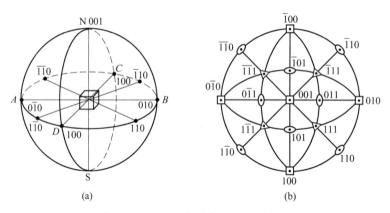

图 12-9　$\{100\}$ 标准投影极图的做法

(a) (100) 平面的立方晶体放在参考球心；(b) $\{100\}$ 标准投影极图

B　反极图

与正极图相反，反极图是描述多晶体材料中平行于材料的某一外观特征方向的晶向在晶体坐标系的空间分布的图形，参考坐标系的 3 个轴一般取晶体的 3 个晶轴（或低指数的晶向）。作反极图时将设定的外观特征方向（如 ND）的晶向标于其中，从而反映该外观特征方向在晶体学空间的分布。对实测衍射数据作与极图数据相似的整理后，采用极射赤面投影的方法把相关数据投影到反极图赤道投影面上，对离散的反极图数据作连续化的处理，即可得到反极图。立方晶系反极图如图 12-10 所示。

类似极图中两个坐标系下取向矩阵与极角和极轴的关系，反极图下也有下列关系：

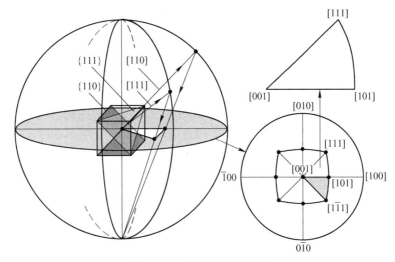

图 12-10 立方晶系反极图

$$\begin{pmatrix} \sin\gamma\cos\delta \\ \sin\gamma\sin\delta \\ \cos\gamma \end{pmatrix} = \begin{pmatrix} u & q & h \\ v & r & k \\ w & s & l \end{pmatrix} \cdot \begin{pmatrix} x \\ y \\ z \end{pmatrix} \tag{12-10}$$

(x, y, z) 是某一晶轴 r 在样品坐标系（RD，TD，ND）中的坐标，(δ, γ) 是 r 在晶体坐标系 [100]-[010]-[001] 构成的极图中的极角坐标。这里使用的是取向矩阵。反极图通常用以<100>-<110>-<111>组成的取向三角形表示。这是将取向对称化处理的结果。否则 [-100] 方向是用 [001]-[101]-[111] 取向三角形表示不出来的。立方系、六方系和正交系的三种结构的晶体反极图如图 12-11 所示。

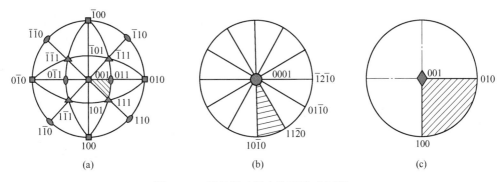

(a)　　　　　　　　　(b)　　　　　　　　　(c)

图 12-11　反极图（图中的影线三角形）
(a) 立方系；(b) 六方系；(c) 正交系

12.1.2.4 欧拉空间

由于一个晶体的取向有三个自由度。用转角表示取向时，取向值表明了晶体相对于某一参考坐标系的转动关系。当确定了三个互相独立的转动角度，就能确定一个晶体的取向。用一组 φ_1、Φ、φ_2 值即可表达晶体的一个取向，且有：$0 \leqslant \varphi_1 \leqslant 2\pi$，$0 \leqslant \Phi \leqslant \pi$，$0 \leqslant \varphi_2 \leqslant 2\pi$。用 φ_1、Φ、φ_2 作为空间直角坐标系的三个变量就可以建立起一个取向空间，即欧拉空间。如图 12-12 所示。任一晶粒的取向 φ_1、Φ、φ_2 在欧拉空间里均用一点标示。将试样中所有晶粒的取向逐一标点，即晶粒取向分布函数。

　　板状试样中织构的生成过程通常决定了它相对于样品坐标系具有正交旋转对称性，其样品多重性为 4，即试样绕样品坐标系的 3 个坐标轴分别转 180° 后在所能获得的 4 种不同的取向条件下，其织构状态都不会改变。另外，立方晶系通常具备 <100> 方向的 4 次对称性（转 90° 织构状态不变），<110> 方向的 2 次对称性（转 180° 织构状态不变），<111> 方向的 3 次对称性（转 120° 织构状态不变），因此其样品多重性为 4×2×3 = 24。由此可见，一取向可在立方晶体板状试样的取向空间内重复出现 4×24 = 96（次），即有 Z = 96（Z 称为重复次数）。这样分析取向分布函数时可以大大缩小取向空间的范围。通常所取的空间范围只是完整取向空间的 $\frac{1}{32}$，为 $0 \leqslant \varphi_1 \leqslant \frac{\pi}{2}$，$0 \leqslant \Phi \leqslant \frac{\pi}{2}$，$0 \leqslant \varphi_2 \leqslant \frac{\pi}{2}$；其中没有排除涉及 <111> 的晶体 3 次对称性，因而在这个范围内仍可将取向空间划分成 Ⅰ、Ⅱ、Ⅲ 等 3 个子空间，如图 12-13 所示。在每个子空间内，任一取向只可能出现一次，或在 $0 \leqslant \varphi_1$、Φ、$\varphi_2 \leqslant \frac{\pi}{2}$ 范围内则出现 3 次。根据晶体的 3 次对称性不能将取向空间做进一步的线性划分，因此通常不再对取向空间范围 $0 \leqslant \varphi_1$、Φ、$\varphi_2 \leqslant \frac{\pi}{2}$ 做进一步的分割。鉴于同样的原因，六方多晶体取向空间内 φ_2 的取值范围为 $0 \sim \frac{\pi}{3}$，Φ、φ_2 的取值范围为 $0 \sim \frac{\pi}{2}$。但要注意的是，用 φ_1、Φ、φ_2 角确定六方晶体的取向时，设六方晶体 c 与参考坐标系 z 向平行，a 与参考坐标系 y 向平行，a 与 c 的矢量积为 x 向。此外，取向分布函数应用于六方多晶体时还要注意晶体 c/a 值的影响。

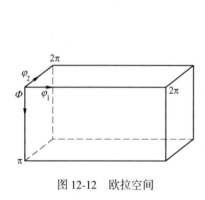

图 12-12　欧拉空间

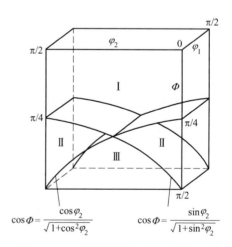

$$\cos\Phi = \frac{\cos\varphi_2}{\sqrt{1+\cos^2\varphi_2}} \qquad \cos\Phi = \frac{\sin\varphi_2}{\sqrt{1+\sin^2\varphi_2}}$$

图 12-13　立方晶体取向子空间的划分

12.1.3　织构的概念

　　当多晶体各晶粒的取向聚集到一起时，多晶体内就会呈现织构现象。近年来研究认为晶粒取向分布就是晶体学织构，因而有了"随机织构"（Randomly Textured）的说法。但更多人更倾向认为晶体学织构是多晶体取向分布状态明显偏离随机分布的取向分布结构。由于多晶体在空间中集聚的现象，肉眼难于准确判定其取向，为了直观地表示，必须把这种微观的空间集聚取向的位置、角度、密度分布与材料的宏观外观坐标系（拉丝及纤维的轴向，轧板的轧向、横向、板面法向）联系起来。通过材料宏观的外观坐标系与微观取向的联系，就可直观地了解多晶体微观的择优取向。

12.1.4 织构的分析方法

晶体 X 射线学中，织构表示方法有多种，如晶体学指数表示法，直接极图法，反极图法，等面积投影法与晶体三维空间取向分布函数法（ODF）等。

12.1.4.1 晶体学指数表示法

对于金属材料承受轴向拉拔或挤压成形得到的丝、棒材时，由于受轴向拉拔或挤压的载荷力作用，各晶粒的某晶向<uvw>往往沿材料流变方向对称排列，这种织构也就是人们常说的丝织构或纤维织构。丝织构的表示方法常用与其平行的晶向指数<uvw>表示。Fe、W、Mo、Nb 等体心立方金属拉伸后大多数晶粒<110>方向平行于拉伸轴，形成<110>丝织构。面心立方金属的丝织构主要有<111>和<100>（如铝丝有<111>织构）。

而当金属承受锻压和压缩变形时会出现面织构，面织构的表示方法主要以 {hkl} 表示。体心立方金属锻压时主要产生<111>面织构，同时也会有较弱的<100>和<112>织构，变形量增大，<112>织构变弱。

但金属在轧制变形时会使板材出现板织构。由于轧制变形包含有压缩变形及拉伸变形，晶体在压力作用下，常以某一个或某几个晶面 {hkl} 平行于轧板板面，而同时在拉伸力作用下又常以<uvw>方向平行于轧制方向，因而板织构的表示方法用 {hkl} <uvw>表示，即 {hkl} 平行于轧板板面，<uvw>方向平行于轧制方向。如果轧向与晶体学方向<uvw>有偏离，则常在它后面加上偏离度数，如偏离±10°，则可表为 {hkl} <uvw>±10°。指数表示的几种晶体取向如图 12-14 所示。

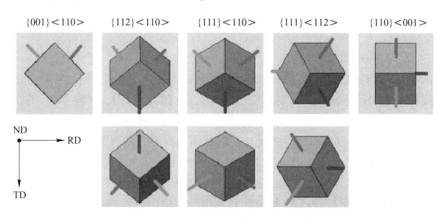

图 12-14 指数表示的晶体取向

晶体学指数表示法是最常用的表示法之一，虽然表示晶体空间择优取向既形象又具体，文字书写也简洁明了。但只表示了晶体取向的理想位置，未表示出织构的强弱及漫散程度。

【例1】   如图 12-15 所示为轧制低碳钢板的晶粒取向特征，试用晶体学指数表示轧板织构。

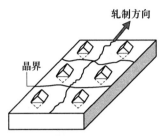

图 12-15　轧制低碳钢板的晶粒取向形貌特征

解：已知低碳钢板属于立方结构的晶体，常见立方晶体的几个主要晶面和晶向指数如图 12-16 所示。

将立方晶体的这四个主要晶面分别与轧制面平行，如图 12-16（e）~（f）所示。可以发现如果图 12-16（b）的晶体的（110）晶面平行于轧制面，如图 12-16（f）所示，其与图 12-15 晶粒排布形貌特征相同。从图 12-16（f）的轧制方向，可以确认将沿 [001] 方向。根据板织构的表示方法，即 {hkl}<uvw>，其中 {hkl} 平行于轧板板面，因此 {hkl} 为 {110}，而与轧向平行的是 [001]，因此，<uvw> 为 <001>。故图 12-15 为轧制低碳钢板的板织构为 {110}<001> 织构。

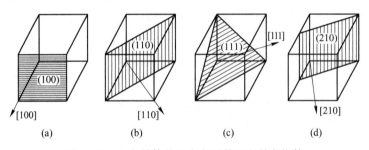

图 12-16　立方晶体的几个主要晶面和晶向指数

12.1.4.2　直接极图表示法

直接极图也称作正极图。直接极图表示法是把多晶体中每个晶粒的某一低指数晶面（hkl）法线相对于宏观坐标系（轧制平面法向 ND、轧制方向 RD、横向 TD）的空间取向分布，进行极射赤道平面投影来表示多晶体中全部晶粒的空间位向。把放置在投影球心的多晶试样中每个晶粒的某一（hkl）晶面法线与投影球面的交点，都投影在标明了试样宏观方向 RD、TD、ND 的赤道平面上。如图 12-17 所示，图 12-17(a) 为立方系材料的轧制板材的晶粒取向特征，将其中晶粒 1 和 2 分别取出，分别放在投影球心进行极射赤道平面投影，得到图 12-17(b) 和 (c) 所示的极图。如果将其余的晶粒也分别取出放在投影球心进行投影，然后将其重叠，可以得到整个轧板试样中多晶的极图，如图 12-17(d) 所示。可以发现这些投影点集中在几个位置上，即形成了织构。同理也可以做出图 12-18 所示的随机织构。

由于这个投影图只投影了（hkl）极点，并未投影出其他晶面，因此这个极图便叫做（hkl）极图。它反映出在试样中具有某种择优取向时，（hkl）极点会形成的极密度分布花样。（hkl）一般采用低指数晶面（110），（200），（112）等，因此就可分别绘出（200），

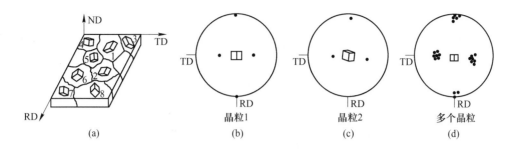

图 12-17　立方系材料轧制后晶粒取向形貌与各晶粒 {100} 面的极图

（a）轧板晶粒取向；（b）晶粒 1；（c）晶粒 2；（d）轧板所有晶粒

（110），（112）等极图。要注意的是，同一试样的（200）极图与（110）或其他（hkl）极图上的极密度分布的花样不同，但它们所标定的织构却是相同的。实际判断时，通常先选测某一特定（hkl）极图，再用另一（hkl）极图验证所定织构的正确性。因此所测极图必须标明是哪一个（hkl）晶面的极图。

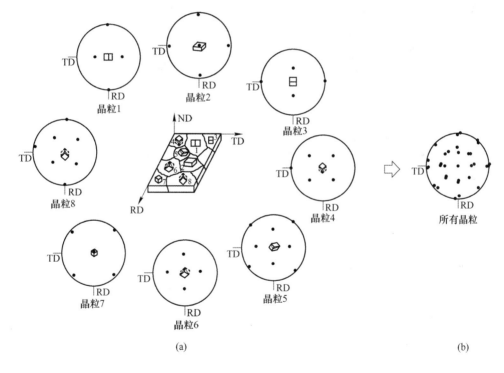

图 12-18　立方系材料随机织构

（a）轧板晶粒取向与各晶粒；（b）轧板所有晶粒

　　如果把放置在投影球心的多晶试样中每个晶粒的某一（hkl）晶面法线与投影球面的交点都投影在标明了试样宏观方向 RD、TD、ND 的赤道平面上，将这些极点密度相同的点连线，就形成等极密度线，由此可以显示出织构强弱和漫散程度的（hkl）极图。如图 12-19 所示为铁素体的 {200} 和 {111} 面散点极图及极密度等高线图。

　　如图 12-20 为 {100}，{110}，{111} 极图表示的 {001}<100>理想板织构。图 12-21 所

示为 Fe-50%Ni 合金的三个用极密度等高线表示 {100}，{110}，{111} 极图特征。对比图 12-20 的 {100}，{110}，{111} 极图，可以发现 Fe-50%Ni 合金具有 {001}<100>理想板织构的特征。

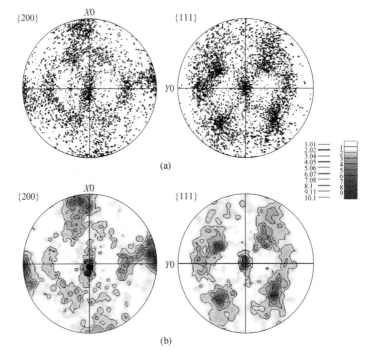

图 12-19　铁素体的 {200} 和 {111} 面的极图及极密度等高线图

(a) {200} 和 {111} 面散点极图；(b) 用极密度等高线表示的极图

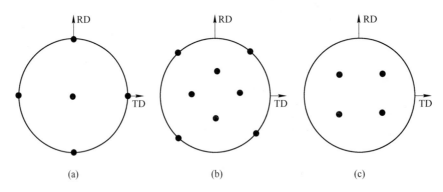

图 12-20　{001} <100>理想板织构的极图

(a) {100} 极图；(b) {110} 极图；(c) {111} 极图

如图 12-22 为常见的面心立方金属材料 (111) 极图的主要理想织构特征。

【例 2】　如图 12-23 (a) 和 (b) 分别为轧制镁合金板材的三个极图特征。试表示具有这两种极图的镁合金织构种类。

解：已知镁合金属于密排六方结构的晶体，常见密排六方结构晶体的主要晶面和晶向指数如图 12-24 (a) 所示。由图 12-23 (a) 所示，可知轧制面与 (0001) 平行，即轧制面法向与 C 轴同向，即得到 12-24 (b) 所示 (0001) 晶体轧制取向位置，显然其轧制方

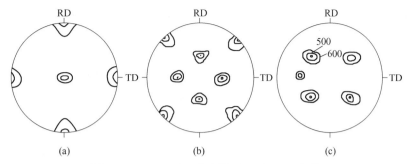

图 12-21 Fe-50%Ni 合金的 {001}<100>织构

(a) {100}；(b) {110}；(c) {111}

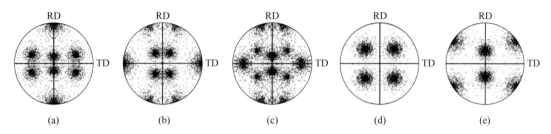

图 12-22 面心立方金属材料（111）极图的主要理想织构

(a) 铜织构 {112}<11$\bar{1}$>；(b) 黄铜织构 {110}<1$\bar{1}$2>；(c) S 织构 {123}<63$\bar{4}$>；

(d) 立方织构 {100}<001>；(e) 高斯织构 {110}<001>

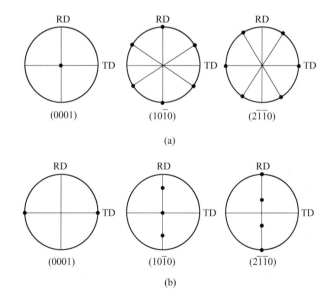

图 12-23 轧制镁合金的晶粒取向形貌特征

向为 [10-10]，故图 12-23 (a) 所对应极图的镁合金织构为 {0001}<10$\bar{1}$0>。

由图 12-24 (b) 所示，可以发现镁合金基面（0001）轧制面垂直，且横向 TD 同方向，因此得到 12-24（c）所示镁合金晶体轧制取向位置。这时，如果（$10\bar{1}0$）柱面平行于轧制面，则按 12-24（a）所示的晶面晶向指数，可以得知滑移方向为 $[2\bar{1}\bar{1}0]$，显然这与图 12-23（b）所示极图对应，因此其对应镁合金织构为 $\{10\bar{1}0\}<2\bar{1}\bar{1}0>$。

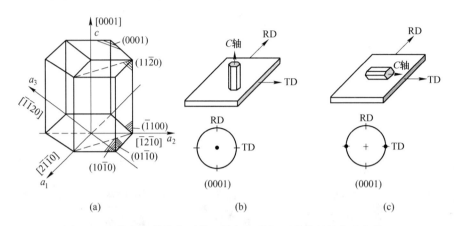

图 12-24　镁合金晶体主要晶面晶向指数与两种轧制晶粒取向位置

12.1.4.3　反极图表示法

反极图以晶体学方向为参照坐标系，特别是以晶体重要的低指数晶向为此坐标系的三个坐标轴，而将多晶材料中各晶粒平行于材料的特征外观方向的晶向均标示出来，因而表现出该特征外观方向在晶体空间中的分布。将这种空间分布以垂直晶体主要晶轴的平面作投影平面，作极射赤道平面投影，即成为此多晶体材料的该特征方向的反极图。所以说反极图是表示被测多晶材料各晶粒的平行某特征外观方向的晶向在晶体学空间中分布的三维极射赤道平面投影图。通常，反极图最适合于用来表示丝织构，但由于 G. B. 哈利斯（Harris）式反极图测绘容易，早期它也常用于板织构研究。板织构材料的特征外观方向则有三个，分别为轧向、横向、轧面法向，因此须作三张反极图，它们分别表示了三个特征外观方向在晶体学空间的分布几率。在每张反极图上，分别表明了相应的特征外观方向的极点分布。其中一张是轧向反极图，表示了各晶粒平行轧向的晶向的极点分布；另一张是轧面法向反极图，表示了各晶粒平行于轧面法线的晶向的极点分布；第三张是横向反极图，表示了各晶粒平行于横向的晶向的极点分布。不同晶系，反极图形状有所不同。由于晶体有对称性，标准投影图可以划分为若干个晶向等效区。立方晶系对称性高，标准投影图中以<001>，<101>，<111>三族晶向为顶点，可将上半球面投影划分成 24 个等效区。一般选用 [111]，[101]，[001] 构成的球面三角投影，已足以表示出所有方向。如图 12-25 所示，图中 $X0$、$Y0$、$Z0$ 分别为样品台坐标。

反极图表示法可给出织构材料的轧向、轧面法向、横向在晶体学空间中的分布。而材料的板织构类型是用尝试法、从分立的三张反极图中来判定的，但有些板织构类型难于用反极图作出判断。因此，用这种方法判定板织构类型有时有可能引起误判、漏判。

12.1.4.4　三维取向分布函数（ODF）表示法

由于极图和反极图判定织构时会错判和漏判。因为他们均是晶体在空间中取向分布的极射赤面二维投影，不能完全描述晶体的空间取向。1965 年由罗伊（Roe）和邦厄

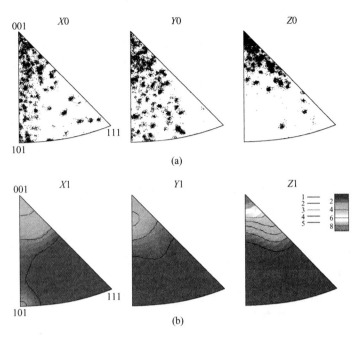

图 12-25 面心结构的 Al 合金织构反极图表示方法

（a）散点极图；（b）极密度等高线图

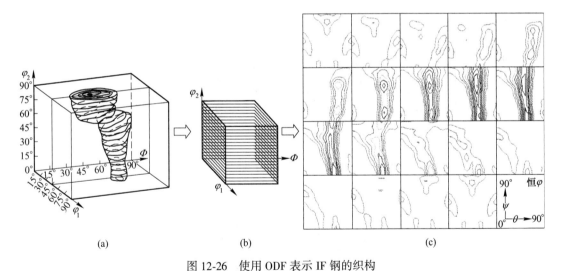

图 12-26 使用 ODF 表示 IF 钢的织构

（a）IF 钢三维空间取向分布；（b）沿 φ_2 轴截面图时；（c）IF 钢 ODF 恒 φ 截面图

（Bunge）各自独立提出多晶织构材料的晶粒取向分布函数表示法。在罗伊法中，参考坐标系与直接极图表示法中参考坐标系的选取是一样的。设参考坐标系固定安装在板状试样上，三个坐标轴分别与板试样三个特征外观方向相合，即 x 为轧向，y 为横向，z 为板的轧面法向，而在多晶材料中，每个晶粒上固定安装上一坐标系 [001]，[010]，[001]；以晶粒上的坐标系相对于表示材料特征外观方向的坐标架的欧拉角（φ_1，Φ，φ_2）作为该晶粒在空间的取向（参数），再以（φ_1，Φ，φ_2）为坐标轴建立一直角坐标架，构建欧拉空间形成取向空间，任一晶粒的取向，当用欧拉角表示时，它相应于欧拉空间中的一点，此点坐标即为（φ_1，Φ，φ_2），组成多晶材料的各取向晶粒均相应于欧拉空间中的对应点，这就组成该多晶材料的晶粒取向分布。多晶材料中有大量晶粒，每一取向可对应有若干晶粒，故其取向密度确切给出试样中取向位于处的晶粒数量，换句话说是出现在该方向上的几率，可以定量表示出织构材料中晶粒取向的空间分布，所以称之为取向分布函数（ODF），且常用一组截面图来显示出取向欧拉空间中那些取向上有最大值，及其在空间的分布情况。如图 12-26(a) 所示为使用 ODF 表示 IF 钢的织构，画这些截面图时，通常沿 φ_2 轴可每隔 5°或 10°取值，如图 12-26(b) 所示。常用一组截面图表示出管道在空间的走向及散漫情况，并且用截面图来研究其织构的分布细节，如图 12-26(c) 所示。

在很多情况下并不需要分析取向分布函数所能提供的全部数据，而只须分析在某一过程中取向空间内一些特定取向线上取向分布函数值的变化过程。因此取向分布分析也可以简化为取向线分析。如图 12-27(a) 展示了面心立方金属多晶体冷轧变形时晶粒取向汇集的目标线，即 α 和 β 取向线。在 α 线上的重要取向有 {011}<100>及 {011}<211>[见图 12-27(b)] 等，β 线上的重要取向有 {123}<634>，{112}<111>，及 {011}（211）等。立方结构晶体的主要织构取向线见表 12-2。

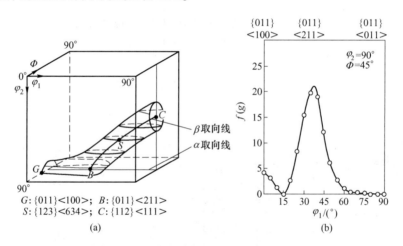

G: {011}<100>；B: {011}<211>
S: {123}<634>；C: {112}<111>

(a)　　　　　　　　　　　　(b)

图 12-27　纯铝板冷轧 95% 后晶粒取向分布

(a) 取向空间中的 α 和 β 线；(b) α 线上的取向密度

表 12-2　立方结构晶体的主要织构取向线

FCC	α 取向线	$\varphi_1 = 0 \rightarrow 90°$，$\phi = 45°$，$\varphi_2 = 90°$（或 0°）：Goss、B
	β 取向线	$\varphi_2 = 45° \rightarrow 90°$，$\varphi_1$、$\Phi$ 不很确定：B、S、Cu 等，R 也在其附近
	τ 取向线	$\varphi_1 = 90°$，$\Phi = 0° \rightarrow 90°$，$\varphi_2 = 45°$：RC、Cu、Goss
BCC	α 取向线	$\varphi_1 = 0°$，$\Phi = 0° \rightarrow 90°$，$\varphi_2 = 45°$：（0°，0°，45°）即 {001}<110>，（0°，35°，45°）即 {112}<110>、（0°，54.7°，45°）即 {111}<110>
	γ 取向线	$\varphi_1 = 60° \rightarrow 90°$，$\Phi = 54.7°$，$\varphi_2 = 45°$：（60°，54.7°，45°），即 {111}<011>；（90°，54.7°，45°），即 {111}<112>

12.2 塑性变形织构

12.2.1 面心立方的形变织构

许多工业上常用的金属都属于面心立方金属，如铜、铝、银、镍、铅、γ-铁等。当面心立方金属进行拉伸或拉拔变形时将产生丝织构，即各晶粒的某一晶向倾向平行于拉伸方向。一般认为，单向拉伸与拉拔变形二者所造成的织构差别不大，因为在这两种情况下如果去除静水压力的影响，则造成塑性变形的应力状态基本是一样的。面心立方金属拉伸或拉拔变形产生的织构主要是<111>和<100>两种丝织构。一些研究表明，层错能升高时会出现丝织构内<111>组分增强而<100>组分变弱的倾向，但这种现象并不是在所有的情况下都适用。

面心立方金属和合金经过轧制后产生的形变织构主要为"铜式"织构和"黄铜式"织构这两种类型。"铜式"织构在 {111} 极图内表示出具有"唇式"的特征，如图 12-28 所示；而"黄铜式"织构则有"耳式"的标志，如图 12-29 所示。从图 12-28 可以发现，唇式特征的织构基本组分有铜织构 {112}<111>、S 织构 {123}<634>、黄铜织构 {011}<211>；而"耳式"特征即为黄铜织构 {011}<211>。因此，面心立方金属中出现的轧制织构主要有：黄铜织构 {011}<211>，S 织构 {123}<634>，铜织构 {112}<111>，以及 Goss 织构 {110}<001>。通常情况下，这几种织构组分会存在于同一冷轧板内，但每种组分的多少与金属的层错能有很大关系。一般来说，层错能高的金属，如铝、铜及合金的织构以铜织构 {112}<111>组分较强，而黄铜织构 {011}<211>组分较弱。反之层错能低的金属，如铜—锌合金及纯银冷轧织构内基本上只有黄铜织构 {011}<211>组分。

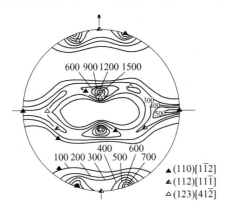

图 12-28 纯金属型或唇式极图形貌
（纯铝经 95%压下冷轧，{111} 极图）

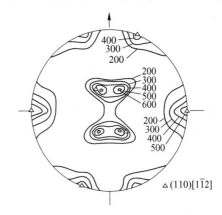

图 12-29 黄铜式或合金式织构
（70%Cu-30%Zn 经 95 压下冷轧后，{111} 极图）

大多数铝及铝合金板材轧制后的主要织构为黄铜织构 {011}<211>，S 织构 {123}<634>、铜织构 {112}<111>，还可能形成 Goss 织构 {011}<100>和旋转立方织构 {001}<110>这几种主要的变形织构组分。而铜织构 {112}<111>是通过 S 取向 {123}<634>转向黄铜 {011}<211>而获得，这是因为铝是高层错能面心立方金属，其塑性变形机制是主要是位错滑移，这有利于唇状形态的织构形成。铝合金板材经大变形轧制后进行再结晶退火时主要形成 {001}<100>立方织构。

铝合金板材经大变形轧制后进行再结晶退火时主要形成 {001}<100>再结晶立方织构

（Cube），另外还可能形成 {124}<211> R 织构以及残留的部分轧制织构（如 B/G、B/R 分量）等。如图 12-30 所示为面心立方材料变形与再结晶织构的主要取向与织构，如图 12-31 为常见立方材料变形与再结晶织构主要取向与织构在 $\varphi_2 = 45°$、$65°$ 和 $90°$ 三个截面分布特征。

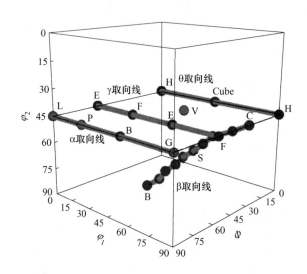

取向线	取向轴
α	<011>//ND
β	无，但取向线有C、S和B织构
γ	<111>//ND
θ	<001>//ND

织构组分	{hkl}<uvw>
C(Copper)	{112}<111>
S	{123}<634>
B(Brass)	{011}<211>
E	{111}<110>
F	{111}<112>
Cube	{001}<100>
H	{001}<110>
G(Goss)	{110}<001>
P	{011}<233>
L	{110}<011>
V	{225}<1114>

图 12-30　面心立方材料变形织构与再结晶织构

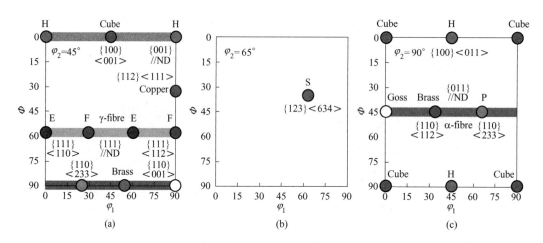

图 12-31　面心立方材料变形与再结晶织构主要取向与织构在三个截面分布
（a）$\varphi_2 = 45°$；（b）$\varphi_2 = 65°$；（c）$\varphi_2 = 90°$

　　冷墩压也是一种常见变形方式。实验表明，层错能较高的面心立方金属，如铜在冷墩压时，主要生成<110>面织构，而当层错能降低时，如 Cu-30%Zn 合金材料则冷墩压后，除出现<110>面织构，还会产生<111>面织构。

　　面心立方金属的形变织构各基本组分的相对强弱受合金元素的性质与含量、晶粒大小与形状、晶界与相界特性、变形程度、变形温度和变形速度等许多内、外因素的影响和控制。表 12-3 列出了面心立方材料的织构。

表 12-3 面心立方结构晶体的形变织构

织构组分	指数 {hkl}<uvw>	欧拉角/(°)			织构形成方式
		φ_1	Φ	φ_2	
C-Copper	{112}<111>	90	35	45	轧制织构
S	{123}<634>	59	34	63	
B-Brass	{011}<211>	35	45	0	
D-Dillamore	{4411}<11118>	90	27	45	
H	{001}<110>	0	0	45	剪切织构
E	{111}<110>	0	55	45	
F	{111}<112>	90	55	45	
Cube	{001}<100>	0	0	0	再结晶织构
G-Goss	{110}<001>	0	45	0	
R	{124}<211>	53	36	60	
P	{011}<112>	65	45	0	
Q	{013}<231>	58	18	0	

12.2.2 体心立方的形变织构

工业上常见体心立方金属有铁、钨、铝、钽和 β-黄铜等。这些体心立方金属材料在单向拉伸或拉拔变形时，出现的拉拔织构主要为 {110} 丝织构。纯铁冷墩后的织构主要以<111>为主。体心立方金属中出现的轧制织构主要有：铜织构 {112}<110>，E 织构 {111}<110>，F 织构 {111}<112>，以及旋转立方织构 {001}<110>。各织构组分强弱则受材料的化学成分影响。工业纯铁中冷轧织构组分主要是旋转立方织构 {001}<110>和铜织构 {112}<110>，而化学成分极为纯净的超深冲钢板。若其碳、氮含量（质量分数）均低于0.01%，则除了旋转立方织构 {001}<110>和铜织构 {112}<110>织构之外，还会出现较为明显的 E 织构 {111}<110>，F 织构 {111}<112>。

如图 12-32 所示为体心立方金属的主要取向与取向线在欧拉空间的分布，图 12-33 为体心立方金属 $\varphi = 45°$（Roe 系统）和 $\varphi_2 = 45°$（Bunge 系统）截面图，表 12-4 列出了体心立方材料的形变织构。

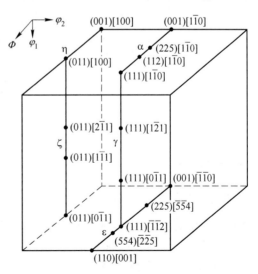

图 12-32 体心立方金属主要取向
及取向线在 Euler 空间中的分布

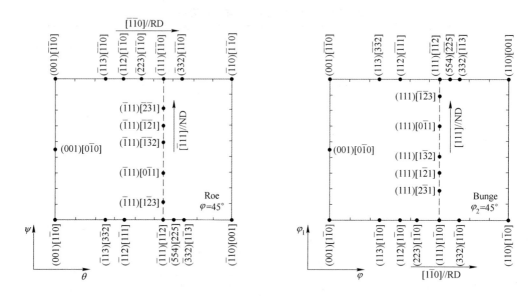

图 12-33　体心立方金属 $\varphi = 45°$（Roe 系统）和 $\varphi_2 = 45°$（Bunge 系统）截面图

表 12-4　立方材料的形变织构

织构组分	指数		欧拉角/(°)			备　注
	$\{hkl\}$ $<uvw>$		φ_1	Φ	φ_2	
Copper	$\{112\}$	$<111>$	90	35	45	FCC 平面应变/BCC 剪应变
Goss	$\{011\}$	$<100>$	0	45	0	FCC 平面应变/BCC 剪应变
Brass	$\{011\}$	$<211>$	35	45	0	FCC 平面应变/BCC 剪应变
S	$\{123\}$	$<634>$	59	37	63	FCC 平面应变
R	$\{124\}$	$<211>$	57	29	63	FCC 平面应变
Rotated-cube	$\{001\}$	$<110>$	45	0	0	BCC 平面应变/FCC 剪应变
E	$\{111\}$	$<110>$	0	55	45	BCC 平面应变/FCC 剪应变
F	$\{111\}$	$<211>$	90	55	45	

12.2.3　密排六方的形变织构

　　密排六方金属主要有钛、镁、锌、钴等，其拉拔织构较为复杂，如钛的丝织构是 $<10\text{-}10>$，而镁的丝织构是 $<0001>$，如图 12-34(a)所示。其他六方金属的丝织构更为复杂。镁、钛冷墩压织构以 $<0001>$ 面织构为主。镁合金在挤压（拔丝）等塑性变形过程中易形成（0001）平面平行于挤压（拔丝）方向的纤维织构，同时在单向压缩过程中能形成（0001）平面垂直于压缩方向的纤维织构。绝大多数晶粒的基面是平行于挤压方向的。镁合金挤压后的织构会随挤压制品断面差异而有所区别，通常棒材挤压时，应力状态为轴对称状态，（0001）而平行于挤压方向，晶粒取向自由度大，晶粒可以保证基面平行于挤

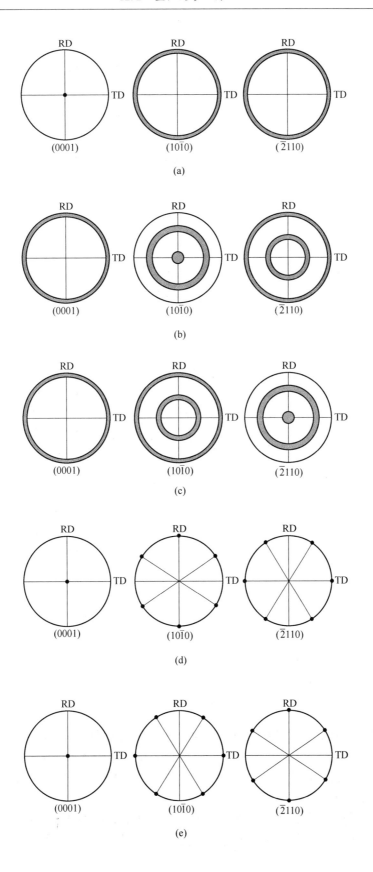

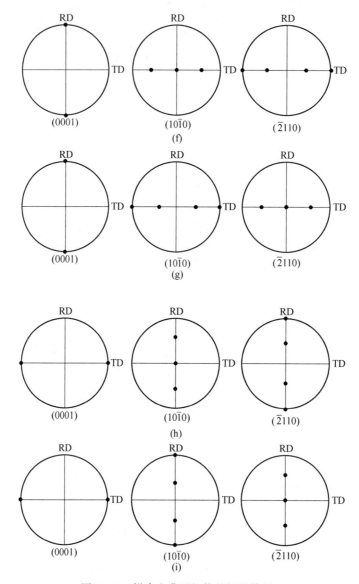

图 12-34 镁合金典型织构的极图特征

(a)｛0001｝基面丝织构；(b)｛0001｝<10$\bar{1}$0>丝织构；(c)｛0001｝<11$\bar{2}$0>丝织构；

(d)｛0001｝<10$\bar{1}$0>板织构；(e)｛0001｝<11$\bar{2}$0>板织构；(f)｛10$\bar{1}$0｝<0001>板织构；

(g)｛2$\bar{1}$$\bar{1}$0｝<0001>板织构；(h)｛10$\bar{1}$0｝<$\bar{2}$110>板织构；(i)｛$\bar{2}$110｝<10$\bar{1}$0>板织构

压方向的同时围绕着挤压方向发生 360° 转动。但复杂断面型材挤压的时候，特别挤压管材的时候，容易形成两个取向的丝织构，一种是 C 轴平行于径向，另一种是 C 轴平行于管材切向。用板材挤压时有少量晶粒（0001）面垂直于挤压方向，但用棒材挤压所有晶粒基面平行于挤压方向。

镁合金在轧制过程中将形成（0001）基面平行于轧面的织构。并且轧制板织构随着轧制道次的增加而变化。轧制次数少的厚轧板中，基面织构强度较弱，有较多晶粒由基面

法向横向方向偏移，当轧制道次增加，轧板厚度降低时，基面织构的强度增强，大多数晶粒基面平行于轧板平面。图 12-34 和图 12-35 为镁合金典型形变织构的极图和 ODF 图。

镁合金等通道角挤压变形过程中，镁合金会发生明显的剪切变形，其剪切的角度跟 ECAP 的模具结构以及挤压道次间的路线设计直接相关。镁合金在进行 ECAP 变形时易产生基面与挤压方向成一定夹角的织构。图 12-36 和表 12-5 为镁合金剪切变形时的常见变形织构。密排六方结构的金属在等通道角挤压变形过程中也会产生与镁合金类似的剪切织构，图 12-37 和表 12-6 为 HCP 金属等通道挤压变形（0002）和（10$\bar{1}$0）极图中的常见织构。但晶粒取向发生了变化，导致织构也发生角度变化。HCP 金属常见变形织构见表 12-7。

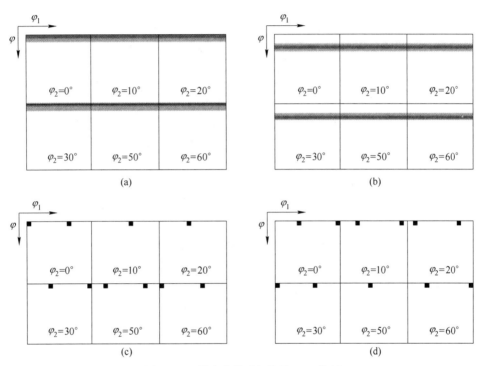

图 12-35 镁合金典型织构的 ODF 特征

（a）{0001} 基面丝织构；（b）{hikl} 丝织构；（c）{0001}<10$\bar{1}$0>板织构；（d）{0001}<11$\bar{2}$0>板织构

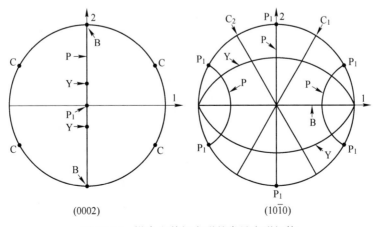

图 12-36 镁合金剪切变形的常见变形织构

表 12-5　镁合金剪切变形常见变形织构

织构组分	欧拉角/(°)			备　注
	φ_1	Φ	φ_2	
B	0	90	0~60	基面//剪切面
P	0	0~90	30	$<a>$‖剪切方向
Y	0	30	0~60	c 轴与剪切面成30°
C_1	60	90	0~60	c 轴先与剪切面成90°，然后剪切面方向成±30°
C_2	120	90	0~60	

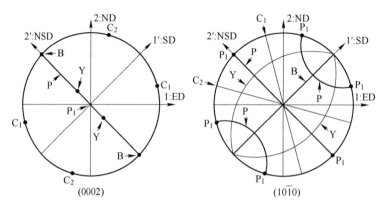

图 12-37　HCP 金属等通道挤压变形（0002）和（10$\bar{1}$0）极图中的常见织构

表 12-6　HCP 金属等通道挤压变形常见织构

织构组分	欧拉角/(°)		
	φ_1	Φ	φ_2
B	45	90	0~60
P	45	0~90	30
Y	45	30	0~60
C1	105	90	0~60
C2	165	90	0~60

表 12-7　HCP 金属常见变形织构

织构组分	指数	欧拉角/(°)		
	$\{hkil\}<uvtw>$	φ_1	Φ	φ_2
基面织构	$\{0001\}$	0~60	0	0~90
基面织构	$\{hkil\}$	0~60	0<Φ<90	0~90
	$\{0001\}<10\bar{1}0>$	0/60	0	0，60
		$\varphi_1+\Phi=60$	0	$\varphi_1+\Phi=60$
	$\{0001\}<11\bar{2}0>$	30	0	
		$\varphi_1+\Phi=60$	0	$\varphi_1+\Phi=30$

织构组分	指数	欧拉角/(°)		
	$\{hkil\} <uvtw>$	φ_1	Φ	φ_2
$\{10\bar{1}0\}$ 织构	$10\bar{1}0$	0/60	90	0~90
	$\{10\bar{1}0\}<0001>$	0/60	90	0
	$\{10\bar{1}0\}<11\bar{2}0>$	0/60	90	90
$\{11\bar{2}0\}$ 织构	$\{11\bar{2}0\}$	30	90	0~90
	$\{11\bar{2}0\}<0001>$	30	90	0
	$\{11\bar{2}0\}<10\bar{1}0>$	30	90	90

12.3 织构对材料性能的影响

12.3.1 织构对材料冲压成形性能的影响

金属材料经过轧制成板材后，往往需要二次再成形。其中，冲压成形是最常用的方式。衡量材料冲压成形性能的指标主要包括塑性应变比 r 值，平面各向异性系数 Δr 值和应变硬化指数 n 值。

12.3.1.1 塑性应变比 r 值

塑性应变比 r 值定义为将金属薄板试样单轴拉伸到产生均匀塑性变形时，试样标距内，宽度方向的真实应变与厚度方向的真实应变之比，即：

$$r = \frac{\varepsilon_b}{\varepsilon_a} \qquad (12\text{-}11)$$

式中 ε_b ——试样宽度方向真实应变；

         ε_a ——试样厚度方向真实应变。

塑性应变比是评价金属板材深冲性能的重要材料参数，它反映金属薄板在其平面内，承受拉力或压力时，抵抗变薄或变厚的能力。它与多晶体材料中，结晶择优取向有关，是金属薄板塑性各向异性的一种量度。通常 r 值随试样取向而不同，因此，如图 12-38 所示，定义平均塑性应变比 $\bar{r}$ 为：

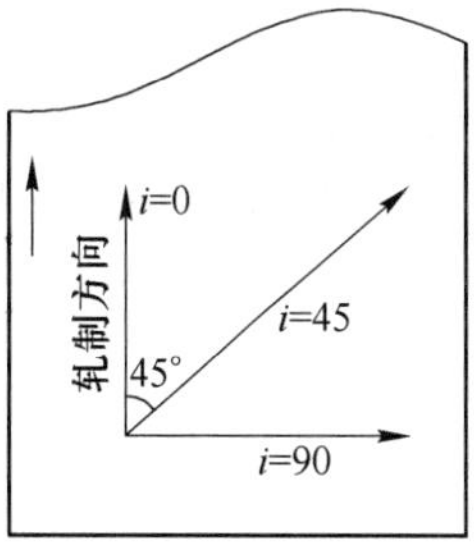

图 12-38 r 值的方向性

$$\bar{r} = r_{0°} + 2r_{45°} + r_{90°} \qquad (12\text{-}12)$$

由式（12-12）可知，$\bar{r}$ 值越大，板材在垂直于板法线方向的板平面内具有越强的塑性流动性，同时，在板厚方向具有足够的抵抗塑性流动的能力，因此深冲性能越好。

12.3.1.2 平面各向异性系数 Δr 值

平面各向异性系数（Plane Anisotropy Exponent）Δr 值表示厚向异性系数 r 值在板面上随方向的变化。Δr 值定义为：

$$\Delta r = \frac{r_{0°} - 2r_{45°} + r_{90°}}{2} \qquad (12\text{-}13)$$

Δr 值的大小决定了杯型拉伸件杯口部位凸耳的形成程度，如图 12-39 所示，反映了板面上各向 r 值波动的程度，而不影响板料的成形性能。Δr 值越大，板面内各向异性越严重，其表现在拉伸件边沿不齐，形成凸耳，影响成形件质量。

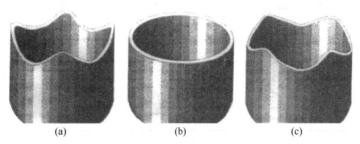

图 12-39 平面各向异性系数 Δr 值对杯口部位凸耳影响

(a) Δr>0；(b) Δr=0；(c) Δr<0

12.3.1.3 应变硬化指数 n 值

应变硬化指数 n 值定义为试验材料真实应力–真实应变在双对数坐标平面上关系曲线的斜率，即：

$$\sigma = K\varepsilon^n \tag{12-14}$$

式中　　σ——真实应力，N/m^2；

　　　　ε——真实应变；

　　　　K——强度系数，N/m^2。

n 值是金属薄板在塑性变形过程中，形变强化能力的一种量度。n 值大小主要取决于钢质的纯净度和铁素体晶粒尺寸，提高钢质的纯净度和适当增大铁素体晶粒尺寸都使 n 值增加。

12.3.1.4 织构对深冲性能的影响

r 值是衡量钢板深冲性能的重要指标。r 值的大小与钢板的织构密切相关，低碳钢和超低碳钢的冷轧织构和退火织构的主要组分列于表 12-8 中，Daniel 和 Jonas 采用 RC（Relaxed Constraint）模型计算了每个织构组分对应的平均塑性应变比 r_m 和 Δr 值，也在表 12-8 中列出。它们不仅表示每个织构组分形成 0°、90°制耳（Δr>0）和 45°制耳（Δr<0）的倾向，还表示了它们对深冲性能的贡献。采用 RC 模型计算出的 r 值与 θ（轧向夹角）的关系如图 12-40 所示。

表 12-8 低碳钢中的主要织构组分

织构组分	r_m	Δr
{001}(110)	0.4	−0.8
{112}(110)	2.1	−2.7
{111}(110)	2.6	0
{111}(112)	2.6	0
{554}(225)	2.6	1.1
{110}(001)	5.1	8.9

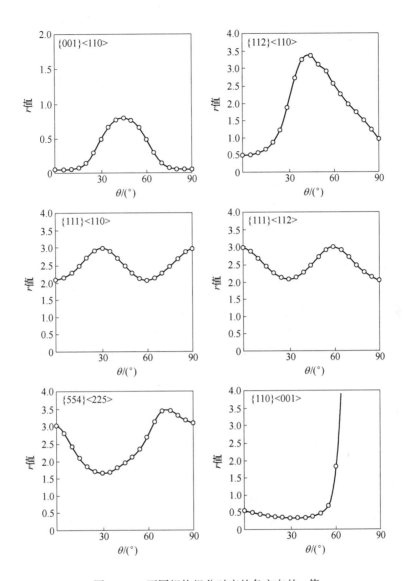

图 12-40 不同织构组分对应的各方向的 r 值

$\{001\}<110>$织构组分使得 $r_{0°} \approx 0$、$r_{45°} \approx 1$、$r_{90°} \approx 0$，而$\{001\}<100>$织构组分使 $r_{0°} \approx 1$、$r_{45°} \approx 0$、$r_{90°} \approx 1$。由于$\{001\}$织构的$<100>$晶向垂直于板面，所以钢板冲压时，厚度方向容易变形，使得平均塑性应变比 r 值非常小，非常不利于钢板的深冲性能。因此，为了提高钢板的深冲性能，应该严格避免在钢板中形成 $\{001\}$ 织构。

$\{112\}<110>$织构组分通常造成 $r_{0°}<r_{90°}<r_{45°}$，使 $\Delta r<0$。由于冷轧深冲钢板中总是 $\Delta r>0$，所以$\{112\}<110>$织构组分在深冲钢板中并没有起到主导影响作用。不过，针对冷轧深冲钢板 $\Delta r>0$ 的特点，可以考虑通过工艺控制在成品板中保留一定量的通常$\{112\}<110>$织构，以减小深冲钢板的 Δr 值。

若$\{111\}$晶面平行于钢板轧面的晶粒比例较高，对应的 r 值也比较高，因为$\{111\}$晶面是主滑移面，而$<110>$方向是主滑移方向，由此构成的滑移系平行于板面，则板材成形时抗厚度减薄能力强，所以深冲性能好。$\{554\}<225>$与$\{111\}<112>$的取向非常接近，所以其影响特点与$\{111\}<112>$类似。由于$\{111\}<110>$组分的存在，促使了30°、90°、150°等6次轴制耳的出现，而$\{111\}<112>$组分与0°、60°、120°制耳的形成有关。若两种组分强度相同则可使这些制耳消失，要获得好的深冲性能，组分$\{111\}<110>$和$\{111\}<112>$是最有利的，$\{554\}<225>$次之。

由于$\{110\}<110>$与$\{110\}<001>$在$\{110\}$晶面内相差90°，所以$\{110\}<110>$对塑性应变比的影响特点与$\{110\}<001>$的影响特点关于$\theta=45°$对称。$\{110\}$织构对深冲钢板塑性应变比的影响特点是$r_{0°}$或$r_{90°}$值很大，但$r_{45°}$值很小，这会导致深冲钢板的Δr值明显偏大，$\{110\}<001>$织构造成的Δr值特别大。从工艺控制的角度来看，要抑制深冲钢板中$\{110\}$$<001>$组分的不利影响，一方面可以通过优化热轧带组织和冷轧工艺来减少冷轧态钢带中的不均匀形变带，以减少$\{110\}<001>$组分的形核位置；另一方面，就是要通过退火工艺的控制来达到抑制$\{110\}<001>$、促进$\{111\}<112>$的目的。

图12-41为冷轧退火后Ti-IF钢板的塑性应变比r值。其中横坐标的1、2、3、4代表不同工艺。1为奥氏体区热轧+冷轧+退火；2为温轧后高温卷取+冷轧+退火；3为温轧后低温卷取+冷轧+退火；4为温轧后退火+冷轧+退火。冷轧退火后，奥氏体区热轧的Ti-IF钢板和温轧低温卷取的Ti-IF钢板的r值沿各方向变化规律一致，都是$r_{0°}<r_{90°}<r_{45°}$，温轧低温卷取的Ti-IF钢板每个方向的r值都比奥氏体区热轧的IF钢的r值高。如图12-42和图12-43所示，两种条件下钢中的退火织构的类型也是一样的，表面的退火织构由α织构和γ织构组成，但γ纤维织构的取向密度高，并且$\{111\}<112>$组分取向密度明显高。中心面的退火织构仅由γ织构构成，最强组分是$\{111\}<112>$组分，其取向密度明显高于$\{111\}<110>$组分。高温卷取的Ti-IF钢板和低温卷取退火的Ti-IF钢板的r值沿各个方向的变化规律一致，都是$r_{45°}<r_{0°}<r_{90°}$，这是由钢的退火织构决定的。如图12-44和图12-45所示，两种条件下退火织构的类型是一样的，表面的退火织构中，γ织构为主，只有很少量的$\{001\}<110>$组分，并且γ织构中$\{111\}<110>$组分的取向密度高于$\{111\}<112>$组分。中心面的退火织构仅由γ织构构成，$\{111\}<112>$组分的取向密度略高于$\{111\}<110>$组分，γ织构上各组分接近均匀分布。只是低温卷取退火条件下的织构的取向密度更高，所

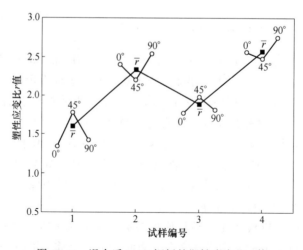

图12-41　退火后Ti-IF钢板的塑性应变比r值

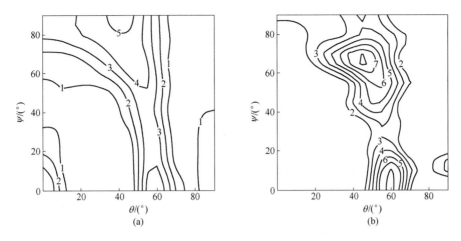

图 12-42 奥氏体区热轧+冷轧+退火处理的 Ti-IF 钢的退火织构
（a）表面；（b）中心面

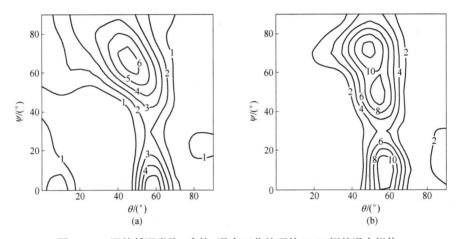

图 12-43 温轧低温卷取+冷轧+退火工艺处理的 Ti-IF 钢的退火织构
（a）表面；（b）中心面

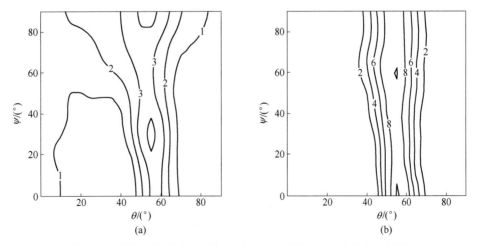

图 12-44 温轧高温卷取+冷轧+退火工艺处理的 Ti-IF 钢的退火织构
（a）表面；（b）中心面

以其 r 值也更高。随着 {111} 织构组分的体积分数增加，{001} 织构组分体积分数的减少，r 值增加。从工艺控制的角度来看，通过控制热轧或温轧，冷轧及退火工艺，促进 {111} 织构的形成，抑制 {001} 及 {110} 织构形成，可提高 IF 钢板的深冲性能。

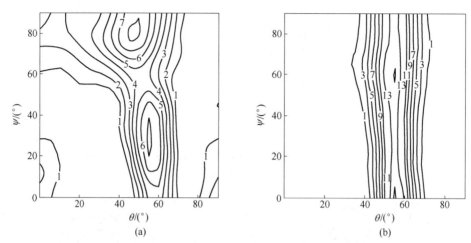

图 12-45   温轧退火+冷轧+退火工艺处理的 Ti-IF 钢的退火织构
（a）表面；（b）中心面

    板材中的织构与 r 值有密切关系。大量研究表明，当铝合金板材多数晶粒 {111}//轧面时可使其板材的 r 值提高，而当铝合金板材多数晶粒的 {100}//轧面时可使板材的 r 值降低。表 12-9 列出了铝合金中一些主要织构的理论 r 值和 Δr 值。可以发现，Cube 织构的 r 值较小，当其含量较多时对板材的成形性能不利，轧制类型的织构 R（S），Copper 和 Brass 对 r 值的贡献要大于其他织构类型，但其含量较多时会引起材料各向异性的增大，这表明可以通过在最终的再结晶织构中保留部分的轧制织构组分以提高合金的成形性能。另外，织构还会导致板材冲压过程中产生制耳。Cube 织构会造成板材冲压成型后在与轧制方向成 0° 和 90° 的方向上出现制耳，而 R 织构则会造成 45° 方向的制耳。

表 12-9   铝合金中主要织构的理论 r 值和 Δr 值

织构组分	{hkl}<uvw>	平均 r	Δr
Cube	{001}<100>	0.5	1
Cube-ND	{001}<310>	0.6	0.2
R	{124}<211>	1.9	−1.2
Brass	{011}<211>	4.7	−8.1
Copper	{112}<111>	3.4	−5.7
Q	{013}<231>	0.54	−0.8
P	{011}<112>	2.8	1.6

在润滑条件良好的情况，随着非比例延伸强度的下降、断后伸长率、n 值及 r 值的上升，极限深冲比有所提高。n 值与极限深冲比的关系尤其密切，退火时，在回复阶段，极限深冲比有所提高。在润滑条件不好时，由回复产生的影响较小。织构对深冲性能的影响很大，为了提高其深冲性能，{112}（copper 织构），{123}（S 织构）晶面越多越好、再结晶织构 {100}[001] 越少越好。3003 合金轧制材料的织构直到再结晶开始为止，几乎没有产生变化。润滑条件好时，轧制织构的影响较小。润滑条件差时，3003 合金与 1100 和 5052 相比，尽管强度较高，但深冲性能较低，这主要是因为轧制方向织构积聚较少的缘故。

材料的理论 r 值可以通过下式计算：

$$r = \sum V_j \cdot r_j \tag{12-15}$$

式中　r_j——j 取向的理论 r 值；

　　　V_j——j 取向的体积分数。

由式（12-15）可知，板材的 r 值是由板材的织构组分及其体积分数共同决定的。

12.3.2　织构对材料性能的影响

大量的实验结果表明，材料的性能 20%～50% 受织构影响，织构会影响弹性模量、泊松比、强度、韧性、塑性、磁性、电导、线膨胀系数等多种材料的力学性能和物理性能。

12.3.2.1　织构对室温塑性的影响

位错滑移及孪生是金属的主要变形方式。织构影响金属的力学性能主要体现在影响其位错滑移及孪生。外力施加在滑移系上的剪切力与 Schmid 因子有关。由于面心立方及体心立方金属对独立滑移系较多，晶体取向对 Schmid 因子的影响非常小。但是镁合金室温下滑移系非常少。当外加应力在基面滑移系上的 Schmid 因子高时，位错滑移更容易开动，合金塑性好；反之，当镁合金存在强织构并且基面滑移的分切应力低时，合金的塑性成形能力差。对具有纤维织构的镁合金棒材，大部分晶粒 {0001} 基面平行于挤压方向。因此沿挤压方向拉伸时，晶粒沿 c 轴受到压缩，而基面滑移系 Schmid 因子接近于 0，分切应力也接近于 0，所以滑移系的开动比较困难。同时由于合金中 c 轴处于受压状态，$(10\bar{1}2)$ 孪晶的开动困难，必须在较高的应力才能够开动压缩孪晶及其他孪生模式。当具有该织构的合金室温拉伸塑性较低。具有基面织构的镁合金板材，织构对合金室温塑性较低影响的原理与此类似。

12.3.2.2　织构对屈服强度的影响

图 12-46 显示了计算出的与轧向呈 θ 角方向的屈服强度 σ 随织构组分的变化曲线。假设只有一个织构组分存在，每个取向的偏差范围是 15° 内。对于一些组分如 {111}<110>，{111}<112>，{554}<225>，{001}<110> 而言，屈服强度随 θ 变化不大，而对于 {110}<001> 和 {112}<110> 来说，$\dfrac{\sigma(\theta)}{\sigma(0)}$ 比值随 θ 变化很明显。对于 {110}<001> 组分，从 $\theta = 30°$ 后屈服强度开始增加，$\theta = 60°$ 达到最大值后又开始下降，直到 $\theta = 90°$，与沿轧向的屈服强度区域一致。对于 {112}<110> 组分，从 $\theta = 60°$ 后屈服强度开始增加，直到 $\theta = 90°$ 达到最大值。

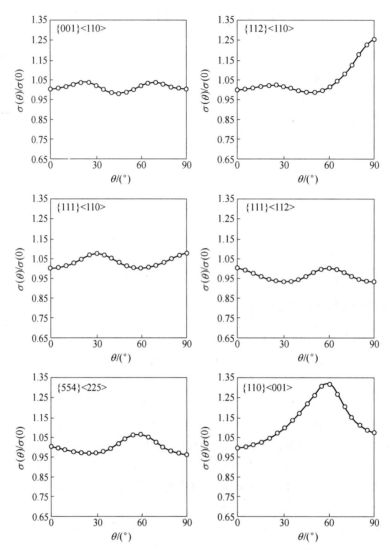

图 12-46　不同织构组分各方向的屈服强度与沿轧向的屈服强度比

12.3.2.3　织构对弹性模量的影响

钢铁的杨氏弹性模量 E 沿 <111> 方向具有最大值，沿 <110> 方向最小。沿某一方向的 E 值可用式（12-16）表示：

$$\frac{1}{E} = \frac{1}{E_{100}} - 3\left(\frac{1}{E_{100}} - \frac{1}{E_{n1}}\right)(x^2y^2 + y^2z^2 + z^2x^2) \qquad (12\text{-}16)$$

式中，x、y、z 为该方向的方向余弦。

一般通过三种模型计算具有织构的多晶体中的弹性模量，即：Voigt 模型，假设晶体中都具有相同的应变状态；Reuss 模型，假设作用在每个晶粒上的应力与样品的应力相同；Hill 模型，用了上面两种模型极限的算术平均值。

对于具有深冲性能的金属板，用 Hill 模型计算其 E 值最精确。对于冷轧退火低碳钢的一些重要组分，{111} <110> 和 {111} <112> 中 E 随与轧向夹角 θ 的变化最小，{554}

<225>次之。

12.3.2.4 织构对磁感应强度的影响

硅钢又称电工钢，起着电磁转换介质的作用。其性能直接影响电磁转换的效率，最终产品硅钢片［含硅量（质量分数）在 0.5%～5%的超低碳钢板］主要用于发电、输变电、电机、电子和家电业。硅钢是体心立方的 α 铁固溶体构成的铁素体钢，以铁为主的 Fe-Si 单晶体具有磁各向异性：在三个主晶向上呈现不同的磁化特性，即<100>方向为易磁化晶向，<110>方向为次易磁化晶向，<111>方向为难磁化晶向。具有高斯织构的硅钢片称单取向硅钢片（亦称取向硅钢片）；其他晶粒取向程度小、在钢板面上磁各向异性小的硅钢片称无取向硅钢片。取向硅钢用于制造变压器、电抗器等，无取向硅钢用于制造电机等。目前国家要求电机、变压器和其他电器部件满足效率高、耗电量少，体积小和重量轻等条件，因此要求制作电机、变压器用材的硅钢性能满足铁损低、磁感高、钢板表面光滑、平整和厚度均匀、加工性能良好、绝缘薄膜性能好、磁晶各向异性小和磁时效小。其中，铁损和磁感是硅钢作为磁性最重要的保证值。铁损也称铁心损耗，是指铁心在不小于 50Hz 交变磁场下磁化时所消耗的无效电能（单位 W/kg），主要包括磁滞损耗（P_h）、涡流损耗（P_e）和反常损耗（P_a）三部分。无取向硅钢板铁损以 $\dfrac{P_{15}}{P_{50}}$ 作为保证值，代表在频率 50Hz 下磁化到磁感应强度值 $1.5T$ 时每 kg 铁心材料的铁损值（W/kg）。无取向电工钢中，（100）面织构高，P_h 和 P_{15} 降低，因为在（100）晶面上有两个易磁化的<001>轴；其次是（110）面织构有两个易磁化<001>轴。其次是（110）面织构，在此晶面上有一个<001>轴。研究发现，具有（111）面织构的 P_{15} 较高，具有（112）面织构的 P_{15} 最高。为了发挥铁硅晶体<100>方向的易磁化特性，人们希望无取向电工钢板内有尽可能多的{100}面平行于板面而且分布均匀的织构。

磁感应强度（B）是表征材料磁化难易的参数，也指材料在外磁场作用下能被磁化的程度（单位 T）。材料磁感越高，材料磁化能力增强，制作的铁心激磁电流减少使铜损和铁损下降。织构是影响电工钢磁感应强度 B_{25} 和 B_{50} 的主要因素，理想的晶体织构为（100）[uvw]面织构，因为它是各向同性而且难磁化方向 [111] 不在轧面上。研究证实理想（100）[uvw]面织构具有最高的 B_{25} 值，比各向同性状态约高 0.16T（10%），而（111）[uvw]和（110）[uvw]织构的 B_{25} 值比各向同性状态分别低 0.11T（7%）和 0.004T（2%）。

思考题及习题

1 级作业题

（1）图 12-47 为轧制低碳钢板的晶粒取向特征，试用晶体学指数表示轧板织构。

（2）图 12-48 为轧制镁合金板材的三个极图的特征，试画出轧制时镁合金晶粒取向位置，并给出镁合金板织构的米勒指数。

（3）图 12-45 为代表两种取向硅钢片织构的晶粒排列位置示意图，试给出这两种织构的米勒指数。

（4）举例说明织构对金属加工和使用性能的影响。

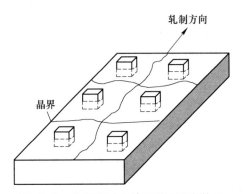

图 12-47　轧制低碳钢板的晶粒取向特征

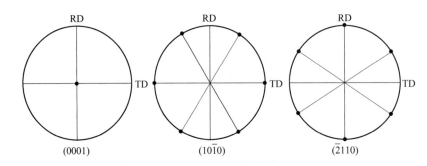

图 12-48　轧制镁合金板材极图

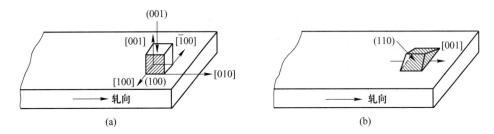

图 12-49　取向硅钢片织构的晶粒排列位置示意图

2 级作业题

（1）图 12-50 所示为退火纯铁的极图（投影面为轧面），图 12-50(a) 为 {110} 极图，图 12-50(b) 为同一试样的 {100} 极图。试求其织构指数。

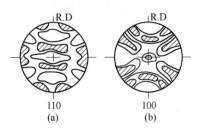

图 12-50　退火纯铁极图

(a) {110} 极图；(b) {100} 极图

3 级作业题

（1）已知 (201) 晶面与 (100) 晶面之间的夹角为 $26.56°$，$(21\bar{1})$ 与 (100) 夹角为 $35.26°$，而 $(21\bar{1})$ 与 $(1\bar{1}0)$ 夹角为 $30°$。

1）试在 (001) 标准投影上图作出 $(2\bar{1}0)$ 和 $(2\bar{1}1)$ 极点的位置。

2）求两晶面间的夹角，它们的晶带轴指数及晶带轴的极点位置。

（2）如果镁合金 AZ31 轧制后形成 (0001) 晶面织构，要使镁合金能够进一步变形不开裂，能否改变轧制路径实现？并举例说明。

（3）根据表 12-9 列出的铝合金中常见主要织构的理论 r 值和 Δr 值，判断使用 3003 铝合金轧板时，如果希望板材冲压过程中无制耳产生，应该选择怎么样织构组分的铝合金轧板？

13 金属在加工变形中的断裂

扫一扫查看

本章数字资源

在金属塑性加工的生产实践中，特别是在生产低塑性的钢与合金时，常常会发现在钢材的表面或内部出现断裂（裂纹、裂缝等）。为了有效地防止金属在塑性加工中发生断裂，必须了解断裂现象的物理本质，分析影响断裂过程的各种因素，并在此基础上进而讨论塑性加工生产中各种断裂产生的原因及其防止措施。

13.1 断裂的物理本质

13.1.1 断裂的基本类型

13.1.1.1 脆性断裂

脆性断裂的断面外观上没有明显的塑性变形迹象，直接由弹性变形状态过渡到断裂，断裂面和拉伸轴接近正交，断口平齐，如图 13-1(a)所示。

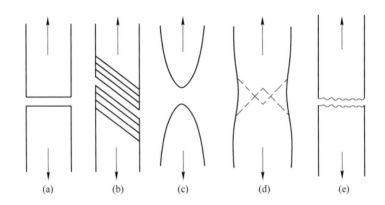

图 13-1　金属试样拉伸时断裂类型的简明图示

（a）脆性断裂；（b）切变断裂；（c）多晶体的完全韧性断裂；

（d）多晶体韧性断裂的一般情况；（e）脆性材料的韧性断裂

脆性断裂在单晶体试样中常表现为沿解理面的解理断裂。所谓解理面，一般都是晶面指数比较低的晶面，如体心立方的（100）面。

在多晶体试样中则可能出现两种情况：一是裂纹沿解理面横穿晶粒的穿晶断裂，断口可以看到解理亮面；二是裂纹沿晶界的晶间断裂，断口呈颗粒状，如图 13-2 所示。

13.1.1.2 韧性断裂

在断裂前金属经受了较大的塑性变形，其断口呈纤维状，灰暗无光。韧性断裂主要是穿晶断裂，如果晶界处有夹杂物或沉淀物聚集，则也会发生晶间断裂。

韧性断裂有不同的表现形式：一种是切变断裂，例如密排六方金属单晶体沿基面作大量滑移后就会发生这种形式的断裂，其断裂面就是滑移面，如图 13-1(b)所示；另一种是试样在塑性变形后出现缩颈，一些塑性非常好的材料（如金、铅和铝），可以拉缩成一个点才断开，如图 13-1(c)所示；对于一般的韧性金属，断裂则由试样中心开始，然后沿图 13-1(d)所示的虚线断开，形成杯锥状断口。

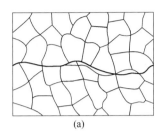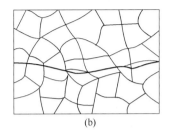

图 13-2　多晶体脆性断裂形式
(a) 晶间断裂；(b) 穿晶断裂

综上所述，韧性断裂有如下几个特点：韧性断裂前已发生了较大的塑性变形，断裂时要消耗相当多的能量，所以韧性断裂是一种高能量的吸收过程；在小裂纹不断扩大和聚合过程中，又有新裂纹不断产生，所以韧性断裂通常表现为多断裂源；韧性断裂的裂纹扩展的临界应力大于裂纹形核的临界应力，所以韧性断裂是个缓慢的撕裂过程；随着变形的不断进行裂纹不断生成、扩展和集聚，变形一旦停止，裂纹的扩展也将随着停止。

13.1.2　断裂过程与物理本质

实践表明，金属的塑性变形过程和断裂过程是同时发生的，而断裂过程通常又可以分为裂纹生核和裂纹扩展两个阶段。

从力学角度看，金属多晶体在外力的作用下发生塑性变形的初始阶段并不是在所有晶粒内同时发生，而首先在位向有利的晶粒（即外力对其滑移系统具有最大切应力的晶粒）中以滑移或孪晶方式发生塑性变形。为了保证各晶粒间变形的连续性，就要求在一个晶粒内的滑移带可以穿过晶界面传播到位向比较有利的晶粒中，并且晶粒要具有多种变形方式（如多个滑移系统等）的能力，以保证塑性变形能不断进行。一旦晶粒内的变形方式不能满足塑性变形连续性的要求（即塑性变形受阻或中断），则在严重形变不协调的局部区域将发生裂纹生核，如果裂纹核出现后还不能以形变方式来协调整体形变的连续性，则裂纹核将长大和扩展。所以，裂纹的出现和扩展实质上也是协调形变的一种方式。

从位错理论的观点来看，金属的塑性变形实质上是位错在滑移面上运动和不断增殖的过程。塑性变形受阻意味着运动的位错遇到某种障碍，形成各种形态的位错塞积，结果在位错塞积群端部形成一个高应力集中区域。如果在应力集中区域所积累的应变能足够大，足以破坏原子结合键时，便开始裂纹生核，并随着形变过程的发展，通过位错不断地消失到裂纹中而导致裂纹的长大。当裂纹长大到临界尺寸时，裂纹尖端的能量释放率达到裂纹扩展单位面积时所吸收的能量，裂纹便开始失稳扩展直到最终断裂。由此可见，断裂的发展过程是一种运动位错不断塞积和消失的过程。

因此，塑性变形和断裂是两个相互联系的竞争过程，而塑性变形受阻（位错的增殖和塞积）导致裂纹生核和塑性变形发展（位错的释放和消失）以及导致裂纹长大（或扩展）是构成断裂过程的两个基本要素。

13.1.3　金属断裂的基本过程

13.1.3.1　微裂纹的萌生机理

金属发生断裂，先要形成微裂纹。这些微裂纹主要来自两个方面：一是材料内部原有的，如实际金属材料内部的气孔、夹杂、微裂纹等缺陷；二是在塑性变形过程中，由于位错的运动和塞积等原因造成的裂纹形核。随着变形的发展导致裂纹不断长大，当裂纹长大到一定尺寸后，便失稳扩展，直至最终断裂。

13.1.3.2　裂纹形核机理

（1）位错塞积理论：位错在运动过程中，遇到了障碍（如晶界、相界面等）而被塞积，在位错塞积群前端就会引起应力集中（见图13-3），同号位错造成应力集中，促使裂纹形核。

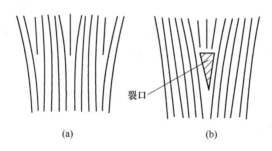

图 13-3　位错塞积引起裂口胚芽的示意图

（2）位错反应理论：如图13-4所示，在相交的滑移面上，由于位错反应发生了同号位错的聚合，便形成了微裂纹。在体心立方中，两位错相遇反应的结果，可在解理面上形成不易滑移的 [001] 刃型位错，刃型位错的合并即在体心立方的解理面（001）面上形成解理裂纹。

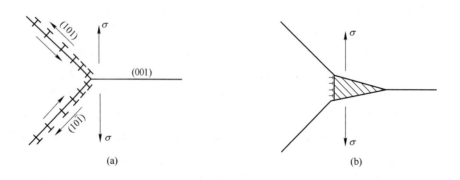

图 13-4　位错反应引起裂口胚芽的示意图
（a）两个滑移带上位错的汇合；（b）形成裂口

13.1.3.3　断裂的发展

物体在塑性变形中出现裂口或空洞，并不意味着材料已断裂。从裂口的发生到导致物体的最终断裂是一个发展的过程，此过程是与塑性变形的发展密切相联系的。例如在变形过程中第二相质点周围形成的空洞，在继续变形时由于各空洞互相接触使空洞扩大，各空洞之间的金属由于发生局部收缩而破断。在这些过程发展的同时，较小的第二相等质点又可能发生新的空洞。由此可见，对塑性金属而言，随塑性变形的发展，空洞不断形成与扩大，只有当变形达到某一程度，这些空洞结合起来，才导致最终的断裂。

另外，随塑性变形的发展，物体进行破坏的同时，还存在着空洞的修复，是否断裂取决于它们进行的速度。若修复速度大于破坏胚芽的形成速度，则任一时刻变形发生的显微破坏都能得到修复。因此，物体在任何变形程度下都不会破坏，如黏性体。若破坏的形成和发展速度很大，而其修复速度很小时，空洞扩大非常快，以致塑性变形来不及发生就断裂了，这时物体破坏时没有明显塑性变形标志。若修复速度小于亚显微破坏的胚芽形成速度，破坏就会不断发展和积累起来，经显微破坏、宏观破坏，最后达到某一变形程度时，物体就断裂了。

显微破坏和宏观破坏能在加载过程中的一定条件下减小甚至消失（或修复），但宏观破坏的修复比显微破坏的修复要困难得多。一般增加静水压力，可减轻拉应力的危害，促进破坏表面贴合，利于原子间联系力的恢复。原子扩散到破坏表面上去，可使破坏体积减小。在破坏表面上有其他原子的吸附，将妨碍破坏表面层的压结，影响修复过程的发展。

冷变形时，破坏只能通过压扁变形和随后的破坏表面层原子的压结来修复。而热变形时，除上述修复机制外，还可通过原子扩散和再结晶等过程得到修复。

综上可见，物体在塑性变形过程中，有可能由于裂口的生成和相继的发展，变形物体很快遭到破坏；也有可能由于修复的及时进行，塑性变形得到很大的发展，这完全由矛盾的主要方面而定。当然，这首先决定于金属的本性，因为它决定着裂口胚芽和空洞的形成与发展。但是，若能很好地控制变形条件，也有可能使矛盾往有利于塑性发展方面转化。

13.2 影响断裂类型的因素

根据条件的不同，任何材料都可能产生两种不同类型的断裂：脆性断裂和韧性断裂。这取决于变形温度、变形速度、应力状态和材料本性。

13.2.1 变形温度的影响

除面心立方金属外，其他金属随温度下降可能发生由韧性向脆性转变，其标志是，一定温度以下面缩率、伸长率或冲击韧性急剧下降。大体上，体心立方金属拉伸时变脆的温度约在 $0.1T_{熔}$ 以下（$T_{熔}$ 为熔点，K），金属间化合物大约在 $0.5T_{熔}$ 以下。韧性-脆性转变是因为一些金属的屈服强度随温度的变化，温度越低，屈服强度越高。但脆断强度与温度变化几乎无关，当塑性变形在断裂前发生，即为韧性断裂。

13.2.2 变形速度的影响

屈服应力对变形速度比较敏感，如图 13-5 所示。两曲线交点相对应的临界变形速度为 $\dot{\varepsilon}_k$（与临界加载速度 v_k 在同一位置）。由图可见，当变形速度大于 $\dot{\varepsilon}_k$ 时，则 $\sigma_s < \sigma_f$，

产生脆性断裂；而当变形速度小于 $\dot{\varepsilon}_k$ 时，则 $\sigma_s > \sigma_f$，产生韧性断裂。

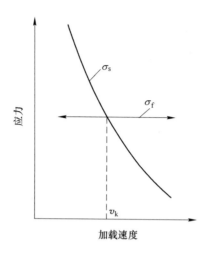

图 13-5 σ_s、σ_f 与加载速度关系

13.2.3   应力状态的影响

当有三向拉应力时，有效切应力将减少，为了使材料屈服，拉伸应力值增高；反之，若在拉伸的同时有流体静压力作用，材料的屈服变得更为容易。实验表明，脆断强度也会因三向拉应力状态而有所提高。

13.3   塑性加工中金属的断裂

金属在加工过程中，由于不均匀变形，甚至在加热质量好的条件下，也会产生各种裂纹。塑性较低的材质和加热质量不好的情况下更为严重。由于铸态组织塑性较低，低塑性的钢与合金在开坯阶段更易发生断裂。在锻压与轧制时常出现的断裂形式如图 13-6 和图 13-7 所示。

13.3.1   镦粗饼材时侧面纵裂

镦粗塑性较低的钢与合金饼材时，常出现侧面纵裂。产生这种裂纹的主要原因，是由于鼓形处受环向拉应力所致。在锻压温度过高时，由于晶粒间的强度大大削弱而常常产生由晶粒边界拉裂，其裂纹和环向拉应力方向近于垂直，如图 13-6(a)所示。当锻造温度较低时，常出现穿晶切断，其裂纹和环向拉应力方向接近成 45°，如图 13-6(b)所示。

在镦粗塑性较低的坯料时，为了防止这种开裂，必须尽量减少由于出现鼓形而引起的环向拉应力。常用的措施如下：

（1）减少工件与工具间的接触摩擦，提高工具表面的光洁度，采用合适的润滑剂。

（2）采用软垫。软垫比工件的变形抗力小，故在压缩的开始阶段软垫先变形（这时工件也可能有些变形，但比软垫的小得多），产生强烈的径向流动。由于软垫与工件端面间摩擦力的作用，软垫便拖着工件端面一起向外流动，结果使工件侧面形成凹形，如图 13-8(a)所示。随着软垫继续受压缩，软垫厚度变薄而直径增大，使其单位变形力增加。

这时工件便开始显著经受压缩变形，于是工件侧面的凹形逐渐消失而变成平直，如图 13-8 (b)所示。

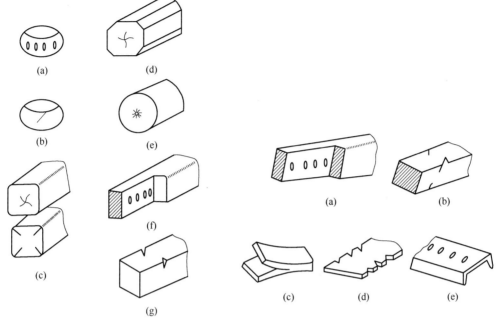

图 13-6 锻压时断裂的主要形式图

图 13-7 轧制时断裂的主要形式

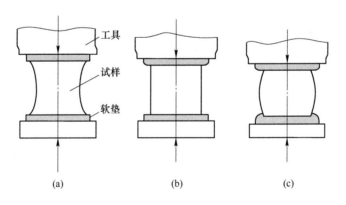

图 13-8 加软垫镦粗

继续压缩才出现鼓形，如图 13-8(c)所示。这样就会大幅度减少不均匀变形，因而也就减少了侧面的环向拉应力。此外，在热镦粗时由于采用加热了的软垫，还可以减少由于工件端面与工具接触时而引起的温降。

加软垫镦粗，不仅可防止因不均匀变形而产生的裂纹，还可使单位压力大大降低。例如，在镦粗 $d/H = 2$ 的 45 钢时，用铝片做软垫，其单位压力比不带润滑剂的一般镦粗降低 1 倍。

（3）活动套环和包套镦粗，如图 13-9 所示。用活动套环镦粗低塑性高合金钢与合金时，毛坯经一定的小变形后与套环接触，然后取走垫铁，使坯料和套环一起镦粗。套环由普通钢制成，其加热温度比坯料低，从而套环的变形抗力比坯料的大，以便使套环能对坯料的流动起限制作用，从而增强三向压应力状态，以防止产生裂纹。

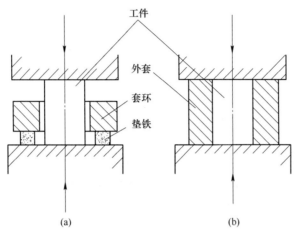

图 13-9 活动套环（a）和包套（b）镦粗

13.3.2 锻压延伸（或拔长）时的内部纵裂

13.3.2.1 用平锤头锻压方坯时产生的对角十字断裂［见图 13-6(c)］

锻压时由于接触面上外摩擦的作用，在锻件的横断面上按变形程度的不同，可分为三个区域。如图 13-10(a)所示，靠近接触面处为难变形区（图中 A 区），对角十字区（图中 a、b 区）为变形最激烈的区域。压缩时，难变形区 A 在垂直方向移动，同时 A 区也拖动与它相邻接的 a 区金属沿箭头方向移动。由于变形最激烈的横断面中部金属向外流动的结果，便推动着 B 区金属沿横向移动，即产生宽展。与此同时，B 区也拖动着与它相邻接的 b 区金属沿箭头方向移动，于是 a 和 b 区的金属便在坯料的对角线方向产生激烈的相对错动。如图 13-10(b)所示，翻转 90°后压缩时，a、b 区金属的错动方向便对调。在这样反复激烈的错动下，最后坯料的对角线处开裂。

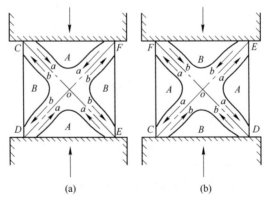

图 13-10 在"锻造十字"区金属的流动方向

（a）锤头在 A 区压缩；（b）锤头在 B 区压缩

实际上，有柱状晶交界的对角线处更易产生这种开裂，对于容易产生过烧的钢与合金，高速重打时，在变形激烈的对角线处由于温升过高使之过烧，也容易产生这种开裂。

如果坯料断面中心钢质不好（如钢锭断面中心常常是杂质聚积、疏松和容易过烧的部位），便首先从中心部产生对角十字裂口，如图13-6(c)的上图所示。如果坯料角部薄弱，便首先从接近角部的对角线处开裂，如图13-6(c)的下图所示。

　　在锻压延伸时，每次送进量 l（工件与工具的接触长度，见图13-11）越大，宽展就越大（因为送进量增加，由于接触区变长，纵向摩擦阻力增大，促使金属向宽向流动），a、b 区金属沿对角线方向错动也就加剧，因而也就会促使对角十字开裂。所以送进量不能过大，但也不能过小［过小则可能产生图13-6(f)所示的横裂］，一般取 $l=(0.6\sim0.8)h$。

13.3.2.2　用平锤头锻压圆锭（坯）时出现的纵向内裂［见图13-6(d)和(e)］

　　如图13-12所示，用平锤头锻圆锭（坯）时，与带外端压缩高件的情况相似，压下时，断面的中心部分受到水平拉应力 σ_2 作用，产生如图13-13(a)所示的裂口，当翻钢90°锻压后，便会产生如图13-13(b)所示的裂口。这样，在锻压开坯时，若用平锤头由圆锭靠翻90°锻成方坯时，便可能在坯料的中心处产生如图13-6(d)所示的横竖十字裂口；若用平锤头靠旋转锻造圆坯时，便会在坯料中心处产生如图13-6(e)所示的孔腔，即不规则的放射状裂纹，如图13-13(c)所示。

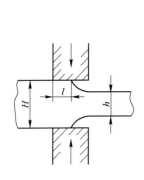

图 13-11　锻压延伸时的送进量

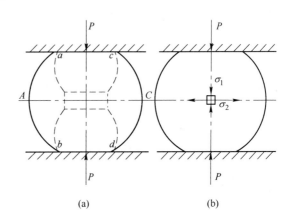

图 13-12　用平锤头锻压圆坯的情况

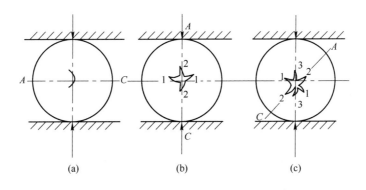

图 13-13　用平锤头锻压圆坯裂口情况

用槽形和弧形锤头锻压圆坯（锭）时（见图13-14），工具对坯料作用有压缩的水平分力，因此可减少坯料中心处的水平附加拉应力；或把原来拉应力变为压应力，可防止在坯料中心处产生上述裂纹。

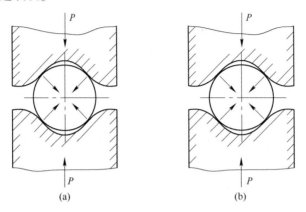

图 13-14　用槽形和弧形锤头锻压圆坯

13.3.3　锻压延伸及轧制时产生的内部横裂

实验表明，锻压延伸中，当送进量 L 与厚度之比 $L/h<0.5$ 时，在断面中心部产生纵向拉应力 [见图13-15(a)]，由此产生横裂如图13-6(f)所示。这种横裂在坯料内一般呈周期性出现，这是因为裂纹一出现，以前产生的拉应力就解除，然后拉应力再积累、再拉裂。若断面中心处钢质不好，容易产生轴心过烧，则更加容易产生裂纹。在一个方向多次锤击下，这种横裂有时会扩展到侧表面。对同样厚工件，增加送进量 L 使变形向内部深入，减少纵向拉应力 [见图13-15(b)]，便会防止横裂。送进量不能过大，否则又会促使产生对角十字裂口。

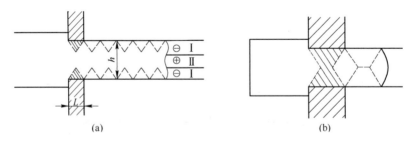

图 13-15　方形件压延外变形图示
（a）窄锤头（$L/h<0.5$）；（b）宽锤头（$L/h\geqslant1.0$）

轧制厚件$\left(\dfrac{L}{h}<0.5\text{ 时},\ \bar{h}=\dfrac{H+h}{2}\text{为轧件平均厚度}\right)$时与上述情况类似，由于轧件断面中心部产生纵向拉应力，会导致内部横裂。

13.3.4　锻压延伸及轧制时产生的角裂

锻压方坯时，由于未及时倒角，角部的温度就会迅速降低，角部的变形抗力增大，锻压时角部的延伸小于其他区域，于是角部会受纵向附加拉应力。由于角部温度降低产生收缩，又受其他部分阻碍，角部又再次受纵向拉伸应力，在这些拉应力的作用下，便会产生角裂，如图 13-6(g)所示。如果锤击过重（即一次变形量较大），则鼓形加剧也会增强角部的纵向拉应力而促进角裂。此外，对因温度降低，塑性迅速下降的金属，在加热时产生过热和过烧的坯料，更易于产生角裂。

为了防止角裂，在锻压时应及时倒棱，加热时防止角部过热和过烧，必要时应适当轻打。一旦发现角裂，应及时去除以免扩展。

轧制时产生角裂 [见图 13-6(c)] 与锻压延伸时原因相同，但所选用的孔型系统对角裂有很大影响。例如，在生产中发现，用菱—方和菱—菱孔型系统轧制高速钢一类塑性较差的钢种时，容易产生角裂。这是因为采用这类孔型轧制时，角部的相对位置始终不变，多次处于辊缝处，因此角部温度比其他部位低。另外，处于辊缝处角部得不到压缩变形，而受到其他变形较大部分牵拉，使其承受纵向附加应力。这样，因为角部受有纵向附加拉应力，加上该处温度塑性差，所以易产生角裂。

13.3.5　锻压延伸及轧制时产生的端裂（劈头）

方锭（坯）锻压时，端面呈现对角十字裂口，如图 13-6(c)所示。圆锭（坯）锻压时，端面也呈横竖十字裂口 [见图 13-6(d)]，锻圆时，端面呈放射状裂口，如图 13-6(e)所示。用塑性差和断面小的锭（坯）锻压，并锤击过重时，端面鼓形严重，鼓形处受环向拉应力作用，靠近鼓形表面甚至有垂直拉应力作用，这会导致端面开裂，如图 13-16 所示。通常钢锭断面质量差，因而先端都开裂，然后引向内深入。

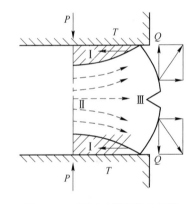

图 13-16　锻压时端部劈头情况

13.3.6　轧板时的边裂和薄件的中部开裂

凹辊轧板时，中部受纵向附加拉应力，边部受纵向附加压应力。当板材塑性不好时，凸辊轧板就会出现边裂 [见图 13-7(d)]，用凹辊轧板就会产生中部裂口。如果板材塑性很好，则用凸辊轧薄板时中部会由于附加压应力而皱褶，当用凹辊轧薄板时，边部也会产生皱褶。

实际上，在轧板时，即使是沿轧件宽度上压下率相向，低塑性材料也会边裂，因为这时沿宽度上各部分的自由延伸不同。边部受拉应力，这是因为轧件中间受横向摩擦阻力大，因此自由宽展小，延伸就大。由于金属是一个整体，受外端作用，以平均延伸出辊，这样板的边部就受纵向附加拉应力。

13.3.7　挤压和拉拔时产生的主要断裂

挤压时，在挤压材的表面常出现如图 13-17(a)所示的断裂，严重时会出现竹节状裂口，产生这种裂口与挤压时金属的流动特点有关。挤压时，由于挤压缸和模孔的摩擦力的阻滞作用，挤压件表面层向外流动的慢，内层流动的快。但金属是一个整体又受外端作用，使金属各层的延伸"拉齐"，于是在挤压材的外层受纵向附加拉应力。一般来说，此附加应力越趋近于变形区的出口，其数值越大。如果在 a-a 截面表层上，由于较大附加拉应力作用而使其工作应力变为拉应力，并且达到了实际的断裂强度 σ_f 时，则在表面上就会发生向内扩展的裂纹，其形状与金属通过模孔的速度有关。裂纹的发生消除了在裂纹范围以内附加应力，故只有当第一条裂纹的末端 K 走出 a-a 线以后才停止继续扩展，才有因附加拉应力作用再产生第二条裂纹的情形如图 13-17（b）所示。依此类推，这样，挤压时就发生了一系列周期性的断裂。当材料表面温度降低而使其塑性下降的情况下，便更会促使这种断裂的发生。

图 13-18 所示为拉拔棒材常出现的内部横裂，这种裂纹与拉拔棒材产生的表面变形有关。如图 13-18（b）所示，当 l/d_0 较小时，模壁对棒材的压变形深入不到轴心层，而产生表面变形，结果导致轴心层产生附加拉应力。此附加拉应力与拉拔时的纵向基本应力结合起来，就使轴心层的纵向拉伸工作应力很大，便产生如图 13-18（a）所示的内部横裂。

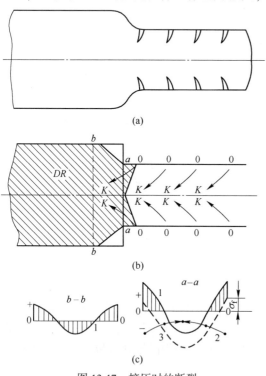

图 13-17　挤压时的断裂
（a）挤压时的断裂；（b）挤压时通过变形区裂纹的形成
（0—裂纹起点；K—裂纹终点；DR—变形区）；
（c）挤压时纵向应力分布图（1—附加应力；
2—基本应力；3—工作应力）

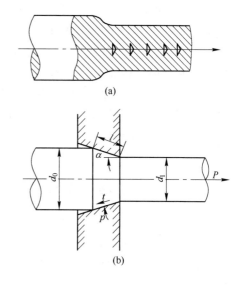

图 13-18　拉拔时的断裂
（a）拉拔时的内裂；（b）拉拔过程

增加 l/d_0，可使变形深入到棒材的轴心区，从而可防止和减轻这种裂纹。由图 13-18（b）可知，$l/d_0 = \dfrac{d_0 - d_1}{2d_0\sin\alpha}$，若出此种裂纹时，可适当增加拉拔时的变形程度 $\varepsilon = \dfrac{d_0^2 - d_1^2}{d_0^2}$ 和减少模孔锥角。